Waldemar Stühler (Hrsg.)

SCHWINGUNGEN IN DER FAHRZEUGDYNAMIK

Fortschritte der Fahrzeugtechnik

Band 1 Waldemar Stühler (Hrsg.)
Fahrzeugdynamik
Reifenmodelle, Antriebsstrang, Gesamtfahrzeug, Schwingungseinwirkung

Band 2 Willi Geib (Hrsg.)
Geräuschminderung bei Kraftfahrzeugen

Band 3 Fritz Eisfeld (Hrsg.)
Keramikbauteile in Verbrennungsmotoren

Band 4 Karl-Heinz Brück (Hrsg.)
Fahrzeugverglasung
Entwicklung · Techniken · Tendenzen

Band 5 Carlos de Molina
Fahrverhalten von Krafträdern
Rechnerische Simulation

Band 6 Manfred Rautenberg (Hrsg.)
Aufladung von Verbrennungsmotoren
Entwicklung, Regelung und Stand der Technik

Band 7 Henning Wallentowitz (Hrsg.)
Allradlenksysteme bei Personenkraftwagen

Band 8 Waldemar Stühler (Hrsg.)
Schwingungen in der Fahrzeugdynamik

Vieweg

Fortschritte der Fahrzeugtechnik 8

Waldemar Stühler (Hrsg.)

SCHWINGUNGEN IN DER FAHRZEUGDYNAMIK

vieweg

Fortschritte der Fahrzeugtechnik
Exposés oder Manuskripte zu dieser Reihe werden zur Beratung erbeten unter der Adresse: Verlag Vieweg, Postfach 58 29, D-6200 Wiesbaden

Dieser Band enthält die Vorträge der 3. Fahrzeugdynamik-Fachtagung 1989 und der 4. Fahrzeugdynamik-Fachtagung 1990 im Haus der Technik, Essen.

Herausgeber: Prof. Dr.-Ing. *Waldemar Stühler* lehrt am Fachgebiet Mechanische Schwingungslehre und Maschinendynamik der Technischen Universität Berlin.

Die Deutsche Bibliothek – CIP-Einheitsaufnahme

Schwingungen in der Fahrzeugdynamik: [Vorträge der 3. Fahrzeugdynamik-Fachtagung 1989 und der 4. Fahrzeugdynamik-Fachtagung 1990 im Haus der Technik, Essen] / Waldemar Stühler (Hrsg.). – Braunschweig; Wiesbaden: Vieweg, 1992
(Fortschritte der Fahrzeugtechnik; Bd. 8)
ISBN 978-3-528-06398-6 ISBN 978-3-322-88807-5 (eBook)
DOI 10.1007/978-3-322-88807-5
NE: Stühler, Waldemar [Hrsg.]; Fahrzeugdynamik-Fachtagung <03, 1989 – 04, 1990>; Haus der Technik < Essen>; GT

Der Verlag Vieweg ist ein Unternehmen der Verlagsgruppe Bertelsmann International.

Gedruckt auf säurefreiem Papier

ISBN 978-3-528-06398-6

Vorwort

Die 3. und 4. Fahrzeugdynamik-Fachtagung sind mit Erfolg in den Jahren 1989 und 1990 im Haus der Technik in Essen durchgeführt worden. Es wurden als Themenschwerpunkte herausgestellt

Berechnung, Messung und Vergleich von Berechnungs- und Meßergebnissen.

Einige dieser Referate wurden für den vorliegenden Band ausgewählt, um in besonderer Weise beispielhaft die methodischen Vorgehensweisen zur Lösung von Schwingungsproblemen in der Praxis zu zeigen. Es wurden aber auch fachliche Einzelergebnisse vorgestellt, wobei von besonderem Interesse der Vergleich zwischen Meß- und Berechnungsergebnissen ist.

Berlin, im Juli 1991 *W. Stühler*

Referentenverzeichnis

Dr. B. Balasubramanian, Mercedes-Benz, AG Stuttgart

Prof. Dr. techn. F. Böhm, 1. Institut für Mechanik, Technische Universität Berlin

F. Brandhuber, Firma MacNeal-Schwendler GmbH München

Dipl.-Ing. M. Eichler, 1. Institut für Mechanik, Technische Universität Berlin

Dipl.-Ing. P.-G. Frank, 1. Institut für Mechanik, Fachgebiet Mechanische Schwingungslehre und Maschinendynamik, Technische Universität Berlin

Dipl.-Ing. A. Hambrecht, Institut für Regelungstechnik und Systemdynamik, Technische Universität Berlin

Dipl.-Ing. J. B. Han, 1. Institut für Mechanik, Fachgebiet Mechanische Schwingungslehre und Maschinendynamik, Technische Universität Berlin

Prof. Dr.-Ing. I. Hartmann, Institut für Regelungstechnik und Systemdynamik, Technische Universität Berlin

Dipl.-Ing. H. P. Hastrich, 1. Institut für Mechanik, Fachgebiet Mechanische Schwingungslehre und Maschinendynamik, Technische Universität Berlin

Dipl.-Ing. K. Kmoch, 1. Institut für Mechanik, Technische Universität Berlin

Dr.-Ing. F. Kücükay, Bayerische Motorenwerke AG BMW München

Dipl.-Ing. H. Kühlert, Institut für Mechanik, Universität der Bundeswehr Hamburg

Dipl.-Ing. L. Li, 1. Institut für Mechanik, Fachgebiet Mechanische Schwingungslehre und Maschinendynamik, Technische Universität Berlin

Dipl.-Ing. H. Lilienthal, 1. Institut für Mechanik, Fachgebiet Mechanische Schwingungslehre und Maschinendynamik, Technische Universität Berlin

Dr.-Ing. R. Markert, Institut für Mechanik, Universität der Bundeswehr Hamburg

Dipl.-Ing. J.-S. Möller, Mercedes-Benz AG Stuttgart

Dr.-Ing. G. Siegl, Industrtieanlagen-Betriebsgesellschaft mbH (IABG) Ottobrunn bei München

Prof. Dr.-Ing. W. Stühler, 1. Institut für Mechanik, Fachgebiet Mechanische Schwingungslehre und Maschinendynamik, Technische Universität Berlin

Prof. Dr.-Ing. H. Witfeld, Institut für Mechanik, Universität der Bundeswehr Hamburg

Dr.-Ing. H.-B. Woyand, Adam Opel AG, Rüsselsheim

Inhaltsverzeichnis

Messung

Residuenanalyse bei Kalmanfiltern zur Klassifizierung der Seitenkraftbeiwerte von Kraftfahrzeugen

von A. Hambrecht, I. Hartmann

1 Einleitung

Bei der Beherrschung kritischer Situationen von Kraftfahrzeugen ist die frühzeitige Erkennung ungünstiger Straßenzustände von großer Bedeutung. Im folgenden werden zur Überwachung des Seitenkraftbeiwertes die Systemreaktionen aufgrund zufälliger Anregungen durch die Straßenunebenheiten und Lenkkorrekturen unter Verwendung einer Kalmanfilterbank ausgewertet. Die Untersuchungen der Residuenprozesse von Kalmanfiltern mit Hilfe statistischer Tests liefern eine Aussage über den aktuellen Parametersatz, der eine Klassifizierung des Seitenkraftbeiwertes zuläßt.

2 Überblick zur Verwendung des Kalmanfilters

Läßt sich ein Prozeß durch das lineare, zeitdiskrete Zustandsmodell

$$(1) \qquad \underline{x}(\nu+1) = \underline{\Phi}_\nu \underline{x}(\nu) + \underline{H}_\nu \underline{u}(\nu) + \underline{G}_\nu \underline{w}(\nu) \qquad \underline{x}(o) \neq \underline{0}$$

$$\underline{y}(\nu) = \underline{C}_\nu \underline{x}(\nu) + \underline{v}(\nu)$$

mit den stochastischen Störungen $\{\underline{V}(\nu)\}$ und $\{\underline{W}(\nu)\}$ beschreiben und gilt für die Störungen

- $\{\underline{V}(\nu)\}$ und $\{\underline{W}(\nu)\}$ sind weiße, Gauß-verteilte, nichtkorrelierende Prozeße, d.h.
  $E\{\underline{V}(\nu)\underline{V}'(\mu)\} = \underline{R}_\nu \, \delta_{\nu\mu}$, $\quad E\{\underline{W}(\nu)\underline{W}'(\mu)\} = \underline{Q}_\nu \delta_{\nu\mu}$
  $\mathrm{Cov}\{\underline{W}_\nu;\underline{V}_\mu\} \quad \underline{0}$
- der Anfangszustand $\underline{x}(o)$ ist eine Gauß-verteilte Zufallsvariable mit dem Erwartungswert $\hat{\underline{x}}(o)$ und der Kovarianz $\mathrm{Cov}\{\underline{X}(o);\underline{X}(o)\} = \underline{P}_0$, die mit den stochastischen Prozessen $\{\underline{V}(\nu)\}$ und $\{\underline{W}(\nu)\}$ nicht korreliert,

dann liefert das folgende Kalmanfilter [1] eine optimale Zustandsschätzung

$$\hat{\underline{x}}(\nu|\nu) = E\{\underline{X}(\nu)|\underline{Y}_\nu\}$$

im Sinne des minimalen mittleren quadratischen Schätzfehlers $[\underline{x}(\nu) - \hat{\underline{x}}(\nu|\nu)]$, der aus der bedingten Fehlerkovarianzmatrix

$$\underline{P}(\nu|\nu) = E\left\{[\underline{X}(\nu) - \hat{X}(\nu|\nu][\underline{X}(\nu) - \hat{\underline{X}}(\nu|\nu]'\,|\underline{Y}_\nu\right\}$$

ablesbar ist. $\underline{Y}_\nu = \{\underline{y}(\nu),\ y(\nu-1),\ \ldots\ \}$ enthält die Messungen der Ausgangsgröße bis zum Zeitpunkt ν.

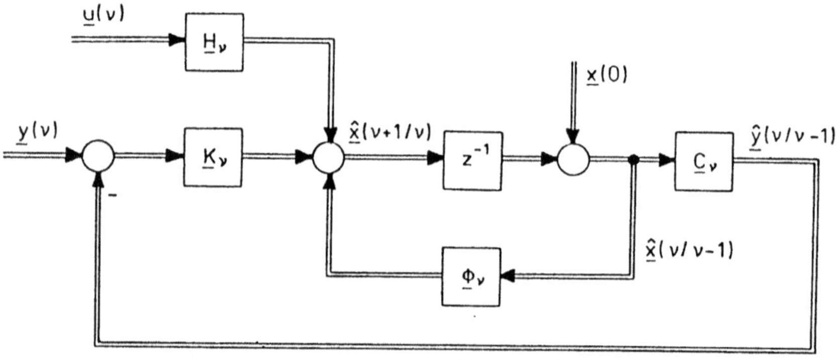

Bild 1: Schätzfilter nach Kalman (hier ohne Kovarianzdarstellung)

Das Strukturbild 1 zeigt die Erzeugung der einstufigen Prädiktion $x(\nu+1|\nu)$, die sich nach **Kalman** aus dem Zustandsmodell

$$(2) \qquad \hat{\underline{x}}(\nu+1|\nu) = \underline{\Phi}_\nu\hat{\underline{x}}(\nu|\nu-1) + \underline{K}_\nu\left[\underline{y}(\nu) - \underline{C}_\nu\hat{\underline{x}}(\nu|\nu-1)\right] + \underline{H}_\nu\underline{u}(\nu)$$

$$= \left[\underline{\Phi}_\nu - \underline{K}_\nu\underline{C}_\nu\right]\hat{\underline{x}}(\nu|\nu-1) + \underline{K}_\nu\underline{y}(\nu) + \underline{H}_\nu\underline{u}(\nu)$$

ergibt. Dabei wird die Verstärkungsmatrix $\underline{K}_\nu$ aus der Fehlerkovarianzmatrix rekursiv bestimmt. Es gilt

$$(3) \qquad \underline{K}_\nu = \underline{\Phi}_\nu P(\nu|\nu-1)\,\underline{C}'_\nu\left[\underline{C}_\nu\underline{P}(\nu|\nu-1)\,\underline{C}'_\nu + \underline{R}_\nu\right]^{-1} = \underline{\Phi}_\nu\tilde{\underline{K}}_\nu$$

und die rekursive Beziehung für die bedingte Fehlerkovarianzmatrix lautet

(4) $$\underline{P}(\nu-1|\nu) = \underline{\Phi}_\nu \underline{P}(\nu|\nu)\underline{\Phi}'_\nu + \underline{G}_\nu \underline{Q}_\nu \underline{G}'_\nu \ .$$

Unter Verwendung des Prädiktionsfehlers $e(\nu|\nu-1)$ folgt dann für die Zustandsschätzung:

(5) $$\hat{\underline{x}}(\nu|\nu) = \hat{\underline{x}}(\nu|\nu-1) + \tilde{\underline{K}}_\nu \left[\underline{y}(\nu) - \underline{C}_\nu \hat{\underline{x}}(\nu|\nu-1)\right]$$

mit der bedingten Fehlerkovarianzmatrix

(6) $$\underline{P}(\nu|\nu) = \left[\underline{I} - \tilde{\underline{K}}_\nu \underline{C}_\nu\right] \underline{P}(\nu|\nu-1) \quad , \quad \underline{P}(o|-1) = \underline{P}_o \ .$$

Um das Kalmanfilter (2) bis (6) in der Technischen Diagnose oder bei der Überwachung von Prozessen zu verwenden, muß die Abweichung vom Optimalververhalten ermittelt werden, die durch Veränderungen von Prozeßparametern verursacht wird.

Als Maß der Abweichung dient hierzu im folgenden der Fehlerprozeß

(7) $$\underline{e}(\nu|\nu-1) = \left[\underline{y}(\nu) - \underline{C}_\nu \hat{\underline{x}}(\nu|\nu-1)\right] ,$$

der im optimalen Fall ein weißer Gauß-verteilter Prozeß ist sowie den Erwartungswert $\underline{0}$ und die minimale Varianz

(8) $$\mathrm{Var}\ \{\underline{e}(\nu|\nu-1)\} = \left[\underline{R}_\nu + \underline{C}_\nu \underline{P}(\nu|\nu-1)\underline{C}'_\nu\right]$$

besitzt. Man bezeichnet diesen **Residuenprozeß** dann auch als **Innovation**. Im folgenden wird diese ausgezeichnete Eigenschaft zur Klassifikation des Seitenkraftbeiwertes bei Kraftfahrzeugen herangezogen.

Als Prozeßmodell wurde hier das Einspurmodell der Ouerdynamik eines Fahrzeuges mit den Zustandsgrößen Gierwinkel und Schwimmwinkel nach Bild 2 verwendet.

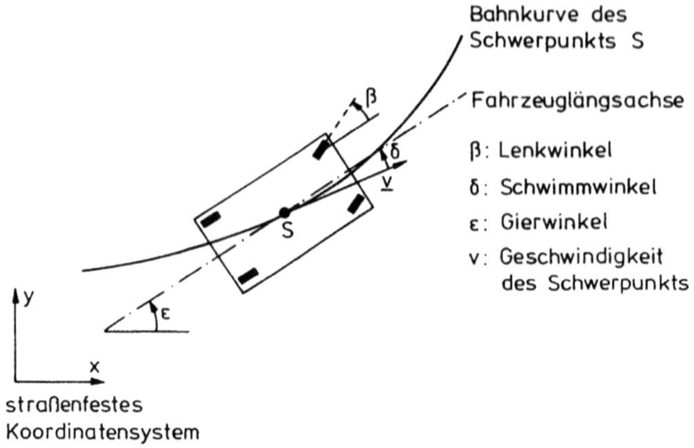

Bild 2: Querdynamische Größen eines Fahrzeuges

Unter den bekannten Voraussetzungen, vgl. [2], ergibt sich das Prozeßmodell

$$(9) \qquad \begin{bmatrix} \ddot{\epsilon}(t) \\ \dot{\delta}(t) \end{bmatrix} = \begin{bmatrix} a_{11} & a_{12} \\ a_{21} & a_{22} \end{bmatrix} \begin{bmatrix} \dot{\epsilon}(t) \\ \delta(t) \end{bmatrix} + \begin{bmatrix} b_1 \\ b_2 \end{bmatrix} \beta(t) + \begin{bmatrix} g_1 \\ g_2 \end{bmatrix} w(t)$$

$$y(t) = [1 \quad o] \begin{bmatrix} \dot{\epsilon}(t) \\ \delta(t) \end{bmatrix} + v(t) \quad .$$

Die Parameter a_{ij} und b_i hängen proportional von der Kraftschlußbeanspruchung μ (0,2 ... 0,9) und z.T. umgekehrt proportional von der Fahrgeschwindigkeit v ab.
Das Zustandsmodell (9) wird bei geeigneter Wahl der Abtastzeit in ein zeitdiskretes Modell umgewandelt, vgl. [3], wobei das Überwachungssystem mit dem Lenkwinkel ß = 0 arbeiten kann.

3 Kenngrößen des Residuenprozesses und Aufbau des Überwachungssystems

Die Residuenprozesse werden hier aufgrund der geschätzten Erwartungswerte und der geschätzten Autokorrelationsfolgen analysiert. Die statistischen Tests prüfen, ob die Prozesse vorgegebene Eigenschaften aufweisen. Der Erwartungswert und die Varianz werden mit den Beziehungen

$$(10) \qquad \bar{e} = \frac{1}{N} \sum_{\nu=1}^{N} e(\nu|\nu-1)$$

$$(11) \qquad \widehat{Var}\{e\} = \frac{1}{(N-1)} \sum_{\nu=1}^{N} \left[e(\nu|\nu-1) - \bar{e}\right]^2$$

geschätzt. Unter den gemachten Voraussetzungen erhält man dann für den geschätzten Erwartungswert eine Student - t - und für die Varianz eine χ^2 verteilte Testgröße. Als weitere Testgröße wird bei der Beurteilung der geschätzte Reihenkorrelationskoeffizient $(e(\nu): = e(\nu|\nu-1)$

$$(12) \qquad r = \frac{\sum_{\nu=1}^{N} \left[e(\nu) - \bar{e}\right]\left[e(\nu + 1) - \bar{e}\right]}{\sum_{\nu=1}^{N} \left[e(\nu) - \bar{e}\right]^2}$$

verwendet. Für eine große Stichprobenanzahl sind die Schätzwerte der Korrelationskoeffizienten annähernd normalverteilt.

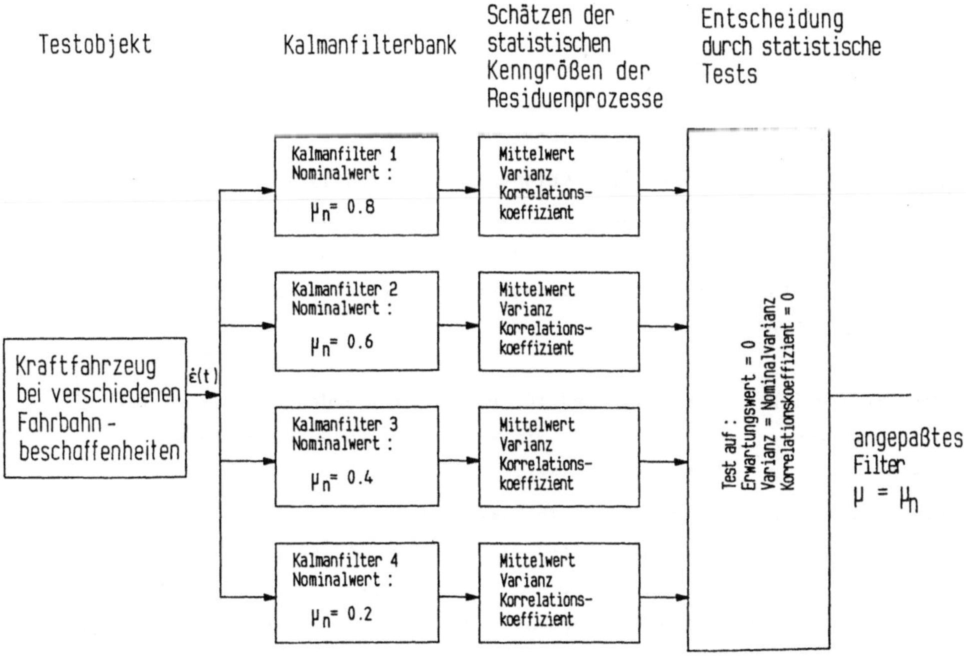

<u>Bild 3:</u> Überwachung und Klassifikation des Seitenkraftbeiwertes

Den Aufbau des Überwachungssystems zeigt das Bild 3. Zu jedem Parametersatz des Fahrzeugmodells wird ein Kalmanfilter entworfen und diese zu einer Kalmanfilterbank zusammengefaßt. Jedes Kalmanfilter erzeugt ein Residuenprozeß, der im angepaßten Filter weiß ist und gegenüber allen nicht angepaßten Filtern eine minimale Varianz aufweist.

4 Empfindlichkeitsanalyse bezüglich des Seitenkraftbeiwertes *

Ausgangspunkt ist die Darstellung des stationären Kalmanfilters mit Übertragungsfunktionen. Ausgehend von diesen Übertragungsfunktionen lassen sich die Kenngrößen Erwartungswert, Varianz und Kreuzkorrelationskoeffizient des Residuenprozesses $e(\nu|\nu-1)$ für jede Kombination von wahrem Wert μ und nominellem Wert μ_n, für den das Kalmanfilter entworfen wurde, berechnen.

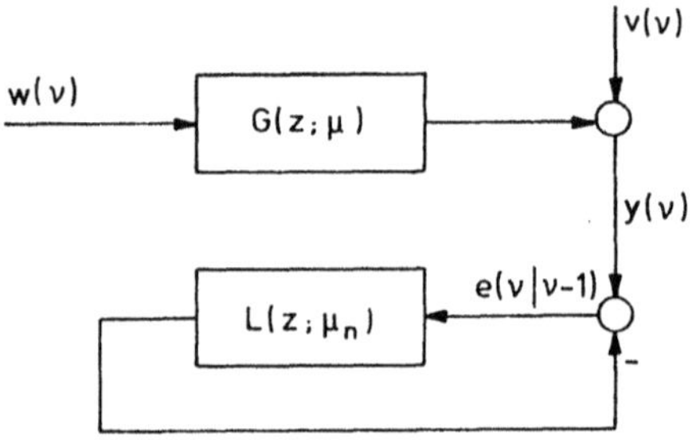

Bild 4: Darstellung eines Prädiktionsfilters (Bild 1) in Form der offenen Kreisübertragungsfunktion $L(z,\mu_k)$. $G(z,\mu)$ ist die Übertragungsfunktion der Querdynamik mit dem Lenkwinkel $\beta=0$
μ_k Entwurfsparameter, Kalmanfilter, nomineller Reibbeiwert,
μ wahrer Reibbeiwert

Die Empfindlichkeitsanalyse wird für einen Bereich des nominellen Reibbeiwertes von $\mu_n = 0...1$ und für die Werte des wahren Reibbeiwertes $\mu = 0.2; 0.4; 0.6; 0.8$ durchgeführt.
Die Bilder 5 und 6 zeigen die Ergebnisse der Analyse. Es zeigt sich, daß die Kenngrößen Varianz und Kreuzkorrelationskoeffizient des Residuenprozesses sich für $\mu \neq \mu_n$ deutlich von den Kenngrößen für $\mu = \mu_n$ unterscheiden. Die Auswertung von Varianz und Kreuzkorrelationskoeffizient ist in diesem Fall für die Überwachung geeignet.

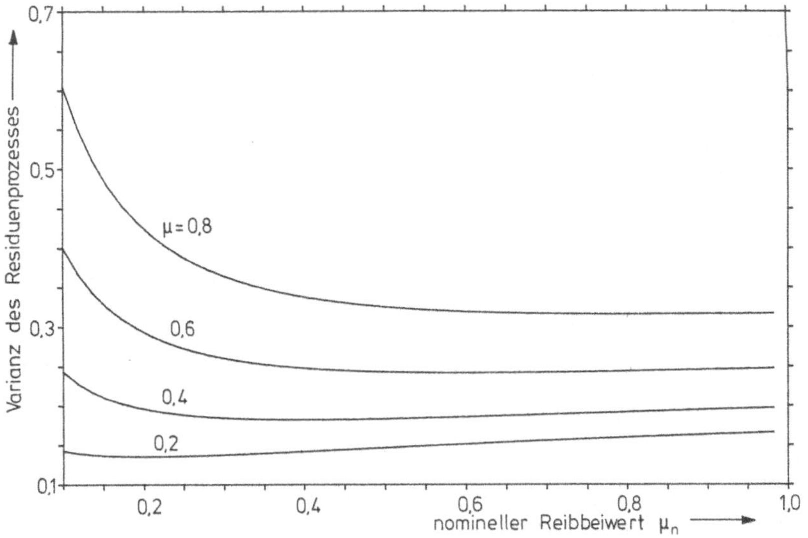

Bild 5: Empfindlichkeitsanalyse-Verlauf der Varianzen bei μ=0.2;0.4;0.6;0.8 bei $\frac{Q}{R}$ = 0,1

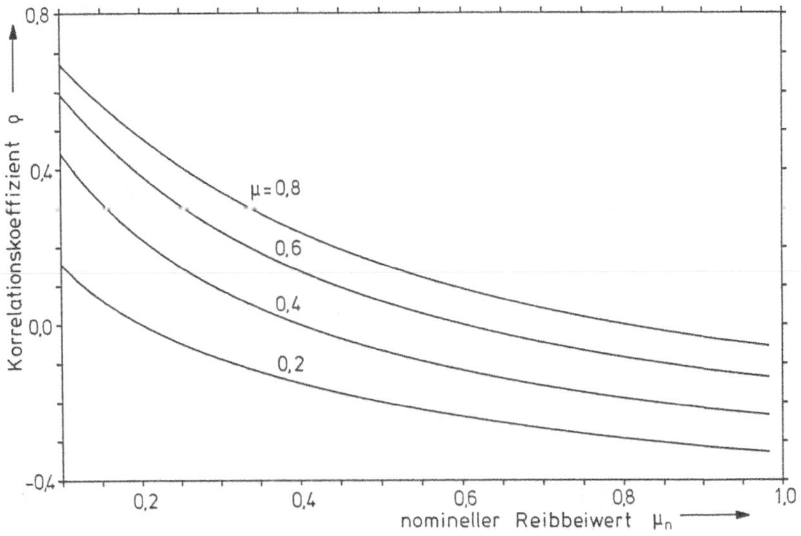

Bild 6: Empfindlichkeitsanalyse des Korrelationskoeffizienten bei $\frac{Q}{R}$ = 0,1

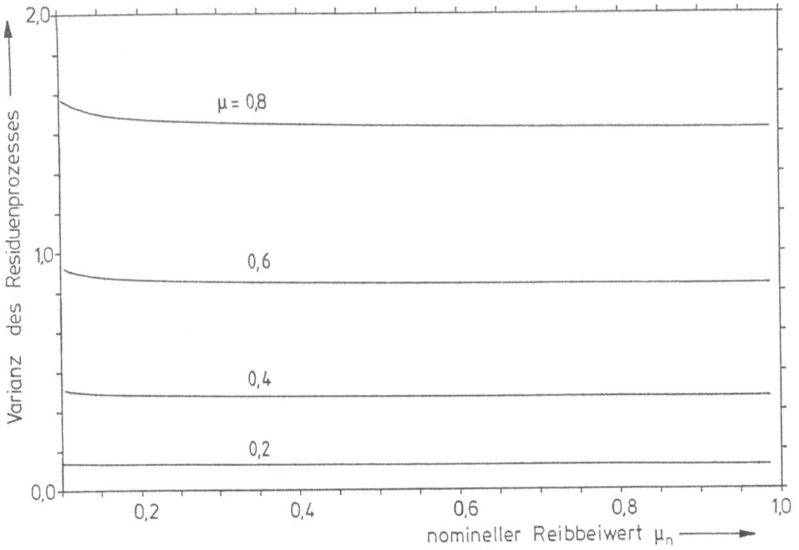

Bild 7: Empfindlichkeitsanalyse - Verlauf der Varianzen bei

$\frac{Q}{R} = 0,1$

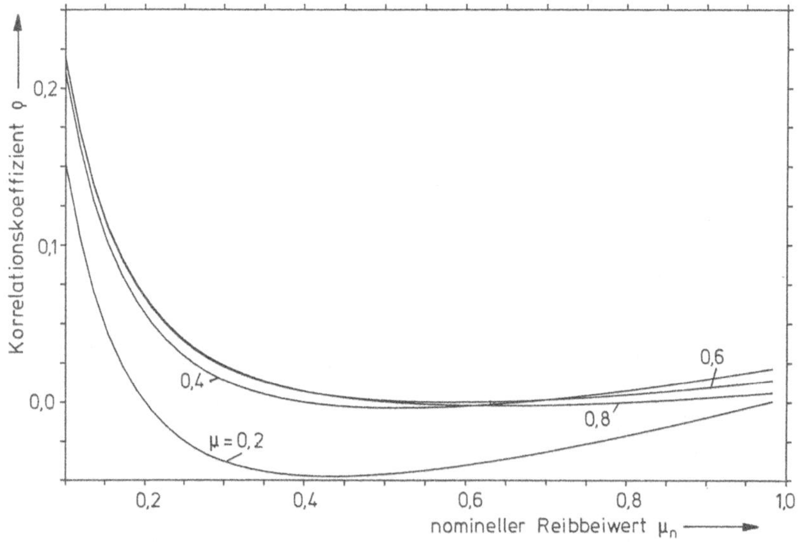

Bild 8: Empfindlichkeitsanalyse des Korrelationskoeffizienten bei

$\frac{Q}{R} = 0.01$

Bild 8 zeigt nun einen Fall bei dem die Unterschiede der Kenngröße Korrelationskoeffizient nicht ausreichend sind, um für die Überwachung geeignet zu sein. Dies wird insbesondere deutlich, wenn die Streugrenzen der Schätzung des Korrelationskoeffizienten mitbetrachtet werden. Die $\pm\ 3\sigma$ Streubereiche überlappen sich insbesondere für μ = 0,4 0,6 0,8 fast vollständig.

	Kalman-Filter μ_n = 0.2				Kalman-Filter μ_n = 0.4			
	μ=0.2	μ=0.4	μ=0.6	μ=0.8	μ=0.2	μ=0.4	μ=0.6	μ=0.8
ρ	0.000	0.221	0.293	0.425	-0.151	0.000	0.138	0.238
VAR	0.135	0.195	0.384	0.483	0.142	0.182	0.248	0.337
VAR_n	1.000	1.447	2.840	3.566	1.048	1.000	1.360	1.854

	Kalman-Filter μ_n = 0.6				Kalman-Filter μ_n = 0.8			
	μ=0.2	μ=0.4	μ=0.6	μ=0.8	μ=0.2	μ=0.4	μ=0.6	μ=0.8
ρ	-0.237	-0.118	0.000	0.092	-0.293	-0.190	-0.085	0.000
VAR	0.154	0.186	0.242	0.319	0.160	0.192	0.244	0.315
VAR_n	0.626	0.769	1.000	1.312	0.506	0.608	0.773	1.000

Tabelle 1: Ergebnisse der Empfindlichkeitsanalyse ($\frac{Q}{R}$ = 0,1)

5 Statistische Tests

Wenn χ eine Zufallsvariable mit den unbekannten statistischen Parametern $\underline{a}_1,\dots,\underline{a}_k$ ist, dann prüft die Entscheidungstheorie mit einer vorgegebenen Fehlerwahrscheinlichkeit anhand von Testgrößen, ob der Wert eines Parameters $\underline{a}_i$ vorliegt oder nicht vorliegt.

Im vorliegenden Beispiel

wird die sogenannte

Nullhypothese H_o,

ob das k-te Kalmanfilter dem Prozeß (System) angepaßt ist (d.h. optimale Eigenschaften besitzt; die wahren Parameter den Entwurfsparametern entsprechen),

gegenüber der **Alternativhypothese** H_1,

daß das Filter nicht dem Prozeß angepaßt ist,

geprüft.

H_o	Entscheidung	Wahrscheinlichkeit
wahr	T: Annahme von H_o	Entscheidung richtig $W[T\|H_o] = 1-\alpha$
wahr	$\bar{T}$: Annahme von H_1	Fehler 1. Art $W[\bar{T}\|H_o] = \alpha$
falsch	T: Annahme von H_o	Fehler 2. Art $W[T\|H_1] = \beta$
falsch	$\bar{T}$: Annahme von H_1	Entscheidung richtig $W[\bar{T}\|H_1] = 1-\beta$

Tabelle 2: Entscheidungswahrscheinlichkeiten

5.1 Nichtsequentielles Testverfahren

Der Residuenprozeß jedes Kalmanfilters wird auf drei Null- und Alternativhypothesen geprüft.

Hypothesentest I: Erwartungswert des Residuenprozesses

$$H_{o,k} \quad : \quad E\{e(\nu|\nu-1)\} = 0$$

$$H_{1,k} \quad : \quad E\{e(\nu|\nu-1)\} \neq 0$$

Hypothesentest II: Varianz des Residuenprozesses

$$H_{o,k} \quad : \quad Var\{e(\nu|\nu-1)\} = R_\nu + \underline{c}'\underline{P}(\nu|\nu-1)\underline{c}$$

$$H_{1,k} \quad : \quad Var\{e(\nu|\nu-1)\} \neq R_\nu + \underline{c}'\underline{P}(\nu|\nu-1)\underline{c}$$

Hypothesentest III: Korrelationseffizient des Residuenprozesses

$$H_{o,k} \quad : \quad \rho(e(\nu|\nu-1)) = 0$$

$$H_{1,k} \quad : \quad \rho(e(\nu|\nu-1)) \neq 0$$

Hypothesentest I

Entscheidung über Student-t-Verteilung

$$\text{Testfunktion:} \quad t = \frac{\bar{e}}{\sigma} N^{0,5} \; .$$

Die kritischen Bereiche können zum Signifikanzniveau α aus

$$(13) \qquad \frac{|\bar{e}| N^{0,5}}{\hat{\sigma}} > t_{N-1;1-\alpha/2} \; ,$$

bestimmt werden. Die Nullhypothese wird, wie das Bild 8 veranschaulicht, nicht angenommen, wenn die Ungleichung (13) erfüllt ist.

Das implementierte Überwachungssystem bestimmt allerdings nicht die Intervallgrenze $t_{N-1;1-\alpha/2}$, sondern nutzt zur Entscheidungsfindung die Stetigkeit und Monotonie der Verteilungsfunktion aus. Zu einer Realisierung t' der Testfunktion wird aus der Student-t-Verteilungsfunktion ein Wert α' bestimmt, und die Nullhypothese dann angenommen, wenn

$$(14) \qquad \frac{\alpha}{2} < \alpha' < 1 - \frac{\alpha}{2}$$

erfüllt ist.

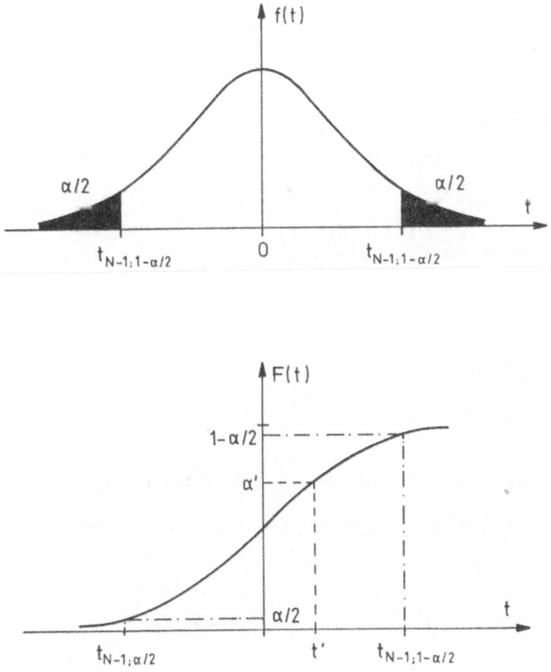

Bild 9: Kritische Bereiche beim Erwartungswert (Student-t-Verteilungsdichte und Verteilungsfunktion)

Hypothesentest II

Entscheidung über eine χ^2-Verteilung

$$\text{Testfunktion:}\quad \chi = \frac{(N-1)\widehat{\mathrm{Var}}\{e_\nu\}}{\mathrm{Var}\{e(\nu|\nu-1)\}}$$

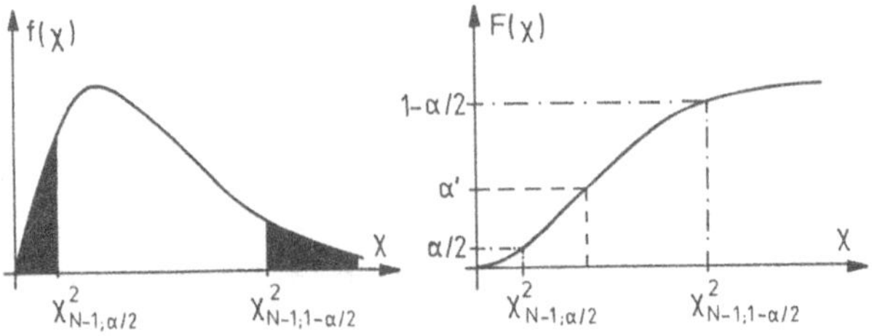

Bild 10: Kritische Bereiche beim nichtsequentiellen Varianzentest (χ^2-Verteilungsdichte und -funktion)

Wie bei Hypothesentest I wird zur Testent- scheidung ein Wert α' aus der χ^2-Verteilung berechnet und ausgewertet.

Hypothesentest III

Als Testfunktion wird der geschätzte und normierte Reihenkorrelationskoeffizient W_N verwendet

$$W_N = \frac{r- E\{r|N\}}{\sigma(r|N)} .$$

Aus der Verteilung von W_N wird wieder ein Wert α' ermittelt und die Nullhypothese angenommen, wenn

$$\frac{\alpha}{2} < \alpha' < (1 - \frac{\alpha}{2})$$

Wie bei Hypothesentest I wird zur Testentscheidung ein Wert α'aus der Verteilung der Korrelationskoeffizienten berechnet und ausgewertet. Die Verteilung der Schätzung des Korrelationskoeffizienten ist in Bild 11 für verschiedene Stichprobenanzahlen N dargestellt.

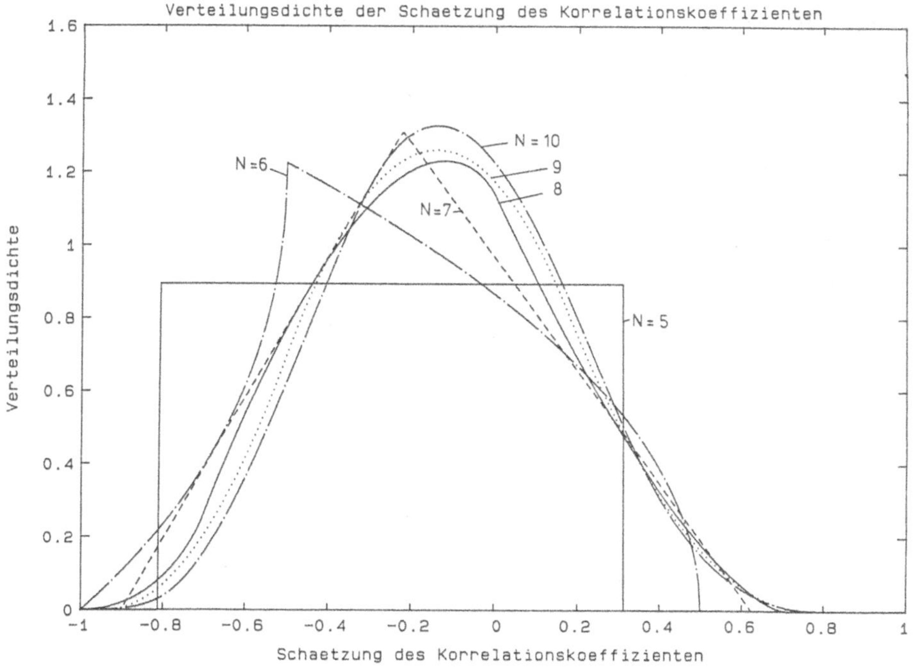

Bild 11: Verteilung der Schätzung des Korrelationskoeffizienten bei einem weißen gaussverteilten Residuenprozeß $\{e_\nu\}$ für verschiedene Stichprobenzahlen

5.2 Sequentieller Weißheitstest *

Für den Reihenkorrelationskoeffizienten des Residuenprozesses wird die Testfunktion

$$W_N = \frac{r - E\{rN\}}{\sigma(r|N)}$$

gewählt. Unter Vorgabe von Wahrscheinlichkeiten α_1 und α_o $(1-\alpha_1-\alpha_o>0)$ sind die Schranken k_1 und k_o durch

$$W[|W_N|>k_1] = \alpha_1$$

$$W[|W_N|<k_o] = \alpha_o$$

zu bestimmen.

Die Nullhypothese wird angenommen, wenn nach N Schätzungen

$$|W_N| < k_o$$

ist oder zugunsten der Alternativhypothese verworfen wird, wenn

$$|W_N| > k_1$$

ist. Andernfalls wird die Berechnung unter Hinzunahme einer neuen Stichprobe festgesetzt.
Wie beim nichtsequentiellen Testverfahren werden die Schranken k_o und k_1 nicht explizit berechnet, sondern eine aus der Verteilung von W_N abgeleitete Testgröße α' zur Entscheidung verwendet.

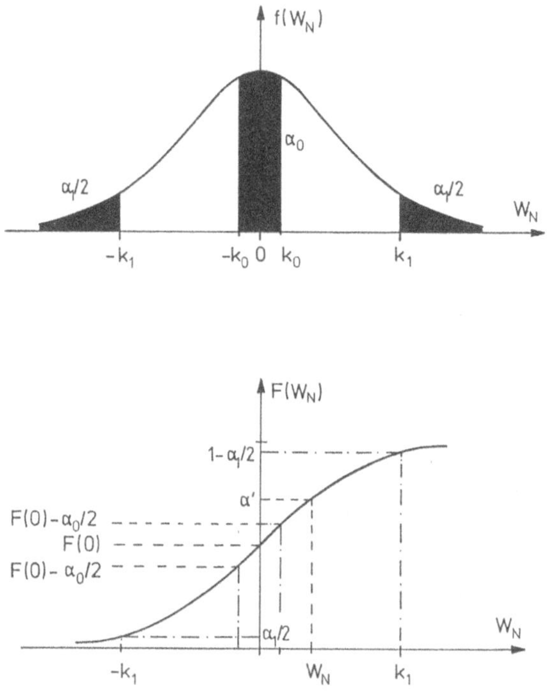

Bild 12: Kritische Bereiche beim sequentiellen Weißheitstest

5.3 Multipler sequentieller Varianzentest

Die Filter werden nach aufsteigender nomineller Residuenvarianz

$$\mathrm{Var}_n(e_{\nu;o}) < \mathrm{Var}_n(e_{\nu;1}) < \ldots < \mathrm{Var}_n(e_{\nu;M-2}) < \mathrm{Var}_n(e_{\nu;M-1})$$

geordnet. Mittels Varianzentests, die jeweils die Residuen zweier benachbarter Filter K_k und K_{k+1} auswerten, wird die Hypothese geprüft, ob diese Reihenfolge eingehalten wird. Die Varianzentests werden unter der Annahme normalverteilter Residuenprozesse als sequentielle Likelihood-Quotiententests mit den Hypothesen

$$H_o : Var(e_{\nu;k}) \leq Var(e_{\nu;k+1})$$

$$H_1 : Var(e_{\nu;k}) > Var(e_{\nu;k+1})$$

bei vorgegebener Stärke (α_k, β_k) formuliert.

Der logarithmische Likelihoodquotient λ_N wird als Testgröße benutzt und die Entscheidung wie folgt gefunden:
Solange

$$B < \lambda_N < A$$

ist, wird ein neues Stichprobenpaar $(e_{N+1;k}, e_{N+1;k+1})$ gezogen. Die Nullhypothese wird angenommen, wenn

$$B \geq \lambda_N$$

gilt und verworfen, wenn die Ungleichung

$$A < \lambda_N$$

erfüllt wird. Der Ausdruck λ_N läßt sich rekursiv durch

$$\lambda_N = \lambda_{N-1} + (e_{N;k})^2 - (e_{N;k+1})^2$$

mit dem Anfangswert $\lambda_o = 0$ bestimmen.

5.4 Simulationsergebnisse *

Die Bilder 13 und 14 zeigen einige typische Zeitverläufe von Schätz- und Testgrößen.
Das Kalmanfilter 1 ist für einen Wert von $\mu_n = 0{,}8$ das Kalmanfilter 2 für einen Wert $\mu_n = 0{,}2$ entworfen. In beiden Bildern ist ein Sprung des wahren Reibbeiwertes von $\mu = 0{,}2$ auf $\mu = 0{,}8$ enthalten. Deutlich ist der veränderte Verlauf der Schätz- und Testgrößen zu sehen. Auch die für Sequentialtests typische zufällige Stichprobenanzahl bis zur Entscheidung ist zu erkennen.

Dargestellt werden in Bild 13 die für Kalmanfilter 1 bzw. Kalmanfilter 2 aus der Verteilung des Korrelationskoeffizienten berechneten Werte α_1' und α_2' und die zugehörigen Schätzwerte des Korrelationskoeffizienten r_1 und r_2. Im Teilbild sind zusätzlich die $\pm$ 3σ Streugrenzen für die Schätzung des Korrelationskoeffizienten eingetragen. Die Streugrenzen gelten für einen weißen Residuenprozeß $e(\nu|\nu-1)$.

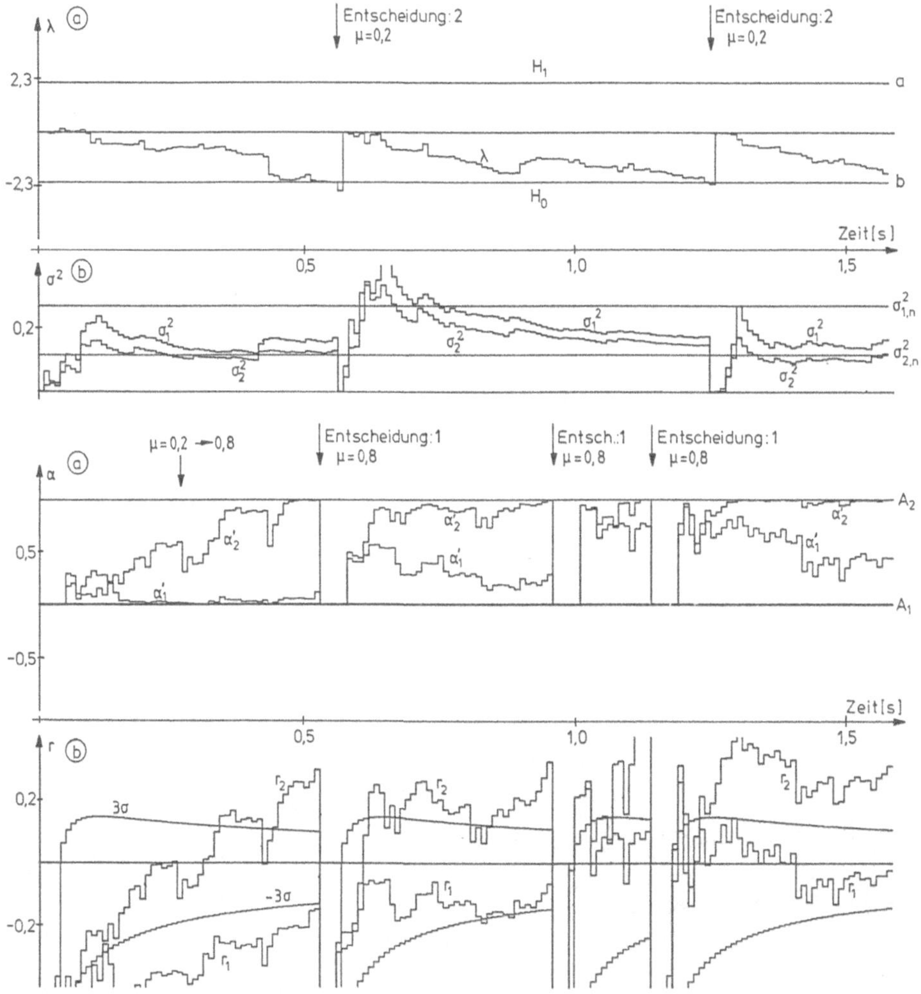

A_1, A_2 Testschranken α_1, α_2 Testgrößen

r_1, r_2 Schätzung des Korrelationskoeffizienten

$3\sigma, -3\sigma$ 3-Sigmastreugrenzen von r für einen unkorrelierten Prozeß

Bild 13: Zeitverläufe sequentieller Weißheitstest

Bild 14 zeigt Schätz- und Testgrößen für den sequentiellen Varianztest, Teilbild a zeigt das Likelihoodverhältnis λ, Teilbild b die geschätzten Varianzen σ_1^2 bzw. σ_2^2 und die nominellen Varianzen $\sigma_{1,n}^2$ und $\sigma_{2,n}^2$ des Residuenprozesses.

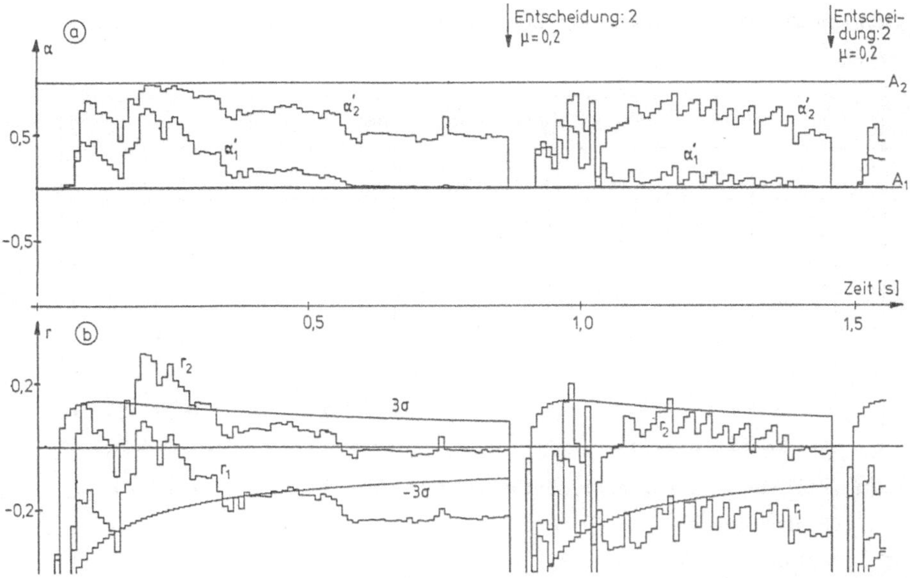

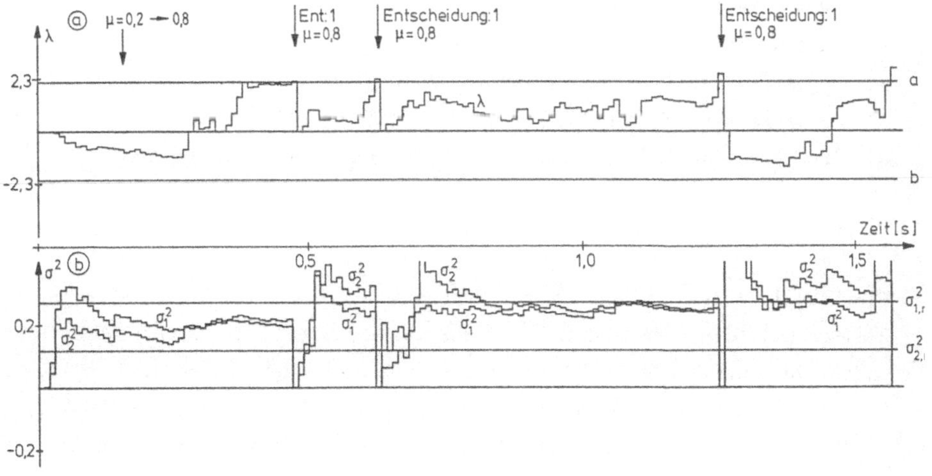

a,b Testschranken $\quad$ λ Likelihoodverhältnis

σ_1^2, σ_2^2 Schätzung der Varianz Residuenprozesse

$\sigma_{1,n}^2, \sigma_{2,n}^2$ Nominalvarianz der Innovationsprozesse

Bild 14: Zeitverläufe sequentieller Varianzentest

In den folgenden Tabellen ist eine statistische Auswertung aus Simulationsläufen mit jeweils 10000 Stichproben dargestellt. Deutlich ist zu sehen, wie Fehlerwahrscheinlichkeit und Stichprobenanzahl zusammenhängen. In Tabelle 13 liefen in den Simulationen Nr. 1...4 zufriedenstellende Ergebnisse. Bei Verringerung der Stichprobenanzahl auf 300 bzw. 200 ist bei den Simulationen 5 und 6 ein deutlicher Anstieg der Fehlerwahrscheinlichkeit festzustellen.

nichtsequentieller Test										
Nr	$\alpha(\rho)$	$\alpha(VAR)$	M	μ	P	$\mu_n=0.8$	$\mu_n=0.6$	$\mu_n=0.4$	$\mu_n=0.2$	0
1	0.05	0.05	4	0.8	400	92.0%	0.0%	0.0%	0.0%	8.0%
2	0.05	0.05	4	0.6	400	0.0%	96.0%	0.0%	0.0%	4.0%
3	0.05	0.05	4	0.4	400	0.0%	0.0%	92.0%	0.0%	8.0%
4	0.05	0.05	4	0.2	400	0.0%	0.0%	0.0%	92.0%	8.0%
5	0.05	0.05	4	0.8	300	87.9%	3.0%	0.0%	0.0%	9.1%
6	0.05	0.05	4	0.8	200	74.0%	2.0%	0.0%	0.0%	24.0%

$\alpha(\rho)$, $\alpha(VAR)$: vorgegebene Irrtumswahrscheinlichkeiten 1. Art

P : Periodendauer

M : Anzahl der Filterstufen

μ : wahre Kraftschlußbeanspruchung

k : Anzahl der Testzyklen

μ_n : relative Häufigkeiten, mit denen Entscheidungen zugunsten des Filters mit dem Nominalwert μ_n getroffen wurden

0 : relative Häufigkeiten der Tests ohne eindeutige Entscheidung

Tabelle 3: Ergebnisse der nichtsequentiellen Tests

Die Tabelle 4 zeigt wieder in den Simulationen Nr. 7 bis 11 wie sich bei kleineren α_1 die Fehlerwahrscheinlichkeit verringert, die Stichprobenanzahl aber stark ansteigt. Werden die aufzudeckenden Unterschiede zwischen Einzelfiltern kleiner, so erhöht auch dies die Fehlerwahrschein- lichkeit in Stichprobenanzahl. Dies wird deutlich in den Simulationen 12 bis 15.

Der sequentielle Varianztest zeigt in Tabelle 5 das gleiche Verhalten wie der sequentielle Weißheitstest. Kleinere vorgegebene Fehlerwahrscheinlichkeiten und kleinere Parameterunterschiede vergrößern die Stichprobenanzahl.

sequentieller Weißheitstest										
Nr	α_1	M	μ	k	μ_n=0.8	μ_n=0.6	μ_n=0.4	μ_n=0.2	0	ASN
7	0.05	2	0.2	369	19.0%	--	--	70.9%	10.1%	27
8	0.05	2	0.8	590	76.1%	--	--	16.4%	7.5%	17
9	0.01	2	0.8	424	88.0%	--	--	9.0%	3.0%	28
10	0.001	2	0.2	95	7.4%	--	--	92.6%	0.0%	105
11	0.01	2	0.2	175	14.9%	--	--	84.0%	1.1%	57
12	0.01	4	0.2	58	1.7%	1.7%	13.8%	82.3%	0.0%	168
13	0.01	4	0.4	37	2.7%	24.3%	59.5%	13.5%	0.0%	264
14	0.01	4	0.6	29	27.6%	65.5%	6.9%	0.0%	0.0%	336
15	0.01	4	0.8	20	55.0%	10.0%	30.0%	5.0%	0.0%	483

α_1 : vorgegebene Wahrscheinlichkeit (α_0 = 0.001 für alle Simulationen)
ASN: mittlere Stichprobenanzahl

Tabelle 4: Ergebnisse der sequentiellen Weißheitstests

sequentieller Varianzentest										
Nr	α	β	M	μ	k	μ_n=0.8	μ_n=0.6	μ_n=0.4	μ_n=0.2	ASN
13	0.01	0.01	2	0.2	109	0.0%	--	--	100%	91
14	0.05	0.05	2	0.2	169	0.0%	--	--	100%	59
15	0.01	0.01	2	0.8	357	97.2%	--	--	2.8%	28
16	0.05	0.05	2	0.8	533	92.3%	--	--	7.7%	19
17	0.01	0.01	2	0.4	54	53.7%	--	--	46.3%	183
18	0.01	0.01	4	0.2	13	0.0%	0.0%	0.0%	100%	752
19	0.05	0.05	4	0.2	20	0.0%	0.0%	0.0%	100%	457
20	0.1	0.1	4	0.2	27	0.0%	0.0%	0.0%	100%	362
21	0.01	0.01	4	0.4	7	0.0%	0.0%	100%	0.0%	1357
22	0.1	0.1	4	0.4	15	0.0%	0.0%	100%	0.0%	649
23	0.01	0.01	4	0.6	6	0.0%	100%	0.0%	0.0%	1381
24	0.1	0.1	4	0.6	16	18.8%	81.3%	0.0%	0.0%	618
25	0.01	0.01	4	0.8	24	91.7%	8.3%	0.0%	0.0%	411
26	0.1	0.1	4	0.8	50	80.0%	20.0%	0.0%	0.0%	197
27	0.01	0.1	4	0.6	9	0.0%	88.9%	11.1%	0.0%	1066
28	0.1	0.01	4	0.6	13	53.8	46.2%	0.0%	0.0%	745

α, β : vorgegebene Irrtumswahrscheinlichkeiten 1. und 2. Art

Tabelle 5: Ergebnisse der sequentiellen Varianzentests

6. Literatur

[1] Anderson, B. D. O.; Moore, J. B:
Optimal Filtering
Prentice-Hall, INC. New Jersey 07632;

[2] Willumeit H.P.:
Kraftfahrzeuge 1988
Vorlesungsskript an der TU Berlin, FB 12

[3] Hartmann I.:
Lineare Systeme
Springer-Verlag Berlin-Heidelberg 1976

[4] Gühmann, C.; Hambrecht, A.; Hartmann, I.:
Überwachung des Seitenkraftbeiwertes bei
Kraftfahrzeugen durch Analyse der Residuen
von Kalmanfiltern.
VDI Fortschrittsberichte Reihe 12 Nr. 129 ; VDI Verlag 1989

[5] Hambrecht, A.:
Untersuchungen zum Einsatz von Schätzverfahren
und fehlersensitiven Filtern in der technischen
Diagnose.
Dissertation TU Berlin 1990

Die mit * gekennzeichneten Abschnitte sind ein selbständiger Beitrag aus der Arbeit von A. Hambrecht.

Meßtechnik am Reifen und Fahrzeug

von K. Kmoch

1. Allgemeines zur Meßtechnik

Zur gesicherten Modellierung von Reifenmodellen haben wir im Institut für Mechanik an der TU Berlin eine umfangreiche Meßtechnik aufgebaut. Diese Meßtechnik erlaubt eine nach der Modellierung gewünschte Parameterbeschaffung und hilft auch der Theorie bei der Parameterbeschreibung. So können die Theoriemodelle verifiziert und praxisrelevant orientiert werden.

Theoretiker müssen häufig Vereinfachungen, Anfangs- und Randbedingungen oder sonstige Restriktionen einführen, um überhaupt numerische Ergebnisse produzieren zu können. Die Messungen werden beschränkt durch das physikalisch Machbare und leider sehr oft durch die Ausstattung. Alle diese Restriktionen hemmen die Theorieentwicklung.

Zur Messung gehört auch eine Fehlerabschätzung, die zur Anwendung auf die Modellentwicklung erweitert werden muß. So können Fehler durch die Komplexität des zu messenden Objektes und der Meßeinrichtung selbst auftreten, so z.B.:

- Parameter sind nicht separierbar. Die Schlupfgrößen können bisher nur global angegeben werden. Die dazu verwendete Meßmethode hat bei kleinen Schlupfgrößen sehr große Toleranzen. Die Steifigkeiten und Dämpfungen sind Integralgrößen; hier ist vor allem der Temperatureinfluß schwierig zu erfassen.

- Versuchswiederholungen ergeben unterschiedliche Ergebnisse durch Änderung bei zu vielen Einflußgrößen. Die Temperatur hat einen starken Einfluß auf die Reifeneigenschaften. Die Messungen, bei denen der Reifen dynamischen

Belastungen ausgesetzt war, erfordern eine besondere Versuchsplanung und sind sehr zeitraubend, um reproduzierbare Ergebnisse zu erhalten. Der Reifeninndendruck, die Profilierung, der Gummiabrieb und auch die Devulkanisierung an der Gummiabriebfläche beeinflussen die Wiederholbarkeit der Messungen.

- dynamische Effekte sind statisch nicht meßbar. Z. B. der Rollwiderstand kann statisch nicht bestimmt werden.

- Fehlinterpretation der Messung. Durch gleichzeitige Messungen vieler Kenngrößen sind Verwechslungen möglich. Die Kalibrierung macht Schwierigkeiten mit der Folge, daß die Umrechnungsfaktoren ungenau werden. Die Auswertung der Messung ist räumlich und zeitlich so weit getrennt, daß fehlende Versuchsinformationen zu Fehlinterpretationen führen.

Abhilfe schafft eine pedantische Vorgehensweise sowie häufige Redundanz der Messung durch unterschiedliche Meßmethoden und Personen. Eine möglichst genaue und konkrete Fragestellung an die Meßtechnik und deren Rückkopplung zur Theorie erleichtert die Lösungsfindung. Eine besondere Methode zur Modellentwicklung soll hier kurz umrissen werden. Diese Methode ist der Natur zur Lösung von Problemen abgeschaut und soll hier mit Evolutionsmethode bezeichnet werden. Eine Voraussetzung für diese Methode ist, daß die Kausalität nicht verletzt wird. Um die Fehler bei den Messungen zu verringern, muß der Aufwand überproportional gesteigert werden. Bei der Evolutionsmethode wird die Messung möglichst auf eine Ja-Nein-Entscheidung (Verbesserung oder Verschlechterung) reduziert; somit fallen Meßfehler kaum in's Gewicht und in den meisten Fällen kann der Meßaufwand verringert werden. Die Anzahl der Messungen und deren Unterschiedlichkeit steigt allerdings. Wenn die gewonnenen Informationen in eine verbesserte oder neue Fragestellung eingebaut werden können, ergibt sich daraus im allgemeinen eine Verfeinerung der Modellierung. Wir stehen noch am Anfang, hoffen aber in der Methodik zur Behandlung hochkomplexer Systeme neue Lösungen zu erzielen.

2. Frequenzmessungen bei Schwellenüberfahrten

Auf einem Trommelprüfstand sind 25 Schwellen gleichmäßig über den Trommelumfang von 8140 mm verteilt. Die Schwellenhöhe beträgt im Mittel 1,3 mm, sie ist minimal 1 mm und maximal 2 mm hoch. Die Wellenlänge beträgt 325 mm, die Schwellenlänge 160 mm. Die Oberfläche der Schwellen hat etwa die Rauhigkeit einer Asphaltstraße, während die Zwischenräume mit Schmirgelleinen belegt sind. Die Messungen wurden am linken Hinterrad eines PKW's mittels Beschleunigungsaufnehmers durchgeführt. Die Sensoren wurden an der Achse in der Nähe des Dämpfer-Angriffpunktes und an der Abstützung der Karosserie (Dom) befestigt. Gemessen wurde in vertikaler Richtung sowie in horizontaler Quer- und Längsrichtung; dargestellt wird hier nur die vertikale Hauptrichtung.
Die Frage, die mit diesen Messungen beantwortet werden soll, ist: welche Frequenzen müssen die Reifenmodelle maximal enthalten?
Bild 2.1 und 2.2 zeigen den Versuchsaufbau. Die Bilder 2.3 und 2.4 stellen das Wasserfalldiagramm für die Frequenzen an der Achse bzw. am Dom dar. Die Zeitverläufe und Spektren können aus den Diagrammen 2.5 bis 2.10 für 2 m/s, 10 m/s und 20 m/s entnommen werden.

Die Wasserfalldiagramme sollen Tendenzen aufzeigen; die Amplitudenmaßstäbe der Spektren bei 1 m/s bis 3 m/s stimmen nicht völlig mit den anderen Maßstäben übereinander. Der Frequenzgehalt an der Achse bzw. am Dom zeigen Unterschiede, wobei am Dom die Amplituden zu größeren Frequenzen hin steigen. Der Dämpfer hat oberhalb weniger Hz keine Wirkung, hier hat die relativ geringe Schwellenhöhe sicherlich ungünstigen Einfluß, da der Dämpfer kaum Relativbewegung macht (Haftreibung muß überwunden werden). Die Elastizitäten und Nichtlinearitäten der Fahrzeugkarosserie mit den fast beliebig vielen Resonanzfrequenzen sind wahrscheinlich die Ursache für die deutlichen Unterschiede der Amplituden in den Frequenzspektren besonders am Dom. Die Eingangs gestellte Frage kann nicht abschließend beantwortet werden, da der Reifen gering gedämpft ist und die Radaufhängung keine höheren Frequenzen adsorbiert, kann auch bei schwacher Fahrbahnanregung ein breites Frequenzspektrum erzeugt werden. Eine Rückwirkung auf den Reifen, besonders auf das Gleit-Haft-Verhalten der Kontaktzone, muß in Betracht gezogen werden. Leider muß ein chaotisches Verhalten befürchtet werden.

Trommel - Prüfstand

Schwellenüberfahrten

Bild 2.2

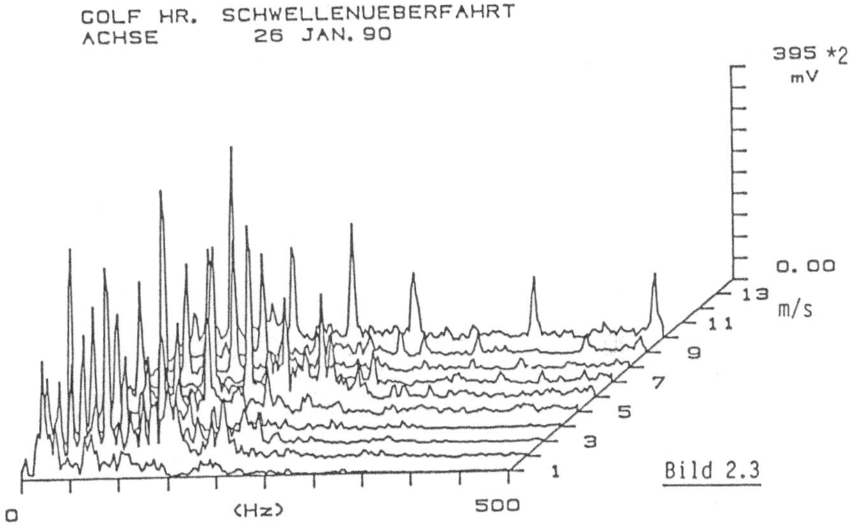

Bild 2.3

Achse

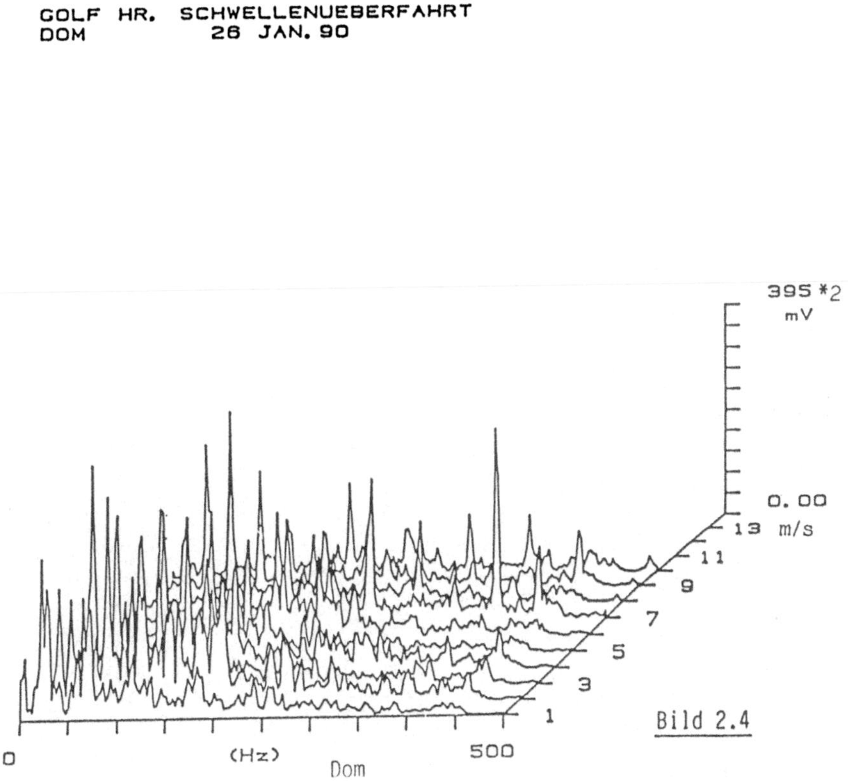

Bild 2.4

Dom

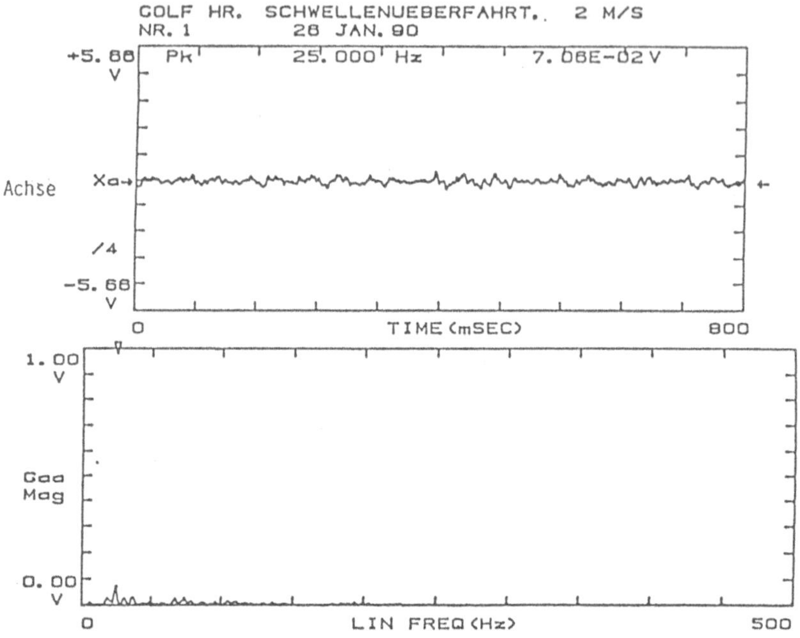

Bild 2.5

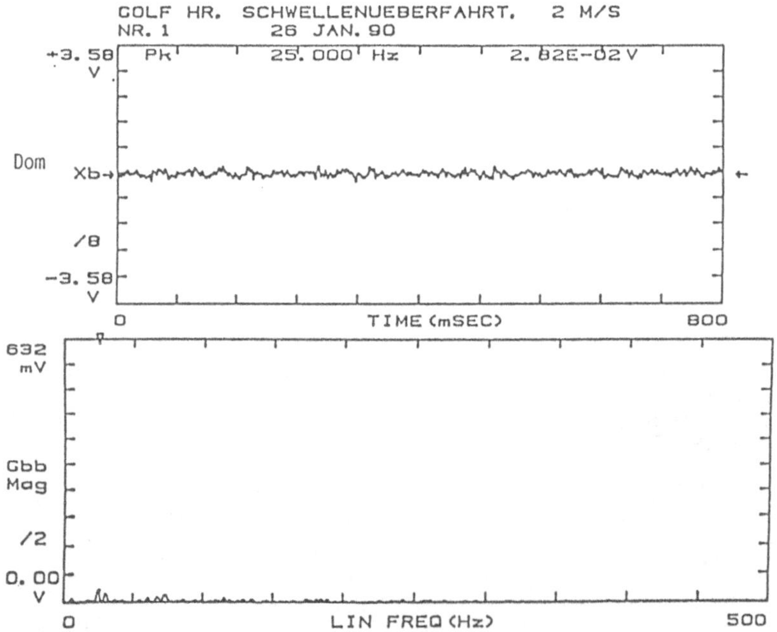

Bild 2.6

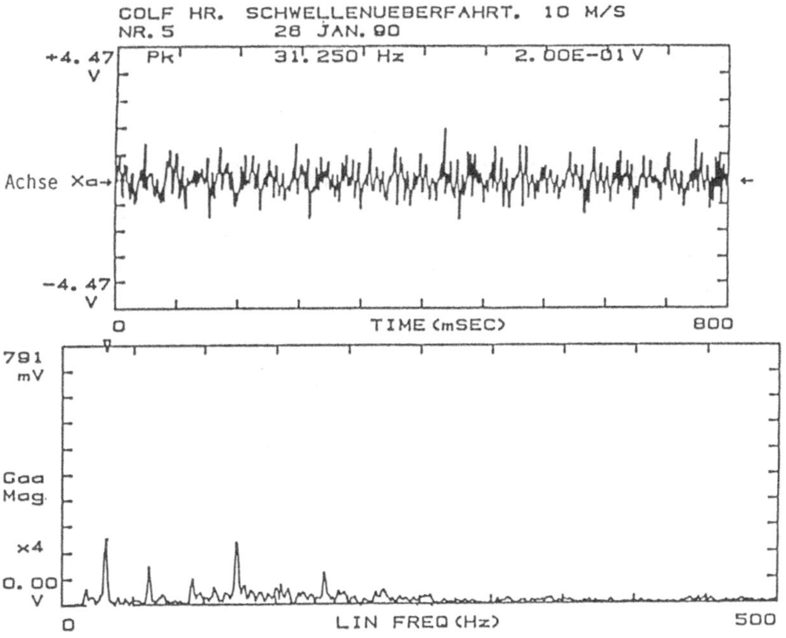

Bild 2.7

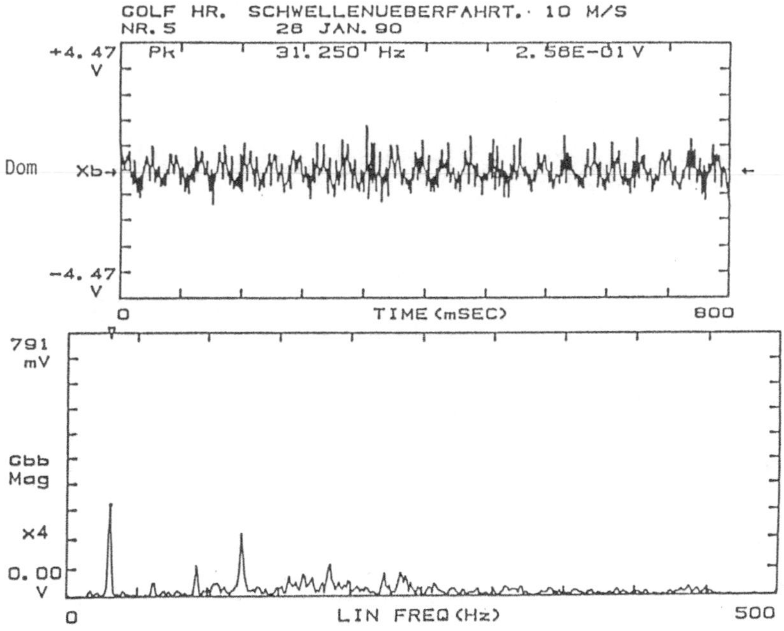

Bild 2.8

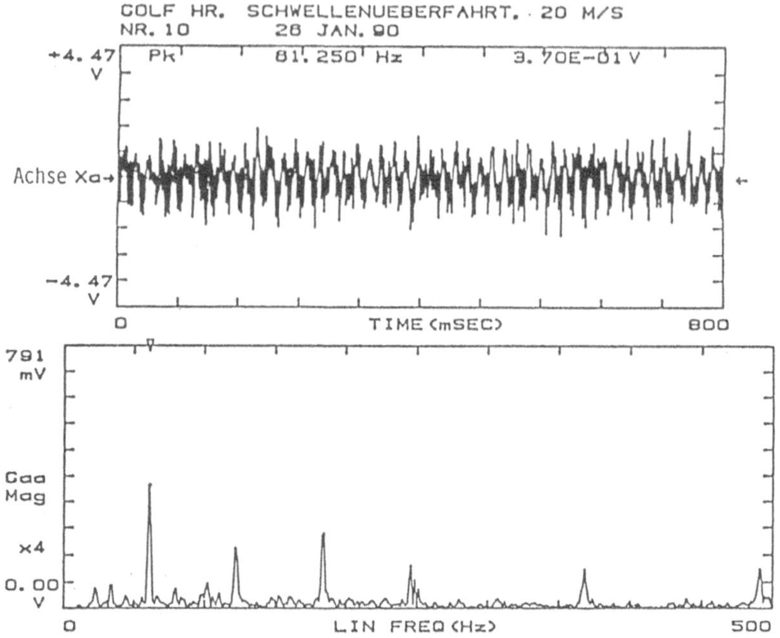

Bild 2.9

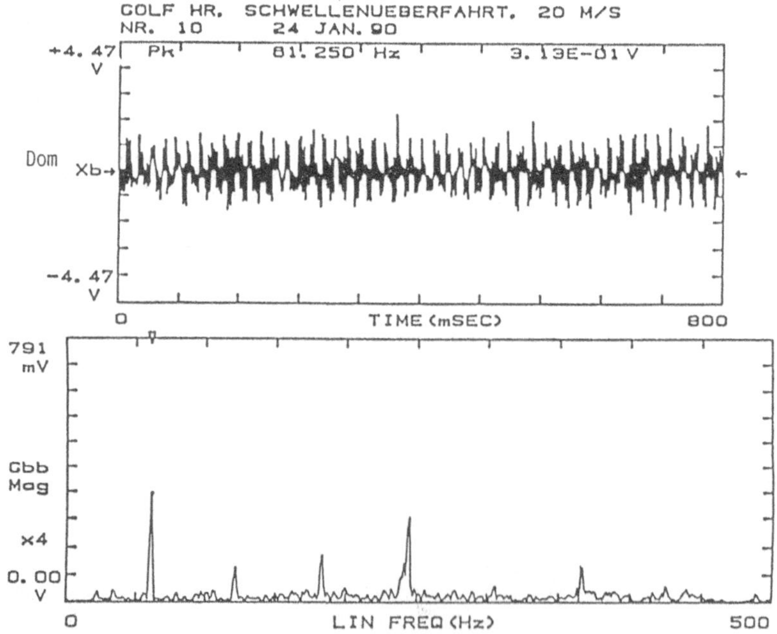

Bild 2.10

3. Seitenwandverformung

Die Bilder 3.1 und 3.2 zeigen die Meßeinrichtung. Drei Fäden werden in einem Punkt an der Reifenoberfläche befestigt. Der damit gebildete Tetraeder erlaubt eine dreidimensionale Berechnung dieses Seitenwandpunktes. Aus den Anfangslängen e_x, e_y, e_z und a,b,c werden die Anfangskoordinaten von P (x,y,z) bestimmt oder aus Messungen die Lage von P im gewählten Koordinatensystem ermittelt; hierin besteht auch eine Kontrollmöglichkeit.
Im folgenden werden die Längenänderungen Δl_x, Δl_y, Δl_z gemessen und analytisch die neuen Koordinaten von P (x,y,z) berechnet.

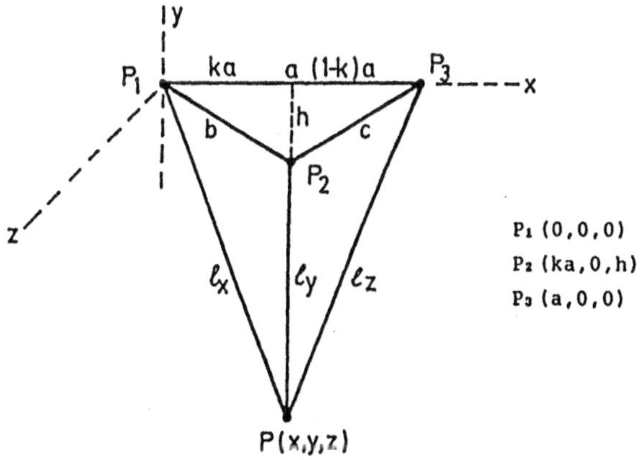

Die Diagramme 3.3 und 3.4 stellen die Seitenwandverformungen über $2{,}5\pi$, bei 5° Schräglaufwinkel, 0.5/3 kN Radlast, 0° Sturzwinkel und 0 bar bzw. 2,5 bar Innendruck dar. Die durchgezogene Linie gibt die Komponente der Verschiebung in achsialer Richtung, die strichpunktierte Linie in longitudinaler Richtung und die gestrichelte Linie in radialer Richtung wieder. Der Anfang der Messung liegt ca. $1{,}5\pi$ vor der Kontaktzone; begonnen wird im abgehobenen Zustand. Die Verschiebung der Nullpunkte sind Folge der Abplattung. Die Einrollstrecke beträgt bis zum Aufbau der maximalen Seitenkraft beträgt ca. $0{,}5\pi$.

Im Bild 3.5 wird die Verformung bei Variation der Radlast, 5° Schräglaufwinkel und 2° Sturzwinkel dargestellt.

Seitenwandmessung

Meßeinrichtung zur 3D - Messung der Seitenwandverformung

Bild 3.1

Bild 3.2

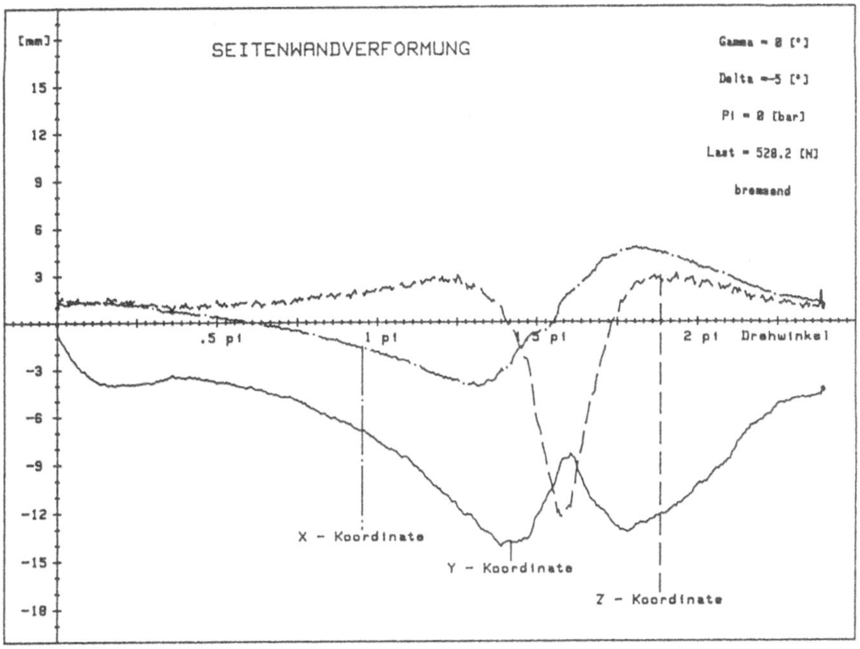

Bild.3.3

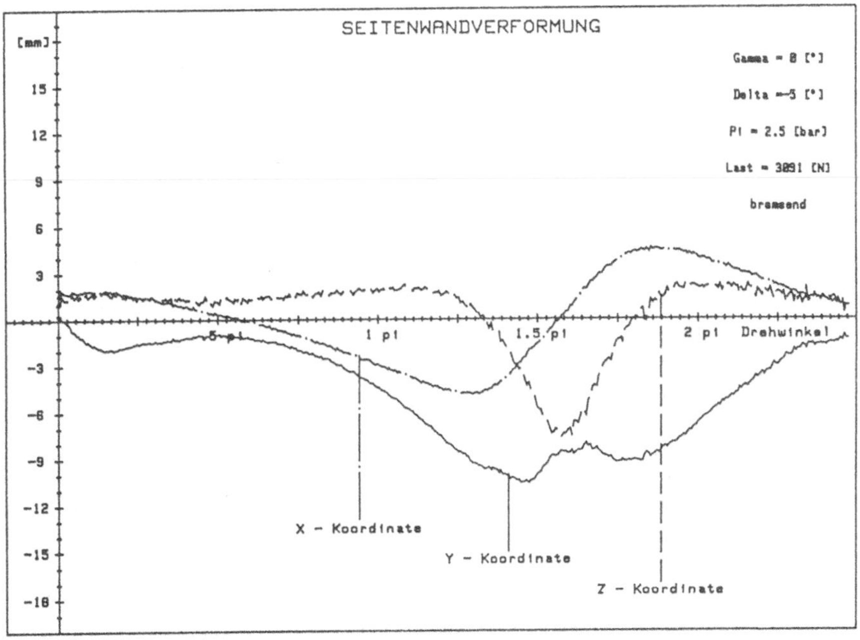

Bild 3.4

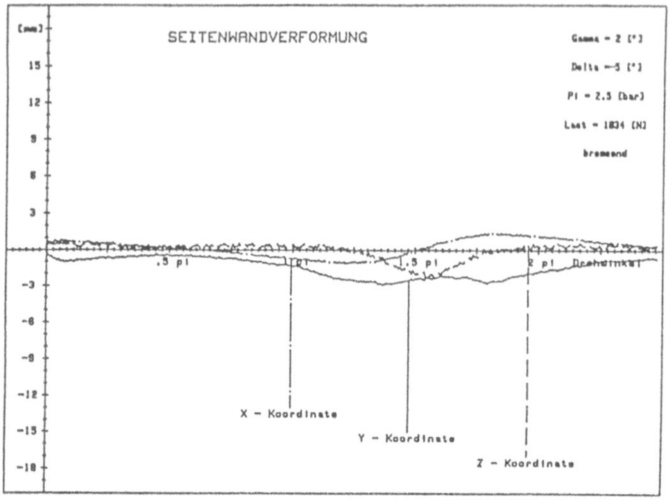
[mm]
SEITENWANDVERFORMUNG
Gamma = 2 [°]
Delta =-5 [°]
Pi = 2.5 [bar]
Last = 1834 [N]
bremsend
15
12
9
6
3
-3
-6
-9
-12
-15
-18
.5 pi
1 pi
1.5 pi
2 pi
Drehwinkel
X - Koordinate
Y - Koordinate
Z - Koordinate

Bild 3.5

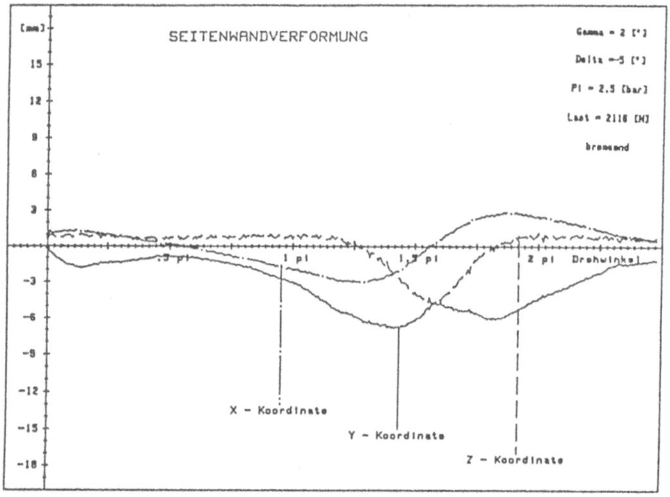
[mm]
SEITENWANDVERFORMUNG
Gamma = 2 [°]
Delta =-5 [°]
Pi = 2.5 [bar]
Last = 2116 [N]
bremsend
15
12
9
6
3
-3
-6
-9
-12
-15
-18
.5 pi
1 pi
1.5 pi
2 pi
Drehwinkel
X - Koordinate
Y - Koordinate
Z - Koordinate

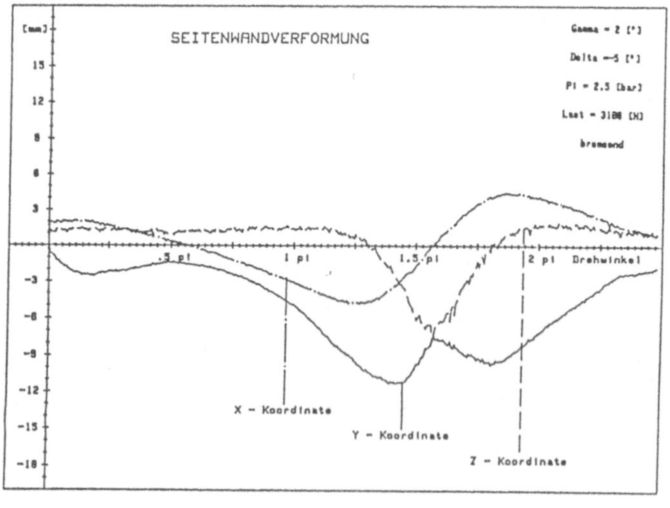
[mm]
SEITENWANDVERFORMUNG
Gamma = 2 [°]
Delta =-5 [°]
Pi = 2.5 [bar]
Last = 3188 [N]
bremsend
15
12
9
6
3
-3
-6
-9
-12
-15
-18
.5 pi
1 pi
1.5 pi
2 pi
Drehwinkel
X - Koordinate
Y - Koordinate
Z - Koordinate

4. Radlast-Eindrück-Verhalten (Federkennlinien, Reifenhysterese)

Mittels einer Hydropulsanlage wird (am stehendem Rad, Bild 4.1) die Radlast variiert. Gemessen werden die Eindrückung und die Radlast. Die weiteren Einflußgrößen sind der Reifeninnendruck, der Sturzwinkel, die Eindrückgeschwindigkeit und die Eigenschaften des Kontaktgebietes. Die Reifentemperatur blieb bei den Messungen nahezu konstant. Gleiche Messungen am schnell rollenden Rad stehen noch aus.

Die Messungen sollen das Einfederverhalten von Reifen dokumentieren, hier wird nicht das Schwingverhalten des Abplattungsvorganges behandelt. Die Eindrückung ist relativ zu sehen,bedingt durch unterschiedliche Radien (Refeninnendruck) verschiebt sich der Aufsetzpunkt und damit der Trigger zum Starten der Messung. Die Maxima der Kennlinien müssen auf einer vertikalen Linie liegen.

In den ersten beiden Diagrammen wird das Eindrückverhalten zweier verschiedener Reifen bei linearer Erhöhung der Radlast von 0 N auf 5000 N in ca. 23 Minuten gezeigt. Die Kennlinien gleichen sich verblüffend. Eine Erhöhung der Anstiegszeit auf 230 Minuten verändert diese Kurven kaum. Die Diagramme 4.5 und 4.6 zeigen die Verhältnisse bei unterschiedlichen Reifenluftdrücken. Das Hoch- und Runterfahren der Radlast geschieht in ca. 9 Sekunden oder 0,118 Hz. Im folgenden wurden die Radlastfrequenz erhöht, ca. 1 Hz (Diagramm 4.7 und 4.8), es verändert sich die Hysterese deutlich. Die Kurven in Bild 4.9 geben die Verhältnisse bei Schmierung mit Vaseline in der Kontaktzone wieder. In Bild 4.11 wird das Eindrückverhalten mit einer Felgen-Zusatzmasse von 40 kg dargestellt. Im letzten Diagramm Bild 4.1 werden die Federkennlinien gezeigt, die bei Beschränkung der Kontaktfläche auf ein Vierkantholz mit 20 mm Breite, 50 mm Höhe auf der gesamten Gürtelbreite, gemessen wurden.

Glasrolltisch-Prüfstand

Bild 4.1

Bild 4.2

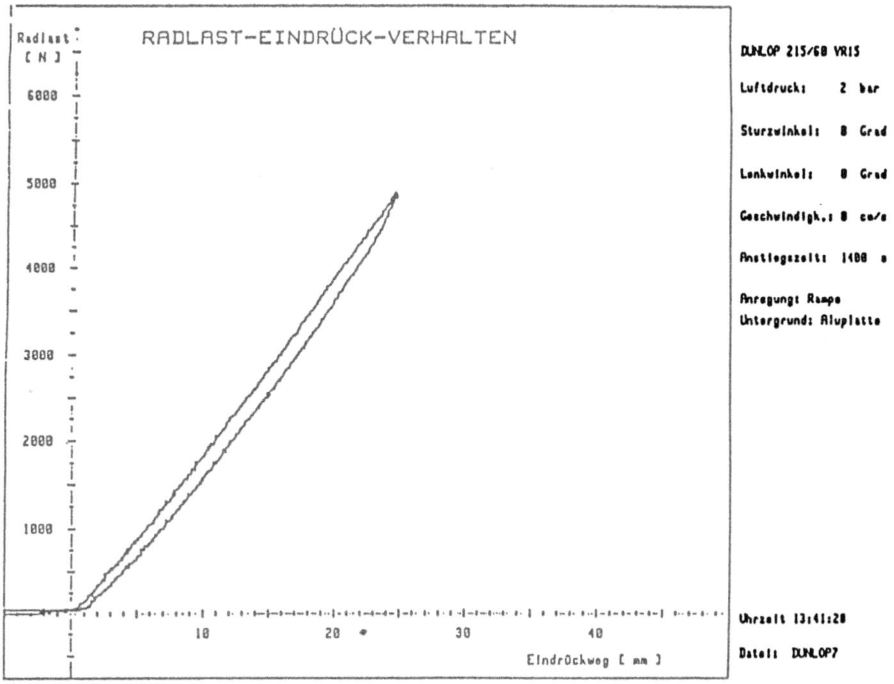

Bild 4.3

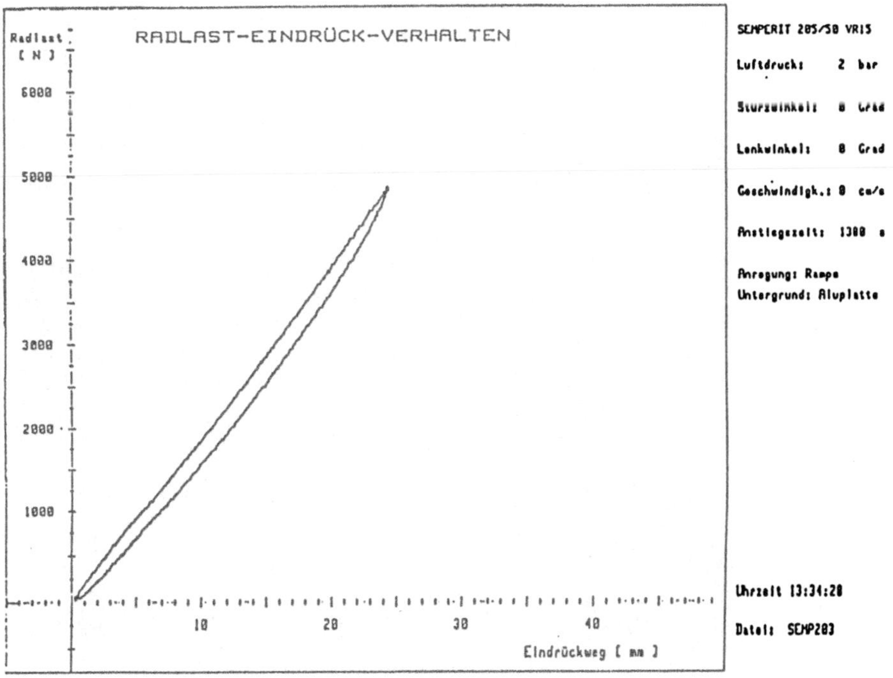

Bild 4.4

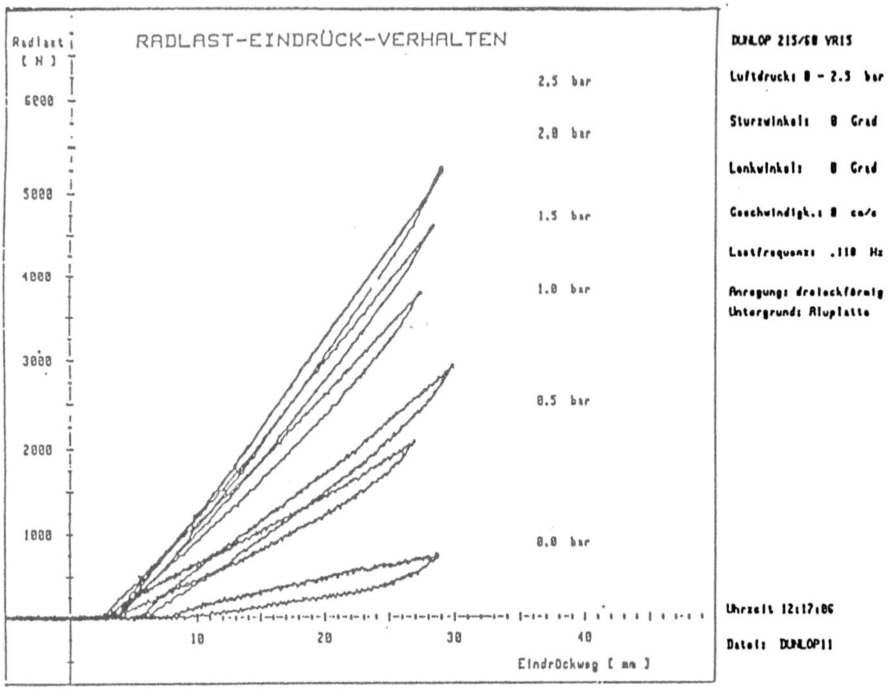

Bild 4.5

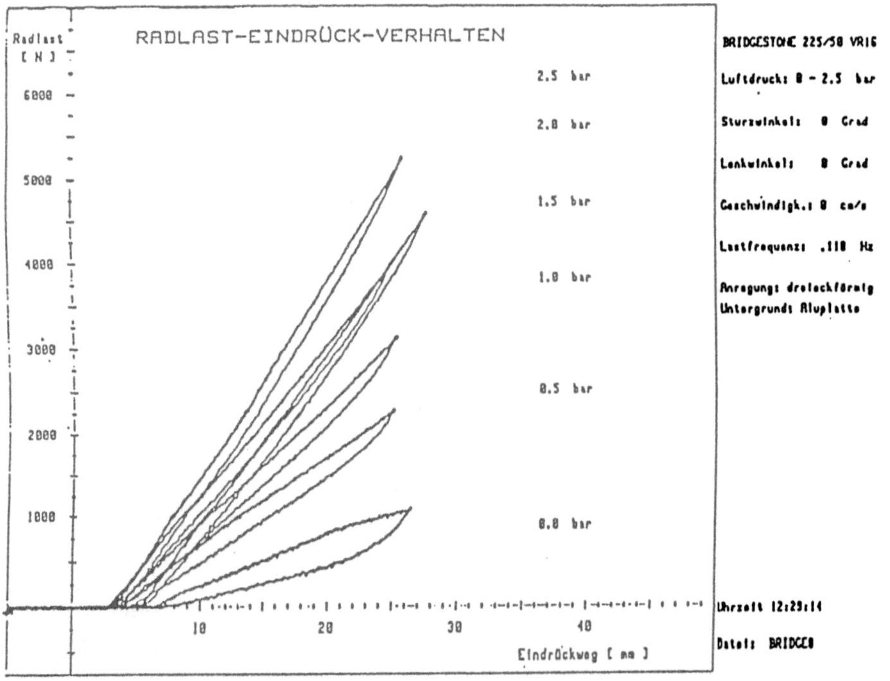

Bild 4.6

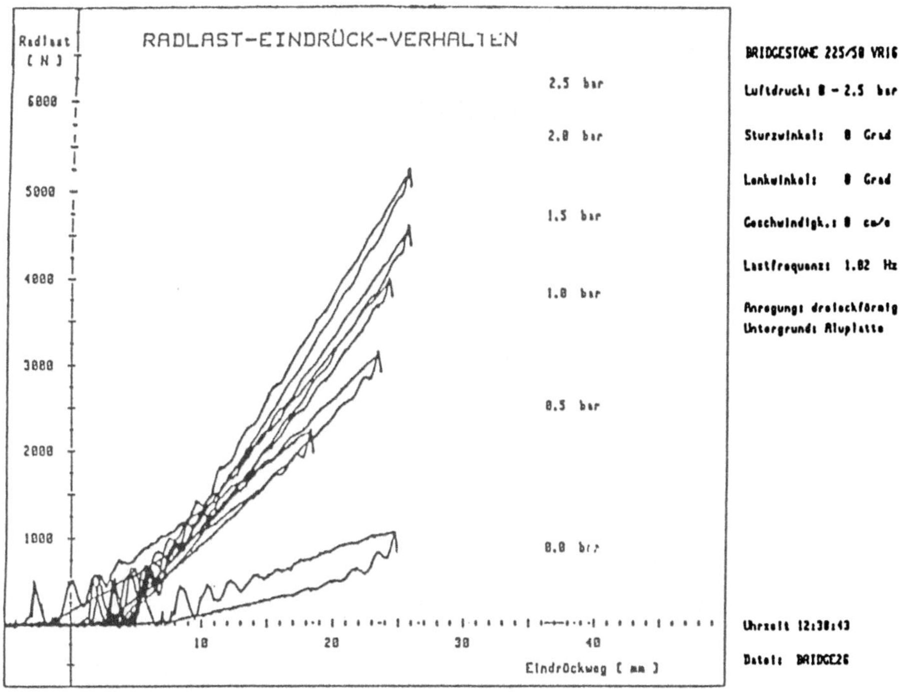

Bild 4.7

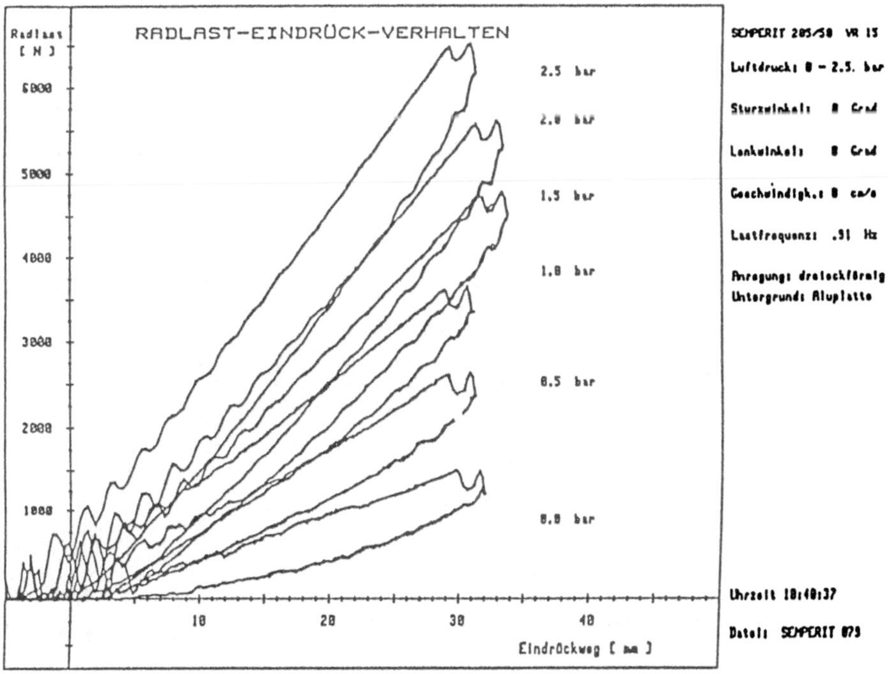

Bild 4.8

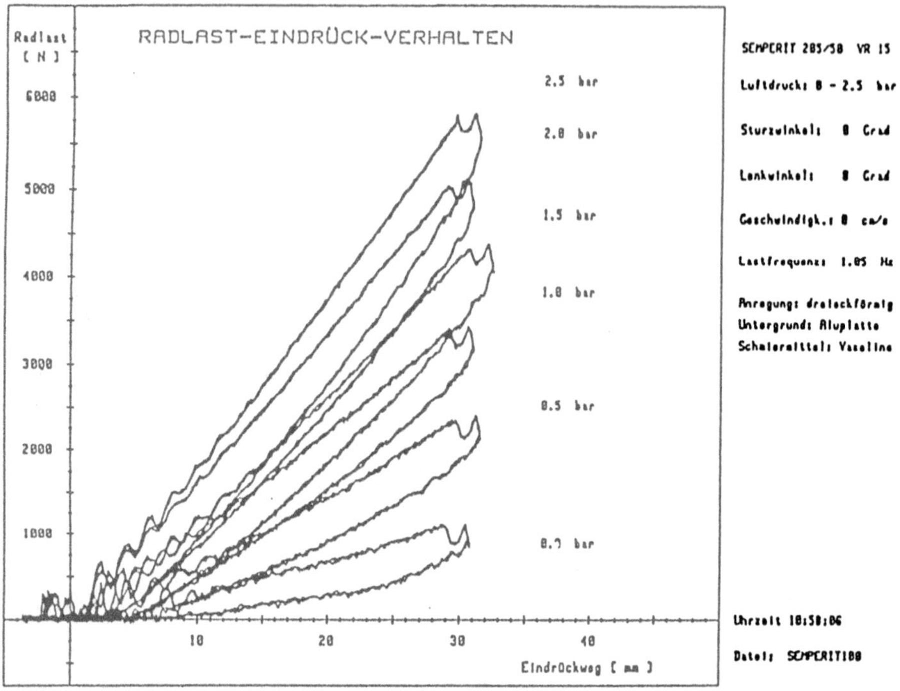

Bild 4.9

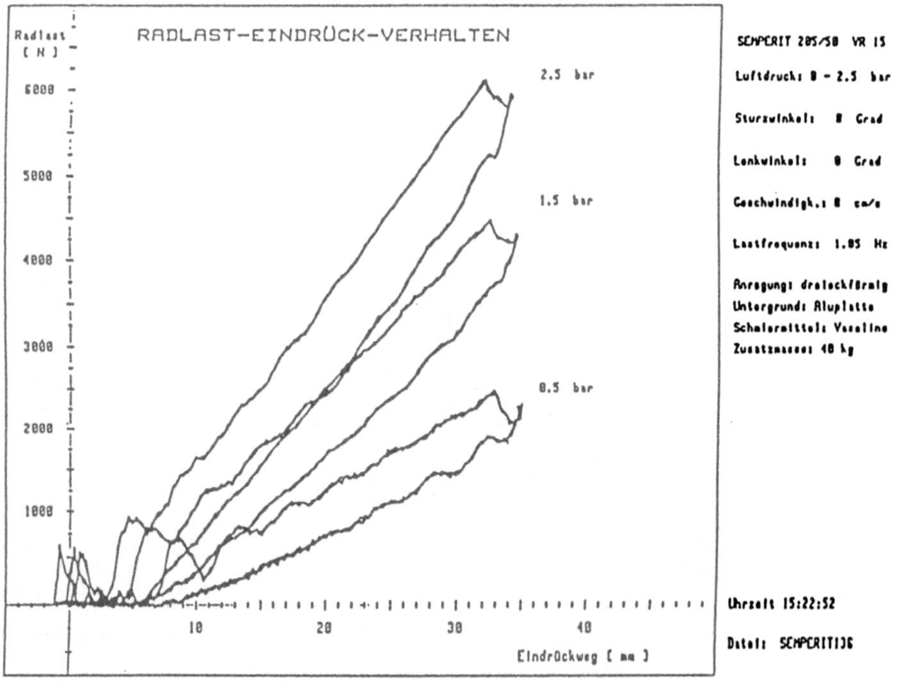

Bild 4.10

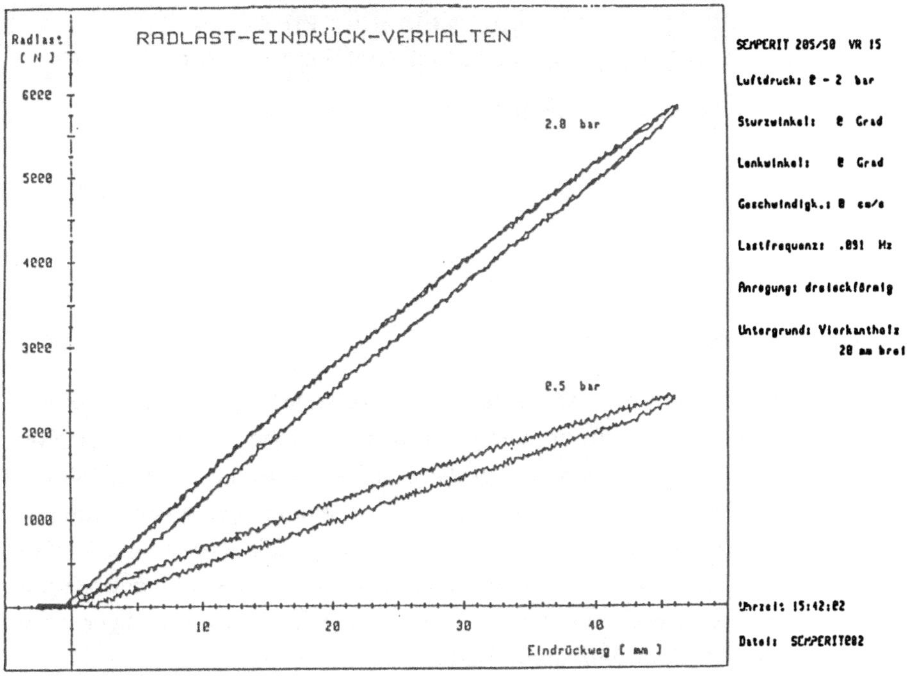

Bild 4.11

Literatur

/1/ Pottinger, Marion G. and Yager, Thomas J.; Editors: The Tire Pavement Interface, ASTM Special Technical Publication 929.

/2/ Gerresheim, Manfred: Experimenteller und theoretischer Beitrag zu Fragen des Reifenverhaltens, Diss. 1975, TU München.

/3/ Sonderforschungsbereich 181: Hochfrequenter Rollkontakt der Fahrzeugräder, Forschungsbericht (1986-1988).

/4/ 1. Fahrzeug-Dynamik-Fachtagung Essen, Grundlagen der Rollmechanik von Luftreifen, Essen 1987, Hrsg.: Viehweg-Verlag.

/5/ Tire Science and Technology, Hrsg.: The Tire Society, Akron/Ohio, 1987/89.

/6/ Reimpell, Jörnsen, Sponagel, Peter, Fahrwerktechnik: Reifen und Räder, Vogel-Buch-Verlag Würzburg, 1988.

Identifikation von Übertragungsfunktionen durch Mehrpunkterregung mit breitbandigen korrelierten Signalen

von H. Kühlert, R. Markert, H. Witfeld

Zusammenfassung:

Im vorliegenden Aufsatz wird die experimentelle Ermittlung von Übertragungsfunktionen bei Mehrpunkterregung untersucht. Die Einbettung der Mehrpunkterregung in die Systemtheorie liefert die Grundlagen für die unterschiedlichen Schätzverfahren und zeigt die Bedingungen zur eindeutigen Bestimmung der Übertragungsfunktionen. Die von der Einpunkterregung her bekannten Verfahren zur Schätzung von Übertragungsfunktionen werden durch eine Schätzung H_4 als gewichteter Mittelwert aus H_1 und H_2 ergänzt und für den allgemeinen Fall einer Mehrpunkterregung erweitert.

Zur Systemerregung werden breitbandige, miteinander korrelierte Signale verwendet. Die zu den unterschiedlichen Referenzpunkten gehörenden Einzelübertragungsfunktionen werden aus den Daten einer Meßreihe simultan berechnet. Anhand eines Fehlermodells werden die Auswirkungen von unkorrelierten Störungen in den Erreger- und Antwortsignalen auf den Erwartungswert und die Streuung jeder Schätzung untersucht. Messungen an mehreren Teststrukturen bestätigen die theoretisch gefundenen Eigenschaften der verschiedenen Schätzungen. Schließlich werden an diesen Beispielen auch die wesentlichen Indikationen aufgezeigt, bei denen die Mehrpunkterregung gegenüber der standardmäßigen Einpunkterregung Vorteile bietet: Der wesentliche Vorteil ist die Konsistenz der zu unterschiedlichen Erregerstellen gehörenden Übertragungsfunktionen. Außerdem erlaubt die Mehrpunkterregung eine gleichmäßige Verteilung der Erregerenergie über die Struktur und eine problem- und strukturangepaßte Erregung durch geeignete Wahl der Erregervektoren.

Abstract:

In this paper, multiple input techniques for estimating frequency response functions (FRFs) of mechanical systems are investigated. Broad band input signals may be used to excite the structure at several points simultaneously. If these input signals are generated by one signal source, they are correlated with each other.

Each output signal is influenced by all input forces acting at the same time. Using an arbitrary number of input and output signals, all FRFs related to individual reference and response points have to be calculated simultaneously.

Based on general system theory, several estimators have been defined. For single input excitation, these techniques are reviewed and completed by an estimator H_4 as a weighted average of the commonly used H_1 and H_2 estimators. To each single input estimator an equivalent estimator for multiple input excitation is derived. Conditions for estimating FRFs from multiple input excitation are presented. Furthermore, it will be shown how uncorrelated error signals result in bias errors and random errors of the FRFs. The properties of the various estimators are demonstrated with several practical examples.

An essential reason for using multiple input excitation is that in contrast to the single input case the FRFs related to individual reference points are consistent with each other. Furthermore, multiple input excitation allows for a uniform distribution of energy, and specific modes can be enhanced by a proper choice of the excitation vectors.

1. Einführung

Vorangetrieben durch Entwicklungen im Bereich der Luft- und Raumfahrttechnik, haben sich in den vergangenen zwei Jahrzehnten Verfahren zur experimentellen Identifikation mechanischer Systeme durchgesetzt, deren Datenbasis die gemessenen Übertragungsfunktionen der Struktur sind [1].

Bei den nichtparametrischen Verfahren wird das Systemverhalten unmittelbar an den als Meßreihen vorliegenden Übertragungsfunktionen oder Impulsübergangsfunktionen untersucht. Mit diesen Funktionen läßt sich ohne Kenntnis des inneren Strukturaufbaus die Schwingungsantwort bei vorgegebenen Erregerfunktionen im Zeit- oder Frequenzbereich bestimmen. Anhand gemessener Übertragungsfunktionen lassen sich auch Strukturmodifikationen simulieren [2] und Empfindlichkeitsuntersuchungen durchführen [3].

Auch bei der parametrischen Systemidentifikation, bei der die modalen oder physikalischen Systemparameter bestimmt werden, bilden die gemessenen Übertragungsfunktionen oder Impulsübergangsfunktionen die Datenbasis. Insbesondere die experimentelle Modalanalyse [4] ist hier zu einem unentbehrlichen Hilfsmittel der Entwicklungsingenieure geworden.

Um das Übertragungsverhalten zu ermitteln, wird die Struktur zu Schwingungen angeregt, Erreger- und Antwortsignale werden gemessen. Man unterscheidet Einpunkt- und Mehrpunkterregung. Von Einpunkterregung spricht man, wenn nur eine Erregerkraft wirkt. Bei der Mehrpunkterregung wird die Struktur gleichzeitig an mindestens zwei ausgewählten Strukturpunkten erregt. Die Einpunkterregung ist aufgrund der einfachen Handhabung und des geringeren versuchstechnischen Aufwandes das standardmäßige Verfahren zur Bestimmung von Übertragungsfunktionen; sie wird ihren hohen Stellenwert auch künftig nicht verlieren. Bei der Mehrpunkterregung ist der apparative und rechentechnische Aufwand deutlich höher, so daß sich die Frage nach den Vorteilen gegenüber der Einpunkterregung stellt. Der wesentliche Vorteil besteht in einer genaueren Schätzung der Übertragungsfunktionen in den Fällen, in denen die Einpunkterregung Unzulänglichkeiten aufweist [5]:

- Eine der Hauptschwächen der Einpunkterregung ist die vielfach fehlende Konsistenz der zu unterschiedlichen Erregerstellen gehörenden Übertragungsfunktionen. Durch Umstellen der Erreger von einem Anregungspunkt zu einem anderen wird das System verändert. Als Folge unterscheiden sich die Eigenfrequenzen und – besonders bei schwach gedämpften Strukturen – auch die modalen Dämpfungen in den Übertragungsfunktionen, die zu verschiedenen Anregungspunkten gehören. Dies ist bei der Anwendung von Poly-Reference-Auswerteverfahren – beispielsweise zur Identifikation frequenzbenachbarter Eigenschwingungen – nicht akzeptabel. Bei der Mehrpunkterregung werden derartige Systemveränderungen vermieden, denn die benötigten Spalten der Matrix der Übertragungsfunktionen können mit einer einzigen Erregerkonfiguration, d. h. mit unverändertem Meßaufbau simultan bestimmt werden.

- Bei ausgedehnten Strukturen sind die Meßwerte in weiterer Entfernung von der Erregerstelle aufgrund von Energiedissipation und -dispersion manchmal recht klein und weisen dann große relative Fehler auf. Hier bewirkt die gezielt angewandte Mehrpunkterregung durch Verteilung der Erregerenergie auf mehrere Erregerpunkte ein gleichmäßigeres Niveau der Schwingungsantworten. Durch die bessere Energieverteilung werden außerdem die Auswirkungen möglicher Nichtlinearitäten vermindert, ebenso die Gefahr von lokalen Schwingungen.

- Bei der Einpunkterregung besteht stets die Gefahr, daß bestimmte Eigenformen nicht oder nur schwach angeregt werden. Durch die Verwendung mehrerer Erregerstellen wird dieser Gefahr begegnet.

- Bei der Mehrpunkterregung ist eine näherungsweise angepaßte Erregung ähnlich dem in der Luft- und Raumfahrttechnik üblichen monofrequenten Standschwingversuch möglich. Bestimmte Eigenformen können auch bei breitbandiger Erregung gezielt hervorgehoben werden. Diese Anpassung kann bei Mehrpunkterregung wegen der konsistenten Datenbasis sogar noch nach Abschluß der Messungen rechnerisch simuliert werden, indem man der Auswertung eine Linearkombination gleichzeitig gemessener Übertragungsfunktionen zugrunde legt. Durch geeignete Gewichtung können bestimmte Eigenformen betont, andere dagegen unterdrückt werden.

- Schließlich läßt sich mit Mehrpunkterregung eine Zeitersparnis bei der Versuchsdurchführung erzielen.

In den folgenden Ausführungen werden nach einer kurzen Darstellung der systemtheoretischen Zusammenhänge verschiedene Verfahren zum Schätzen von Übertragungsfunktionen vorgestellt und miteinander verglichen. Das Schätzergebnis ist abhängig von der Anzahl der Mittelungen, von Art und Größe der Fehler in den Erreger- und Antwortsignalen und von der Approximationsgüte des Schätzverfahrens. Letztere beinhaltet sowohl Wahrscheinlichkeitsaussagen, z.B. beschrieben durch Standardabweichungen, als auch systematische Verzerrungsfehler (Biasfehler). Während der erste Fehler in der Regel an unruhigen, rauschartigen Kurvenzügen bei den Ergebnissen zu erkennen ist und durch eine höhere Mittelungszahl verkleinert werden kann, ist der Biasfehler aus den Ergebniskurven nicht ablesbar und unabhängig von der Mittelungszahl; in gewissen Grenzen kann er durch eine längere Meßfensterdauer vermindert werden [6]. Dieser Biasfehler wird bei der Betrachtung der einzelnen Schätzverfahren näher zu erörtern sein.

2. Definitionen und allgemeine Grundlagen

2.1 Systemdarstellung im Zeit- und im Frequenzbereich

Die Rechen- und Versuchsmodelle von realen mechanischen Strukturen besitzen wegen der Diskretisierung bei der rechnerischen und experimentellen Untersuchung N Freiheitsgrade. Diese beschreiben das Strukturverhalten an den Kollokationspunkten und werden im Verschiebungsvektor $\mathbf{x}(t)$ zusammengefaßt. Die Erregung des Modells wird an den gleichen Punkten in das System eingebracht und mit dem ebenfalls N–dimensionalen Erregervektor $\mathbf{p}(t)$ beschrieben. In der Regel werden mechanische Strukturen als linear und zeitinvariant vorausgesetzt; die Massenmatrix $\mathbf{M}$, die Matrix der geschwindigkeitsproportionalen Kräfte $\mathbf{D}$ und die Matrix der lageabhängigen Kräfte $\mathbf{C}$ des Differentialgleichungssystems

$$\mathbf{M}\,\ddot{\mathbf{x}}(t) + \mathbf{D}\,\dot{\mathbf{x}}(t) + \mathbf{C}\,\mathbf{x}(t) = \mathbf{p}(t) \tag{1}$$

sind quadratisch und konstant. Dieses Modell besitzt 2N modale Freiheitsgrade, die durch die Eigenwerte

$$\lambda_n = -D_n\,\omega_n \pm i\,\omega_n \sqrt{1 - D_n{}^2} \tag{2}$$

(Dämpfungsmaß D_n, Kennkreisfrequenz ω_n), durch die Links- und Rechtseigenvektoren $\mathbf{l}_n$ und $\mathbf{r}_n$ sowie durch die modalen Koeffizienten

$$a_n = \mathbf{l}_n{}^T [\, 2\lambda_n \mathbf{M} + \mathbf{D}\,]\, \mathbf{r}_n \tag{3}$$

(verallgemeinerte modale Massen) beschrieben werden.

Der lineare Zusammenhang zwischen dem Vektor der Strukturantworten $\mathbf{x}(t)$ und dem Erregerkraftvektor $\mathbf{p}(t)$ wird im Zeitbereich über die Matrix der Impulsübergangsfunktionen

$$\mathbf{h}(t) = \sum_{n=1}^{2N} \frac{\mathbf{r}_n \mathbf{l}_n{}^T}{a_n}\, e^{\lambda_n t} \tag{4}$$

durch das Duhamelsche Integral

$$\mathbf{x}(t) = \int_0^t \mathbf{h}(t-s)\, \mathbf{p}(s)\, ds \tag{5}$$

hergestellt, Bild 1. Unter der Voraussetzung, daß die Eigenschwingungen asymptotisch stabil sind, liefert die Fouriertransformation die Frequenzganggleichung

$$\mathbf{X}(\Omega) = \mathbf{H}(\Omega)\; \mathbf{P}(\Omega). \tag{6}$$

Die Vektoren $\mathbf{P}(\Omega)$ und $\mathbf{X}(\Omega)$ sind die Fouriertransformierten von $\mathbf{p}(t)$ und $\mathbf{x}(t)$. Die Fouriertransformierte von $\mathbf{h}(t)$ ist die Frequenzgangmatrix $\mathbf{H}(\Omega)$. In der Schwingungstechnik hat sich hierfür der Begriff Übertragungsfunktionsmatrix eingebürgert.

Die komplexwertige Matrix der Übertragungsfunktionen kann sowohl mit den Systemmatrizen dargestellt werden,

$$\mathbf{H}(\Omega) = [\,(i\Omega)^2 \mathbf{M} + i\Omega\, \mathbf{D} + \mathbf{C}\,]^{-1}\,, \tag{7}$$

als auch mit den modalen Parametern,

$$\mathbf{H}(\Omega) = \sum_{n=1}^{2N} \frac{\mathbf{r}_n \mathbf{l}_n{}^T}{a_n\,(i\Omega - \lambda_n)}\,. \tag{8}$$

Aus gemessenen Übertragungsfunktionen lassen sich daher sowohl die Elemente der physikalischen Matrizen **M**, **D** und **C** als auch die modalen Parameter λ_n, $\mathbf{l}_n$, $\mathbf{r}_n$ und a_n rechnerisch ermitteln [1, 4, 7].

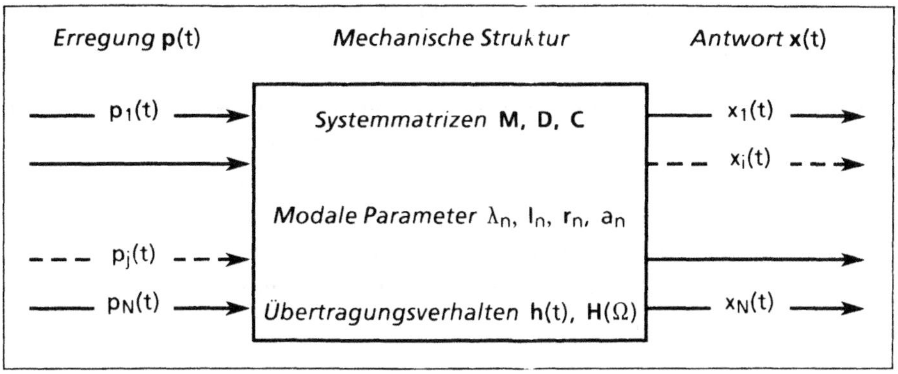

Bild 1: Erregung, Systembeschreibung, Schwingungsantwort

Die Übertragungsfunktionen werden üblicherweise nicht direkt aus den linearen Fourierspektren $\mathbf{P}(\Omega)$ und $\mathbf{X}(\Omega)$, sondern nach Mittelung über mehrere Einzelmessungen aus spektralen Leistungsdichten bestimmt. Die Matrix der spektralen Kreuzleistungsdichten zweier zeitlich begrenzter Vektorprozesse $\mathbf{x}(t)$ und $\mathbf{p}(t)$ läßt sich über die Erwartungswertbildung aus deren Spektren $\mathbf{X}(\Omega)$ und $\mathbf{P}(\Omega)$ berechnen,

$$\mathbf{S}_{xp}(\Omega) = \lim_{T \to \infty} \left\{ \frac{1}{T} \, \mathrm{E} \left[\mathbf{X}^*(\Omega) \, \mathbf{P}^T(\Omega) \right] \right\}, \tag{9}$$

wobei der Grenzübergang für die Meßdauer $T \to \infty$ bei der praktischen Messung durch einen Mittelungsprozess ersetzt werden muß. Mit * sollen konjugiert komplexe, mit dem oberen Zeiger ^{T} transponierte Vektoren und Matrizen gekennzeichnet werden. Allgemein gilt für eine Leistungsdichtematrix

$$\mathbf{S}_{xp}(\Omega) = \mathbf{S}_{px}{}^{*T}(\Omega), \tag{10}$$

so daß das Produkt aus den beiden Matrizen $\mathbf{S}_{xp}(\Omega)$ und $\mathbf{S}_{px}(\Omega)$ hermitesch und positiv semidefinit ist. Die Leistungsdichtematrix $\mathbf{S}_{xx}(\Omega)$ zweier gleicher Vektorprozesse wird Autoleistungsdichtematrix genannt; sie ist selbst hermitesch und positiv semidefinit.

Die Leistungsdichtematrizen der Erreger- und Antwortsignale sind wie deren Fouriertransformierten durch die Übertragungsfunktionsmatrix $\mathbf{H}(\Omega)$ miteinander verknüpft. Allgemein gilt bei exakten Messungen

$$\mathbf{S}_{xp}(\Omega) = \mathbf{H}^*(\Omega) \, \mathbf{S}_{pp}(\Omega), \tag{11a}$$

$$\mathbf{S}_{xx}(\Omega) = \mathbf{H}^*(\Omega) \, \mathbf{S}_{px}(\Omega), \tag{11b}$$

$$\mathbf{S}_{xx}(\Omega) = \mathbf{H}^*(\Omega) \, \mathbf{S}_{pp}(\Omega) \, \mathbf{H}^T(\Omega). \tag{11c}$$

Die letzte Gleichung hat bei Einpunkterregung die bekannte skalare Form

$$S_{xx}(\Omega) = |H(\Omega)|^2 \, S_{pp}(\Omega) \, . \tag{11d}$$

Die Gln. (6) bzw. (11) können in verschiedener Weise zur Schätzung der Übertragungsfunktionsmatrix aus den gemessenen und daher mit Fehlern behafteten Fourierspektren oder Leistungsdichten herangezogen werden. Je nachdem welche der Gleichungen man verwendet, erhält man unterschiedliche Schätzungen der Übertragungsfunktionen, die sich in der Auswirkung der Fehlersignale unterscheiden. Die Erkenntnisse und Gesetzmäßigkeiten hierzu werden in den Abschnitten 4 und 5 dargelegt.

2.2 Ein- und Mehrpunkterregung

In der Regel wird nicht die gesamte Übertragungsfunktionsmatrix experimentell ermittelt. Vielmehr greift man aus dem linearen Gleichungssystem (6) bzw. (11) ein Teilgleichungssystem zur Bestimmung der im Signalweg liegenden Übertragungsfunktionen $H_{ij}(\Omega)$ heraus. Dazu wird die Struktur an wenigen Stellen zu Schwingungen angeregt. Der Erregervektor $\mathbf{P}(\Omega)$ enthält nur an diesen Stellen von Null verschiedene Erregersignale. Vom vollbesetzten Antwortvektor $\mathbf{X}(\Omega)$ werden simultan nur einige Antwortsignale gemessen. Bild 2 verdeutlicht die Zusammenhänge beispielhaft für drei Erreger- und zwei Antwortsignale. Hier ergeben sich aus einer Messung zwei Gleichungen mit sechs unbekannten Übertragungsfunktionen.

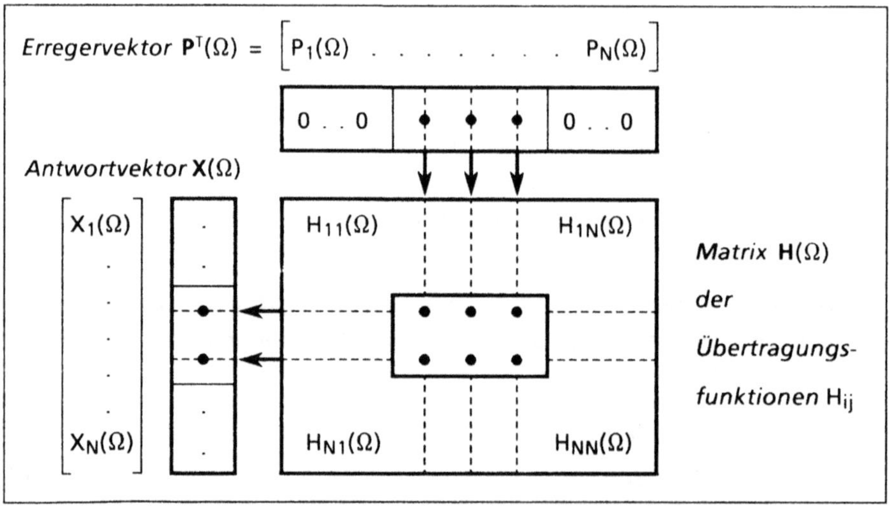

Bild 2: Übertragungsverhalten des Gesamt- bzw. eines Teilsystems

Auch die reduzierten Vektoren von Erregung und Antwort sind gemäß Gl. (6) bzw. (11) miteinander verknüpft. Im folgenden werden daher die Teilvektoren und Teilmatrizen für eine reduzierte Erreger- bzw. Meßanordnung formal nicht mehr von den Gesamtvektoren unterschieden und ebenfalls mit $\mathbf{P}(\Omega)$, $\mathbf{X}(\Omega)$ und $\mathbf{H}(\Omega)$ bezeichnet. Im Gegensatz zum Gesamtmodell können jedoch die Vektoren $\mathbf{P}(\Omega)$ und $\mathbf{X}(\Omega)$ im Teilsystem unterschiedliche Dimensionen haben, die Teilmatrix $\mathbf{H}(\Omega)$ der Übertragungsfunktionen ist dann nicht mehr quadratisch.

Bei Einpunkterregung weist der Erregervektor nur ein von Null verschiedenes Element $p_j(t)$ auf. Die Antworten $x_i(t)$ werden an einer oder an mehreren Stellen gemessen. Der Zusammenhang zwischen der Erregerkraft $P_j(\Omega)$, der Schwingungsantwort $X_i(\Omega)$ und der Übertragungsfunktion $H_{ij}(\Omega)$ wird durch eine skalare Gleichung hergestellt.

Bei der Mehrpunkterregung hat der Erregervektor mehrere von Null verschiedene Elemente. Der Zusammenhang zwischen dem Erregervektor $\mathbf{P}(\Omega)$ und dem Vektor der Schwingungsantworten $\mathbf{X}(\Omega)$ wird über die zugehörige Teilmatrix der Übertragungsfunktionen hergestellt, Gl. (6). Die Berechnung dieser Übertragungsfunktionen erfordert matrizielle Rechenoperationen. Die lineare Unabhängigkeit der Gleichungen muß dadurch gesichert werden, daß verschiedene Meßreihen mit so vielen linear unabhängigen Erregervektoren durchgeführt werden, wie Erregersignale gleichzeitig in das System eingeleitet werden. Hierbei sind zwei Fälle zu unterscheiden:

- Sind die Erregersignale miteinander korreliert, können die Erregervektoren bei unveränderter Erregerkonfiguration durch gezieltes Einstellen von Betrag und Phase der einzelnen Erregersignale geändert werden.
- Sind die Erregersignale nicht miteinander korreliert, so stellt sich bei jeder Einzelmessung von selbst ein anderer Erregervektor ein. Auf die manuelle Änderung der Erregervektoren kann verzichtet werden, weil die Wahrscheinlichkeit Null ist, daß bei der Mindestanzahl von Messungen die Erregervektoren linear abhängig sind.

2.3 Mehrpunkterregung mit breitbandigen korrelierten Erregersignalen

Bild 3 zeigt das Prinzip eines Meßaufbaus bei Mehrpunkterregung mit korrelierten Erregersignalen. Eine einzige Signalquelle liefert ein breitbandiges Erregersignal, das den gesamten Analysefrequenzbereich überdeckt. Infrage kommt hier ein Gleitsinus, ein Chirp, aber auch ein Rauschsignal. Dieses Signal wird auf die einzelnen Erregereinrichtungen aufgeschaltet. Die Zwischenglieder, mit denen die Eigenschaften der parallelen Signale gezielt verändert und ihre Verteilung über die Struktur festgelegt werden können, steuern die Schwingerreger an. Die für die Identifizierung maßgeblichen Größen sind die tatsächlich in die Struktur eingeleiteten Kräfte $p_1(t)$ bis $p_N(t)$ und die daraus resultierenden Strukturschwingungen $x_1(t)$ bis $x_N(t)$. Weil nur eine Signalquelle für alle Erregerstellen verwendet wird, sind die einzelnen Erregerkraftsignale $p_j(t)$ miteinander korreliert, auch wenn sie unterschiedlich durch Verstärker, Potentiometer oder Filter verändert worden sind.

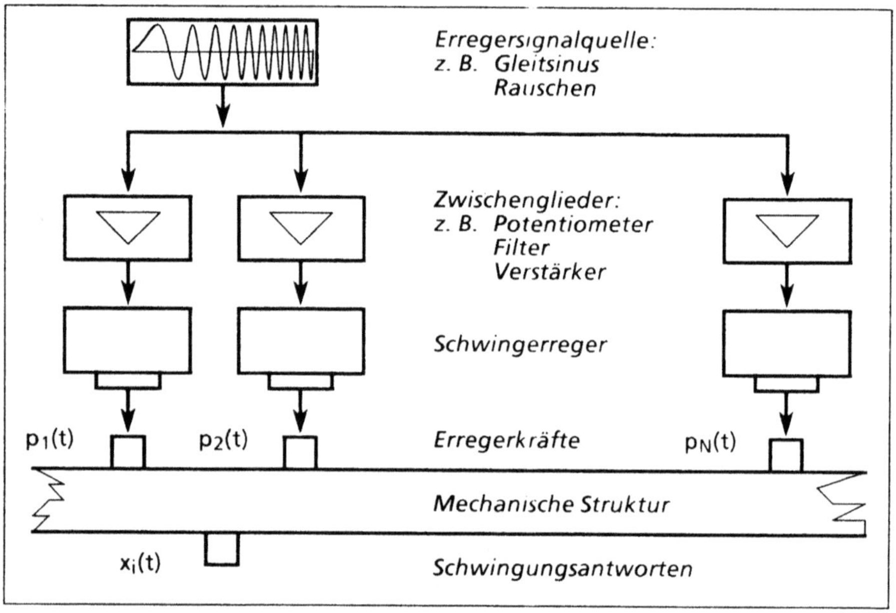

Bild 3: Prinzipskizze für Mehrpunkterregung mit korrelierten Signalen

2.4 Fehlermodell bei der Schätzung von Übertragungsfunktionen

Bild 4 zeigt das zugrunde gelegte Fehlermodell, das den realen Gegebenheiten in vielen Fällen gerecht werden dürfte. Die wahren Erreger- und Antwortsignale $\mathbf{p}(t)$ und $\mathbf{x}(t)$ am Versuchsmodell unterscheiden sich von den gemessenen Signalen $\tilde{\mathbf{p}}(t)$ und $\tilde{\mathbf{x}}(t)$ durch die Fehler $\mathbf{m}(t)$ und $\mathbf{n}(t)$,

$$\begin{aligned} \tilde{\mathbf{p}}(t) &= \mathbf{p}(t) + \mathbf{m}(t), & \tilde{\mathbf{P}}(\Omega) &= \mathbf{P}(\Omega) + \mathbf{M}(\Omega), \\ \tilde{\mathbf{x}}(t) &= \mathbf{x}(t) + \mathbf{n}(t), & \tilde{\mathbf{X}}(\Omega) &= \mathbf{X}(\Omega) + \mathbf{N}(\Omega). \end{aligned} \tag{12}$$

Dies hat zur Folge, daß für das Rechenmodell lediglich eine Schätzung der wahren Matrix der Impulsübergangsfunktionen **h**(t) bzw. der Übertragungsfunktionsmatrix **H**(Ω) ermittelt werden kann.

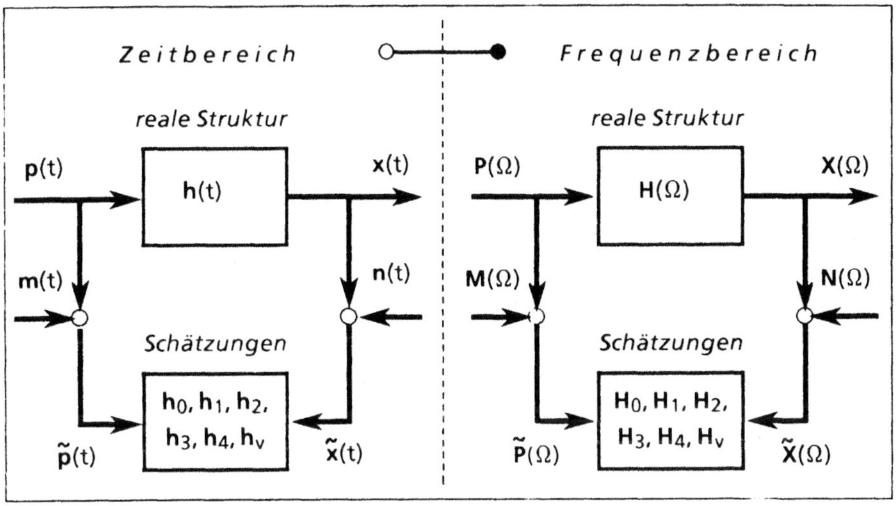

Bild 4: Signalfluß für reale Struktur und Schätzung

Von den einzelnen Fehleranteilen in den Erreger- und Antwortsignalen soll angenommen werden, daß sie rein zufälliger Art sind. Dies bedeutet, daß sie weder untereinander noch mit den wahren Signalen **x**(t) und **p**(t) korreliert sind. Somit verschwinden nach einer hinreichenden Anzahl von Mittelungen die Kreuzleistungsdichten

$$\mathbf{S}_{nm}(\Omega) = \mathbf{0}, \quad \mathbf{S}_{pm}(\Omega) = \mathbf{0}, \quad \mathbf{S}_{pn}(\Omega) = \mathbf{0}, \quad \mathbf{S}_{xm}(\Omega) = \mathbf{0}, \quad \mathbf{S}_{xn}(\Omega) = \mathbf{0}. \tag{13}$$

Die Autoleistungsdichtematrizen der Erreger- und Antwortsignalfehler haben reine Diagonalform,

$$\mathbf{S}_{mm}(\Omega) = \mathbf{diag}\,[S_{m_i m_i}(\Omega)], \quad \mathbf{S}_{nn}(\Omega) = \mathbf{diag}\,[S_{n_j n_j}(\Omega)]. \tag{14}$$

Die Aufspaltung der gemessenen Leistungsspektren in ihre wahren Werte und ihre Fehleranteile führt bei Berücksichtigung dieser Eigenschaften auf

$$\begin{aligned}
\mathbf{S}_{\tilde{x}\tilde{p}}(\Omega) &= \mathbf{S}_{xp}(\Omega) + \mathbf{S}_{xm}(\Omega) + \mathbf{S}_{np}(\Omega) + \mathbf{S}_{nm}(\Omega) = \mathbf{S}_{xp}(\Omega), \\
\mathbf{S}_{\tilde{x}\tilde{x}}(\Omega) &= \mathbf{S}_{xx}(\Omega) + \mathbf{S}_{xn}(\Omega) + \mathbf{S}_{nx}(\Omega) + \mathbf{S}_{nn}(\Omega) = \mathbf{S}_{xx}(\Omega) + \mathbf{S}_{nn}(\Omega), \\
\mathbf{S}_{\tilde{p}\tilde{p}}(\Omega) &= \mathbf{S}_{pp}(\Omega) + \mathbf{S}_{pm}(\Omega) + \mathbf{S}_{mp}(\Omega) + \mathbf{S}_{mm}(\Omega) = \mathbf{S}_{pp}(\Omega) + \mathbf{S}_{mm}(\Omega).
\end{aligned} \tag{15}$$

Dies bedeutet, daß die wahren Kreuzleistungsdichten und ebenso die Nichtdiagonalglieder der Autoleistungsdichtematrizen als Folge des Mittelungsprozesses unverzerrt gemessen werden. Somit bleiben alle Phaseninformationen unverzerrt. Die Hauptdiagonalglieder der Autoleistungsdichtematrizen werden hingegen grundsätzlich überschätzt, wodurch bei der Berechnung von $\mathbf{H}(\Omega)$ Biasfehler entstehen.

3. Grundsätzliche Bemerkungen zu den experimentellen Untersuchungen

Die Eigenschaften der verschiedenen Verfahren zur Schätzung von Übertragungsfunktionen wurden in eingehenden experimentellen Untersuchungen verifiziert. Als Testsysteme dienten am Analogrechner modellierte einfache elektrische Systeme wie auch reale mechanische Strukturen. Allen Schätzungen für die Übertragungsfunktionen eines Testsystems lagen die Daten derselben Meßreihe zugrunde, so daß Abweichungen nicht von unterschiedlichen Meßdaten herrühren können.

3.1 Nutzsignale

Bei den Untersuchungen wurden verschiedene breitbandige Erregersignalarten verwendet; hier werden allerdings nur Ergebnisse bei Gleitsinuserregung wiedergegeben. Die Gleitsinuserregung wurde mit konstanter Erregeramplitude und linear anwachsender Erregerfrequenz durchgeführt,

$$p(t) = \hat{p} \sin\left(\tfrac{1}{2} a t^2 + \Omega_0 t + \beta\right) \quad \text{mit} \quad \Omega_{min} \quad \Omega(t) = a t + \Omega_0 \leq \Omega_{max}. \tag{16}$$

Nach Erreichen des Maximalwertes $\Omega_{max} = 2\pi f_{max}$ blieb die Erregerfrequenz bis zum Ende des Zeitfensters der Datenaufnahme konstant. Die maximale Erregerfrequenz f_{max} lag oberhalb der Eckfrequenz f_A der Antialiasingfilter des Analysators ($f_A < f_{max}$) und nicht in einem Resonanzbereich der zu untersuchenden Systeme. Dadurch war gewährleistet, daß sowohl die Erregersignale als auch die Schwingungsantworten innerhalb des Zeitfensters jeder Messung hinreichend abgeklungen waren.

Bild 5 zeigt beispielhaft ein solches Erregersignal. Die Unregelmäßigkeiten in der Darstellung bei höheren Frequenzen resultieren aus der zeitdiskreten Abtastung des Signals, doch war die Abtastfrequenz $f_S = 300$ Hz für die in diesem Beispiel angestrebte Analyse bis 100 Hz vollkommen ausreichend. Der Amplitudenabfall bei höheren Frequenzen ist die erwünschte Folge der auf $f_A = 120$ Hz eingestellten Antialiasingfilter des Analysators. Die Endfrequenz f_{max} der Gleitsinusfunktion betrug 135 Hz.

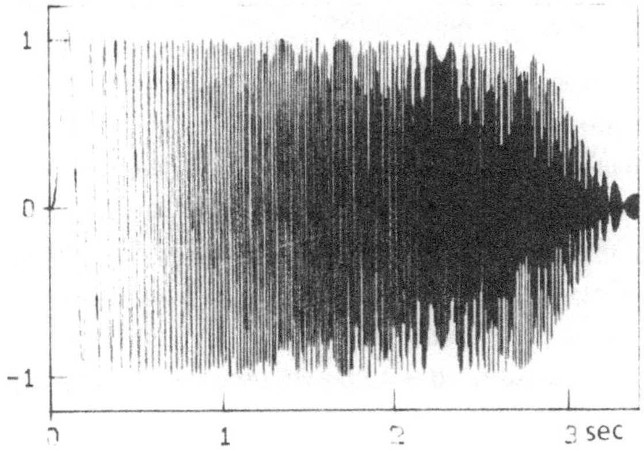

Anfahrvorgang:

$a \approx 260/s^2$

$\Omega_0 \approx 0/s$

$\beta \approx 0$

Antialiasingfilter:

$f_A = 120$ Hz

Bild 5: Gleitsinus als ungestörtes Erregersignal

Die Gleitsinusfunktion bietet gegenüber anderen breitbandigen Erregerfunktionen eine Reihe von Vorteilen:

a) Sie zeichnet sich durch eine hohe Reproduzierbarkeit aus.

b) Sie besitzt ein fast so gutes Verhältnis von Nutz- zu Störsignal wie die monofrequente Sinuserregung. Ihr Vorteil ist die erheblich schnellere Versuchsdurchführung.

c) Bei begrenztem Signalpegel erreicht man mit ihr wohl die größte Amplitudendichte. Diese ist im durchfahrenen Frequenzbereich fast konstant (Bild 7) und läßt sich aus der Anfahrbeschleunigung a und der Erregeramplitude $\hat{p}$ leicht bestimmen [8],

$$|P(\Omega)| \approx \sqrt{\frac{\pi}{2a}}\,\hat{p}\,. \tag{17}$$

d) Durch die freie Wahl von Anfangs- und Endfrequenz läßt sich die Erregerenergie auf das gewünschte Analysefrequenzband konzentrieren. Erregersignalanteile, deren Frequenzen außerhalb dieses Bandes liegen, wirken gar nicht erst auf das System ein und belasten weder System noch Messung.

e) Schließlich hat die Gleitsinusfunktion gegenüber bandbegrenztem weißen Rauschen den Vorteil, daß die Nutzsignale und die rein zufälligen Fehlersignale im Zeit- wie im Frequenzbereich mühelos unterschieden werden können.

Jede Einzelmessung beinhaltet innerhalb des Zeitfensters einen einzigen Hochlauf. Mehrere z.B. periodisch wiederholte oder an- und auslaufende Gleitsinusfunktionen innerhalb eines einzigen Zeitfensters führen nicht wie mancherorts behauptet zu einer Glättung der Fouriertransformierten, denn wegen der Zeitverschiebung der im Meßfenster enthaltenen Hochläufe haben die gleichen Frequenzanteile der Teilvorgänge praktisch nicht beeinflußbare zufällige Phasenlagen gegeneinander. An manchen Frequenzstützstellen führt das zur Auslöschung, denn nur phasengleiche Anteile addieren sich und erhöhen die Gesamtintensität. Derartig zusammengesetzte Erregerfunktionen erscheinen für eine Identifikation im Frequenzbereich nicht geeignet. Wenn die Erregung durch Gleitsinus heute mancherorts nicht den gebührenden Stellenwert erreicht, mag dies historisch begründet sein – z. B. durch die früher verwendete rein analoge Meßtechnik – objektive Nachteile liegen u. E. nicht vor.

3.2 Zugeschaltete Störsignale

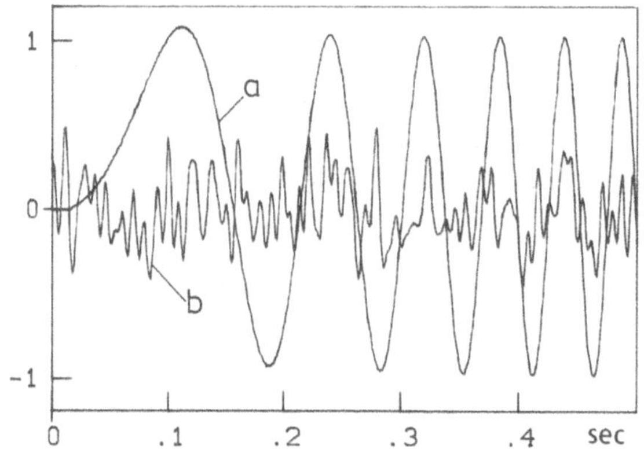

Zeitverlauf:
a) Gleitsinus als wahres Erregersignal
b) Rauschen als zugeschaltetes Störsignal

Bild 6: Nutzsignal und Störsignal (Zeitausschnitt)

Um die Eigenschaften der unterschiedlichen Schätzverfahren, insbesondere ihre Empfindlichkeit gegenüber Fehlersignalen deutlich herauszuarbeiten, wurden bei den am Analogrechner modellierten Systemen die wahren Erreger- und Antwortsignale vor der Auswertung durch frequenzbegrenztes weißes Rauschen absichtlich stark verfälscht. Das Amplitudenniveau der zugeschalteten Störsignale erreichte bis zu 50% der Nutzsignalamplitude, Bild 6. Als Referenz wurden auch die ungestörten Signale gemessen. Diese können als exakt angesehen werden, da bei Analogrechnerversuchen die bei mechanischen Strukturen erforderliche Meßkette entfällt.

3.3 Spektrale Eigenschaften von Nutz- und Störsignalen

Die Störsignalpegel lassen sich besonders leicht im Frequenzbereich durch Vergleich mit den Fourierspektren oder Leistungsdichten der Nutzsignale quantifizieren. Die Beträge der Fouriertransformierten von Stör- und Nutzsignal stehen etwa im Verhältnis 1:4 , Bild 7, woraus bei den Autoleistungsspektren dieser Signale ein Verhältnis von 1:16 folgt, Bild 8.

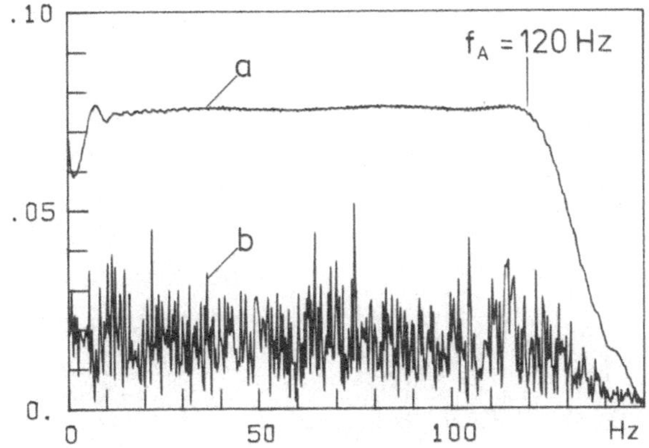

Betrag des Fourierspektrums:
a) Gleitsinus
b) zugeschaltetes Störsignal

Bild 7: Fourierspektren der Erregersignale

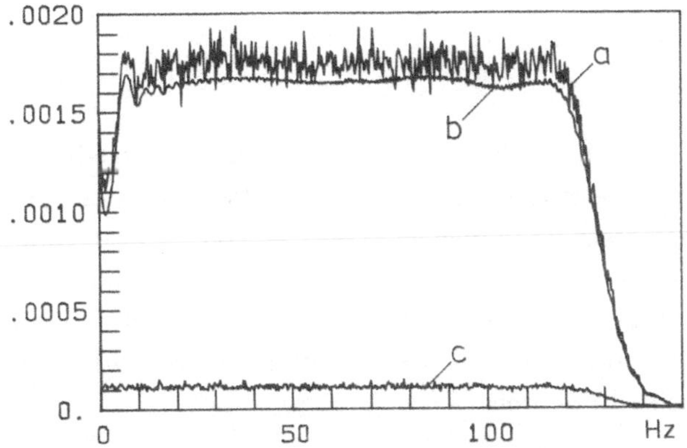

Autoleistungsspektren:
a) Gesamtsignal
b) Gleitsinus als Nutzsignal
c) zugeschaltetes Störsignal

Bild 8: Autoleistungsspektren der Erregersignale

Die Größe der zugeschalteten Störsignale erzwingt bei der Bestimmung von Auto- und Kreuzleistungsspektren eine hohe Mittelungszahl. Wie den Leistungsspektren aus Bild 8 und Bild 9 entnommen werden kann, war die Wurzel aus der gewöhnlichen Kohärenzfunktion

$$\gamma_{ij}^2(\Omega) = \frac{S_{ij}(\Omega)\, S_{ji}(\Omega)}{S_{ii}(\Omega)\, S_{jj}(\Omega)} \tag{18}$$

zwischen den unkorrelierten Signalanteilen nach 100 Mittelungen erst auf ca. 10% abgesunken, obwohl sie theoretisch verschwinden müßte. Die kleinen regellosen Schwankungen der gemessenen Kurven um ihre Erwartungswerte in den verschiedenen Tests haben ihre Ursache in diesem Nichtverschwinden der gemessenen Kreuzleistungsspektren unkorrelierter Signalanteile.

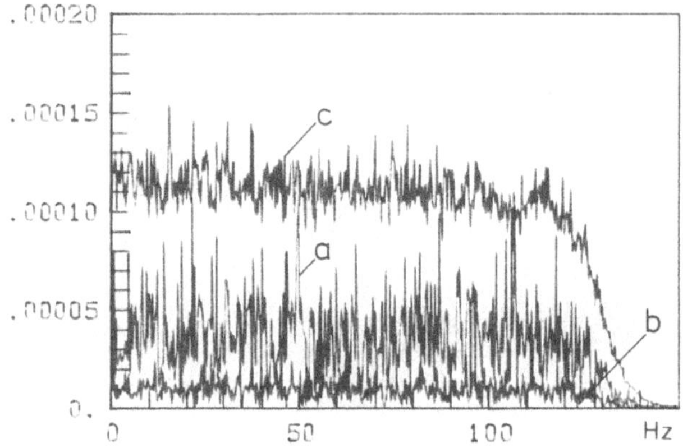

Kreuzleistungsspektren:
a) zwischen Gleitsinus und Störsignal
b) zwischen zwei unabhängigen Störsignalen gleicher Intensität
c) zum Vergleich: Kurve c aus Bild 8

Bild 9: Kreuzleistungsspektren der Erregersignale

3.4 Testsysteme

Zur Bestätigung der theoretisch gefundenen Eigenschaften der verschiedenen Schätzverfahren wurden fünf Testsysteme untersucht, Bild 10. Die ersten drei Systeme wurden am Analogrechner modelliert. Die wahren Erreger- und Antwortsignale dieser elektrischen Systeme wurden vor ihrer meßtechnischen Erfassung durch rauschförmige Störsignale additiv verfälscht. Bei den beiden anderen Systemen handelt es sich um reale mechanische Strukturen, die ohne zusätzliche Störsignale untersucht wurden.

a) Das erste System besitzt zwei getrennte, unabhängige Signalwege. Dieses "Einssystem" wurde gewählt, um die Auswirkungen von Fehleranteilen in den Erreger- und Antwortsignalen unmittelbar verfolgen zu können. Die wahre Matrix der Übertragungsfunktionen ist eine Einheitsmatrix,

$$\mathbf{H}(\Omega) = \begin{bmatrix} 1 & 0 \\ 0 & 1 \end{bmatrix} .$$

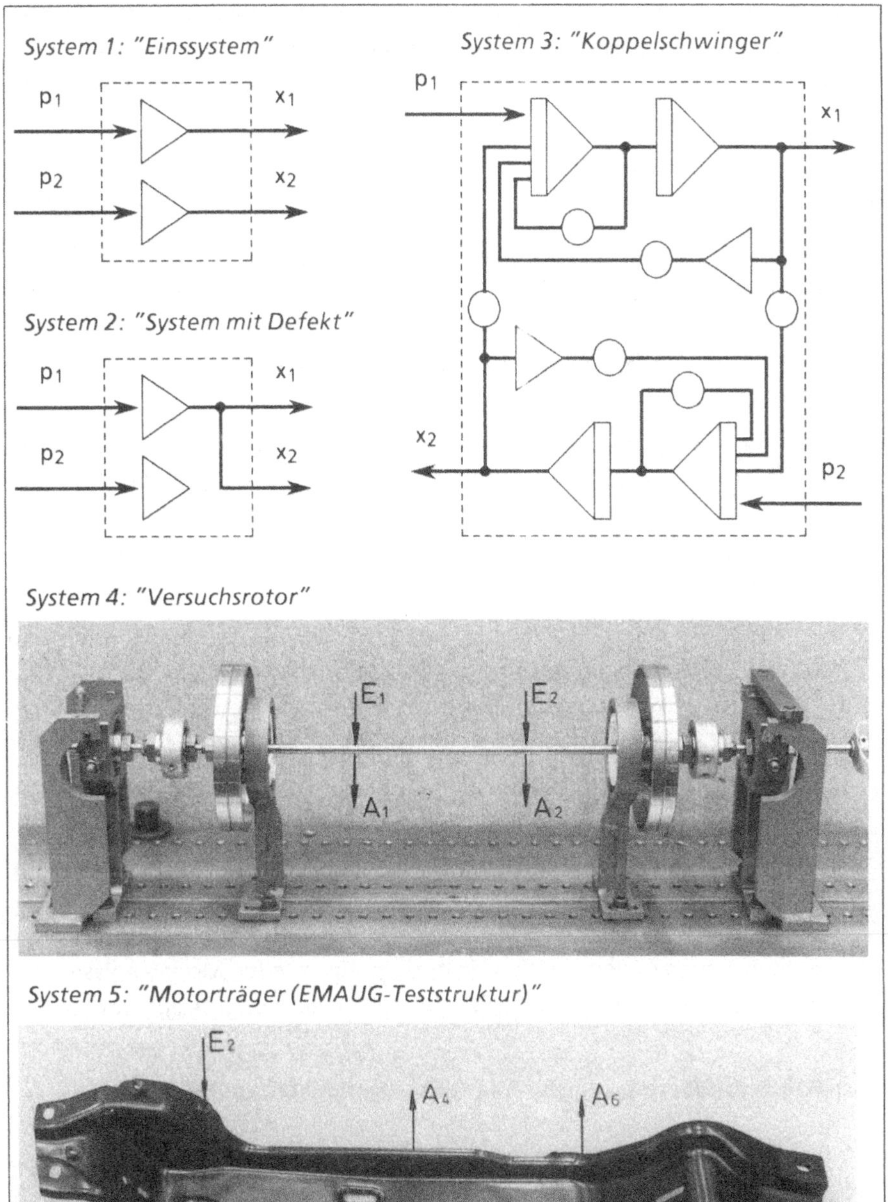

Bild 10: Testsysteme

b) Das zweite System ist eine Abwandlung des ersten, jedoch dadurch gekennzeichnet, daß eines der beiden Erregersignale nicht auf die Antwortsignale einwirken kann. Die Matrix der Übertragungsfunktionen ist singulär und lautet

$$\mathbf{H}(\Omega) = \begin{bmatrix} 1 & 0 \\ 1 & 0 \end{bmatrix}.$$

Eine derartige Konstellation tritt auch bei realen Strukturen auf, wenn die der Identifikation zugrunde gelegte Teilmatrix der Übertragungsfunktionen an einer oder mehreren Frequenzstützstellen einen Defekt besitzt. Dies ist der Fall, wenn das Teilsystem von den im Versuch benutzten Erregerstellen aus nicht steuerbar ist.

c) Beim dritten System handelt es sich um einen Koppelschwinger mit zwei Freiheitsgraden. Hier wurde bei den Versuchen die Intensität der wahren Erregersignale im Bereich der beiden Resonanzen durch analoge Filter künstlich abgeschwächt (Bild 15a), um das bei realen mechanischen Strukturen oft beobachtete ungewollte Einbrechen der Erregerspektren in den Resonanzzonen (Bild 17a) zu simulieren.

d) Das vierte System ist ein leichter Versuchsrotor, dessen Welle an diskreten Stellen einzelne Massescheiben trägt. Im Versuch mußten die Erregungen in massearmen Rotorbereichen eingeleitet werden.

e) Das letzte System ist eine dünnwandige Blechstruktur, die serienmäßig als Motorträger in einem Kleinwagen zum Einsatz kommt. Sie ist durch geringe Dämpfung und hohe Empfindlichkeit gegenüber Strukturmodifikationen gekennzeichnet. Diese mechanische Struktur wurde von der European Modal Analysis User's Group (EMAUG) als Teststruktur zur Überprüfung unterschiedlicher Meß- und Auswertemethoden der Experimentellen Modalanalyse empfohlen und ist in verschiedenen Laboratorien ausführlich getestet worden [9].

4. Schätzen von Übertragungsfunktionen bei Einpunkterregung

Um eine Übertragungsfunktion $H_{ij}(\Omega)$ aus Versuchen mit Einpunkterregung zu bestimmen, werden zunächst in einem geeignet gewählten Zeitintervall die eingeleitete Kraft $\tilde{p}_j(t)$ und die Schwingungsantwort $\tilde{x}_i(t)$ gemessen und mittels der schnellen Fouriertransformation (FFT) in den Frequenzbereich transformiert. Die Indizes i und j werden in den weiteren Ausführungen weggelassen, da Verwechslungen nicht zu befürchten sind. Aus den fehlerbehafteten Fourierspektren $\tilde{P}(\Omega)$ und $\tilde{X}(\Omega)$ der Erreger- und Antwortsignale werden dann während einer

Meßreihe durch wiederholte Messung und Mittelung die spektralen Leistungsdichten $S_{\tilde{p}\tilde{x}}(\Omega)$, $S_{\tilde{p}\tilde{p}}(\Omega)$ und $S_{\tilde{x}\tilde{x}}(\Omega)$ bestimmt. Diese bilden die Datenbasis für die anschließende Berechnung der Übertragungsfunktion.

Bei fehlerfreien Messungen sind die Fourierspektren von Erreger- und Antwortsignal $P(\Omega)$ und $X(\Omega)$ sowie die daraus gewonnenen Leistungsspektren $S_{px}(\Omega)$, $S_{pp}(\Omega)$ und $S_{xx}(\Omega)$ durch die Übertragungsfunktion $H(\Omega)$ lt. Gl. (6) bzw. Gl. (11) miteinander verknüpft. Da die gemessenen Spektren mit Fehlern behaftet sind, können über diese Beziehungen lediglich Schätzungen der Übertragungsfunktion bestimmt werden.

4.1 Schätzung $H_0(\Omega)$ aus linearen Fourierspektren

Bei der ersten Methode greift man unmittelbar auf die Definitionsgleichung (6) für die Übertragungsfunktion zurück. Aus den Fourierspektren $\tilde{P}(\Omega)$ und $\tilde{X}(\Omega)$ von Erregung und Antwort ergibt sich die Schätzung

$$H_0(\Omega) = \frac{\tilde{X}(\Omega)}{\tilde{P}(\Omega)} \, . \tag{19}$$

Die gemessenen Fourierspektren setzen sich gemäß Gl. (12) additiv aus den wahren Fourierspektren $P(\Omega)$ und $X(\Omega)$ und den Fourierspektren $M(\Omega)$ und $N(\Omega)$ der zufälligen Fehlersignale zusammen. Für den relativen Fehler der Schätzung $H_0(\Omega)$ gilt somit

$$\frac{\Delta H_0(\Omega)}{H(\Omega)} = \frac{H_0 - H}{H} = \frac{N(\Omega)\,/\,X(\Omega) - M(\Omega)\,/\,P(\Omega)}{1 + M(\Omega)\,/\,P(\Omega)} \approx \frac{N(\Omega)}{X(\Omega)} - \frac{M(\Omega)}{P(\Omega)} \, . \tag{20}$$

Man erkennt, daß bei dieser Berechnungsmethode die Fehlersignale über ihre Fourierspektren linear in die Schätzung eingehen. Im ungünstigen Fall summieren sich die Fehler von Erregung und Antwort, so daß z. B. bei einem Stör- zu Nutzsignalverhältnis von jeweils 10% mit Schätzfehlern bis zu 20% gerechnet werden muß, und dies sowohl im Betrag als auch in der Phase. Die Schätzung $H_0(\Omega)$ wird deshalb in der Praxis lediglich dann angewandt, wenn nur eine einzige Messung durchgeführt werden kann und keine Mittelung möglich ist.

4.2 Schätzungen aus gemessenen Leistungsdichten

Bessere Schätzungen ergeben sich, wenn man die Übertragungsfunktion aus den spektralen Leistungsdichten bestimmt und so den Vorteil der Mittelung über mehrere Einzelmessungen nutzt.

Schätzung $H_1(\Omega)$

Eine erste Schätzung auf der Basis von Leistungsdichten kann aus Gl. (11a) abgeleitet werden,

$$H_1^*(\Omega) = \frac{S_{\tilde{x}\tilde{p}}(\Omega)}{S_{\tilde{p}\tilde{p}}(\Omega)} \, . \tag{21}$$

Spaltet man die gemessenen Leistungsspektren in ihre wahren und ihre Fehleranteile auf, verschwindet vermöge Gl. (13) der Einfluß des Fehlers $n(t)$ im Antwortsignal auf die Schätzung $H_1(\Omega)$. Es verbleibt ein Einfluß des Fehlers $m(t)$ im Erregersignal, doch wird dieser durch die Mittelung um eine Größenordnung reduziert:

$$\frac{\Delta H_1(\Omega)}{H(\Omega)} = \frac{H_1 - H}{H} = - \frac{S_{mm}(\Omega) / S_{pp}(\Omega)}{1 + S_{mm}(\Omega) / S_{pp}(\Omega)} \approx - \frac{S_{mm}(\Omega)}{S_{pp}(\Omega)} \, . \tag{22}$$

Dieser Biasfehler kann durch Erhöhung der Mittelungszahl nicht verringert werden. Bei hinreichend hoher Mittelungszahl ist der relative Fehler jedoch reell und negativ. Deshalb wird der Phasengang unverzerrt wiedergegeben, doch führen die Fehler im Erregersignal hier stets zu einer Unterschätzung des wahren Betrages der Übertragungsfunktion. Erregersignalfehler können beispielsweise signifikant werden, wenn das Erregersignal selbst klein ist, obwohl die absoluten Fehler gleich groß bleiben. Dies ist in Resonanzzonen von schwach gedämpften Strukturen der Fall, wenn die Erregung an Stellen mit geringer Strukturträgheit eingeleitet wird. Hier wirkt sich die Eigenträgheit der Erreger so stark aus, daß die Amplitude der wirksamen Erregerkraft einbricht. Ein gemessenes Erregerspektrum, das diesen Einbruch deutlich aufweist, zeigt Bild 17a. Bei Anwendung der Schätzung $H_1(\Omega)$ muß in Resonanzbereichen mit schlechteren, in Bereichen von Antiresonanzen darf mit genaueren Ergebnissen gerechnet werden.

Schätzung $H_2(\Omega)$

Wird statt Gl. (11a) die Beziehung (11b) zur Schätzung von $H(\Omega)$ herangezogen, ergibt sich

$$H_2^*(\Omega) = \frac{S_{\tilde{x}\tilde{x}}(\Omega)}{S_{\tilde{p}\tilde{x}}(\Omega)} \, . \tag{23}$$

Bei unkorrelierten Fehlersignalen erhält man auch bei diesem Verfahren eine Verzerrung, und zwar mit dem relativen Fehler

$$\frac{\Delta H_2(\Omega)}{H(\Omega)} = \frac{H_2 - H}{H} = \frac{S_{nn}(\Omega)}{S_{xx}(\Omega)} \, . \tag{24}$$

Bei $H_2(\Omega)$ wird also der Einfluß des zufälligen Erregersignalfehlers $m(t)$ eliminiert, während der Antwortsignalfehler $n(t)$ die Schätzung verfälscht. Im Gegensatz zu $H_1(\Omega)$ überschätzt $H_2(\Omega)$ den wahren Betrag der Übertragungsfunktion. Dies ist in der Regel aber nur in Bereichen von Antiresonanzen relevant. In Resonanzzonen, wo das Antwortsignal groß wird, sind die relativen Antwortsignalfehler und damit der relative Fehler von $H_2(\Omega)$ klein. Wie alle aus Leistungsspektren gewonnenen Schätzungen, liefert auch $H_2(\Omega)$ die wahre Phase.

Die Kohärenzfunktion zwischen Erregung und Antwort

$$\gamma_{\tilde{x}\tilde{p}}^2(\Omega) = \frac{S_{\tilde{x}\tilde{p}}(\Omega)\, S_{\tilde{p}\tilde{x}}(\Omega)}{S_{\tilde{p}\tilde{p}}(\Omega)\, S_{\tilde{x}\tilde{x}}(\Omega)} = \frac{H_1(\Omega)}{H_2(\Omega)} \leqq 1 \tag{25}$$

gibt gerade das Verhältnis zwischen den beiden Schätzungen $H_1(\Omega)$ und $H_2(\Omega)$ wieder. Sie ist damit wegen der bei genügend hoher Mittelungszahl gültigen Schrankeneigenschaft

$$|H_1(\Omega)| \leqq |H(\Omega)| \leqq |H_2(\Omega)| \tag{26}$$

ein Qualitätsmerkmal für die Genauigkeit beider Schätzungen bei Einpunkterregung. Eine schlechte Kohärenz zwischen Erregung und Antwort kann durch Rauschstörungen in den Meßsignalen verursacht sein, aber auch von Nichtlinearitäten im System und von Antwortsignalanteilen herrühren, die nicht von der gemessenen Erregerquelle verursacht sind [1].

Schätzungen $H_3(\Omega)$

In der Literatur findet man neben $H_1(\Omega)$ und $H_2(\Omega)$ zwei verschiedene Schätzungen $H_3(\Omega)$, die als arithmetischer [10] oder als geometrischer [11] Mittelwert von $H_1(\Omega)$ und $H_2(\Omega)$ definiert sind:

$$H_{3a}(\Omega) = \tfrac{1}{2}\,[\,H_1(\Omega) + H_2(\Omega)\,] \tag{27a}$$

$$H_{3b}(\Omega) = \frac{S_{\tilde{p}\tilde{x}}(\Omega)}{|S_{\tilde{p}\tilde{x}}(\Omega)|} \sqrt{\frac{S_{\tilde{x}\tilde{x}}(\Omega)}{S_{\tilde{p}\tilde{p}}(\Omega)}} \tag{27b}$$

Begründet werden diese Definitionen damit, daß $H_1(\Omega)$ den wahren Betrag unterschätzt, während $H_2(\Omega)$ ihn überschätzt. Beide Schätzungen halbieren die Summe der Biasfehler von $H_1(\Omega)$ und $H_2(\Omega)$:

$$\frac{\Delta H_{3a}(\Omega)}{H(\Omega)} = \frac{H_{3a} - H}{H} \approx \frac{1}{2}\left[\frac{S_{nn}(\Omega)}{S_{xx}(\Omega)} - \frac{S_{mm}(\Omega)}{S_{pp}(\Omega)}\right]. \tag{28a}$$

$$\frac{\Delta H_{3b}(\Omega)}{H(\Omega)} = \frac{H_{3b} - H}{H} = \frac{\sqrt{1 + S_{nn}(\Omega)/S_{xx}(\Omega)} - \sqrt{1 + S_{mm}(\Omega)/S_{pp}(\Omega)}}{\sqrt{1 + S_{mm}(\Omega)/S_{pp}(\Omega)}} \approx$$

$$\approx \frac{1}{2} \left[\frac{S_{nn}(\Omega)}{S_{xx}(\Omega)} - \frac{S_{mm}(\Omega)}{S_{pp}(\Omega)} \right] . \qquad (28b)$$

Wir halten beide Schätzungen $H_3(\Omega)$ allerdings für weniger geeignet, da sie in Resonanzzonen stets schlechter als die dort gute Schätzung $H_2(\Omega)$, in Antiresonanzen stets schlechter als die dort gute Schätzung $H_1(\Omega)$ sind. Die Auswirkungen von zufälligen Fehlersignalen, aber auch von zahlreichen anderen versuchsbedingten Näherungen auf die Schätzungen $H_1(\Omega)$, $H_2(\Omega)$ und $H_{3b}(\Omega)$ sind sehr eingehend in [11] und [12] untersucht worden.

Schätzung $H_4(\Omega)$

Im Gegensatz zu $H_3(\Omega)$ vereinigt die von uns eingeführte Schätzung [15]

$$H_4(\Omega) = [\, 1 - \kappa(\Omega)\,]\, H_1(\Omega) + \kappa(\Omega)\, H_2(\Omega) \qquad (29)$$

die Vorteile von $H_1(\Omega)$ und $H_2(\Omega)$, ohne deren Nachteile mit zu übernehmen. Die frequenzabhängige reelle Gewichtung $\kappa(\Omega)$ wird so gebildet, daß die Schätzung $H_4(\Omega)$ in Resonanzstellen der dort besseren Schätzung $H_2(\Omega)$, in Antiresonanzen der dort besseren Schätzung $H_1(\Omega)$ entspricht,

$$\kappa(\Omega) = \frac{|H_3(\Omega)|}{\underset{\Omega}{\mathrm{Max}}\,\{|H_3(\Omega)|\}} . \qquad (30)$$

Der Berechnungsaufwand ist kaum höher als für eine der Schätzungen $H_3(\Omega)$. Alle bisherigen Modellmessungen zeigten, daß die Schätzung $H_4(\Omega)$ die wahren Übertragungsfunktionen besser als die bisher dargestellten Schätzungen $H_1(\Omega)$, $H_2(\Omega)$ und $H_3(\Omega)$ approximiert. Bei erheblich geringerem Rechenaufwand ist die Qualität der Schätzung $H_4(\Omega)$ durchaus vergleichbar mit der folgenden Schätzung $H_v(\Omega)$.

4.3 Schätzung $H_v(\Omega)$ aus Eigenwertproblem

Bei der Schätzung $H_v(\Omega)$ [13] wird als beste Approximation der wahren Übertragungsfunktion diejenige angesehen, die die Einflüsse von Fehlern in den Erreger- und Antwortsignalen gleichermaßen minimiert. Die Zusammenhänge seien kurz skizziert.

In den Definitionsgleichungen (11a) und (11b) können die unbekannten wahren Leistungsspektren durch ihre Schätzungen und deren Fehleranteile ausgedrückt werden,

$$-S_{\tilde{x}\tilde{x}}(\Omega) + S_{\tilde{x}\tilde{p}}(\Omega)\,H(\Omega) = -S_{nn}(\Omega)\,, \tag{31a}$$

$$-S_{\tilde{p}\tilde{x}}(\Omega) + S_{\tilde{p}\tilde{p}}(\Omega)\,H(\Omega) = S_{mm}(\Omega)\,H(\Omega)\,. \tag{31b}$$

In diesen Gleichungen sind neben der Übertragungsfunktion auch die Autospektren der Erreger- und Antwortsignalfehler unbekannt. Macht man nun eine plausible Annahme bezüglich der Verteilung dieser zufälligen Fehler über die einzelnen Meßkanäle derart, daß man sie global durch einen gemeinsamen frequenzabhängigen Faktor $\lambda(\Omega)$ beschreibt und die Verteilung mit den Bezugsspektren $S_{\overline{mm}}(\Omega)$ und $S_{\overline{nn}}(\Omega)$ im Vorwege schätzt,

$$S_{nn}(\Omega) \approx \lambda(\Omega)\,S_{\overline{nn}}(\Omega), \qquad S_{mm}(\Omega) \approx \lambda(\Omega)\,S_{\overline{mm}}(\Omega)\,, \tag{32}$$

so ergibt sich ein Eigenwertproblem. Der Eigenvektor enthält die Schätzung $H_v(\Omega)$, die Fehlersignale beider Meßkanäle sind mit dem reellen Eigenwert $\lambda(\Omega)$ im Mittel erfaßt,

$$\begin{bmatrix} S_{\tilde{x}\tilde{x}} & S_{\tilde{x}\tilde{p}} \\ S_{\tilde{p}\tilde{x}} & S_{\tilde{p}\tilde{p}} \end{bmatrix} \begin{bmatrix} -1 \\ H_v \end{bmatrix} = \lambda \begin{bmatrix} S_{\overline{nn}} & 0 \\ 0 & S_{\overline{mm}} \end{bmatrix} \begin{bmatrix} -1 \\ H_v \end{bmatrix}. \tag{33}$$

Der Einfluß der geschätzten Fehlerverteilung wird minimal, wenn für $\lambda(\Omega)$ der kleinste Eigenwert eingesetzt wird. Dies ist gleichbedeutend mit der Minimierung des zugehörigen Rayleighquotienten

$$\lambda(\Omega) \leqq R[H(\Omega)] = \frac{S_{\tilde{x}\tilde{x}} - S_{\tilde{x}\tilde{p}}\,H - H^*\,S_{\tilde{p}\tilde{x}} + H^*\,S_{\tilde{p}\tilde{p}}\,H}{S_{\overline{nn}} + H^*\,S_{\overline{mm}}\,H}\,. \tag{34}$$

Mit der Abkürzung

$$\tilde{\varepsilon}(\Omega) = S_{\overline{mm}}(\Omega)\,/\,S_{\overline{nn}}(\Omega)\,, \tag{35}$$

für das geschätzte Verhältnis der Fehlerintensitäten in Erreger- und Antwortmessung kann bei der Einpunkterregung die Schätzung $H_v(\Omega)$ sogar explizit angegeben werden:

$$H_v(\Omega) = \frac{(\tilde{\varepsilon}\,S_{\tilde{x}\tilde{x}} - S_{\tilde{p}\tilde{p}}) + \sqrt{(\tilde{\varepsilon}\,S_{\tilde{x}\tilde{x}} - S_{\tilde{p}\tilde{p}})^2 + 4\,\tilde{\varepsilon}\,S_{\tilde{p}\tilde{x}}\,S_{\tilde{x}\tilde{p}}}}{2\,\tilde{\varepsilon}\,S_{\tilde{x}\tilde{p}}} \tag{36}$$

Werden bei der Schätzung von $\tilde{\varepsilon}$ die zufälligen Fehler im Antwortsignal als dominant angesetzt ($\tilde{\varepsilon} \to 0$), so stimmt die Schätzung $H_v(\Omega)$ mit $H_1(\Omega)$ überein und enthält nur noch die Fehler des Erregersignals; werden hingegen die Fehler im Erregersignal als dominant angesetzt ($\tilde{\varepsilon} \to \infty$), stimmt $H_v(\Omega)$ mit der Schätzung $H_2(\Omega)$ überein und enthält nur noch die Fehler des Antwortsignals:

$$\lim_{\tilde{\varepsilon}\to 0} H_v(\Omega) = H_1(\Omega), \qquad \lim_{\tilde{\varepsilon}\to\infty} H_v(\Omega) = H_2(\Omega). \tag{37}$$

Der Biasfehler von $H_v(\Omega)$ hängt nicht alleine von den Fehlerspektren $S_{mm}(\Omega)$ und $S_{nn}(\Omega)$ ab, sondern auch vom Unterschied der geschätzten Fehlerverteilung $\tilde{\varepsilon}$ von der tatsächlichen Fehlerverteilung ε über die Meßkanäle,

$$\frac{\Delta H_v}{H} = \frac{-\tilde{\varepsilon}(S_{xx}-S_{nn}) - (S_{pp}+S_{mm}) + \sqrt{[\tilde{\varepsilon}(S_{xx}+S_{nn}) - (S_{pp}+S_{mm})]^2 + 4\tilde{\varepsilon}S_{px}S_{xp}}}{2\tilde{\varepsilon}S_{xx}}$$

$$\approx \frac{(\tilde{\varepsilon}-\varepsilon)}{1+\tilde{\varepsilon}|H|^2}\,\frac{S_{nn}}{S_{pp}} = \frac{\tilde{\varepsilon}S_{nn}-S_{mm}}{\tilde{\varepsilon}S_{xx}+S_{pp}}\,. \tag{38}$$

Es ist offensichtlich, daß für fehlerfreie Messungen ($S_{mm}=0$ und $S_{nn}=0$) die Schätzung $H_v(\Omega)$ unabhängig vom Wert des geschätzten Verhältnisfaktors $\tilde{\varepsilon}$ die wahre Übertragungsfunktion $H(\Omega)$ verzerrungsfrei wiedergibt. Wird die Verteilung ε der Fehlersignale über die Meßkanäle richtig geschätzt ($\tilde{\varepsilon}=\varepsilon$), liefert die Schätzung $H_v(\Omega)$ trotz dieser Fehler ebenfalls die wahre Übertragungsfunktion $H(\Omega)$. Die einzige Schwäche der Schätzmethode $H_v(\Omega)$ liegt aber gerade darin, daß die Fehlerverteilung im voraus nicht bekannt ist. Kann sie nicht hinreichend genau angegeben werden, kann man sich folgendermaßen behelfen: Man startet mit einer geschätzten, beispielsweise gleichmäßigen Fehlerverteilung und berechnet damit eine erste Näherung für $H(\Omega)$ sowie aus den Gln. (31) die zugehörigen Fehlerspektren. Letztere können dann einer genaueren Berechnung von $H(\Omega)$ zugrunde gelegt werden. Diese iterative Vorgehensweise wird die Ausnahme bleiben, denn in der Regel erhält man selbst bei der einfachsten Annahme einer gleichmäßigen Fehlerverteilung über die Meßkanäle schon im ersten Schritt hervorragende Ergebnisse.

5. Schätzen von Übertragungsfunktionen bei Mehrpunkterregung

Zur Schätzung von Übertragungsfunktionen bei Mehrpunkterregung sind aus der Literatur [5, 13, 14] die beiden Schätzverfahren $\mathbf{H}_1(\Omega)$ und $\mathbf{H}_v(\Omega)$ bekannt. Die Schätzung $\mathbf{H}_2(\Omega)$ wird für den Sonderfall angegeben, daß die Anzahl der Erregerstellen gleich der Anzahl der Antwortstellen ist. In Analogie zur Einpunkterregung können auch für die Mehrpunkterregung weitere Schätzverfahren definiert sowie Verallgemeinerungen für das Schätzverfahren $\mathbf{H}_2(\Omega)$ vorgenommen werden. In allen Fällen werden in einer Meßreihe mehrere Spalten der Übertragungsfunktionsmatrix gleichzeitig bestimmt.

5.1 Schätzung $H_0(\Omega)$ aus linearen Fourierspektren

Zunächst kann eine Schätzung $H_0(\Omega)$ definiert werden, die aus den Fourierspektren von Erregung und Antwort gebildet wird. Bei K Erregerstellen (im Beispiel von Bild 2 ist K = 3) sind hierzu J ≥ K Messungen mit K linear unabhängigen Erregervektoren erforderlich. Die fouriertransformierten Erreger- und Antwortvektoren der Messungen werden in den Matrizen

$$\tilde{\mathbf{Q}}(\Omega) = [\tilde{\mathbf{P}}^{(1)}(\Omega), \tilde{\mathbf{P}}^{(2)}(\Omega), \ldots\ldots, \tilde{\mathbf{P}}^{(K)}(\Omega), \ldots\ldots] \,, \tag{39a}$$

$$\tilde{\mathbf{Z}}(\Omega) = [\tilde{\mathbf{X}}^{(1)}(\Omega), \tilde{\mathbf{X}}^{(2)}(\Omega), \ldots\ldots, \tilde{\mathbf{X}}^{(K)}(\Omega), \ldots\ldots] \tag{39a}$$

zusammengefaßt. Bei mehr als K Einzelmessungen erhält man ein überbestimmtes Gleichungssystem, das unter Minimierung der Fehlerquadratsumme durch Bildung der Pseudoinversen gelöst werden kann,

$$H_0(\Omega) = \tilde{\mathbf{Z}}(\Omega) \{ \tilde{\mathbf{Q}}^{*T}(\Omega) [\tilde{\mathbf{Q}}(\Omega) \tilde{\mathbf{Q}}^{*T}(\Omega)]^{-1} \} \,. \tag{40}$$

Die Qualität der Schätzung läßt sich durch eine erhöhte Anzahl von Messungen verbessern; im Grenzfall von sehr vielen überzähligen Messungen strebt die Schätzung $H_0(\Omega)$ gegen die bessere Schätzung $H_1(\Omega)$.

5.2 Schätzungen aus gemessenen Leistungsdichten

Schätzung $H_1(\Omega)$

Die Schätzung $H_1(\Omega)$ geht von Gl. (11a) aus. Wie alle nachfolgend beschriebenen Schätzverfahren greift sie auf gemessene spektrale Leistungsdichten zurück. Durch wiederholte Einzelmessungen und Mittelwertbildung werden zunächst für einen Erregervektor die Auto- und Kreuzleistungsdichtematrizen gebildet. Bei korrelierten Erregersignalen ist das Ergebnis einer derartigen Meßreihe eine singuläre Matrix der Erregerleistungsdichten. Um eine reguläre Matrix $\mathbf{S}_{\tilde{p}\tilde{p}}(\Omega)$ zu erhalten, müssen die Messungen mit linear unabhängigen Erregervektoren mindestens so oft durchgeführt werden, wie Erregerstellen vorhanden sind. Die Leistungsdichtematrizen der Teilversuche sind zu summieren, die Matrix $\mathbf{S}_{\tilde{p}\tilde{p}}(\Omega)$ der gesamten Meßreihe wird regulär, und man erhält

$$H_1^*(\Omega) = \mathbf{S}_{\tilde{x}\tilde{p}}(\Omega)\, \mathbf{S}_{\tilde{p}\tilde{p}}^{-1}(\Omega) \,. \tag{41}$$

Die Mittelung der Spektren für eine Meßreihe und die Summation für verschiedene Erregervektoren können während einer einzigen Gesamtmeßreihe erfolgen. Dazu wird nach einer gewissen Anzahl von Mittelungen der Meßprozeß angehalten, der Erregervektor z. B. durch Phasenumkehr einiger Erregerkomponenten verändert (Kabelanschluß am Erreger tauschen) und die Mittelung schließlich wieder fortgesetzt.

Bei unkorrelierten Erregersignalen kann auf eine manuelle Änderung der Erregervektoren verzichtet werden. Wegen der bei jeder Messung rein zufälligen Verteilung der Erregersignale ist die Wahrscheinlichkeit groß, daß bei einer genügend hohen Mittelungszahl die erforderliche Anzahl linear unabhängiger Erregervektoren in die Messung eingeht. Somit sollte die Matrix der Erregerleistungsdichten mit steigender Mittelungszahl gegen eine Diagonalmatrix konvergieren, was die Lösung des Gleichungssystems erheblich vereinfachen würde. Unsere Versuche und auch die anderer Autoren [5] zeigten jedoch, daß selbst bei hoher Mittelungszahl die Vernachlässigung der kleinen Nichtdiagonalglieder von $\mathbf{S}_{\tilde{p}\tilde{p}}(\Omega)$ schlechte Schätzresultate zur Folge hat.

In beiden Fällen kann die lineare Unabhängigkeit der Erregervektoren anhand der gewöhnlichen Kohärenzfunktionen der Erregersignale, Gl. (18), überprüft werden. Liegen nach Abschluß der Gesamtmeßreihe die Werte hierfür nahe bei Eins, besteht die Gefahr der Singularität von $\mathbf{S}_{\tilde{p}\tilde{p}}(\Omega)$. Werden hingegen die Kohärenzfunktionen zwischen allen Erregersignalen klein, ist $\mathbf{S}_{\tilde{p}\tilde{p}}(\Omega)$ sicher regulär.

Die Qualität dieser und der weiteren Schätzungen läßt sich bei der Mehrpunkterregung anhand der mehrfachen Kohärenzfunktion zwischen den Erregungen $\tilde{p}_j(t)$ und der Antwort $\tilde{x}(t)$ beurteilen. Mit der zur Antwort $\tilde{x}(t)$ gehörenden erweiterten Leistungsdichtematrix

$$\mathbf{S}_{\tilde{x}\tilde{p}\tilde{p}}(\Omega) = \left[\begin{array}{c|ccc} S_{\tilde{x}\tilde{x}} & S_{\tilde{x}\tilde{p}_1} & S_{\tilde{x}\tilde{p}_2} & \cdots \\ \hline S_{\tilde{p}_1\tilde{x}} & S_{\tilde{p}_1\tilde{p}_1} & S_{\tilde{p}_1\tilde{p}_2} & \cdots \\ S_{\tilde{p}_2\tilde{x}} & S_{\tilde{p}_2\tilde{p}_1} & S_{\tilde{p}_2\tilde{p}_2} & \cdots \\ \cdot & \cdot & \cdot & \cdots \end{array}\right] = \left[\begin{array}{c|c} S_{\tilde{x}\tilde{x}} & \mathbf{S}_{\tilde{x}\tilde{p}} \\ \hline \mathbf{S}_{\tilde{p}\tilde{x}} & \mathbf{S}_{\tilde{p}\tilde{p}} \end{array}\right] \tag{42}$$

ist sie definiert als [1, 6]

$$\gamma_{\tilde{x}\tilde{p}\tilde{p}}^2(\Omega) = 1 - \frac{\det\{\, \mathbf{S}_{\tilde{x}\tilde{p}\tilde{p}}(\Omega) \,\}}{S_{\tilde{x}\tilde{x}}(\Omega) \det\{\, \mathbf{S}_{\tilde{p}\tilde{p}}(\Omega) \,\}} \leqq 1 \,. \tag{43}$$

Bei exakten Messungen ergibt sich der Wert Eins, da $\mathbf{S}_{\tilde{x}\tilde{p}\tilde{p}}(\Omega)$ singulär wird; Fehlersignale in Erregung und Antwort führen zu Werten kleiner als Eins. Bei Einpunkterregung geht Gl. (43) in die gewöhnliche Kohärenzfunktion über.

Da die unkorrelierten Fehlersignale nicht die Kreuzleistungsdichtematrizen verzerren, verschwindet der Einfluß der Antwortsignalfehler $\mathbf{n}(t)$ auf die Schätzung $\mathbf{H}_1(\Omega)$. Es verbleibt der Einfluß der Erregersignalfehler $\mathbf{m}(t)$

$$\Delta \mathbf{H}_1^*(\Omega) = \mathbf{H}^* \{[\, \mathbf{E} + \mathbf{S}_{mm}(\Omega)\, \mathbf{S}_{pp}^{-1}(\Omega)\,]^{-1} - \mathbf{E} \,\} \approx -\mathbf{H}^*\, \mathbf{S}_{mm}(\Omega)\, \mathbf{S}_{pp}^{-1} \,. \tag{44}$$

Wegen der meist vollbesetzten Matrix $\mathbf{S}_{pp}(\Omega)$ verzerrt das Fehlersignal eines Erregerkanales alle simultan ermittelten Einzelübertragungsfunktionen, auch diejenigen, die der betreffenden Erregerstelle nicht zugeordnet sind. Außerdem kann selbst bei gleichem Stör- zu Nutzsignalverhältnis der Biasfehler bei Mehrpunkterregung durchaus größer als bei der entsprechenden Einpunkterregung sein. Hat die Autoleistungsdichtematrix $\mathbf{S}_{pp}(\Omega)$ der Erregersignale Diagonalform, stimmen die Biasfehler von Ein- und Mehrpunkterregung überein.

Schätzung $\mathbf{H}_2(\Omega)$

Die Schätzung $\mathbf{H}_2(\Omega)$ ist der Schätzung $\mathbf{H}_1(\Omega)$ vorzuziehen, wenn – beispielsweise in den Resonanzzonen – die Fehler $\mathbf{m}(t)$ in den Erregersignalen dominieren. Diese Schätzung existiert allerdings nur für eine reguläre Übertragungsfunktionsmatrix. Ausgehend von der Gleichung (11b) erhält man

$$\mathbf{S}_{xx}(\Omega)\,\mathbf{S}_{xp}(\Omega) \;=\; \mathbf{H}^*(\Omega)\,\mathbf{S}_{px}(\Omega)\,\mathbf{S}_{xp}(\Omega)\,. \tag{45}$$

Zuerst muß also die Invertierbarkeit der Produktmatrix $\mathbf{S}_{px}\mathbf{S}_{xp}$ sichergestellt werden. Ist die Zahl der simultan benutzten Antwortstellen größer oder gleich der Zahl der Erregerstellen, wird dies durch die Einbeziehung von genügend vielen unterschiedlichen Erregervektoren in die Ermittlung der Leistungsdichten bei nichtsingulärer Teilmatrix $\mathbf{H}(\Omega)$ gesichert. Ist die Anzahl der Antwortstellen jedoch kleiner als die Anzahl der Erregerstellen, müssen die Produktmatrizen $\mathbf{S}_{\tilde{x}\tilde{x}}\,\mathbf{S}_{\tilde{x}\tilde{p}}$ und $\mathbf{S}_{\tilde{p}\tilde{x}}\,\mathbf{S}_{\tilde{x}\tilde{p}}$ über eine entsprechende Anzahl von Meßreihen mit linear unabhängigen Erregervektoren aufsummiert werden. Falls die Matrix $\mathbf{H}(\Omega)$ keinen Defekt besitzt, wird die Summe aus den gemessenen Matrizenprodukten $\Sigma\,(\mathbf{S}_{\tilde{p}\tilde{x}}\,\mathbf{S}_{\tilde{x}\tilde{p}})$ regulär, und man erhält die Schätzung

$$\mathbf{H}_2^*(\Omega) \;=\; \Sigma\,[\,\mathbf{S}_{\tilde{x}\tilde{x}}(\Omega)\,\mathbf{S}_{\tilde{x}\tilde{p}}(\Omega)\,]\,\{\,\Sigma\,[\,\mathbf{S}_{\tilde{p}\tilde{x}}(\Omega)\,\mathbf{S}_{\tilde{x}\tilde{p}}(\Omega)\,]\,\}^{-1}\,. \tag{46}$$

Die Reihenfolge von Mittelwertbildung, Multiplikation, Summation und Inversion ist bei mehr Erreger- als Antwortstellen streng einzuhalten. Bei gleich vielen Erreger- wie Antwortsignalen vereinfacht sich die Auswertung erheblich. Zum einen kann die Summenbildung über die Produktmatrizen entfallen, zum anderen kann die Pseudoinverse durch die gewöhnliche Inverse ersetzt werden.

Der Biasfehler von $\mathbf{H}_2(\Omega)$,

$$\Delta\mathbf{H}_2^*(\Omega) \;=\; \Sigma\,[\,\mathbf{S}_{nn}(\Omega)\,\mathbf{S}_{xp}(\Omega)\,]\;\{\Sigma\,[\,\mathbf{S}_{px}(\Omega)\,\mathbf{S}_{xp}(\Omega)\,]\,\}^{-1}\,, \tag{47}$$

enthält nur die Fehlersignale $\mathbf{n}(t)$ der Antwort, nicht die der Erregung $\mathbf{m}(t)$. Der Fehler $n_i(t)$ im Antwortsignal einer Meßstelle beeinflußt nur die zugehörigen Übertragungsfunktionen $H_{ij}(\Omega)$.

Schätzung $H_3(\Omega)$

Aus den Schätzungen $H_1(\Omega)$ und $H_2(\Omega)$ kann auch bei Mehrpunkterregung eine Schätzung $H_3(\Omega)$ als arithmetischer Mittelwert berechnet werden,

$$H_3(\Omega) = \tfrac{1}{2}[\,H_1(\Omega) + H_2(\Omega)\,], \tag{48}$$

die jedoch wie bei der Einpunkterregung die Fehler von $H_1(\Omega)$ und $H_2(\Omega)$ mit übernimmt.

Schätzung $H_4(\Omega)$

Durch gezielte Gewichtung der Schätzungen $H_1(\Omega)$ und $H_2(\Omega)$ ergibt sich eine bessere Schätzung

$$H_{4,ij}(\Omega) = [\,1 - \kappa_{ij}(\Omega)\,]\,H_{1,ij}(\Omega) + \kappa_{ij}(\Omega)\,H_{2,ij}(\Omega)\,. \tag{49}$$

Jedes Element von $H_4(\Omega)$ wird über den frequenzabhängigen Gewichtsfaktor

$$\kappa_{ij}(\Omega) = \frac{|H_{3,ij}(\Omega)|}{\underset{\Omega}{\mathrm{Max}}\,\{|H_{3,ij}(\Omega)|\}} \tag{50}$$

so gebildet, daß jeweils die bessere der beiden Schätzungen $H_1(\Omega)$ bzw. $H_2(\Omega)$ hervorgehoben wird.

Zur experimentellen Verifikation der Erkenntnisse über die Schätzverfahren $H_1(\Omega)$ bis $H_4(\Omega)$ sind praktische Versuche an den Testsystemen 1, 2 und 3 von Bild 10 durchgeführt worden. Die Ergebnisse werden im Kapitel 5.4 vorgestellt.

5.3 Schätzung $H_v(\Omega)$ als Lösung eines Eigenwertproblems

Die schon bei der Einpunkterregung vorgestellte Schätzung $H_v(\Omega)$ wurde speziell für Mehrpunkterregung entwickelt [8]. Sie minimiert den Einfluß der Fehlersignale $\mathbf{m}(t)$ und $\mathbf{n}(t)$ von Erregung und Antwort gleichermaßen. Dazu werden für eine Schwingungsantwort $\tilde{x}_i$ in den Definitionsgleichungen (11a,b) die unbekannten exakten Leistungsspektren durch ihr Meßwerte und deren Fehleranteile ausgedrückt,

$$-S_{\tilde{x}\tilde{x}}(\Omega) + \mathbf{S}_{\tilde{x}\tilde{p}}(\Omega)\,\mathbf{H}^T(\Omega) = -S_{nn}(\Omega)\,, \tag{51a}$$

$$-\mathbf{S}_{\tilde{p}\tilde{x}}(\Omega) + \mathbf{S}_{\tilde{p}\tilde{p}}(\Omega)\,\mathbf{H}^T(\Omega) = \mathbf{S}_{mm}(\Omega)\,\mathbf{H}^T(\Omega)\,. \tag{51b}$$

Der Zeilenvektor $\mathbf{H}(\Omega) = [H_{x_ip_1}, H_{x_ip_2}, \;.\;\;.\;\;.\;]$ enthält die Übertragungsfunktionen, die der Antwort $\tilde{X}_i(\Omega)$ und allen simultan verwendeten Erregungen $\tilde{\mathbf{P}}(\Omega)$ zugeordnet sind, also einen Teil der i-ten Zeile der gesamten Übertragungsfunktionsmatrix. Mit einer angenommenen Fehlerverteilung

$$S_{nn}(\Omega) \approx \lambda(\Omega)\, S_{\bar{n}\bar{n}}(\Omega), \qquad \mathbf{S}_{mm}(\Omega) \approx \lambda(\Omega)\, \mathbf{S}_{\bar{m}\bar{m}}(\Omega) \tag{52}$$

über die einzelnen Meßkanäle erhält man daraus das Eigenwertproblem

$$\left[\begin{array}{c|c} S_{\tilde{x}\tilde{x}} & \mathbf{S}_{\tilde{x}\tilde{p}} \\ \hline \mathbf{S}_{\tilde{p}\tilde{x}} & \mathbf{S}_{\tilde{p}\tilde{p}} \end{array}\right] \left[\begin{array}{c} -1 \\ \hline \mathbf{H}_v^T \end{array}\right] = \lambda \left[\begin{array}{c|c} S_{\bar{n}\bar{n}} & \mathbf{0} \\ \hline \mathbf{0} & \mathbf{S}_{\bar{m}\bar{m}} \end{array}\right] \left[\begin{array}{c} -1 \\ \hline \mathbf{H}_v^T \end{array}\right], \tag{53a}$$

in Kurzschreibweise

$$[\mathbf{S}_{\tilde{x}\tilde{p}\tilde{p}}(\Omega) - \lambda\, \mathbf{S}_{\bar{n}\bar{m}\bar{m}}(\Omega)]\, \mathbf{U}(\Omega) = \mathbf{0}\,. \tag{53b}$$

Die Dimension des Eigenwertproblems ist um eins höher als die Anzahl der Erregerstellen. Bei der Schätzung muß das Eigenwertproblem für jede Frequenzstützstelle gelöst werden. Der Eigenvektor zum kleinsten Eigenwert enthält dann die beste Schätzung $\mathbf{H}_v(\Omega)$. Man bestimmt diese Schätzung nach Berechnen des kleinsten Eigenwertes $\lambda_{min}(\Omega)$ zweckmäßig aus den letzten Zeilen des Gleichungssystems (53a),

$$[\mathbf{S}_{\tilde{p}\tilde{p}}(\Omega) - \lambda_{min}(\Omega)\, \mathbf{S}_{\bar{m}\bar{m}}(\Omega)]\, \mathbf{H}_v^T(\Omega) = \mathbf{S}_{\tilde{p}\tilde{x}}(\Omega)\,. \tag{54}$$

So vermeidet man Singularitäten aufgrund möglicher Defekte von $\mathbf{H}(\Omega)$, wie sie bei der Berechnung der Schätzung $\mathbf{H}_2(\Omega)$ auftreten können (vgl. Bild 14).

Auch hier gilt wie bei der Einpunkterregung: Wird die Verteilung der Fehler $\mathbf{S}_{mm}(\Omega)$ und $S_{nn}(\Omega)$ richtig geschätzt, liefert $\mathbf{H}_v(\Omega)$ trotz der Fehlersignale die wahren Übertragungsfunktionen. Bei fehlerfreier Messung hat die Schätzung der Fehler keinen Einfluß auf das korrekte Ergebnis.

5.4 Versuchsergebnisse am Analogrechner

Die Versuche mit Mehrpunkterregung an den idealisierten Analogrechnerstrukturen (Systeme 1 bis 3, Bild 10) verfolgen den Zweck, die Eigenschaften der einzelnen Schätzverfahren hinsichtlich des Einflusses der Fehlersignale und der Fehlerverteilung auf die Schätzergebnisse experimentell zu verifizieren. Zunächst werden die Befunde an den sehr einfachen Testsystemen 1 und 2 diskutiert, Bilder 11 bis 14. Zum Vergleich enthalten alle Diagramme auch die wahren Kurven $H(\Omega) = 1$. Diese wurden aus ungestörten Messungen, also ohne zugeschaltete Störsignale, mit den gleichen Schätzverfahren ermittelt. Da bei den ungestörten Analogrechnerversuchen praktisch keine Fehlersignale vorhanden sind, fallen alle Schätzungen aus ungestörten Messungen zusammen und sind in den Darstellungen nicht zu unterscheiden.

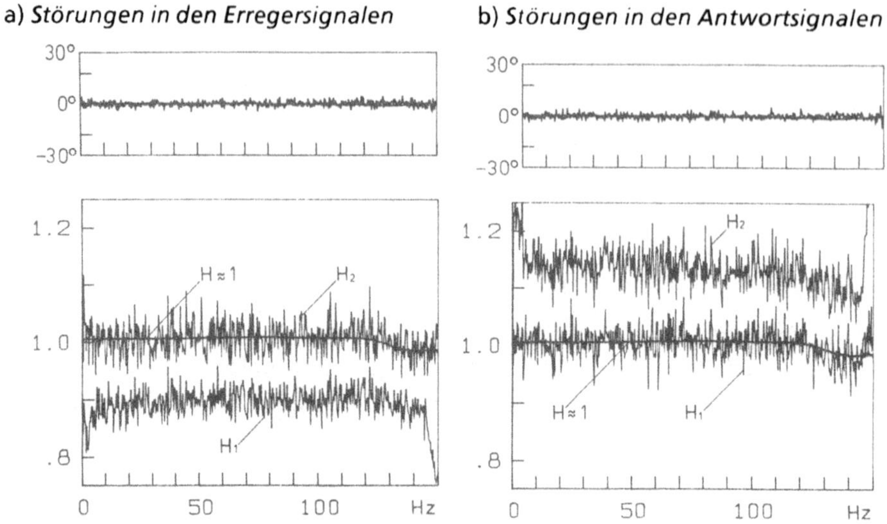

Bild 11: Schätzungen $H_1(\Omega)$ und $H_2(\Omega)$ der Übertragungsfunktion $H_{11}(\Omega) = 1$ des Systems 1 (Einssystem)

Bild 11 zeigt den Einfluß der Fehlersignale und der Fehlerverteilung in Erregung und Antwort auf die Schätzungen $H_1(\Omega)$ und $H_2(\Omega)$ der Übertragungsfunktion $H_{11}(\Omega) = 1$ des Testsystems 1. Im Bild 11a sind nur die Erregersignale fehlerbehaftet. Daher wird mit $H_2(\Omega)$ der Erwartungswert der Übertragungsfunktion richtig geschätzt, während $H_1(\Omega)$ ihn als Folge des hohen Störsignalpegels um ca. 10% unterschätzt. Im Bild 11b sind nur die Antwortsignale mit Fehlern behaftet; hier liefert die Schätzung $H_1(\Omega)$ den wahren Erwartungswert, während $H_2(\Omega)$ ihn überschätzt. Die Biasfehler sind bei Mehrpunkterregung auch abhängig von der Verteilung der Erregung über das System, also vom verwendeten Satz von Erregervektoren. Bei anderen Erregervektoren, aber sonst gleichen Bedingungen können kleinere, aber auch größere Verzerrungen auftreten. Gleiches Stör- zu Nutzsignalverhältnis vorausgesetzt, beträgt der entsprechende Biasfehler bei Einpunkterregung in diesem Beispiel nur 6%.

Sind die Erreger- und Antwortsignale in gleicher Weise fehlerbehaftet, liefert $H_1(\Omega)$ eine Unterschätzung wie im Bild 11a und $H_2(\Omega)$ eine Überschätzung wie im Bild 11b. Die Schätzung $H_3(\Omega)$ gibt in diesem Sonderfall gerade die wahre Übertragungsfunktion wieder. Die Schätzung $H_4(\Omega)$ verliert wegen der fehlenden Resonanz- und Antiresonanzbereiche am Testsystem 1 ihre Bedeutung. Die Phasengänge werden von allen Schätzverfahren unverzerrt wiedergegeben.

Die Schätzung $H_v(\Omega)$ hängt in entscheidender Weise vom Verhältnis der wahren und der angenommenen Verteilung der Fehlerspektren $S_{nn}(\Omega)$ und $S_{mm}(\Omega)$ über die Erreger- und Antwortkanäle ab, Bild 12. $H_v(\Omega)$ liefert jedoch stets einen Wert zwischen $H_1(\Omega)$ und $H_2(\Omega)$ und ist somit besser als die schlechtere dieser beiden Schätzungen. Sind – abweichend vom naheliegenden Ansatz einer gleichmäßigen Fehlerverteilung – nur die Erregersignale fehlerbehaftet, unterschätzt $H_v(\Omega)$ die Übertragungsfunktion, sind nur die Antwortsignale fehlerbehaftet, überschätzt $H_v(\Omega)$ sie, Bild 12a. Stimmt die tatsächliche Fehlerverteilung mit der in der Rechnung angenommenen überein, Bild 12b, dann liefert $H_v(\Omega)$ den wahren Erwartungswert, der Biasfehler wird Null.

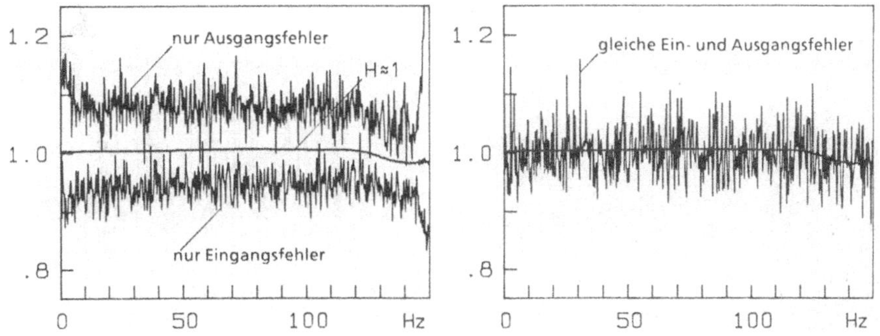

Bild 12: Schätzung $H_v(\Omega)$ der Übertragungsfunktion $H_{11}(\Omega)$ = 1 des Systems 1 (Einssystem) bei angenommener Gleichverteilung der Fehlersignale

Bei allen Schätzungen $H_1(\Omega)$ bis $H_v(\Omega)$ sind die Streuungen um die jeweiligen Erwartungswerte etwa gleich groß. Bild 13 verdeutlicht anhand der Schätzung $H_1(\Omega)$, welchen Einfluß die Mittelungszahl auf die Streuung und den Biasfehler hat. Die Schätzung wurde bei gleichverteilten Fehlersignalen in Erregung und Antwort berechnet. Dargestellt sind im ersten Drittel des Frequenzbereiches die Schätzung nach 10 Mittelungen, im zweiten Drittel die nach 100 Mittelungen und im letzten Drittel die nach 1000 Mittelungen. Man erkennt, daß die Streuung mit wachsender Mittelungszahl abnimmt, und zwar umgekehrt proportional zur Mittelungszahl. Der Biasfehler dagegen ist unabhängig von der Mittelungszahl.

Die Auswirkung einer singulären Teilmatrix der Übertragungsfunktionen auf die verschiedenen Schätzresultate kann anhand des "Systems mit Defekt" studiert werden, Bild 14. Während $H_1(\Omega)$ und $H_v(\Omega)$ auch bei aufgeschalteten Störsignalen die wahre Übertragungsfunktion $H_{11}(\Omega)$ = 1 im Rahmen ihrer Möglichkeiten annähern, liefert die Schätzung $H_2(\Omega)$ trotz ungestörter Signale ein unbrauchbares Resultat.

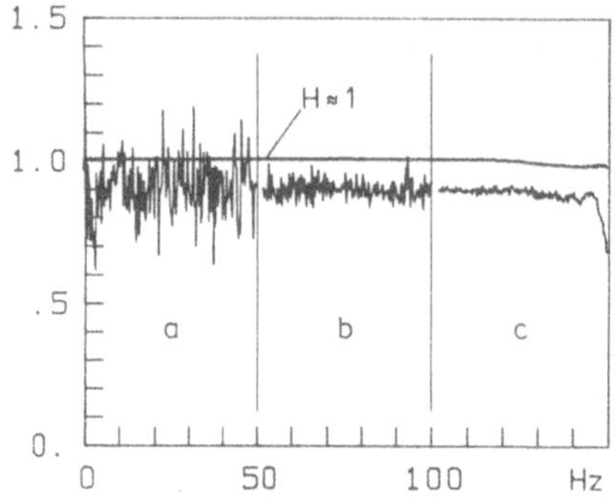

Anzahl der Mittelungen:
a) 10 Mittelungen
b) 100 Mittelungen
c) 1000 Mittelungen

Bild 13: Schätzungen $\mathbf{H}_1(\Omega)$ der Übertragungsfunktion $H_{11}(\Omega) = 1$ des Systems 1 (Einssystem) bei verschiedenen Mittelungszahlen

a) Schätzungen bei gestörten Signalen *b) Schätzung bei ungestörten Signalen*

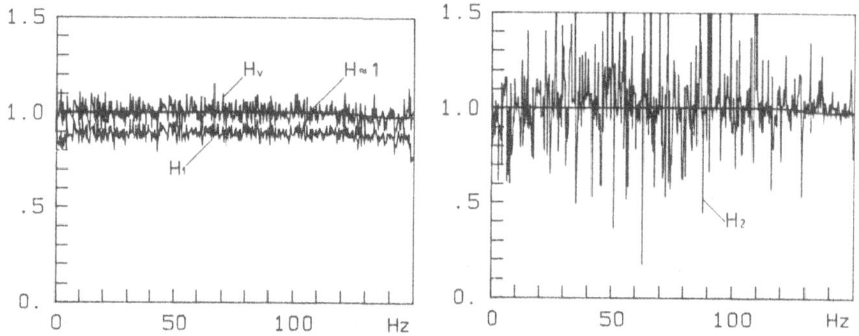

Bild 14: Verschiedene Schätzungen der Übertragungsfunktion $H_{11}(\Omega) = 1$ des Systems 2 (System mit Defekt)

Die dargelegten Erkenntnisse werden durch die Schätzresultate für die Übertragungsfunktion $H_{11}(\Omega)$ des Testsystems 3 von Bild 10, einem Koppelschwinger mit zwei Freiheitsgraden, untermauert, Bild 15. Bei den Messungen wurde in den Resonanzzonen das Erregerspektrum abgesenkt, so daß dort die Fehleranteile in den Erregersignalen an Gewicht gewinnen, Bild 15a. Die zugeschalteten Störsignale waren allerdings niedriger angesetzt als bei den ersten beiden Testsystemen. Außerdem wurden 1000 Mittelungen durchgeführt; Streuungen um die Erwartungswerte treten daher kaum noch auf. Bild 15b zeigt verschiedene Schätzungen der Übertragungsfunktion $H_{11}(\Omega)$. Die Wirkung der Störsignale ist besonders in den Bildausschnitten 15c und 15d deutlich zu erkennen. Wie vorhergesagt, stellt in den Resonanzzonen $\mathbf{H}_2(\Omega)$ die wahre Übertragungsfunktion besser dar, in den Bereichen mit geringen Amplituden gilt dies für $\mathbf{H}_1(\Omega)$.

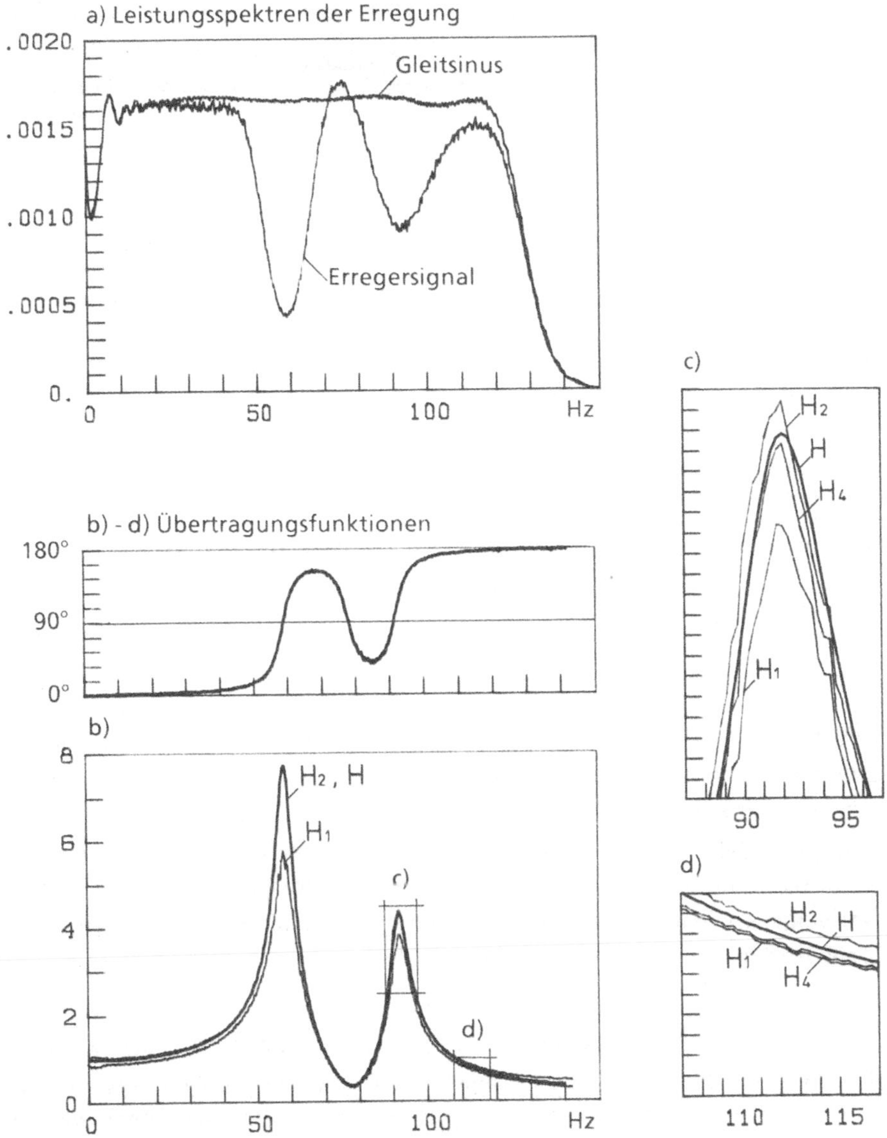

Bild 15: Erregerspektrum und Übertragungsfunktion $H_{11}(\Omega)$ des Testsystems 3

Bild 16 schließlich vergleicht die Schätzungen $\mathbf{H_4}(\Omega)$ und $\mathbf{H_v}(\Omega)$ der Übertragungsfunktion $H_{11}(\Omega)$ des Koppelschwingers Die Schätzung $\mathbf{H_4}(\Omega)$, Bild 16a, ist kaum noch von der wahren Übertragungsfunktion zu unterscheiden, obwohl die Erreger- und die Antwortsignale durch aufgeschaltete Störsignale stark verfälscht wurden. Auch die Schätzung $\mathbf{H_v}(\Omega)$, Bild 16b, nähert sowohl in den

Resonanzen als auch in den Antiresonanzen die wahre Übertragungsfunktion sehr gut an. Sie wird aber in der Qualität von der Schätzung $H_4(\Omega)$ praktisch erreicht, obwohl diese weit weniger rechenintensiv ist, da kein Eigenwertproblem gelöst werden muß.

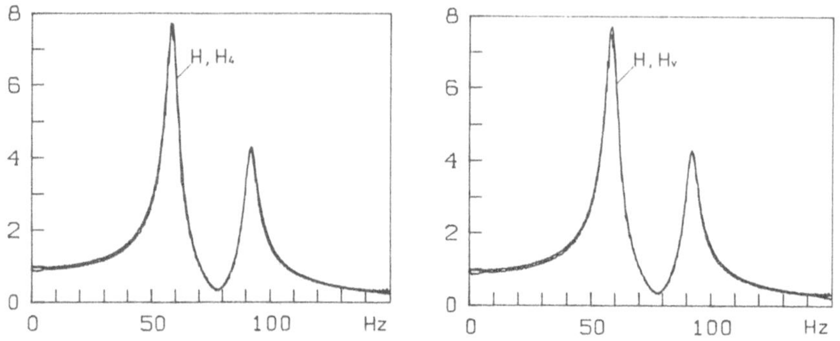

Bild 16: Optimale Schätzungen $H_4(\Omega)$ und $H_v(\Omega)$ der Übertragungsfunktion $H_{11}(\Omega)$ des Testsystems 3 (Koppelschwinger)

5.5 Versuchsergebnisse an realen Strukturen

Um wichtige Aspekte zu erhellen, die bei der Entscheidung für Ein- oder Mehrpunkterregung bedeutsam sein können, wurden zwei Prototypen von mechanischen Strukturen experimentell untersucht, nämlich der Rotor und der Motorträger, Systeme 4 und 5 von Bild 10. Im Gegensatz zu den simulierten Analogrechnerstrukturen wurden hier keine zusätzlichen Störsignale aufgeschaltet; die vorhandenen Fehler in den Erreger- und Antwortsignalen bewegten sich in den üblichen Grenzen von Laborversuchen.

Die Versuchsergebnisse am Rotor sind in Bild 17 zusammengestellt. Bild 17a vergleicht für die Krafteinleitungsstelle 1 die Autospektren der Erregersignale bei Ein- und Mehrpunkterregung miteinander. Bedingt durch die geringe Trägheit des Rotors an den Erregerstellen zeigen sich in den Resonanzzonen bei der Einpunkterregung erhebliche Einbrüche des Signalpegels. Mit der Mehrpunkterregung können diese Einbrüche deutlich vermindert werden. Das dargestellte Leistungsspektrum bei Mehrpunkterregung resultiert zu je 50 % aus zwei linear unabhängigen, fast orthogonalen Erregervektoren bei annähernd gleicher Energieverteilung auf die beiden Erregerstellen.

Bei der Einpunkterregung lassen sich Frequenzverschiebungen und Dämpfungsveränderungen beim Umstellen der Erreger von einer Krafteinleitungsstelle zu

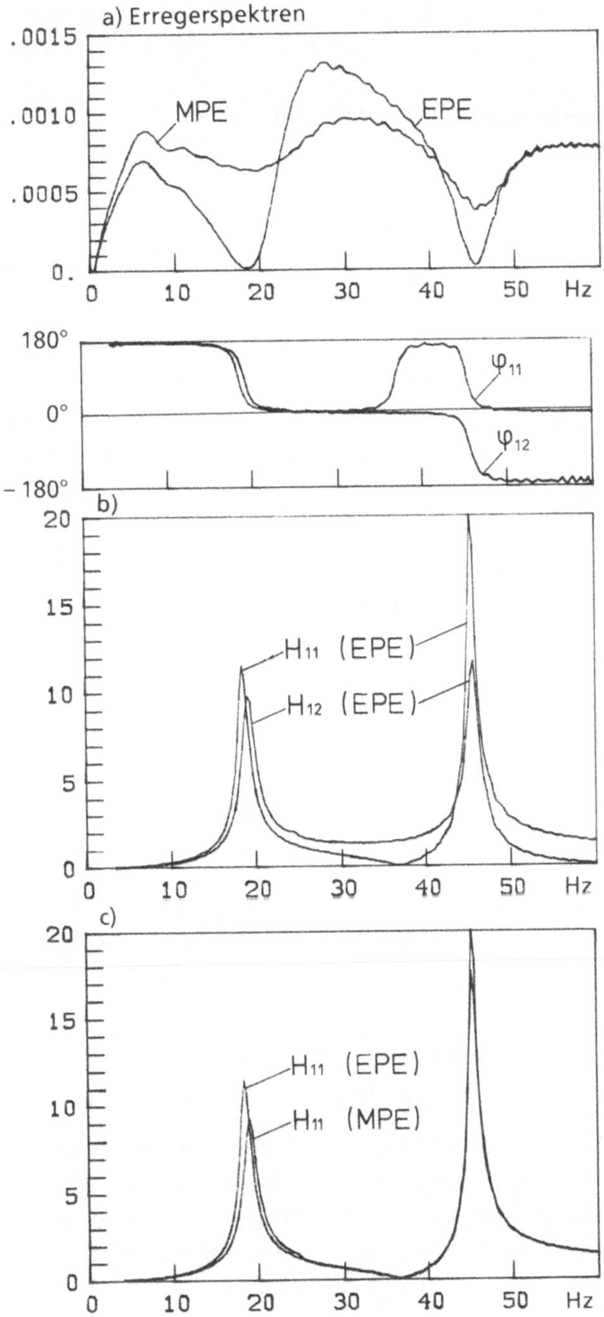

Bild 17: Erregerspektren und Übertragungsfunktionen $H_{1j}(\Omega)$ am Testsystem 4 (Rotor) bei Ein- und Mehrpunkterregung (EPE und MPE)

einer anderen nie völlig vermeiden. Bild 17b zeigt die Auswirkungen am Beispiel zweier Übertragungsfunktionen, die zu verschiedenen Erregerstellen des Rotors gehören. Beide Funktionen wurden mit der Schätzung $H_4(\Omega)$ ermittelt. Hier sind die Änderungen noch gering, da der Testrotor einschließlich der beiden Erreger nahezu symmetrisch ist. Beim Umstellen der Erreger entsteht so ein gespiegeltes System mit fast gleichen modalen Eigenschaften

Bild 17c vergleicht die Schätzungen $H_4(\Omega)$ der Übertragungsfunktion $H_{11}(\Omega)$ bei Ein- bzw. Mehrpunkterregung. Die Unterschiede in der Erregerkonfiguration und in der Energieverteilung wirken sich in abweichenden Ergebnissen für die erste Eigenfrequenz und für die modalen Dämpfungen aus.

Um die Unterschiede in der Konsistenz verschiedener Übertragungsfunktionen zwischen Ein- und Mehrpunkterregung aufzuzeigen, wurde die EMAUG-Teststruktur (System 5 von Bild 10) untersucht. Für diesen Motorträger sind die Übertragungsfunktionen zwischen den beiden Erregerpunkten 2 und 8 und der Antwortstelle 6 in den Bildern 18 und 19 dargestellt.

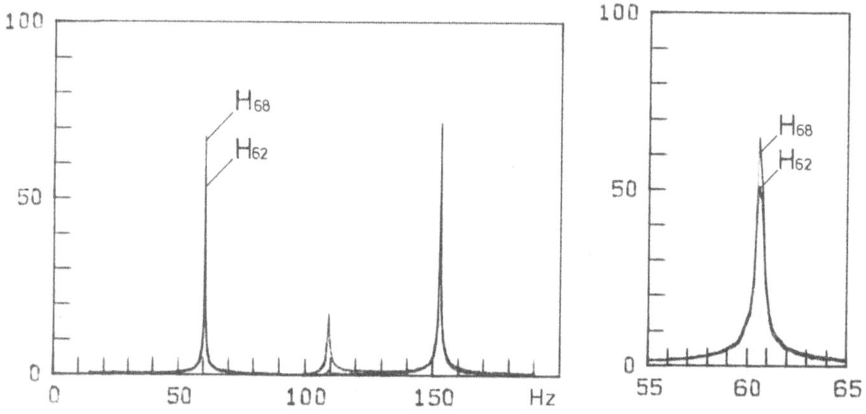

Bild 18: Übertragungsfunktionen $H_{68}(\Omega)$ und $H_{62}(\Omega)$ des Testsystems 5 (Motorträger) bei Mehrpunkterregung

Bei Mehrpunkterregung, Bild 18, stimmt die Lage der Eigenfrequenzen in beiden Übertragungsfunktionen überein. Hingegen sind bei der Einpunkterregung, Bild 19, deutliche Verschiebungen zu verzeichnen. Poly-Reference-Auswerteverfahren würden hier sicherlich versagen. Besonders signifikant ist die Verschiebung bei der dritten Eigenfrequenz, kaum merklich dagegen bei der zweiten. Die Erklärung hierfür findet man bei der Betrachtung der zugehörigen Eigenformen. Die dritte Eigenform weist an den Erregerstellen Schwingungsbäuche auf, die zugehörige Eigenfrequenz reagiert damit besonders empfindlich auf die

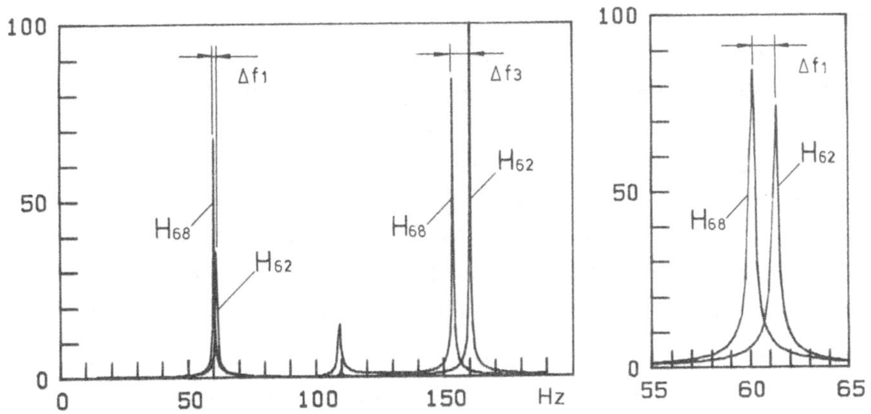

Bild 19: Übertragungsfunktionen $H_{68}(\Omega)$ und $H_{62}(\Omega)$ des Testsystems 5 (Motorträger) bei Einpunkterregung

Ankopplung der Schwingerreger. Die zweite Eigenform dagegen wird in der Nähe ihrer Knoten erregt und ist deshalb unempfindlich gegenüber Strukturmodifikationen an den Erregerstellen.

In den Bildausschnitten sind die Übertragungsfunktionen mit höherer Auflösung dargestellt. Die Unterschiede in den Amplituden sind hauptsächlich auf die Empfindlichkeit der Struktur gegenüber zusätzlichen Dämpfungseinflüssen zurückzuführen. Schon eine andere Kabelführung zu den Beschleunigungsaufnehmern führt zu einer merklichen Veränderung der modalen Dämpfungen.

6. Wertung

Die Durchführung der Versuche führt zu der Erkenntnis, daß die Mehrpunkterregung gegenüber der Einpunkterregung nicht uneingeschränkt bessere Ergebnisse liefert. Vorteile ergeben sich bei der gezielten Untersuchung einzelner Eigenformen. Durch eine nahezu angepaßte Erregung kann eine Eigenform in der Systemantwort besonders hervorgehoben und der Einfluß der anderen Eigenformen reduziert werden. Der entscheidende Vorteil der Mehrpunkterregung ist die Konsistenz der ermittelten Übertragungsfunktionen, die zu unterschiedlichen Erregerstellen der Struktur gehören. Wegen der simultanen Erfassung dieser Übertragungsfunktionen mit einer Erregerkonfiguration entfallen die bei der Einpunkterregung erforderlichen Umbauten. Somit lassen sich Systemveränderungen vermeiden, die durch Umstellen der Erreger verursacht würden .

Eine allgemeingültige Aussage, welches Schätzverfahren bei Ein- oder Mehrpunkterregung zu den besten Ergebnissen führt, ist nicht möglich. Selbst das rechentechnisch aufwendigste Schätzverfahren $H_v(\Omega)$ führt zu schlechten Ergebnissen, falls die Annahme hinsichtlich der Fehlerverteilung über die einzelnen Meßkanäle unzutreffend ist. Wenn die Übertragungsfunktionsmatrix einen Defekt aufweist, versagt die Schätzung $H_2(\Omega)$. Die von der Einpunkterregung bekannte Aussage, daß $H_1(\Omega)$ den Einfluß der Fehler im Antwortsignal, $H_2(\Omega)$ hingegen den Einfluß der Fehler im Erregersignal vollständig eliminiert, gilt uneingeschränkt auch für die Mehrpunkterregung.

Die neu eingeführte Schätzung $H_4(\Omega)$ führt bei Ein- und Mehrpunkterregung zu guten Ergebnissen, die bei wesentlich geringerem Rechenaufwand mit der für Mehrpunkterregung entwickelten Schätzung $H_v(\Omega)$ vergleichbar sind.

7. Literaturhinweise:

[1] Natke, H. G.: Einführung in Theorie und Praxis der Zeitreihen- und Modalanalyse.
Braunschweig, Wiesbaden; Vieweg Verlag 1983.

[2] Crowley, J., Crowley, S., Rocklin, G. T., German, T.: A Comparison of SMURF and Modal Modeling.
Proceedings of the 3rd IMAC, Orlando (1985), S. 1053–1059.

[3] Noguchi, H., Terui, I., Urushiyama, Y.: A sensitivity analysis using frequency response function.
Proceedings of the 6th IMAC, Orlando (1988), S. 980–986.

[4] Ewins, D. J.: Modal Testing: Theory and Practice.
Letchworth, New York, Brisbane; John Wiley & Sons Inc. 1984.

[5] Allemang, R. J., Rost, R. W., Brown, D. L.: Dual Input Estimation of Frequency Response Functions for Experimental Modal Analysis of Aircraft Structures.
Proceedings of the 1st IMAC, Orlando (1982), S. 333-340.

[6] Bendat, J. S.: Solutions of the Multiple Input / Output Problem.
Journal of Sound and Vibration 44 (3) (1976), S. 311-325.

[7] Felgenhauer, H. P.: Korrektur von Rechenmodellen für gedämpfte elastische Systeme mittels gemessener erzwungener Schwingungen.
VDI–Fortschritt–Berichte, Reihe 11, Nr. 37 (1981).

[8] Markert, R.: An- und Auslaufvorgänge linearer Schwinger im Frequenzbereich.
ZAMM, Bd. 65, H. 4 (1985) S. T81-T83.

[9] Varnholt, C.: Vergleich experimenteller Modalanalysen, durchgeführt an der EMAUG-Teststruktur R1.
Bericht der FH Bielefeld, Labor für Schall- und Strukturanalyse, 1989.

[10] Herlufsen, H.: Dual Channel FFT Analysis.
Brüel & Kjaer Technical Review 1-2 (1984).

[11] Schmidt, H.: Resolution Bias Errors in Spectral Density, Frequency Response and Coherence Function Measurements,
Part V: Comparison of Different Frequency Response Estimators.
Journal of Sound and Vibration 101 (3) (1985), S. 413-418.

[12] Abom, M.: A Note on Random Errors in Frequency Response Estimators.
Journal of Sound and Vibration 107 (2) (1986), S. 355-358.

[13] Vold, H., Crowley, J., Rocklin, G. T.: New Ways of Estimating Frequency Response Functions.
Sound and Vibration (1984), S. 34-38.

[14] Carbon, G. D., Brown, D. L., Allemang, R. J.: Application of Dual Input Excitation Techniques to the Modal Testing of Commercial Aircraft.
Proceedings of the 1st IMAC, Orlando (1982), S. 559-565.

[15] Kühlert, H., Markert, R., Witfeld, H.: Mehrpunkterregung bei der experimentellen Modalanalyse.
Vortrag auf der GAMM-Jahrestagung, Wien, 1988, (unveröffentlichtes Manuskript).

Berechnung

Dynamik-Berechnungen im Automobilbau

von B. Balasubramanian, J.-S. Möller

Zusammenfassung

Die sprunghaften Fortschritte in den klassischen Disziplinen des Automobilbaus sind zu einem großen Teil auf die stark angewachsene Unterstützung des Entwicklungsingenieurs durch die Berechnung zurückzuführen. Dies betrifft neben einzelnen Aggregaten und technischen Problemen insbesondere auch das Fahrzeug in seiner Gesamtheit. Es werden zahlreiche Beispiele für Berechnungen aus der Praxis angegeben. Die Vorteile liegen in der Möglichkeit, schneller und sicherer zu optimierten technischen Lösungen zu kommen, diese zu beurteilen, noch bevor Teile angefertigt worden sind, gegenseitige Beeinflussungen in komplizierten Systemen sichtbar zu machen und Erprobungsaufwand zu senken. Damit kann die Entwicklungsdauer merkbar verkürzt werden. Die Berechnung hat eine neue, größere Dimension und Bedeutung im Entwicklungsablauf gewonnen und wird diese in Zukunft noch weiter ausbauen.

1 Einleitung

Trotz ihrer über 100jährigen Geschichte befindet sich die Automobiltechnik in diesen Jahren in einer Phase außerordentlich raschen Fortschritts. In noch nie dagewesener Weise wurden und werden in allen klassischen Disziplinen des Fahrzeugbaus wie Fahrleistung und Kraftstoffverbrauch, aktiver und passiver Sicherheit, Fahrkomfort, Fahrzeug-Aerodynamik, Zuverlässigkeit und Langlebigkeit, Fortschritte zumeist in großen Sprüngen erzielt.

Sicherlich ermöglicht die Verfügbarkeit kraftfahrzeuggerechter Mikrocomputertechnik in vielen Fällen erst die Projektierung innovativer Entwicklungen auf den meisten dieser Gebiete. Dennoch stellt sich die Frage, warum die genannten Fortschritte erzielt werden können, ohne daß andere Disziplinen deswegen ins Hintertreffen geraten müssen.

Neben den vielen Fortschritten in der Werkstoff- und Verfahrenstechnik, der verbesserten Konstruktions- und Versuchsmethodik und neben dem Anwachsen des konstruktiven Know-how ist ohne Zweifel einer der wichtigsten Gründe hierfür die wesentlich stärker gewordene Unterstützung des Automobil-Ingenieurs durch die Berechnung.

Die hier gemachten Ausführungen über den Anteil der Berechnung am Entwicklungsprozeß eines Automobils sollen nicht den Anspruch eines allgemeingültigen und vollständigen Überblicks erheben, sondern behandeln das Thema in erster Linie aus der Sicht und Praxis der PKW-Entwicklung von Mercedes-Benz.

2 Allgemeines

Der Bedarf an Unterstützung durch Berechnung im Entwicklungsverlauf läßt sich gut anhand eines Schemabildes (Bild 1) erläutern. Es zeigt, daß ein weiterer Fortschritt im Entwicklungsstand von einem relativ leicht erreichbaren Niveau an nur mit erheblich mehr Aufwand bzw. Entwicklungszeit zu erlangen ist. Je größer die Auswahl an technologischen Möglichkeiten für die Bewältigung der anstehenden Probleme, je höher der technische Stand und je größer die Zahl der Produktvarianten zur Erfüllung der Kundenwünsche ist, um so schwieriger ist es für den Entwicklungsverantwortlichen, die Systematik seiner Entwicklungsprogramme und seiner Entscheidungen in Ordnung zu halten, die ja auf lange Jahre hinaus ihre Gültigkeit behalten müssen. Dabei ist zu bedenken, daß bei der gestiegenen Mannigfaltigkeit der Lösungsmöglichkeiten die Entwicklungszeit moderner Automobile ca. 8 - 9 Jahre beträgt, der Produktionszeitraum ebensoviel und die Laufzeit in Kundenhand wenigstens etwa 10 - 15 Jahre, so daß Entscheidungen, die heute getroffen werden, die Zufriedenheit der Kunden noch in 25 - 30 Jahren gewährleisten müssen. Man kann sich in dieser Situation wohl leicht vorstellen, wie sehr die Träger solcher Entscheidungen Ausschau halten nach Möglichkeiten, sich rascher und systematischer als in früheren Jahren einen Überblick über die Brauchbarkeit vorgeschlagener Lösungen zu verschaffen, um unter größtmöglicher Vermeidung von Ermessensrisiken zu den richtigen Entscheidungen zu kommen.

Wenn man nicht zuletzt aus Erfahrung weiß, daß Bedarfssituationen auch entsprechende Lösungsansätze provozieren, zumal dann, wenn sie auch durch ihre Größenordnung enorme wirtschaftliche Chancen bieten, so kann man eigentlich die im Bild 2 dargestellte Entwicklungsgeschwindigkeit der Rechnerleistung als eine der wichtigsten Voraussetzungen für die Problemlösung nur außerordentlich begrüßen. Wir befinden uns heute in der glücklichen Lage, in der nächsten Zeit auf eine weitere gewaltige Steigerung der Rechnerleistung vertrauen zu können, die wir auch dringend benötigen, um die heute praktizierte Entwicklungsmethodik zu verbessern. Zweifellos zählt die Entwicklungsgeschwindigkeit auf diesem Gebiet zu den überragenden Leistungen der gegenwärtigen Technik und stellt dadurch einen der Haupteinflußfaktoren für die Fortschrittsgeschwindigkeit in allen Bereichen der Technik dar.

Die Bilder 3 bis 5 zeigen die Entwicklung der Rechenverfahren in den vergangenen Jahren und vermitteln einen Eindruck dessen, was in den kommenden Jahren hinzukommen wird. Es haben nicht nur die Rechnerleistungen, sondern vor allem auch die Berechnungsmöglichkeiten so rapide zugenommen, daß man schon nicht mehr von einer Evolution, sondern vielmehr von einer Revolution auf dem Gebiet der Berechnung und damit auch des Ablaufes der Fahrzeugentwicklung sprechen kann.

Die folgenden Ausführungen sollen einen Überblick über einige Schwerpunkte des Rechner-Einsatzes bei der Automobilentwicklung geben. Dabei soll nur so weit ins Detail gegangen werden, wie es notwendig ist, um einen Eindruck

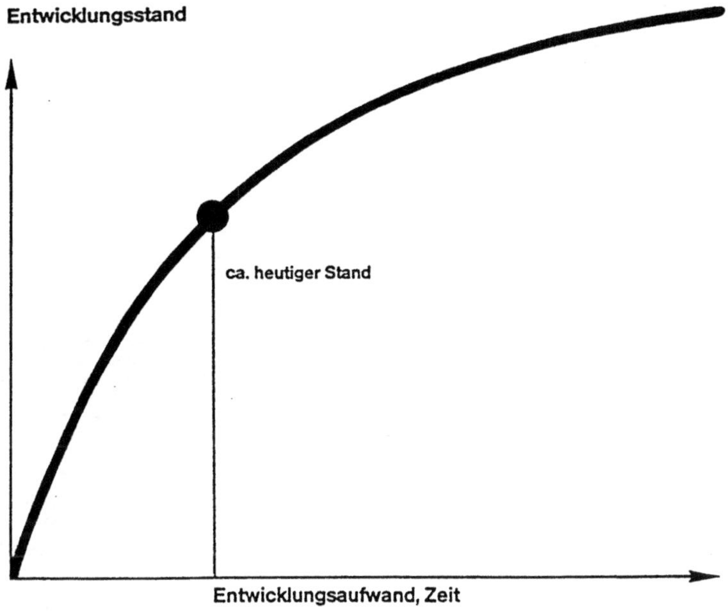

Bild 1 **Entwicklungsverlauf**

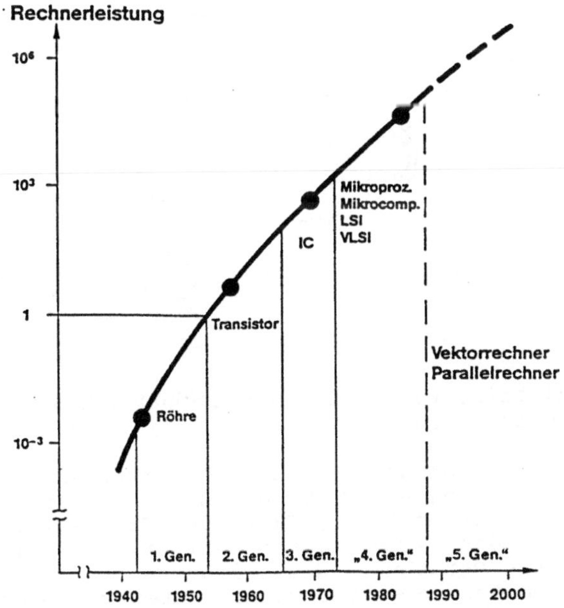

Bild 2 **Entwicklung der Rechnerleistung (normiert)**

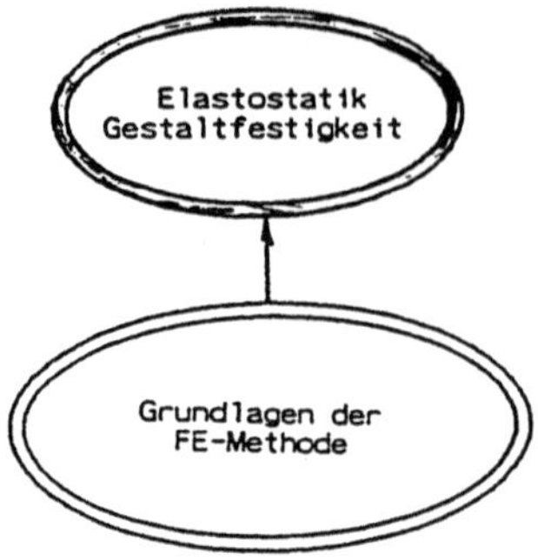

Bild 3 **Entwicklung der FE-Methode Mitte 1960**

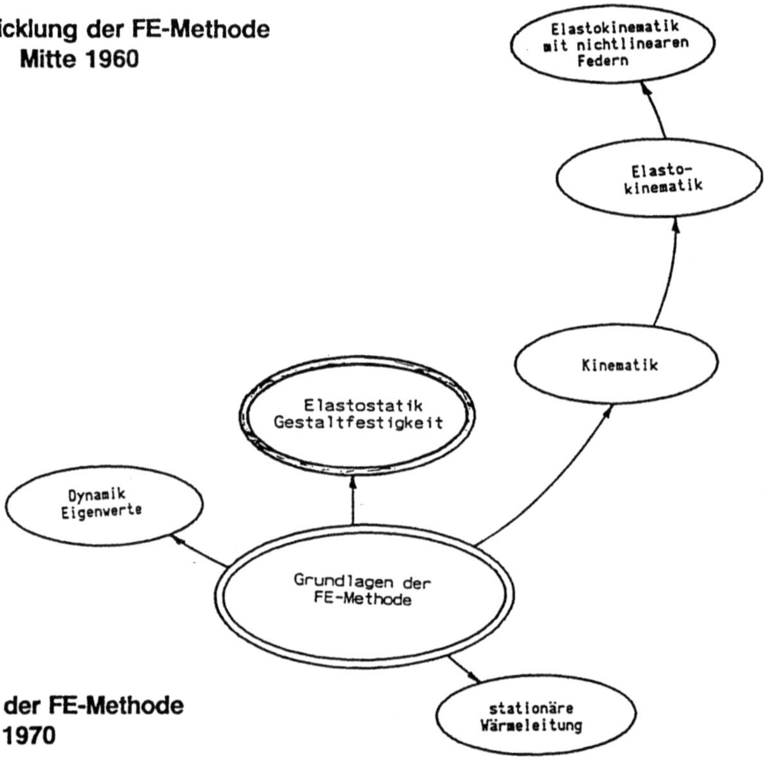

Bild 4

Entwicklung der FE-Methode Mitte 1970

darüber zu vermitteln, wie weit die Berechnung heute bereits alle Disziplinen durchdringt.

Das Bild 6 gibt einen Gesamtüberblick. Zu erkennen sind die Disziplinen Fahrleistung und Verbrauch sowie die fünf Hauptgebiete Motor, Triebstrang, Fahrwerk, Karosserie und Gesamtfahrzeug mit den verschiedenen Teilgebieten für den Rechnereinsatz. Die Berechnung des Triebstranges sowie die Fahrleistungs- und Verbrauchsrechnungen haben schon eine längere Tradition, während Fahrwerk-, Karosserie- und Motorberechnungen mehr auf neueren Entwicklungen aufbauen.

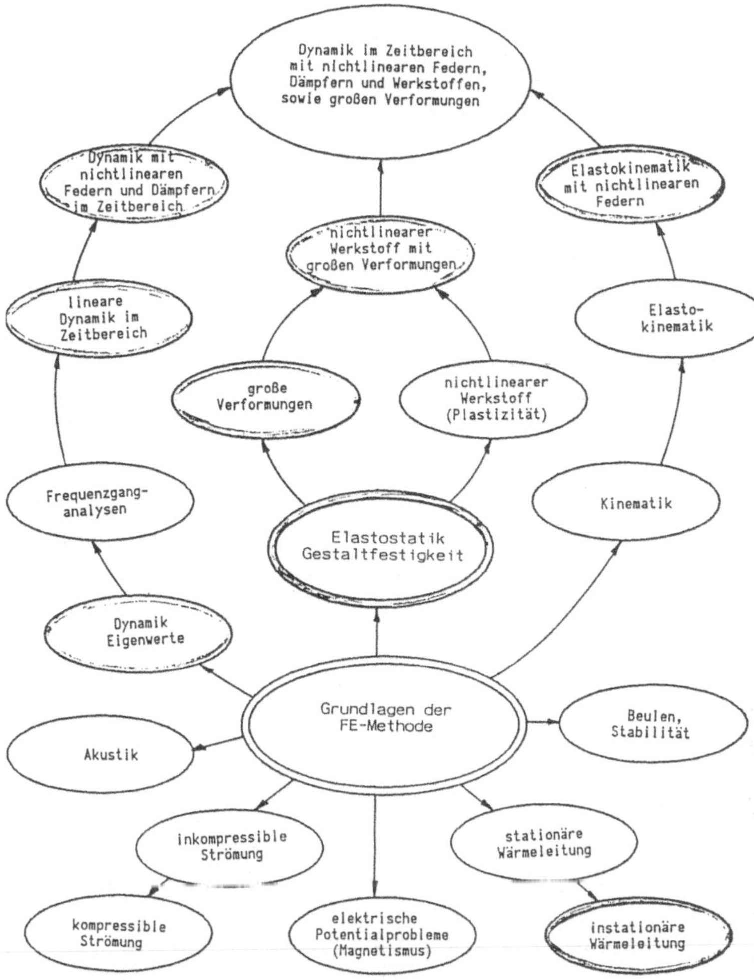

Bild 5 **Entwicklung der FE-Methode Mitte 1980**

Die weiteren Ausführungen sollen sich auf Themen aus der Fahrzeugdynamik beschränken, im einzelnen:

- Fahrleistung (Längsdynamik)
- Triebwerks- und Triebstrangdynamik
- Fahrdynamik
- Strukturdynamik

Es werden also strukturmechanische Untersuchungen betrachtet.

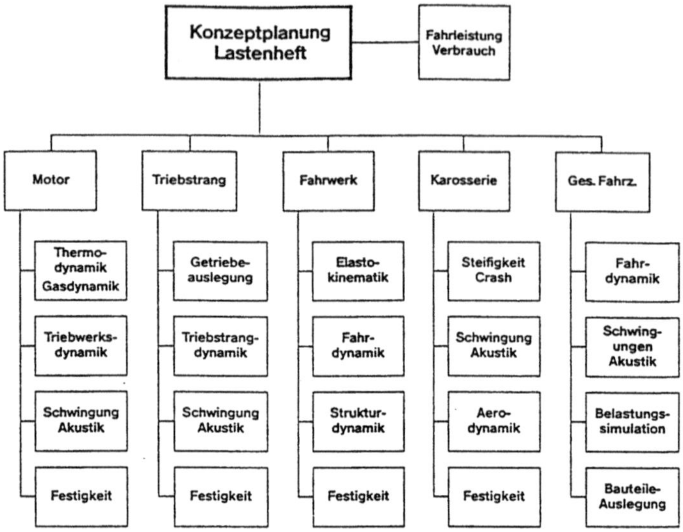

Bild 6 **Berechnungsschwerpunkte der Fahrzeugentwicklung**

3 Fahrleistung und Verbrauch

Schon frühzeitig, im Zusammenhang mit der Entwicklung eines Fahrzeugkonzeptes, werden umfangreiche Fahrleistungs- und Verbrauchsrechnungen durchgeführt, die dazu dienen, im Vergleich zu Vorgängertypen und im Vergleich der einzelnen Typen untereinander eine gut abgestimmte Modellpalette zu erhalten.

Die Aussagen, welche die Fahrleistungs- und Verbrauchsrechnungen liefern, sind vielfältig - wie Bild 7 zeigt.
Somit lassen sich beispielsweise erste wichtige Festlegungen in der Konzeptphase durchführen, wie Verbrauchsverhalten und Fahrleistungen eines Fahrzeugs, Auswahl der Übersetzung oder Berechnungen der Bremsenergie zur Dimensionierung der Bremsanlage.

Die gewonnenen Ergebnisse dienen nicht nur der Konzeptentscheidung, sondern reichen unmittelbar auch in die Tagesarbeit des Fahrversuchs hinein und bis zum Kundendienst und Vertrieb hin.

Konkrete Beispiele für diese Berechnungen zeigen die folgenden Darstellungen; in Bild 8: den Streckenverbrauch für einen ausgewählten Autobahnkurs mit definierter Fahrweise als Funktion der Gesamtübersetzung im obersten Gang, eine wichtige Entscheidungshilfe für die Wahl der Übersetzungen in Getriebe und Hinterachse im Spannungsfeld zwischen Fahrleistungs- und Wirtschaftlichkeitsforderungen.

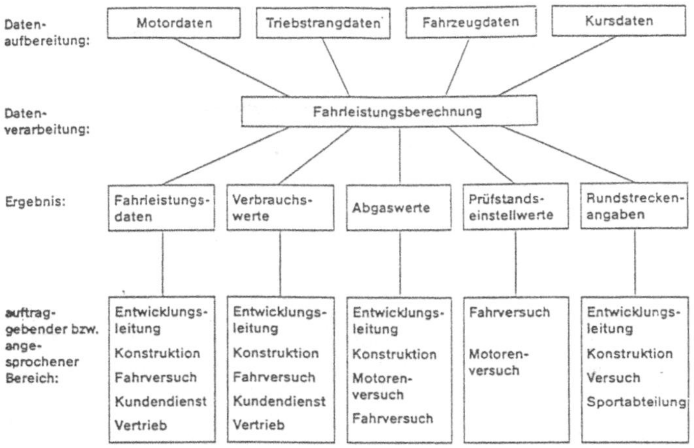

Bild 7 **Integration der Fahrleistungsberechnung im Entwicklungsbereich**

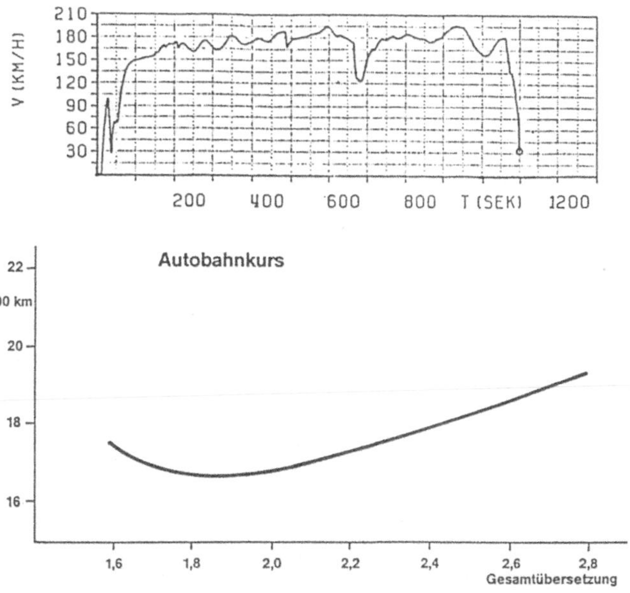

Bild 8 **Streckenverbrauch als Funktion der Gesamtübersetzung im obersten Gang**

Entsprechend Bild 9 wird der zeitliche Anfall der Bremsenergie auf einem typischen Rundkurs aus den Fahrleistungsdaten und den streckenspezifischen Kurvengeschwindigkeiten errechnet als Ausgangsbasis für die Dimensionierung der Bremsanlage neu zu konzipierender Fahrzeuge.

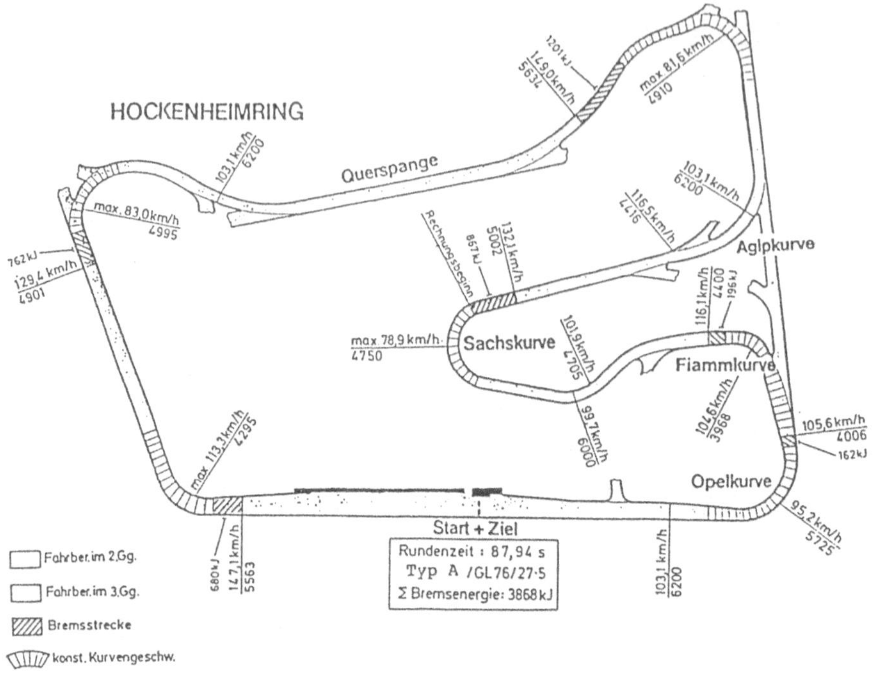

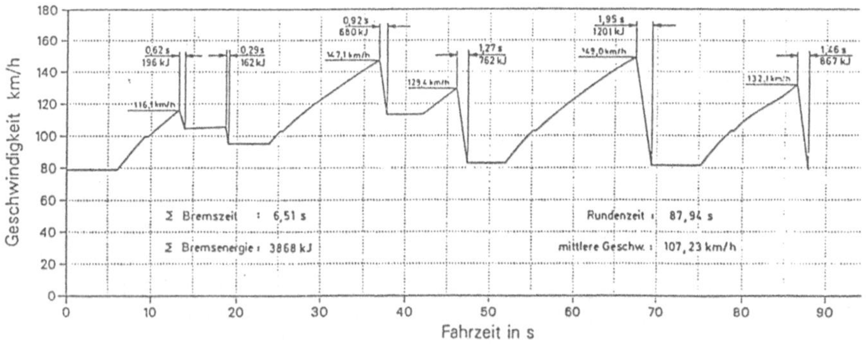

Bremsenergie auf kleinem Hockenheimring

Typ	Getriebe	Fahrzeug-masse (kg)	Runden-zeit (s)	Brems-zeit (s)	Bremsenergie (kJ)	Vmax (km/h)	Vmin (km/h)	Bremsscheibe (cm2)
Typ A	GL76/27-5	1905	87.94	6.51	3868	149.0	78.9	
Typ B	GL275 E	1370	84.52	8.69	3698	164.1	78.7	
Typ C	GL76/27-5	1800	86.49	7.40	4108	156.0	78.8	844

Bild 9 Berechnung der Bremsenergie auf dem Hockenheimring

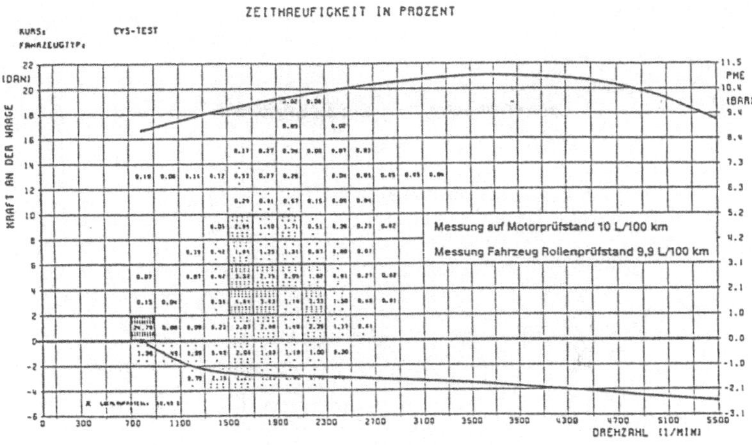

Bild 10 **Zeithäufigkeit in Prozent**

Bild 10 schließlich zeigt, daß durch Reduktion der berechneten zeitanteiligen Motorbetriebspunkte eines Straßenkurses auf einige wichtige Punkte der Verbrauch eines Fahrzeugs auf einem beliebigen Kurs mit befriedigender Genauigkeit aus wenigen, stationär am Motorprüfstand gemessenen Betriebspunkten ermittelt werden kann. Damit entsteht ein Verbrauchsbild, noch bevor der erste Fahrzeugprototyp mit diesem Motor existiert.

Während Fahrleistungs- und Verbrauchsrechnungen schwerpunktmäßig Einfluß haben auf die Konzeptplanung und die Lastenheft-Erstellung von Gesamtfahrzeugprojekten, beziehen sich die anderen Berechnungen nach Bild 6 mehr auf die Durcharbeitsphase der verschiedenen Fahrzeugkomponenten und bestimmter Eigenschaften des Gesamtfahrzeuges. Hierfür werden im folgenden einige ausgeführte Beispiele gebracht.

4 Triebwerksdynamik

Zunächst zum Motorenbereich.
Durch die gestiegenen Anforderungen des Marktes, immer bessere Motoren zu entwickeln, die z. B. bezüglich Leistung, Verbrauch, Abgas- oder Lärmemission den neuesten Erkenntnissen genügen müssen, bezieht sich im Motorenbereich das Spektrum der Berechnungsanwendungen sowohl auf Einzelteile als auch auf gesamte Aggregate.
Nachfolgend zwei Beispiele daraus.

Schwingungsberechnungen an Triebwerksteilen, wie z. B. an der Verbindung Schwungrad/Kurbelwelle in Bild 11, können wichtige Aufschlüsse für die Problemlösung bieten. Die Kippbewegungen des Schwungrades durch Verformungen - insbesondere der letzten Kurbelwellenkröpfung nach Zündung des Zylinders Vier im oberen Bildteil - sind durch die Überhöhung der Auslenkungen deutlich zu erkennen und gewinnen im bewegten Bild geradezu drastische Anschaulichkeit.

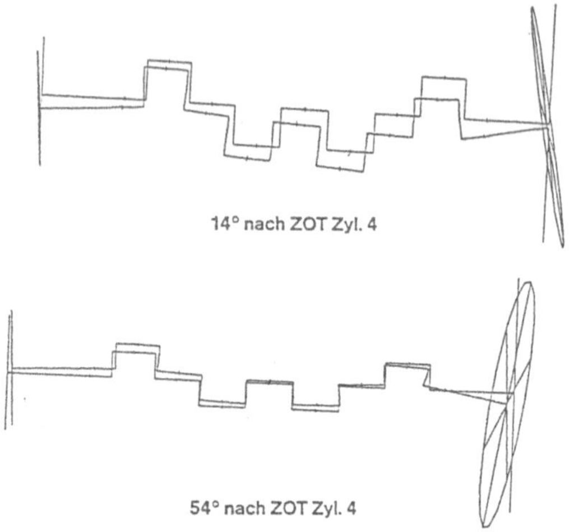

Bild 11 **Schwungradbewegungen nach ZOT Zyl. 4**

Die im vorliegenden Fall durch eine holographische Messung bestätigte Rechnung führte zu einer asymmetrischen Verstärkung der Kurbelwelle an der Wange der letzten Kröpfung

(Bild 12) und dadurch zu einer entsprechenden Verringerung der Kippgeschwindigkeit bzw. der Taumelbewegung des Schwungrades und des Körperschalles am hinteren Getriebelager.

Um ein Schwingungsproblem an der Kurbelwelle wie im vorangegangenen Beispiel realitätsnah simulieren zu können, sind leistungsfähige Berechnungsmodelle erforderlich. Bild 13 zeigt, wie das Rechenmodell im Lauf der Zeit weiterentwickelt wurde bis zu seinem heutigen Stand.

Wie nah die Rechnung inzwischen an die Messung herankommt, veranschaulicht Bild 14.

Dargestellt ist die Verlagerungsbahn des Zapfenmittelpunkts im vierten Grundlager der Kurbelwelle. Die Raumkurve links unten im Bild wurde nach der klassischen Gleitlager-Theorie mit starr angenommenem Gehäuse berechnet. Das Rechenergebnis im Bild rechts oben macht deutlich, daß sich die Verlagerungsbahn durch Einbeziehen der Gehäuse-Elastizitäten in ihrer Charakteristik deutlich ändert und der Messung, dargestellt in Bildmitte, schon deutlich näher kommt. In der - auf den ersten Blick - völlig unregelmäßig verlaufenden Kurve läßt sich doch eine ausgeprägte Bewegungsrichtung erkennen, die für die Körperschallübertragung verantwortlich ist. Auch der kleinste Schmierspalt läßt sich ablesen.

Bild 15 zeigt einen weiteren Vergleich zwischen Rechnung und Messung (mit Laser-Doppler-Verfahren), hier für den Zeitverlauf der Kippgeschwindigkeit des bereits angesprochenen Schwungrades, und zwar im geräuschlich sehr störenden Ausgangszustand. Die dann realisierte Verbesserungsmaßnahme wurde bereits gezeigt.

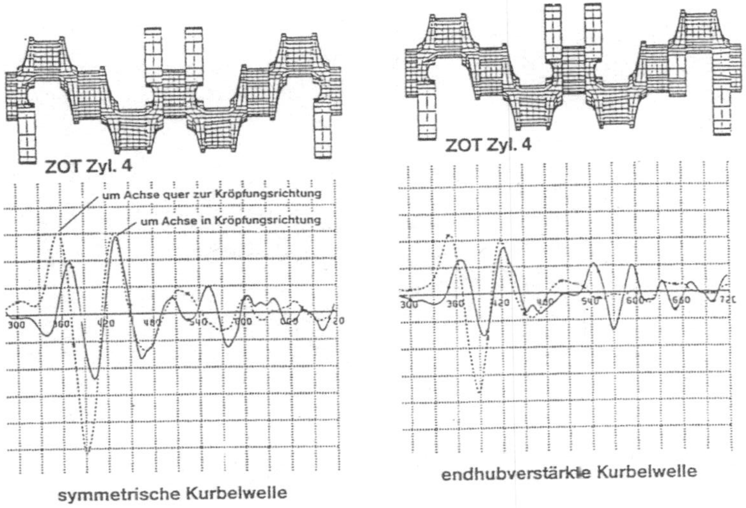

Bild 12 **Einfluß einer Kurbelwellenverstärkung auf die Kippgeschwindigkeit des Schwungrads**

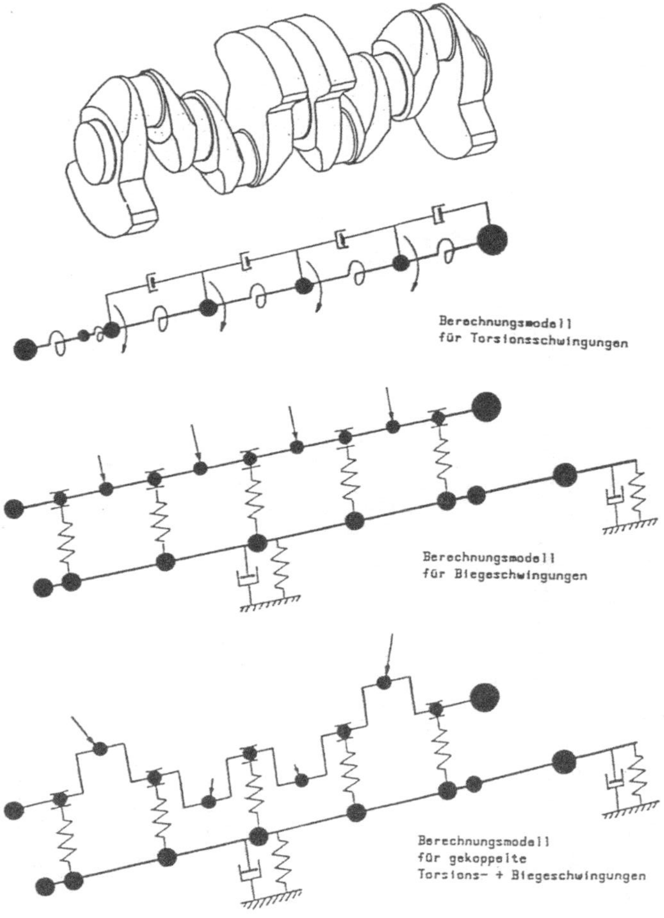

Bild 13 **Evolution der Berechnungsmodelle für Kurbelwellen-Dynamik**

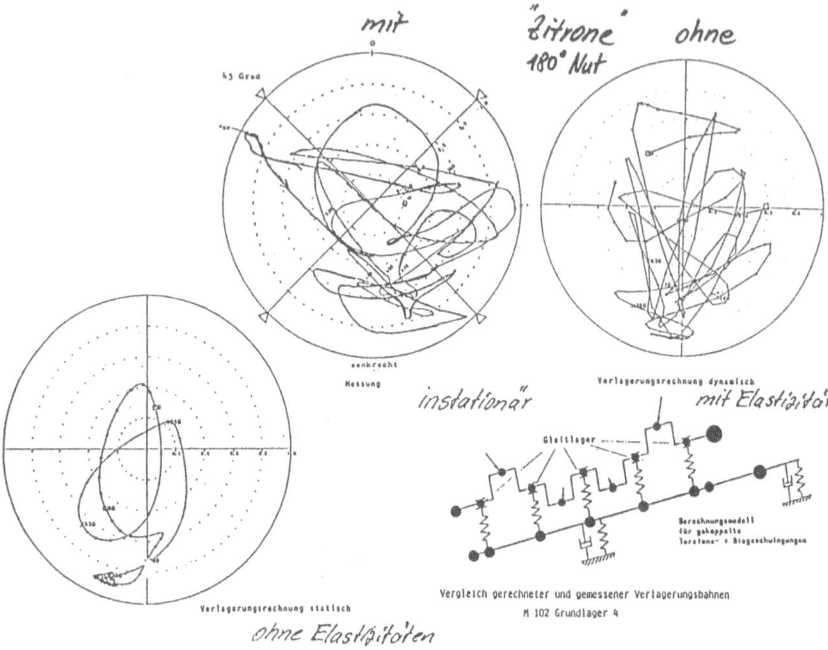

Bild 14 **W L G - Berechnung der Verlagerungsbahnen**

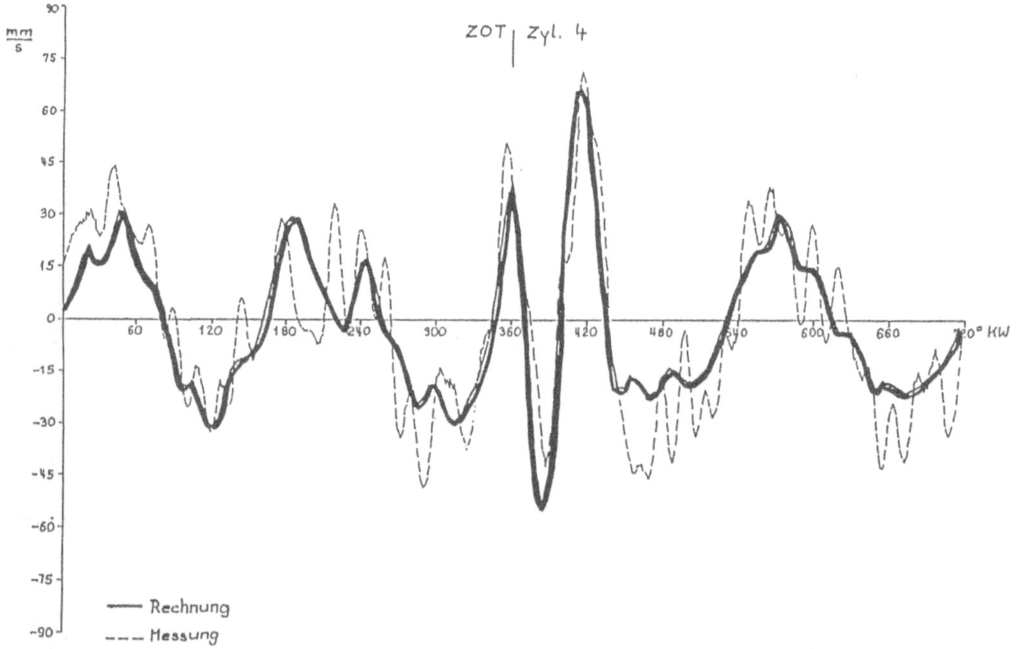

Bild 15 **OM 601 Schub, Geschwindigkeit Schwungradmitte senkrecht**
Vergleich Rechnung - Messung

Das FE-Modell eines vollständigen Motor-Getriebe-Verbandes ist in Bild 16 abgebildet. Mit ihm lassen sich Steifigkeits- und Schwingungsuntersuchungen durchführen, die das gesamte Aggregat umfassen. Am anschaulichsten wird das Ergebnis der FE-Berechnung als bewegtes Bild. Zwei Phasen einer Biegeschwingung sind im Bild 16 dargestellt.

Es bedarf hierbei sicherlich wohl keiner näheren Erläuterung, von welchem außerordentlich großen Nutzen eine solche Rechnung und Darstellung für den gestaltenden Konstrukteur ist, der die Dimensionierung der Gehäusepartien, insbesondere im Bereich der Anflanschebene zwischen Motor und Getriebe, durchzuführen hat. Ähnliche Hilfen könnte er nur durch holographische Untersuchungen erhalten, die einen erheblichen Zeitaufwand verlangen und darüber hinaus auch teure Einrichtungen voraussetzen.

Bei komplexen Berechnungsmodellen ist oft nicht mehr ohne weiteres erkennbar, wie gut sie die Realität wiedergeben. Bei der Verifikation und Weiterentwicklung der Rechenmodelle kann die experimentelle Modalanalyse Hilfestellung geben, die zukünftig in verstärktem Maß genutzt werden wird. Mit ihr lassen sich die Qualität eines Rechenmodells beurteilen und Schwachstellen in der Modellierung lokalisieren.

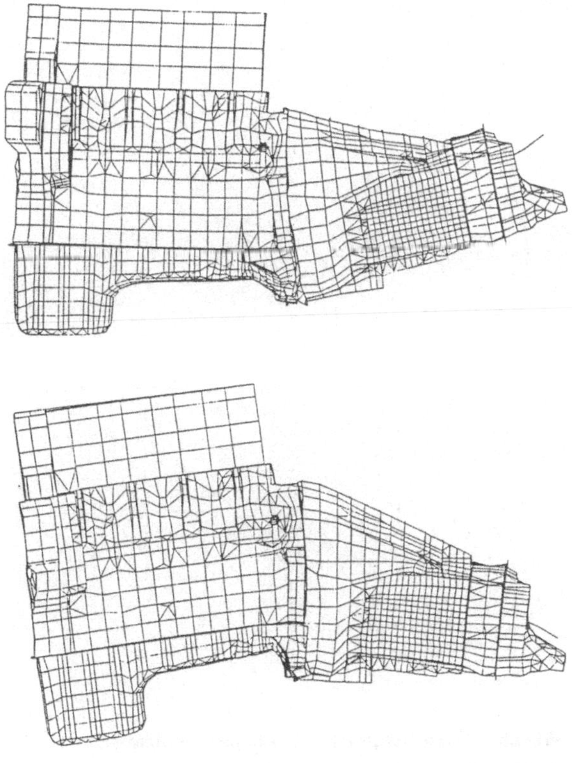

Bild 16 **Beurteilung von Schwingungsuntersuchungen am FE-Modell eines Motor-Getriebe-Verbandes**

In Bild 17 ist die erste Biegequerschwingung des zuvor erwähnten Motor-Getriebe-Verbands dargestellt, zum einen nach der FE-Methode berechnet und, überlagert, als Ergebnis einer Messung. Die Messung erfolgte über eine geeignete Erregerkonfiguration und sehr viele Meßaufnehmer und war entsprechend aufwendig. Der direkte Vergleich in diesem Bild zeigt eine gute Übereinstimmung.

Darüber hinaus können mit der experimentellen Modalanalyse identifizierte Systemparameter auch in das Rechenmodell übernommen werden. Ein praxisnahes Beispiel hierfür wird in Bild 18 verdeutlicht. Um schwingungsmäßig bedeutsame Fügestellen zwischen komplexen Bauteilen rechnerisch optimieren zu können, müssen sie zuerst einmal in das Modell eingearbeitet werden. Die unbekannten Dämpfungs- und Steifigkeitsparameter können mit Hilfe der Modalanalyse ermittelt werden.

Im Gegensatz zu früheren Entwicklungsabläufen, die durch langwierige Versuchsaufbauten und Tests sehr große Zeiträume in Anspruch nahmen, können heute Prinzipuntersuchungen oder auch einzelne Optimierungsmaßnahmen an fast allen Triebwerksteilen sehr schnell am Bildschirm durch den Rechner dargestellt bzw. auch beurteilt werden. Nur durch diese Vorgehensweise ist der heute geforderte Fortschritt im Motorenbau überhaupt zu erzielen.

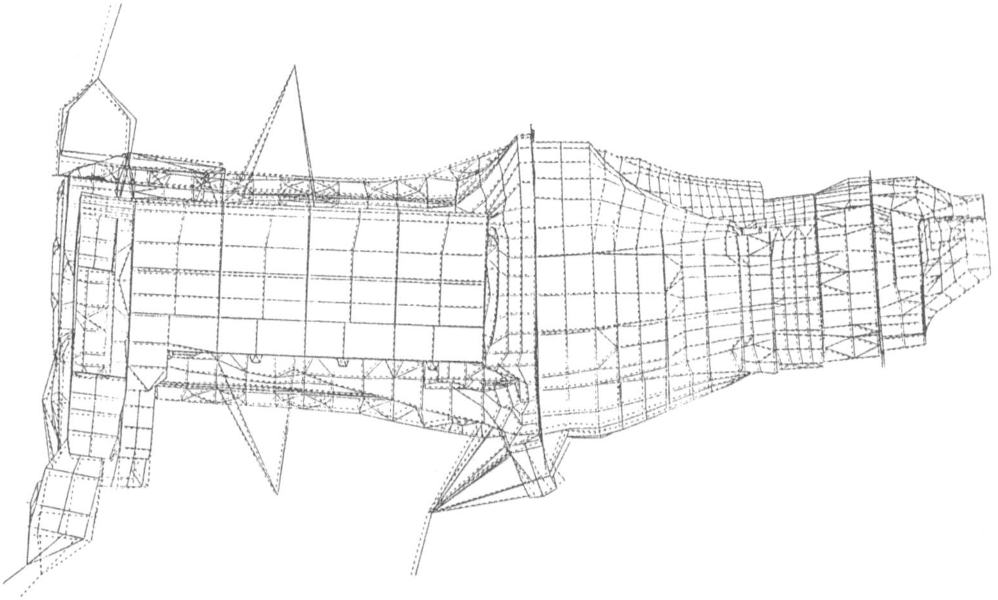

Bild 17 **OM 601 Gesamtverband: 1. Eigenform (236 Hz)**
Durchgezogen: gemessen / Gestrichelt: gerechnet

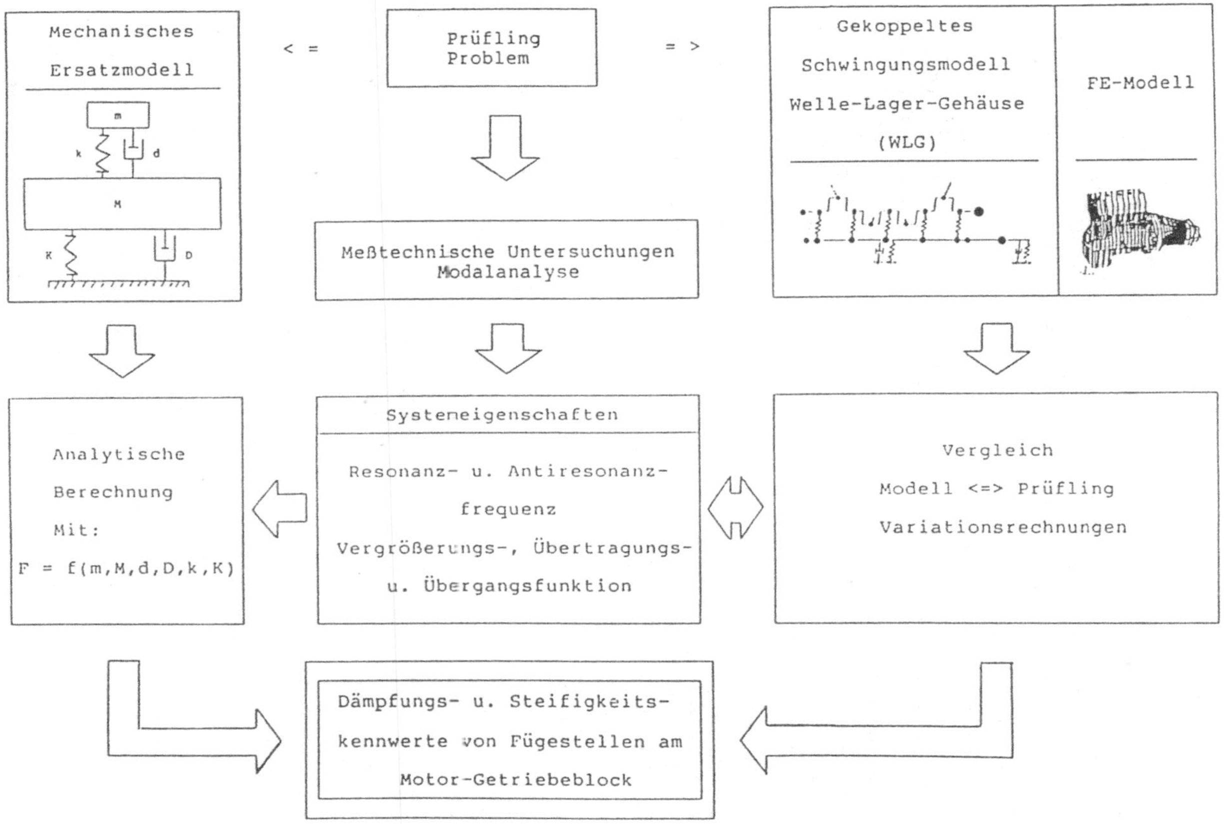

Bild 18 Bestimmung der Dämpfungs- u. Steifigkeitskennwerte von Fügestellen am Motor-Getriebe-Block

5 Triebstrang-Dynamik

Es folgen nun zwei Berechnungsbeispiele aus dem Gebiet der Triebstrangauslegung.

Bei automatischen Getrieben mit hohem Leistungsdurchsatz ist die Beanspruchung der Kupplungslamellen - insbesondere bei Vollgashochschaltungen - sehr hoch. Sie kann durch eine gezielt eingesetzte Zündungsrücknahme während der Schaltung auf akzeptable Werte gesenkt werden. Die Berechnung kann über die Verhältnisse Auskunft geben. Die spezifische Schaltwärme - in Bild 19 dargestellt durch die aufstrebende Kurve in der Mitte - läßt sich erheblich senken, die Schaltzeit sinkt in diesem Beispiel von 0,68 auf 0,50 Sekunden, die Temperaturerhöhung von 185 auf 134°C.

Mit einem detailliert aufbereiteten Rechenmodell lassen sich auch die stark nichtlinearen Schwingungen in den Automatikgetrieben während eines Schaltvorgangs rechnerisch simulieren. Störende Schwingungen, die während der Schaltung auftreten und auch zu Geräuschen führen können, sind damit frühzeitig erkennbar. Bild 20 zeigt berechnete Drehzahlverläufe der Getriebeeingangswelle (n1) und des Bremsorgans (n9). Zum Ende der Schaltung hin werden Schwingungen angefacht und Stick-Slip-Bewegungen der Bremstrommel treten auf. Solche Schwingungen können zu Geräuschen führen; sie lassen sich z. B. mit einer gezielten Druckführung am Bremsbandkolben weitgehend beseitigen.

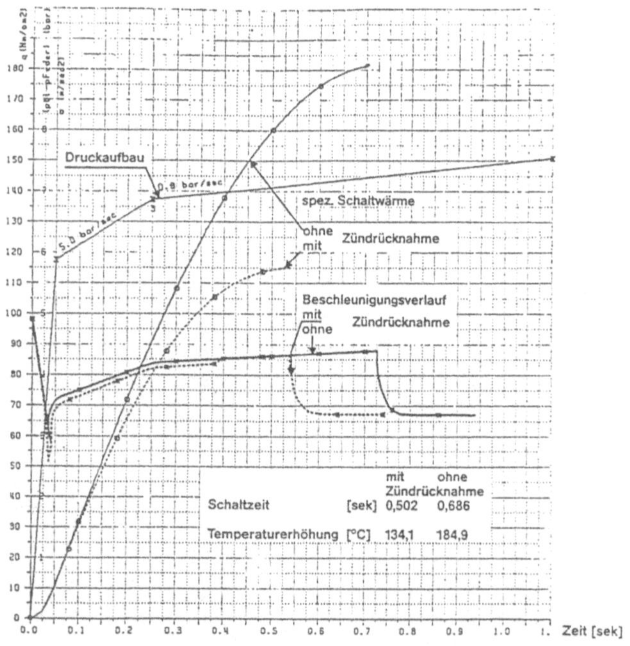

Bild 19 **Kraftschlüssige Vollgas-Hochschaltung Einfluß der Zündrücknahme**

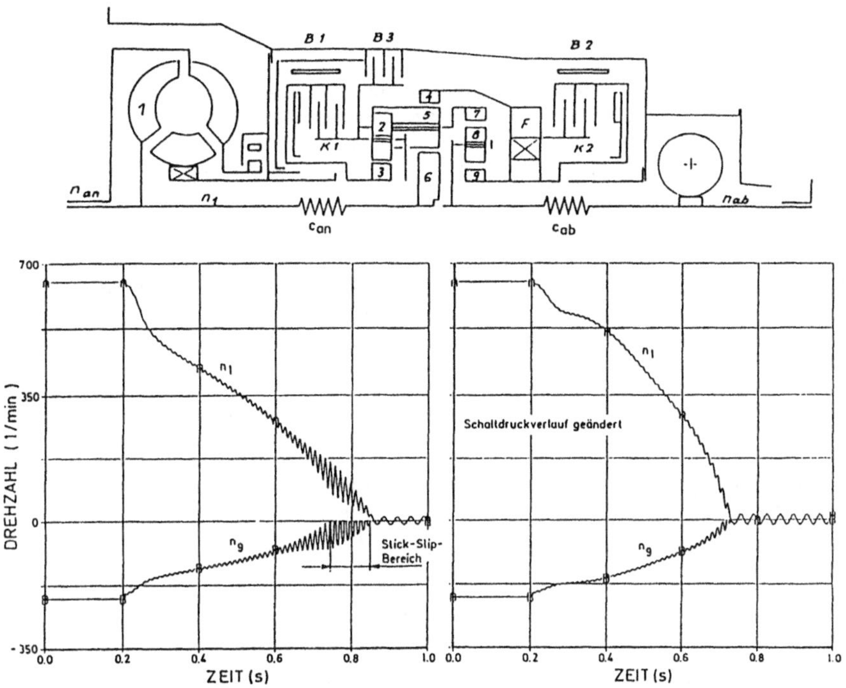

Bild 20 **Stick-Slip-Schwingungen in Schaltorganen**
(Automatisches 4-Gang-Getriebe)

6 Fahrdynamik

Mit dem Triebstrang ist das Fahrwerk funktionell verbunden. Die Berechnungen auf diesen Gebieten greifen daher oft ineinander über.

Schon in der Entwurfsphase eines Automobils werden nach grober Festlegung der räumlichen Anordnung von Motor-Getriebe-Verband, Gelenkwelle, Ausgleichsgetriebe, Lenkung und Achsen mit Hilfe detaillierter Modelle, die die Massen und Massenträgheitsmomente, die Wellen- und Lager-Elastizitäten, Dämpfungseigenschaften und weitere Einzelheiten enthalten, Dimensionierungs- und Schwingungsrechnungen durchgeführt.

Die Berechnungsschwerpunkte im Fahrwerksbereich sind vor allem:

- die Elastokinematik
- die Fahrdynamik
- die Strukturdynamik.

Die Arbeit auf diesen Gebieten gestaltet sich sehr abwechslungsreich, da sie von der Unterstützung in der Konstruktion bis hin zum Fahrversuch reicht. Der Berechnungsingenieur ist damit in den Ablauf während des gesamten Entwicklungsprozesses integriert. Auch hier seien einige interessante Beispiele aus der Fülle der Möglichkeiten herausgegriffen.

In der Achsenentwicklung (Bild 21) hat die Berechnung schon seit langer Zeit ihren festen Platz. Zunächst wird die Geometrie der Achsanlenkpunkte rein kinematisch berechnet. Ausgehend von diesen Ergebnissen werden die Elastizitäten der Bauteile, hauptsächlich der Gummilagerungen mit Hilfe der nichtlinearen Elastokinematik-Simulation aufeinander abgestimmt. Bild 22 bringt eine Hinterachse, bei der die Räder infolge von Vertikalkräften gleichseitig ausfedern.

Anschließend wird eine Fahr- und Strukturdynamik-Simulation zur Bestimmung der Fahr- und Komforteigenschaften durchgeführt. Aus den erhaltenen Rechenwerten werden die Belastungswerte für die Bauteildimensionierung, aber auch für die experimentelle Funktionsprüfung entnommen.

Die erwähnten Rechenschritte werden zur Optimierung mehrfach und teilweise überlappend durchlaufen. Nach erfolgreicher Dauererprobung wird die Serienfreigabe ausgesprochen.

Zur Bemessung der Bodenfreiheit müssen verschiedene Fahrbedingungen untersucht werden. Ein wichtiger Lastfall ist dabei das Überfahren einer Bordsteinkante bei niedrigen Geschwindigkeiten (Bild 23). Bei der Einfederung dürfen hier keine Fahrzeugteile mit dem Hindernis kollidieren. Die Berechnung wird mit Hilfe geeigneter Fahrdynamikprogramme durchgeführt.

Die Simulation der Bewegungsvorgänge auf dem Bildschirm läßt den Ablauf in allen seinen - eventuell kritischen - Phasen und Zusammenhängen deutlich erkennen.

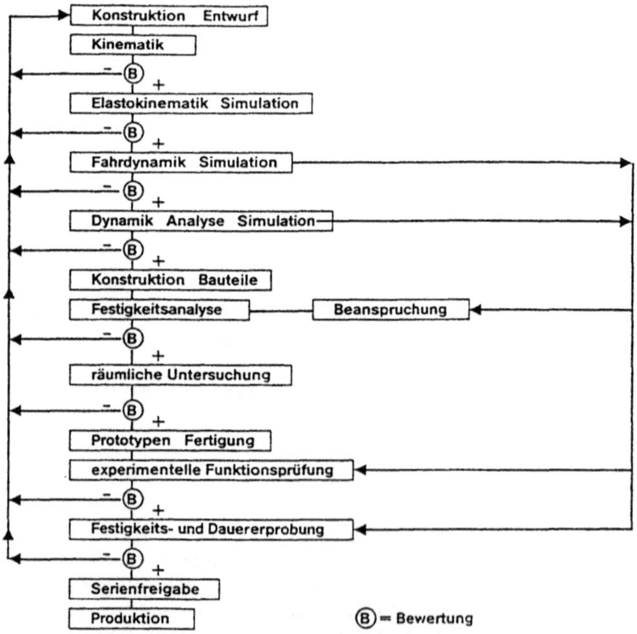

Bild 21 **Schema Achsenentwicklung**

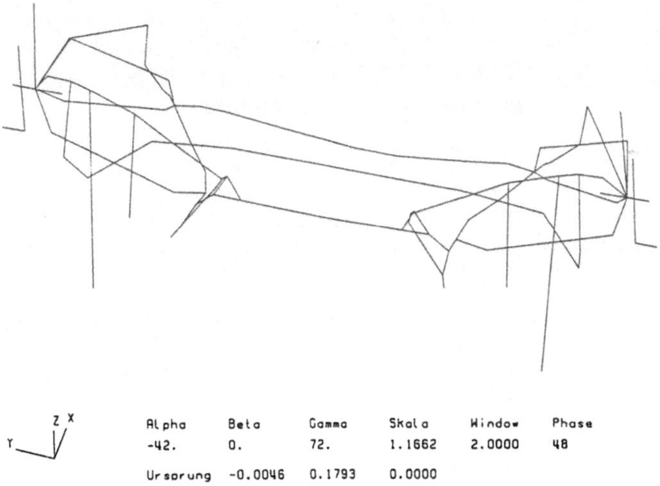

Bild 22 **Gleichseitiges Ausfedern an einer Hinterachse unter Vertikalkräften**

Bild 23 **Überfahren einer Bordsteinkante Fahrdynamik-Simulation**

Das Antiblockiersystem (ABS) bietet als hervorragendste Sicherheitsmerkmale, daß die Lenkbarkeit des Fahrzeuges beim Bremsen erhalten bleibt und die beste Bremswirkung in Abhängigkeit von der Fahrbahnbeschaffenheit erzeugt werden kann.

Bild 24 zeigt die Gegenüberstellung zweier Fahrzeuge mit und ohne ABS beim Bremsvorgang auf Fahrbahnen mit unterschiedlichem Reibwert, Glatteis auf dem markierten Streifen und sonst griffiger, trockener Oberfläche. So können Fahrstabilitätsuntersuchungen durchgeführt und dabei der Einfluß verschiedener Parameter festgestellt werden.

Die Verbesserung des Fahrverhaltens und der Traktion durch den 4-Rad-Antrieb kommt hauptsächlich auf Fahrbahnen mit niedrigem Reibwert zum Tragen. Sehr große Bedeutung hat dabei die Zuschaltlogik der einzelnen Komponenten. In Bild 25 ist das berechnete Verhalten des Fahrzeuges beim Beschleunigen in der Kurve auf schneeglatter Fahrbahn dargestellt. Die Fahrzeugreaktion wird durch die Abweichung der Giergeschwindigkeit vom Referenzwert der ungestörten Kreisfahrt eine Sekunde nach dem Gasstoß beschrieben. Bei dem ausgeglichenen 4-Rad-Antrieb ist die Gierreaktion wesentlich kleiner als beim Hinterradantrieb. Bei eingeschalteter Zentralsperre bleibt das Fahrzeug stabil auf dem Kreis. In solchen Situationen ist es also vorteilhaft, im längsgesperrten Zustand zu fahren, was bei der 4Matic automatisch geschieht.

Die Bandbreite der Rechneranwendungen hat sich in den letzten Jahren aufgrund leistungsfähiger Anlagen beträchtlich ausgeweitet. Dies gilt insbesondere auch für die verschiedenen FE-Verfahren. Selbst umfangreiche Modelle wie ein Hinterachsträger mit komplettem Ausgleichsgetriebe, Bild 26, lassen sich damit darstellen und auch dynamisch analysieren. Nur ein so komplexes Modell erlaubt detaillierte Analysen von Steifigkeiten, Spannungen und Verformungen sowie verschiedenste Variationen in Abhängigkeit von Lagerelastizitäten und Lastbedingungen. Auch das Eigenschwingungsverhalten sowie das dynamische Verhalten unter Betriebslast können hiermit studiert werden. Komplexe Schwingungsanalysen wie diese an großen FE-Modellen mit über 100 000 Freiheitsgraden sind erst mit modernsten Vektorrechnern wirtschaftlich durchführbar geworden, wie beispielsweise der CRAY-YMP.

7 Strukturdynamik

Die Vielzahl der Rechenmodelle der einzelnen Baugruppen und Komponenten können zu einem Gesamtmodell zusammengeführt werden, um die Abhängigkeiten der Systeme untereinander zu bewerten. An die Berechnungsingenieure werden dabei die sehr hohen Anforderungen gestellt, die Gesamtzusammenhänge im Fahrzeug zu erkennen und die einzelnen Baugruppen funktional und beanspruchungsgerecht zu berücksichtigen.

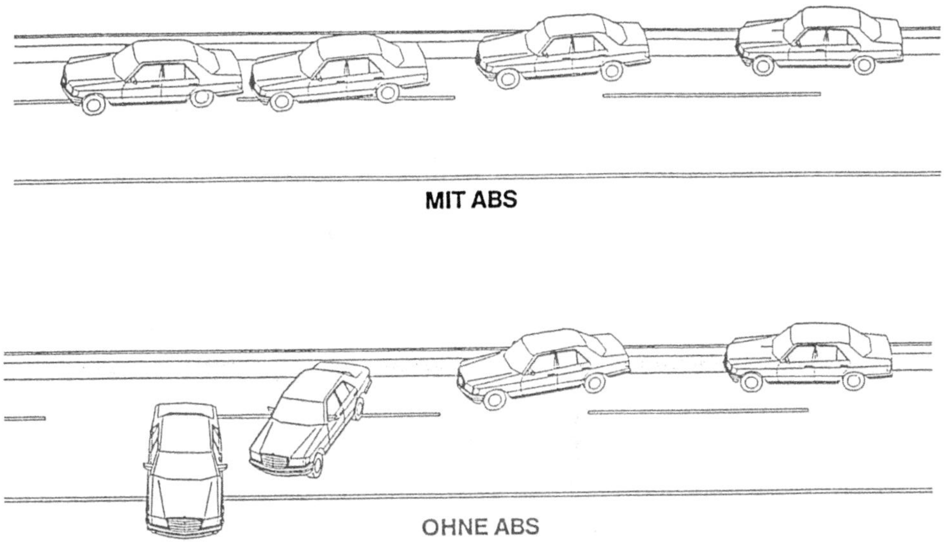

Bild 24 **Abbremsen eines Fahrzeugs mit und ohne ABS auf inhomogener Fahrbahn**

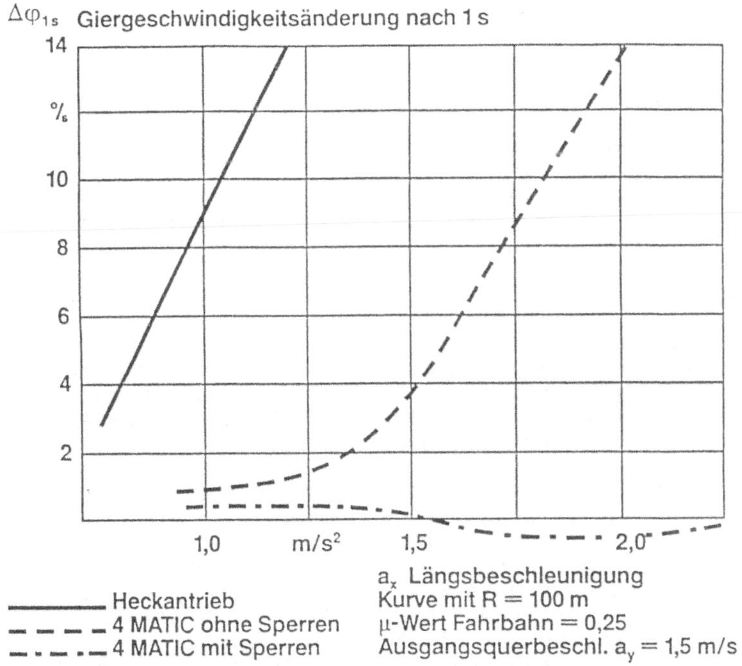

Bild 25 **Konzept Aktive Sicherheit Beschleunigen in der Kurve**

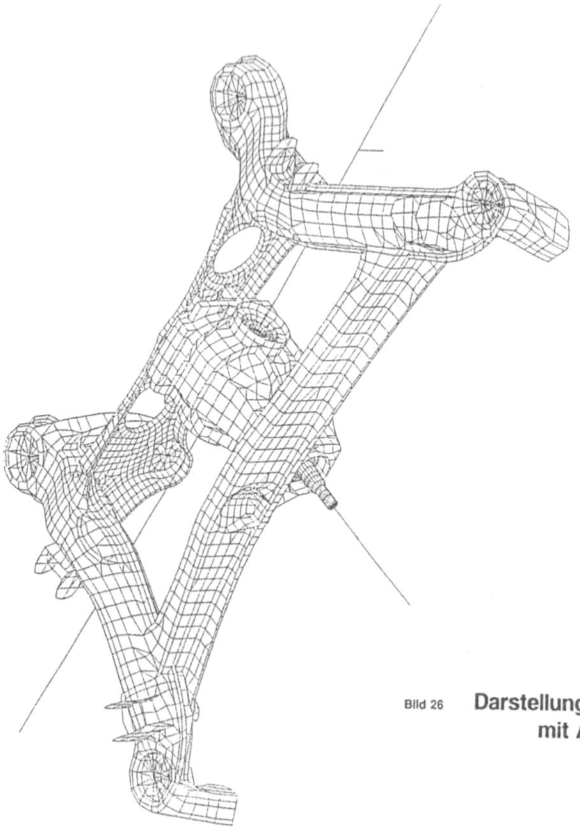

Bild 26 Darstellung eines Hinterachsträgers mit Ausgleichsgetriebe

Das reale Fahrzeug ist in Bild 27 in Form einer Schnittzeichnung abgebildet. Das Bild 28 zeigt dann ein auf die wesentlichen Eigenschaften reduziertes dynamisches Fahrwerks- und Karosseriemodell.

Zur Berechnung und Darstellung von dynamischen Vorgängen am gesamten Fahrzeug wird eine auf die notwendigen Elemente reduzierte Karosserie mit Fahrwerk, Motor, Triebstrang, Auspuff usw. zu einem Fahrzeug-Strukturmodell komplettiert.

Die Modellparameter der Karosserie sind so gewählt, daß die Struktur trotz der Vereinfachung die wichtigsten statischen und dynamischen Eigenschaften beibehält, d. h. die Massenverteilung, die Biege- und Torsionssteifigkeit, die wesentlichen Eigenfrequenzen und Eigenschwingungsformen.

Das reduzierte Karosserie-Modell wird dann mit einem Rechenmodell des Fahrwerks zusammengefügt.

Das Fahrwerk-Modell enthält alle wesentlichen Bauteile, wie z. B. die vollständige Raumlenker-Hinterachse oder die gesamte Lenkanlage. Anschließend werden der Motor-Getriebe-Verband, der Triebstrang und die Auspuffanlage eingebaut. Mit diesem FE-Modell können verschiedene Aufgaben aus vielen Anwendungsgebieten bearbeitet werden.

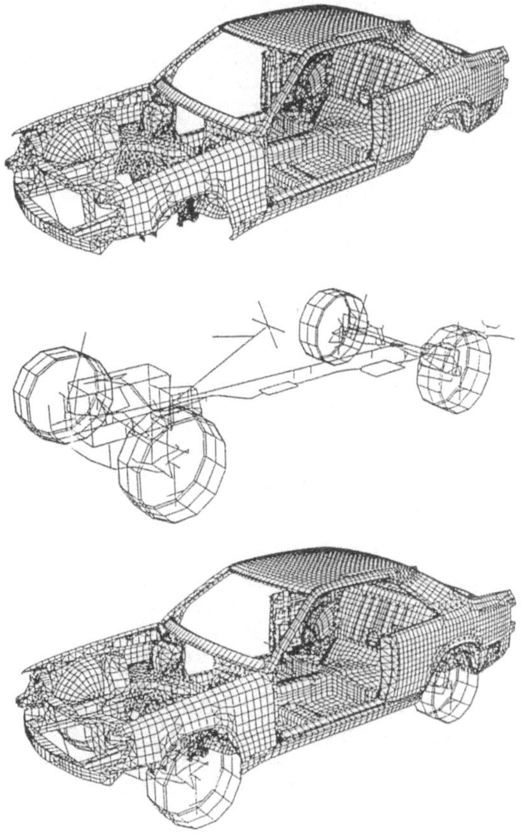

Bild 28

FE-Modell Gesamtfahrzeug

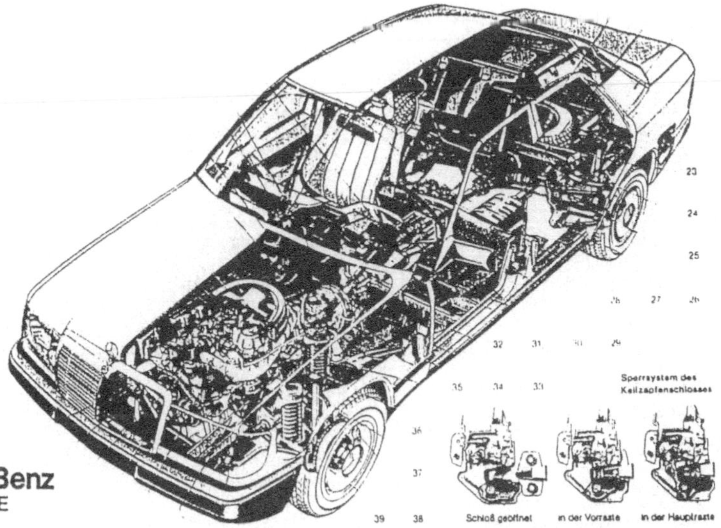

Bild 27

Mercedes-Benz
Typen 260 E/300 E

Mercedes-Benz

Daimler-Benz AG
Stuttgart-
Untertürkheim

PG 22186

Printed in Germany
12.84

Eine Übersicht über die Anwendungsmöglichkeiten gibt Bild 29. Sie reichen von statischen oder quasistatischen Untersuchungen und der Ermittlung von Schwingungseigenschaften von Baugruppen oder des ganzen Fahrzeuges bis hin zur Bestimmung des dynamischen Verhaltens. Hierzu einige Beispiele aus der Rechenpraxis.

Bild 30 zeigt als Ergebnis der harmonischen Anregung des Gesamtfahrzeugmodells die Schwingbeanspruchungen einer Auspuffanlage. Durch gezielte konstruktive Maßnahmen können Lage und Höhe von Resonanzspitzen beeinflußt werden.

Sehr wichtig sind auch Schwingungen im Zusammenwirken von Straße und Fahrzeug. Die steigenden Anforderungen an Komfort und Fahrsicherheit erfordern immer genauere Aussagen schon in einem möglichst frühen Entwicklungsstadium.

Durch die Reduktion der Zahl der Knotenpunkte der Karosserie von ca. 12.000 auf ca. 1.200 kann mit dem Gesamtmodell selbst ein transienter Vorgang wie die Fahrt über eine Schlechtwegstrecke in akzeptabler Rechenzeit simuliert werden. Diese Rechnungen dienen hauptsächlich der Komfortbeurteilung eines Fahrzeuges und der Ermittlung von Kräften, die während der Fahrt auf die Karosserie wirken. Bild 31 macht Hubschwingungen am Fahrzeuggesamtmodell deutlich.

Um den Praxisbedingungen möglichst nahe zu kommen, werden reale Straßenunebenheitsprofile in sehr kleinen Abständen vermessen. Für die rechnerische Simulation (Bild 32) werden diese Straßenunebenheiten als Fußpunktanregung an den vier Radaufstandspunkten eingeleitet. Die Schwingungsantwort an

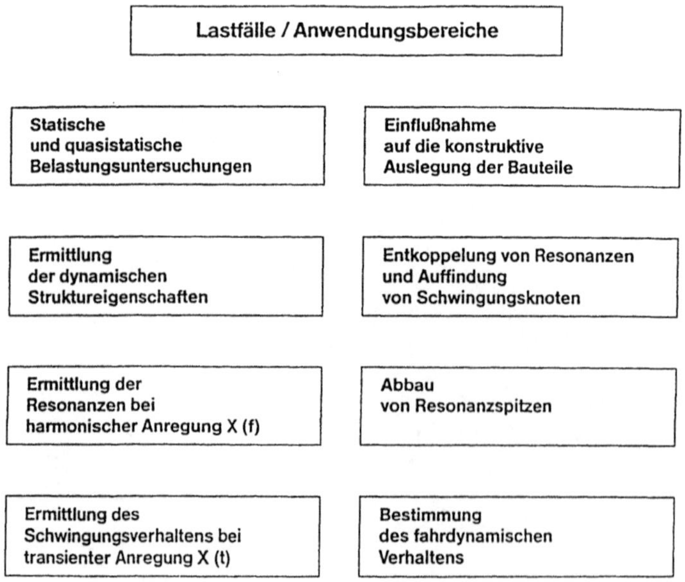

Bild 29 **FE-Fahrzeugmodell**

der Radmitte ist im mittleren Teil des Bildes, die am Fahrersitzquerträger im unteren Teil des Bildes dargestellt. Letztere ist für das Komfortempfinden der Fahrzeuginsassen relevant.

Das aus der Simulation ermittelte Schwingungsverhalten im Zeitbereich wird bezüglich seines Frequenzgehaltes analysiert. Daraus ergeben sich die spektrale Leistungsdichte oder der Effektivwert der Beschleunigung über der Frequenz (Bild 33).

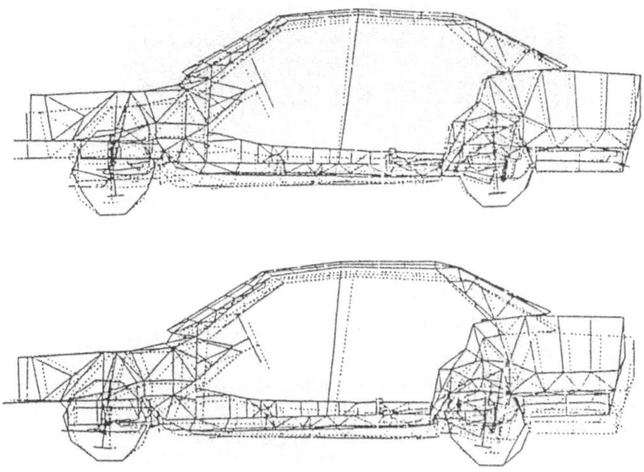

Bild 31 **Fahrzeuggesamtmodell Hubschwingungen**

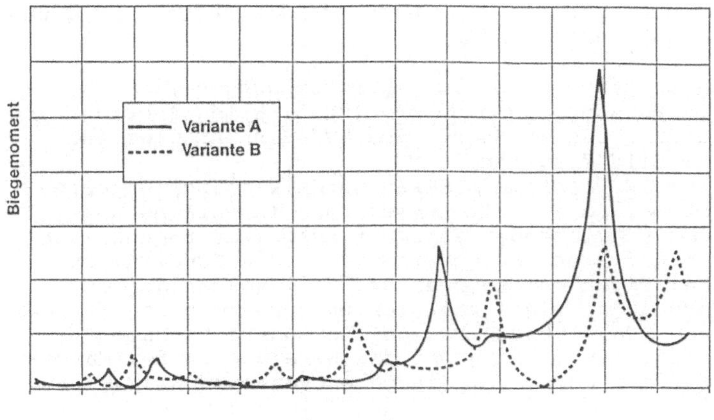

Bild 30 **Schwingbeanspruchung einer Auspuffanlage**

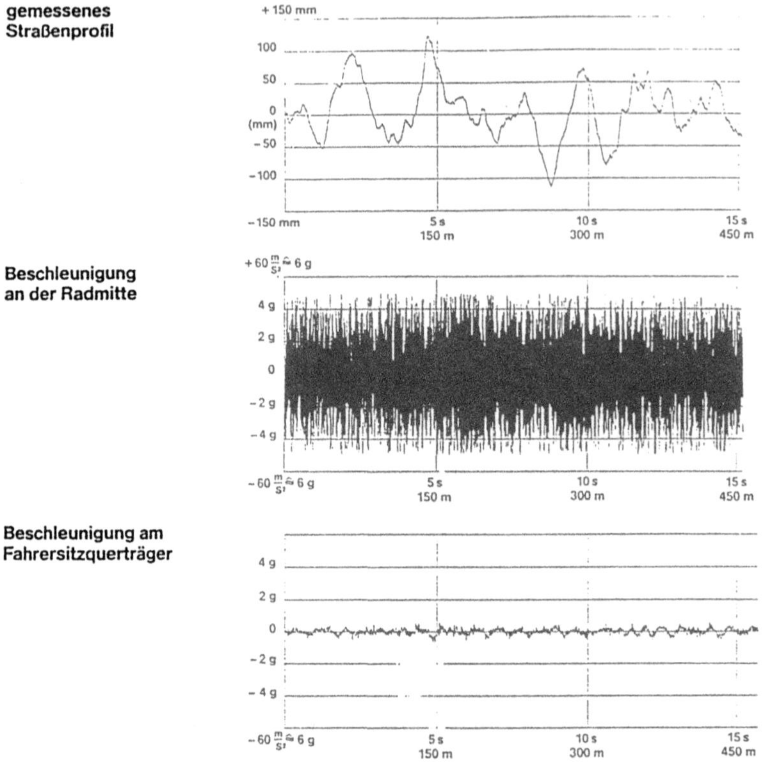

Bild 32 **Anregung durch Straßenunebenheit Gemessenes Profil, Schwingungsantworten**

Damit können Maßnahmen an Fahrwerk und Karosserie sehr genau aufgezeigt und bewertet werden.

Darüber hinaus werden auch Akustik-Berechnungen für den Innenraum von Personenwagen durchgeführt. Bild 34 bringt ein Beispiel hierfür. Das FE-Modell des Luft-Innenraumes ist oben links im Bild dargestellt.
Als Zusatz zum FE-Programm NASTRAN wurde ein Kopplungsprogramm entwickelt, so daß die Akustik des Innenraums unter Einwirkung der schwingenden Karosseriestruktur rechnerisch untersucht werden kann. Ausgewertet wird die Schalldruckverteilung bei Eigenschwingungen und - im Rahmen der Gesamtmodellrechnungen - bei transienten Vorgängen, z. B. beim Überfahren von Schlechtwegstrecken. Besonders beachtet werden bei diesen Untersuchungen die Bereiche in der Karosserie, die für das Komfortempfinden entscheidend sind, nämlich diejenigen in Ohrhöhe der Fahrzeuginsassen. Durch diese praxisnahe Vorgehensweise kann das Zusammenwirken von Berechnung und Versuch sehr effektiv gestaltet werden.

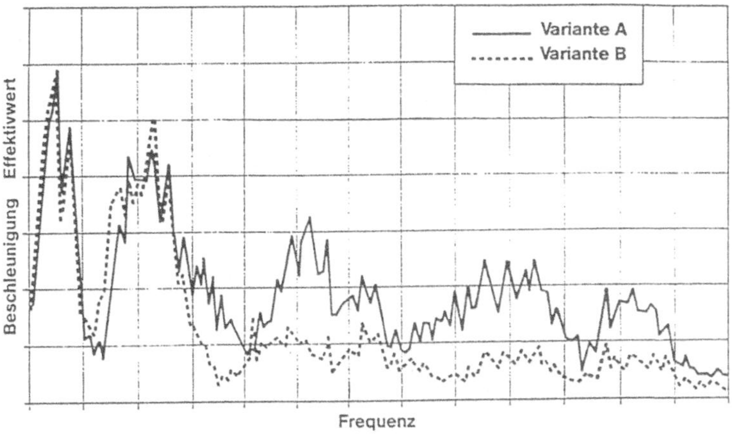

Bild 33 **Effektivwert der Beschleunigung am Fahrersitzquerträger**

8 Berechnung und Entwicklungsablauf

Die aus der Fahrzeugdynamik gebrachten Beispiele hätten natürlich noch beliebig vermehrt werden können. Es gibt in der Automobilentwicklung sicherlich nur noch wenige Aggregate oder technische Probleme, die nicht der Berechnung zugänglich wären oder wo die Berechnung nicht wenigstens hilfreich eingreifen könnte (Bild 35).

Das verschafft der Berechnung eine neue Dimension im Entwicklungsablauf, die entsprechend berücksichtigt werden muß. Konstrukteure und Versuchsingenieure haben einen neuen, potenten Entwicklungspartner erhalten, den man nicht nur hin und wieder oder beim Auftauchen eines rechnerspezifischen Problems konsultiert, sondern der regelmäßig in den Entwicklungsgang einbezogen werden kann und muß.

Das betrifft nicht nur Aufgaben in Teilbereichen eines Fahrzeuges, sondern weit mehr noch die Analyse der Zusammenhänge im Gesamtfahrzeug. In der Regel sind die Entwicklungsbereiche nach bestimmten Aggregat-Entwicklungsaufgaben und technischen Sachgebieten gegliedert, Gesamt-Zusammenbauten in der Konstruktion und Erprobung des ganzen Fahrzeuges folgen in der Regel nach dem Vorliegen gewisser Arbeitsergebnisse. Jeder Bereich strebt naturgemäß danach, den Entwicklungsauftrag auf seinem Teilgebiet optimal zu erfüllen. Wie sich jedoch ein Teilumfang im Gesamtsystem mit seinen mannigfaltigen, komplizierten Wechselwirkungen bewähren wird, kann zunächst nicht übersehen werden.

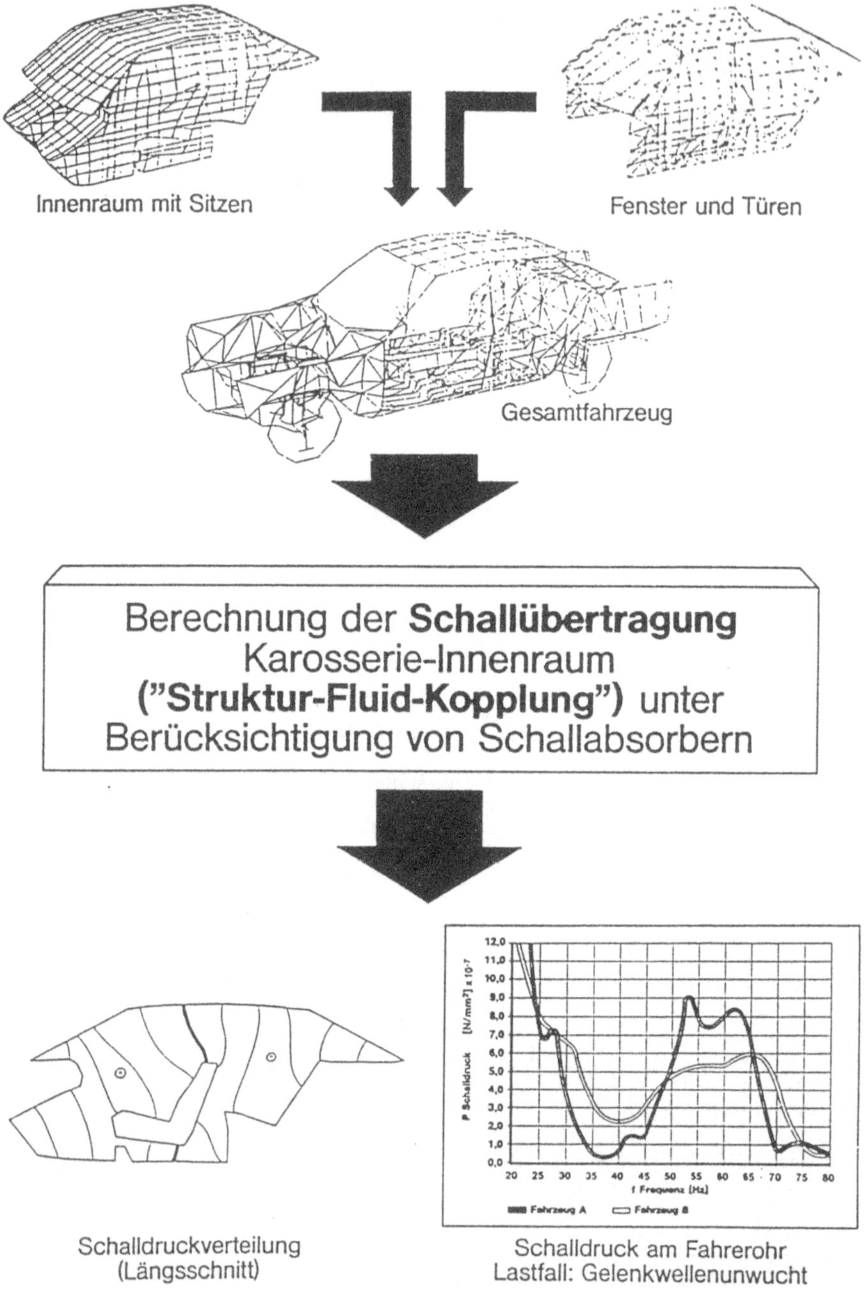

Bild 34 **FEM - Analyse Akustik**

Zielsetzung der Berechnung

- Rechnerische Optimierung im Vorentwicklungsstadium
- Erstellen von Simulationsmodellen für alle Bauteile, Baugruppen und Fahrzeuge
- Sytematische Festigkeitsoptimierung von Bauteilen
- Sytematische Funktionsoptimierung von Baugruppen und Fahrzeugen
- Gezielte Vorauswahl von Versuchsvarianten

Auswirkung der Berechnung

- Gezielte Aussage bei Einzelparameter-Variation
- Ergebnisse unabhängig von Umweltgegebenheiten
- Aufzeigen komplexer Zusammenhänge und Mechanismen
- Minimierung des Versuchsaufwands
- Verkürzung der Entwicklungszeit
- Erhöhung der Produktqualität
- Ausgewogenheit der Fahrzeugkonstruktion

Bild 35

Erfahrungen aus früheren Entwicklungen sind selbstverständlich nützlich, bieten jedoch keine Sicherheit dafür, auch in einem neuen System allen Anforderungen zu genügen, weil neue Komponenten ganz anders geartete Verhältnisse im Zusammenspiel schaffen können.

In der Berechnung lassen sich jedoch die Wechselwirkungen, selbst bei großer Vielfalt und großer Komplexität, genügend genau simulieren und können anschließend auf dem Bildschirm anschaulich gemacht werden. Diese Möglichkeit wirkt sich verkürzend auf die Entwicklungszeit aus, da bereits in der Konzeptphase, lange bevor erste "Hardware" erstellt werden kann, alle Baugruppen zu einem Gesamtfahrzeug "zusammengefügt, variiert und erprobt" werden.

Für die Berechner ergibt sich aus dieser Situation ein geändertes Aufgabenspektrum und eine andere Einordnung in der Zusammenarbeit. Der Berechner ist nicht mehr der Denker im stillen Kämmerlein, er steht nun vielmehr im Fluß des

Entwicklungsgeschehens und muß kommunikativ tätig werden, indem er die einzelnen Fachbereiche mit den technischen Erfordernissen konfrontiert, die sich aus seiner Arbeit am Gesamtmodell ergeben haben, und sie gegebenenfalls veranlaßt, ein vom Fachbereich durchaus zu Recht als gut und ausgereift angesehenes Aggregat nochmals in die Hand zu nehmen.

Vor den Berechnern liegt eine außerordentlich vielfältige Palette von Aufgaben. In der Praxis stellt sich damit die Frage nach den Prioritäten, für die ein geschickter Kompromiß gefunden werden muß.

Aussagen über ein Detail sind relativ rasch zu bekommen, Untersuchungen über Gesamtauswirkungen dauern naturgemäß erheblich länger, sind aber - wie eben dargelegt - von hohem Wert.

Der Aufbau eines komplexen FE-Modells kann mehrere Monate dauern. Der hohe personelle und maschinelle Aufwand läßt sich jedoch in zunehmendem Maße verringern durch die Möglichkeit, Daten aus CAD/CAM-Systemen mit der FE-Berechnung zu verknüpfen. Das heißt, daß alle Entwicklungsaktivitäten im Bereich CAD/CAM, die sich bisher in erster Linie auf den Gebieten Konstruktion, Zeichnungserstellung und Verwendung in der Fertigung bewegt haben, noch stärker mit der Generierung von FE-Modellen koordiniert werden sollten.

Vielfalt und Kompliziertheit der Berechnungsaufgaben verlangen Spezialistentum und Personal hoher Qualität. Ein Berechnungsteam darf jedoch nicht zu klein sein, damit das Aufgabenspektrum befriedigend abgedeckt werden kann.

Berechnung ist somit - auch angesichts der EDV-Kosten - nicht billig zu haben. Auf der anderen Seite steht jedoch als Gewinn die Möglichkeit, schneller und sicherer zu guten konstruktiven Lösungen zu kommen, diese zu beurteilen, bevor noch Teile angefertigt worden sind, Wechselwirkungen und Abhängigkeiten in komplizierten Zusammenhängen sichtbar zu machen, Entwicklungsrisiken zu verringern, Erprobungsaufwand zu senken und sogar Probleme zu lösen, die experimentell gar nicht lösbar wären.

Ohne Zweifel werden die Rechnerleistungen, die Berechnungsmethoden, ihre Vertiefung und Anwendbarkeit in Zukunft weiter zunehmen. Die Entwicklung schreitet schnell vorwärts. Bezieht man die Kurve "Entwicklungsverlauf" in Bild 1 auf die Rechenmöglichkeiten, so muß man sagen, daß wir vom flachen Teil des Kurvenverlaufes noch weit entfernt sind. Diese Aussage sollte nicht nur als Ausdruck von Zukunftsoptimismus verstanden werden, sondern vielmehr noch als Herausforderung und Forderung an die Fachleute, die Leistung von Programmsystemen und Rechnern zu erhöhen für eine möglichst schnelle weitere Steigerung des Entwicklungsstandes der Produkte, durch die jeder Achte in unserem Lande Beschäftigung erhält.

Elastodynamik der Fahrzeugbewegung

von F. Böhm

Überblick

In der Arbeit wird die ungefesselte Bewegung elastodynamischer Systeme am Beispiel der Fahrzeuge PKW und Motorrad behandelt. Mit dem rechnerischen Problem der ungefesselten Bewegung beschäftigen sich nur wenige Autoren, Lit. /1 u. 2/. Für Fahrzeuge sind, ausgehend von der MKS-Methodik, noch keine Lösungen bekannt, dagegen für elastische Roboter-Systeme schon, Lit. /3 u. 4/. Nachteilig ist dabei, daß die auftretenden Nichtlinearitäten nur schlecht erfaßt werden können, da die Ansatzfunktionen modalen Schwingungsformen von willkürlichen Teilsystemen entsprechen. Durch die Einführung hochfrequenter Reifenkräfte am Fahrzeug ergibt sich zwangsläufig die Notwendigkeit, hochfrequente Reaktionen der Fahrzeugstruktur zu berücksichtigen. In den Arbeiten Lit. /5/ wurden Frequenzen des Reifens bis 90 Hz und in der Arbeit /6/ bis einige 100 Hz im Rollvorgang berücksichtigt. Am Fahrzeug wird der Reifen durch große niederfrequente Bewegungen geführt, denen sich kleine, aber hochfrequente Zusatzbewegungen überlagern. In der vorgelegten Untersuchung wird ein Verfahren dargestellt, das das Fahrzeug auf ein System von Massenpunkten, gekoppelt durch elastische Stäbe, abbildet. Dieses Fahrzeugersatzsystem wird im momentanen Bewegungszustand linearisiert und mit Hilfe des Verfahrens von Gear integriert. Wie Schulze /7/ gezeigt hat, ist das Verfahren besonders gut geeignet, um unilaterale Kontaktprobleme in Verbindung mit steifen Differentialgleichungen zu behandeln. Verwendet man das Gear-Verfahren 2. Ordnung, so ist die absolute numerische Stabilität gewährleistet. Es werden Beispiele dargestellt mit vorgegebener Lenkbewegung (Open-Loop-System) und auch Beispiele, die die Kopplung von Reifen - Fahrzeug - Lenker betreffen. Ziel der weiteren Forschung ist es dabei, die mechanisch und regelungstechnisch bedingten Reaktionen bei Auftreten von plötzlichen Fahrzustandsänderungen, wie Stöße, Seitenwind oder wechselnde Reibwertbedingungen, rechnerisch genauer zu untersuchen. Dazu zählen auch die Probleme des Landestoßes von Flugzeugen und der Rollinstabilität des Fahrgestells sowie die Fahrsicherheit des Motorrades.

Danksagung

Für die Unterstützung des Forschungsvorhabens Fahrwerkstöße durch Personal- und Sachmittel im Normalverfahren dankt der Autor der Deutschen Forschungsgemeinschaft sehr.

1. Ungefesselte Bewegung elastischer Fahrzeugkörper

Zur Berechnung von Fahrzeugbewegungen, denen sich kleine, aber hochfrequente, Schwingungen überlagern, sind folgende Anforderungen an das Berechnungsverfahren zu stellen:

- freie Drehungen im Raum für beliebige Drehwinkel und Winkelgeschwindigkeiten müssen möglich sein,

- die Einhaltung von Schwerpunktsatz und Drallsatz muß gewährleistet sein,

- das dynamische Kräftegleichgewicht muß in verformtem Zustand des Körpersystems berechnet werden,

- inkrementelle Rechenschritte zur numerischen Auswertung müssen möglich sein.

- Einbau von elastodynamischen Reifenmodellen oder ähnlichen Strukturen muß möglich sein.

Es ist auffallend, daß die sonst vielfach verwendete Finite-Elementberechnungsmethode für den Fall ungefesselter dynamischer Bewegungszustände bisher nicht oder kaum herangezogen wurde. Die Gründe für das Versagen der FEM-Rechnung sind folgende:

- Die grundlegenden kontinuumsmechanischen Ansätze von Euler, Cauchy und Boltzmann sind weit über 100 Jahre alt und durch die moderne Festkörpertheorie nicht bestätigt. Diese zeigt vielmehr, daß Zentralkraftsysteme die dynamischen Gleichgewichtslagen der Festkörper regieren.

- Durch das Einbeziehen der Drall-Aussagen in Aussagen für den Schwerpunktsatz, der dann wiederum approximativ erfüllt wird, ist die Aussage über den Gesamtdrall falsch.

- Es müssen Randbedingungen erfüllt werden, die sich aus rein mathematischen Forderungen zufolge der Kontinuumshypothese ergeben und zu schwierigen Nebenbedingungen führen.

- Es wird oft zur Aufstellung der inneren Energie nur die Theorie 1. Ordnung herangezogen, was energetisch falsch ist, wie z. B. die Kopplung von Längs- und Querdynamik eines Biegestabes zeigt.

- Die Ungenauigkeiten im Drallsatz für dynamische gefesselte Systeme werden oft nicht erkannt, da nur die Lagerkräfte wesentlich gestört werden. Häufig treten jedoch in den Eigenfrequenzen der gerechneten Systeme deutliche Abweichungen gegenüber der Messung auf.

- Da das einfachste Finite Element, der Tetraeder, 12 Freiheitsgrade besitzt, ergibt sich für das ungefesselte Element eine Eigenwertgleichung 12ten Grades, die sechs Nullwurzeln haben müßte. Nach dem Satz von Gauß ist dies aber exakt nicht möglich, so daß numerisch immer Wurzeln in der Umgebung von Null erscheinen und den Bewegungsvorgang stören.

Aus den oben genannten Gründen wurde eine Modellierung der Bewegung elastischer Fahrzeugkörper durch Zentralkraftsysteme und -massen angestrebt. Die inkrementelle Formulierung bei der numerischen Auswertung erleichtert die Berücksichtigung von Vorspannung und geometrischer Nichtlinearität. Elastische Nichtlinearitäten beziehen sich nur auf die Steifigkeitszahlen für die im Arbeitspunkt linearisierten Zentralkraftansätze. Analog wird mit den Dämpfungskräften verfahren.

Die Bewegungsgleichungen für zwei beliebige Massen i und j lauten, siehe Bild 1:

$$m_i \ddot{\vec{x}}_i = \sum_{ij} \vec{e}_{ij} N_{ij} \,. \qquad (1)$$

Nach Linearisierung im Momentanzustand ergibt sich:

$$\mathbb{M} \ddot{\vec{X}} = \vec{F} + \mathbb{C} \vec{S} + \mathbb{D} \dot{\vec{S}} \qquad (1a)$$

mit $\vec{X} = \vec{X}_{alt} + \vec{S}$ wobei $\vec{S}$ das Inkrement darstellt.

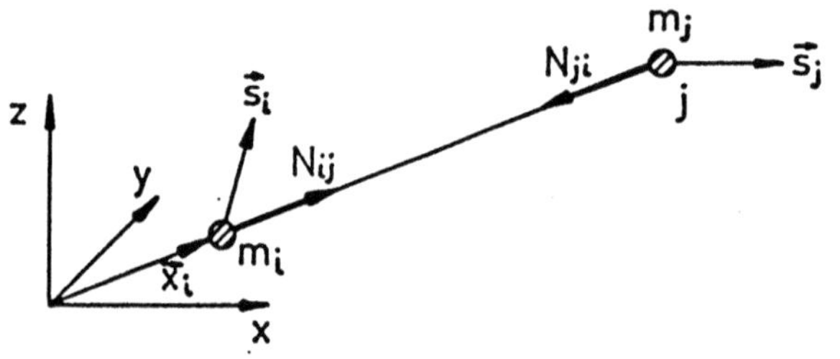

Bild 1. Die Massen i und j sind durch die Zentralkraft N_{ij} gekoppelt und der Ortsvektor $\vec{x}$ wird um das Inkrement $\vec{s}$ im Zeitschritt Δt verändert

Spezialfälle dieser Gleichungen werden diskutiert und führen schließlich zu der Aussage, daß statische Probleme immer nur Spezialfälle der allgemeinen räumlichen Dynamik sind. Anschließend wird über Grundsätzliches zur numerischen Lösung nach dem Verfahren von Gear (2. Ordnung) berichtet.

2. Das Fahrzeug als räumliches Fachwerk ohne Biegesteifigkeit

Wir gehen aus von einem Zentralkraftsystem $N_{ij} = N_{ji}$ für das wir zunächst einen linearen Ansatz

$$N_{ij} = c_{ij}(\ell_{ij} - \ell_{ij0})$$

machen, wobei l_{ij0} der Abstand der Massen i und j im kräftefreien Zustand bedeutet. Mit dem Eigenvektor $\vec{e}_{ij}$ und der inkrementellen Verschiebung $\vec{s}_i$ kann die Verschiebungsdifferenz $\Delta \vec{S}_{ij}$ bestimmt werden.

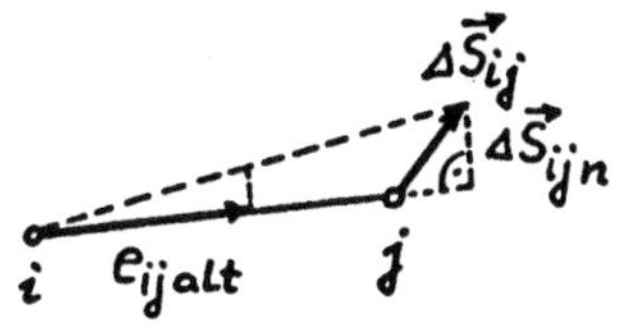

$$\Delta\vec{S}_{ij} = \begin{Bmatrix} u_j - u_i \\ v_j - v_i \\ w_j - w_i \end{Bmatrix} \ldots \text{Differenz}$$

Bild 2. Zerlegung der Verschiebungsdifferenz in tangentialer und normaler Richtung zum Einheitsvektor

Die Verschiebungsdifferenz, siehe Bild 2, kann aufgeteilt werden in einen Streckungsanteil in Richtung $\vec{e}_{ij\,alt}$ ($\Delta \vec{S}_{ijt}$) und in einen Drehungsanteil $\Delta \vec{S}_{ijn}$. Für den inkrementell gedrehten Einheitsvektor $\vec{e}_{ij}$ ergibt sich somit:

$$\vec{e}_{ij} \doteq \vec{e}_{ij\,alt} + \frac{1}{l_{ij\,alt}} \left(\Delta\vec{S}_{ij} - \overbrace{\Delta\vec{S}_{ij} \cdot \vec{e}_{ij\,alt}\, \vec{e}_{ij\,alt}}^{\Delta\vec{S}_{ijt}} \right)$$

mit Hilfe des dyadischen Produktes $\mathbb{D}_{ij}$

$$\mathbb{D}_{ij} = \begin{pmatrix} e_{ijx}^2 , & e_{ijx}\, e_{ijy} , & e_{ijx}\, e_{ijz} \\ \vdots & & \vdots \\ \ldots & \ldots & e_{ijz}^2 \end{pmatrix} \qquad (2)$$

folgt daraus:

$$\vec{e}_{ij} \doteq \vec{e}_{ij\,alt} + (\mathbb{E} - \mathbb{D}_{ij}) \frac{\Delta\vec{S}_{ij}}{l_{ij\,alt}} .$$

Für die Linearisierung im momentanen Zustand des Massenpunktsystems ergibt sich daher nach Gleichung (1):

$$m_i \ddot{\vec{X}}_i = \sum_j \left(\vec{e}_{ij\,alt} + \frac{1}{l_{ij\,alt}} (\mathbb{E} - \mathbb{D}_{ij}) \Delta\vec{S}_{ij} \right) \left(N_{ij\,alt} + c_{ij}\, \Delta\vec{S}_{ij} \cdot \vec{e}_{ij\,alt} \right)$$

bzw. nach Streichen der quadratischen Nichtlinearität schließlich

$$m_i \ddot{\vec{X}}_i = \sum_j \left(\vec{e}_{ij\,alt} N_{ij\,alt} + \left[\frac{N_{ij\,alt}}{l_{ij\,alt}} (\mathbb{E} - \mathbb{D}_{ij}) + c_{ij}\, \mathbb{D}_{ij} \right] \Delta\vec{S}_{ij} \right)$$

Führt man jetzt den Gesamtverschiebungsvektor $\vec{X}$ ein als Spaltenvektor und den inkremtentellen Verschiebungsvektor $\vec{S}$, beide mit 3 N Freiheitsgraden, so erhält man das im momentanen Zustand linearisierte System von Bewegungsgleichungen in Matrixform:

$$\boxed{\mathbb{M}\ddot{\vec{X}} = \vec{F} + \vec{F}^{e} + \mathbb{C}\vec{S} + \mathbb{D}\dot{\vec{S}}} \tag{3a}$$

Darin sind auch eingeprägte Kräfte $\vec{F}_{ie}$ eingeführt. Dies können Gewichtskräfte sein, Luftkräfte oder Reifenführungskräfte. Macht man für die Dämpfung im System einen geschwindigkeitsproportionalen Ansatz, so addiert sich noch das Produkt aus Dämpfungsmatrix mal inkrementeller Verschiebungsgeschwindigkeit.

Spezialisierungen dieses Gleichungssystems führen nun auf bekannte Aussagen der Statik und Dynamik. Wir betrachten zunächst die Statik eines starren Fachwerkes.

Dann gilt:

$$\sum_{j} \vec{e}_{ij\,alt}\, N_{ij} + \vec{F}_{i}^{e} = \vec{o} \tag{4}$$

in Matrixform geschrieben

$$\mathbb{e}\,\vec{N} + \vec{F}^{e} = \vec{o} \tag{4a}$$

Dieses Gleichungssystem ist linear in den gesuchten Stabkräften $\vec{N}$ die Lagerkräfte sind im Vektor $\vec{F}_{e}$ subsumiert und das Gleichungssystem hat nur eine Lösung N, wenn $\mathbb{e}^{-1}$ existiert.

Nun betrachten wir die Statik eines elastischen Fachwerkes nach der Theorie 1. Ordnung. Für die Gleichgewichtsbedingungen gilt das Gleichgewicht im unverformten Zustand:

$$\sum_{j} c_{ij}\, \mathbb{D}_{ij}\, \Delta\vec{S}_{ij} + \vec{F}_{i}^{e} = \vec{o} \tag{5}$$

Der Inkrementvektor $\Delta \vec{S}_{ij}$ stellt die Abweichung von der Null-Lage des Systems dar und es ergibt sich die folgende Matrixgleichung:

$$\hat{\mathbb{C}}\,\vec{S} + \vec{F}^{e} = \vec{0} \qquad (5a)$$

Dieses System hat nur eine Lösung $\vec{S}$, wenn $\mathbb{C}^{-1}$ existiert.

Die allgemeine statische Aufgabe, ein beliebig geometrisch verformtes Fachwerk zu berechnen, erfolgt nun mit Hilfe der inkrementellen Theorie. Zu den eingeprägten Kräften werden die Kräfte im momentan betrachteten Arbeitspunkt des Systems addiert, wodurch sich die Matrixgleichung etwas erweitert:

$$\vec{F} + \vec{F}^{e} + \mathbb{C}\,\vec{S} = \vec{0}, \qquad (5b)$$

und gleichzeitig das Verschiebungsinkrement sich nun auf den vorverformten Zustand bezieht. Es muß also in jedem Rechenschritt $\vec{X} = \vec{X}_{alt} + \vec{S}$ gebildet werden zur Bestimmung der Kräfte F. Dieses System hat nur Lösungen, wenn $\mathbb{C}^{-1}$ existiert. Es wird aber häufig in der Verzweigungslage, wenn $\mathbb{C}^{-1}$ nicht mehr existiert, durch Erweiterung von Randbedingungen oder, wie man auch sagt, durch Pfadvorgabe einzelner Verschiebungsgrößen eine Lösung erzwungen, weil dann die Inversion wieder möglich ist. Diese Vorgehensweise ist auch für die Dynamik interessant, da häufig Systeme bestimmte Randbedingungen nicht überschreiten können. Eine solche Randbedingung ist z. B. die unilaterale Kontaktbedingung eines Fahrzeuges auf 4 Rädern, die auf starrem ebenen Boden aufstehen und so Zwangskräfte auf das mechanische System, das sich entlang der Fahrebene bewegt, ausüben.

Der allgemeine Fall des Massenpunktsystems und seiner Dynamik läßt sich nun so darstellen: Dieses Matrixgleichungssystem hat immer eine Lösung, da, wie wir im 3. Abschnitt nachweisen werden, für den Zeitschritt Δt gegen 0 die notwendige Inversion gegen die Inversion der Einheitsmatrix strebt. Weil dieses System immer eine Lösung hat, ist es der allgemeine Fall und alle vorher besprochenen statischen Fälle sind nur Spezialfälle der Dynamik, freier oder auch gefesselter, durch Nebenbedingungen gehaltener, Massenpunktsysteme.

Die Programmierung des Gleichungssystems für I = 1 bis N Massenpunkte erfolgt über eine Liste KK von i,j der Stäbe bis zu einer Maximalanzahl der von einem Punkt ausgehenden Stäbe j_{max}. Definiert werden die Federzahlen C_{ij}, die Ausgangskoordinaten Xyz von i,j, wobei j von 1 - 3 zählt. Definiert werden ebenfalls die Vorspannungen N_0 von i,j, d. h. der Ausgangszustand muß kein Gleichgewichtszustand des Systems sein. Der Aufbau der Gesamtsteifigkeitsmatrix erfolgt nun mit Hilfe der Stabliste:

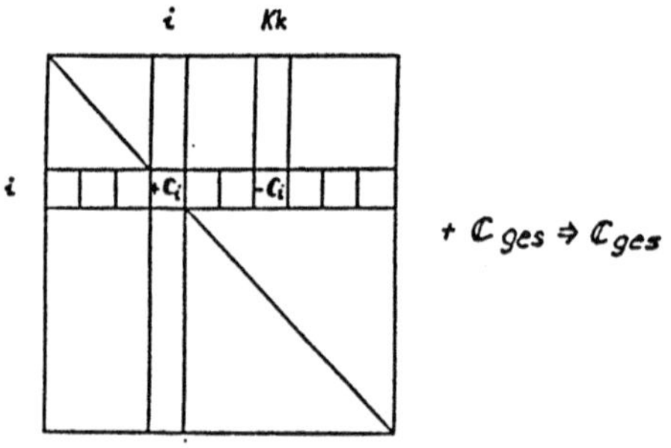

Analog erfolgt dann der Aufbau der Dämpfungsmatrix.

3. Integrationsverfahren zur Lösung der Bewegungsgleichungen

Die Bewegungsgleichungen werden je nach Elementierung sehr unterschiedliche Steifigkeitszahlen enthalten. Daher sind Integrationsverfahren vorzuziehen, die steif-stabile Lösungen ermöglichen. Hier bietet sich insbesondere das Verfahren nach Gear 2. Ordnung an. Es hat relativ geringe numerische Dämpfung und ausreichende Genauigkeit. Verfahren höherer Ordnung sind zwar genauer, aber nicht immer numerisch stabil. Wir verwenden die folgende Vorgehensweise: Zunächst wird die Bewegungsgleichung durch die Massenmatrix $\mathbb{M}$ dividiert, die ja nur eine Diagonalmatrix ist. Damit erhält man:

$$\ddot{\vec{x}} = \mathbb{C}^*\vec{x} + \mathbb{D}^*\dot{\vec{x}} + \vec{f}^* \tag{6}$$

Für die Umformung auf ein System 1. Ordnung mit $\dot{\vec{x}} = \vec{y}$ und $\ddot{\vec{x}} = \dot{\vec{y}}$ gilt für die Stützstelle $t + \Delta t$ mit der einseitigen Dreipunkt-Differenzenformel

$$\vec{y}(t+\Delta t) = \frac{1}{2\Delta t}\left(3\vec{x}(t+\Delta t) - 4\vec{x}(t) + \vec{x}(t-\Delta t)\right) \tag{7}$$

und daraus folgt

$$\vec{x}(t+\Delta t) = \frac{2\Delta t}{3}\vec{y}(t+\Delta t) + \frac{4}{3}\vec{x}(t) - \frac{1}{3}\vec{x}(t-\Delta t) \tag{8}$$

Setzt man dieses in die Bewegungsgleichung ein, so erhält man

$$\dot{\vec{y}} = \frac{1}{2\Delta t}\left(3\vec{y}(t+\Delta t) - 4\vec{y}(t) + \vec{y}(t-\Delta t)\right) =$$

$$= \mathbb{C}^*\vec{x}(t+\Delta t) + \mathbb{D}^*\vec{y}(t+\Delta t) + \vec{f}^*$$

und daraus schließlich den Geschwindigkeitsvektor zum neuen Zeitpunkt $t + \Delta t$

$$\vec{y}(t+\Delta t) = \left(\mathbb{E} - \frac{2\Delta t}{3}\mathbb{D}^* - \left(\frac{2\Delta t}{3}\right)^2 \mathbb{C}^*\right)^{-1} \cdot$$

$$\cdot \left(\mathbb{C}^*\left(\frac{8}{9}\vec{x}(t) - \frac{2}{9}\vec{x}(t-\Delta t)\right)\Delta t + \frac{2}{3}\vec{f}^*\Delta t + \frac{8}{6}\vec{y}(t) - \frac{1}{3}\vec{y}(t-\Delta t)\right) \tag{9}$$

Wie Gear gezeigt hat, ist diese Lösung absolut stabil für beliebig steife Systeme und strebt für Δt gegen 0 gegen die exakte Lösung, da die Inversion der Matrix in der eckigen Klammer eine beliebige kleine Abweichung von der Einheitsmatrix $\mathbb{E}$ ist. Als Beispiel betrachtet man etwa einen Massenpunkt mit 1 Freiheitsgrad und ungefesselt unter einer konstanten Kraft F. Die obigen Formeln ergeben:

$$y(t+\Delta t) = y(t) + \frac{F}{m}\Delta t$$

$$x(t+\Delta t) = x(t) + y(t)\Delta t + \frac{1}{2}\frac{F}{m}\Delta t^2 .$$

Dieses ist die exakte Lösung, die sich durch Einsetzen prüfen läßt.

Zur Demonstration der Methode wird folgendes einfaches Beispiel berechnet: Ein dreikantiger Stab wird durch eine Fachwerksstruktur dargestellt. Er wird am linken Ende festgehalten und am rechten Ende beginnend zur Zeit t = 0 durch eine Vertikalkraft F belastet. Gesucht ist die dynamische Verformung des Systems. Die Lagerung am linken Ende wird durch Nullsetzen der zugehörigen Verschiebungen und Verschiebungsgeschwindigkeiten in jedem Zeitschritt erreicht.

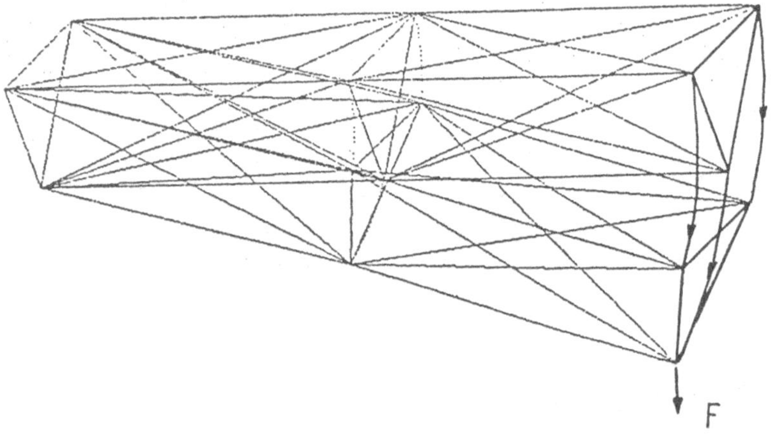

Bild 3. Berechnung von 25 Zeitschritten für ein links festgehaltenes symmetrisches Fachwerk unter Einzellast rechts

Im Bild 3 sind die ersten 25 Integrationsschritte für ein symmetrisch mit Diagonalen versteiftes Fachwerk dargestellt. Die Dämpfungsmatrix wurde dabei zu 0 gesetzt. Nach einigen 100 Rechenschritten befindet sich das System nahezu in seiner Gleichgewichtslage, da eine numerische Dämpfung von etwa 2 %, Lehr'sches Dämpfungsmaß, vorliegt. Diese verfahrensbedingte Dämpfung ist unvermeidlich, siehe Bild 4.

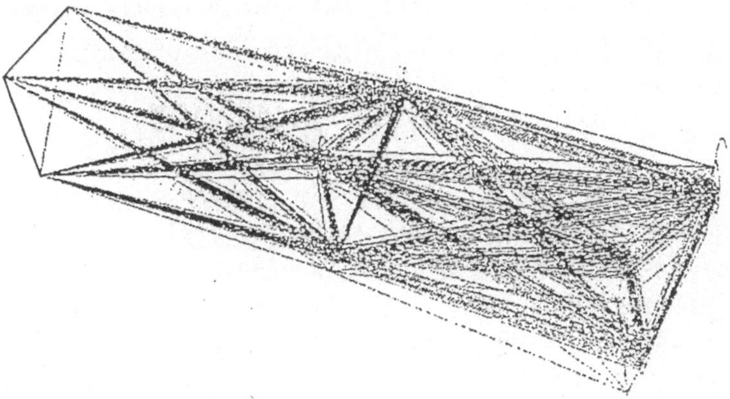

<u>Bild 4.</u> Erreichen der statischen Gleichgewichtslage nach einigen 100 Rechenschritten

Im <u>Bild 5</u> ist eine Lösung gezeigt für ein nichtsymmetrisch mit Diagonalen versteiftes Fachwerk. Bei gleichgroßer Kraft F sind die Verformungen wesentlich größer und es kommt zu einer dynamischen Kippbewegung des Querschnittes. Dieses Beispiel soll auch darauf hinweisen, daß mit diesen Verfahren elastodynamische Stabilitätsuntersuchungen für beliebige geometrische Nichtlinearitäten möglich sind.

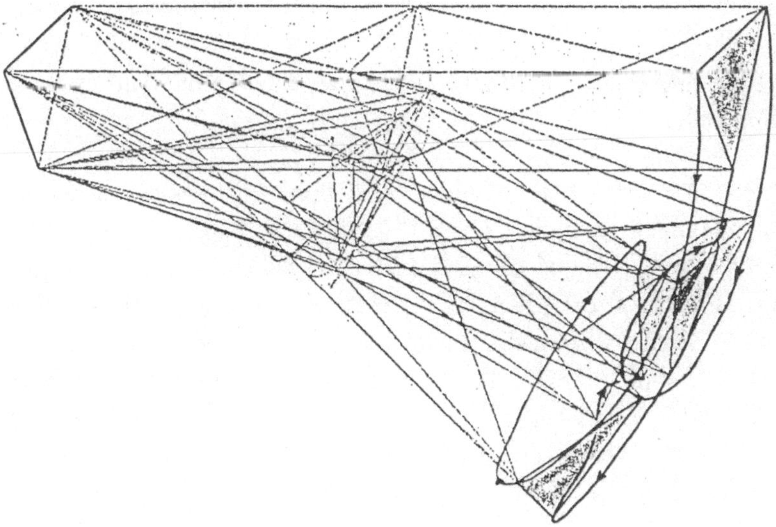

F

<u>Bild 5.</u> Berechnung der Kippbewegung eines nichtsymmetrischen Fachwerkes

In einem weiteren Beispiel wird die Wirkung von Vorspannungen demonstriert. Dazu dient für die Stabkraft N_{ij} der Ansatz:

$$N_{ij\,alt} = c_{ij}\,\Delta L_{ij} + k_{ij}\,\Delta \dot{L}_{ij} + N_{o,ij}$$

In dieser Gleichung bilden die Vorspannungen $N_{o\,ij}$ eine Gleichgewichtsgruppe. Als Rechenbeispiel betrachten wir ein Federbein mit relativ steifen Säulen und einer weichen Verbindungsfeder, siehe Bild 6a. Durch die Vorspannung N_o soll erreicht werden, daß die 4 Massenpunkte, die das Federbein repräsentieren, bei jeder beliebigen Bewegung in der xy-Ebene auf einer Geraden verbleiben, d. h. einen biegesteifen Verband bei gleichzeitiger Wirkung eines Schubfreiheitsgrades darstellen. Dieses wird erreicht entsprechend Bild 6b durch Einführung der rückstellenden Vorspannkraft N_o bei Auslenkung aus der geraden Lage.

Bild 6a

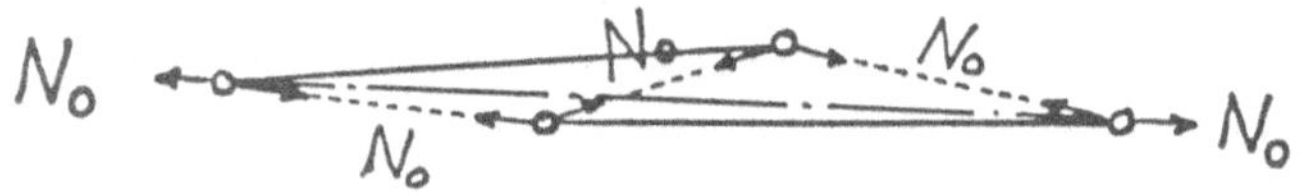

Bild 6b

Bilder 6a, b. Mechanisches Ersatzsystem für eine Teleskopfederung

Diese Gleichgewichtsgruppe schränkt die freie Bewegung in der xy-Ebene jedoch nicht ein. Das Federbein wird im Beispiel nach Bild 7 in horizontaler Anfangslage losgelassen und durch Anfangsimpulse axial und rotatorisch beschleunigt. Seine momentane Lage wird alle 25 Zeitschritte geplottet. Man erkennt 1., daß der Schwerpunktsatz exakt erfüllt ist, außerdem sieht man, daß der Schubfreiheitsgrad eine leichte Dämpfung besitzt entsprechend der Verfahrensdämpfung. Schließlich kann man auch noch erkennen, daß die Drehbewegung ebenfalls leicht gedämpft ist, da mit einem Zeitschritt gerechnet wurde, der die höchste Eigenfrequenz des Systems nicht berücksichtigt (steife Verbindungen der

Massen 1-2 und 3-4). Der Drallsatz kann somit 2. nur erfüllt werden, wenn nach dem Shannon-Theorem die höchste Eigenfrequenz des Systems rechnerisch gut abgetastet wird (etwa Faktor 10).

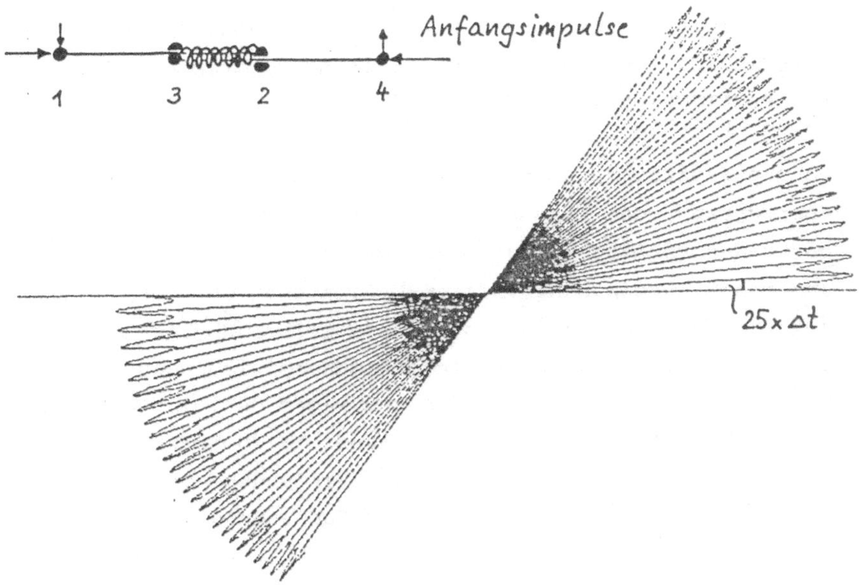

Bild 7. Freies Teleskopfederbein mit zentrischer und Drallanregung

4. Der Einbau von Reifenmodellen in die Bewegungsgleichungen

Ein Reifenmodell 0. Ordnung bedeutet, daß die Kontaktkräfte aus einer Reifenkennlinie für Stationärzustände ermittelt werden, wobei Übergangszustände unberücksichtigt bleiben. Diese Vorgehensweise genügt nur für sehr langsam veränderliche Rollvorgänge. Flattern von Rädern oder das Überrollen von Bodenwellen mit Wellenlängen im m-Bereich kann nur durch ein Reifenmodell 1. Ordnung sachgerecht erfaßt werden. Bei dieser Berechnungsweise werden die Reifenverformungen bzw. die Verformungsgeschwindigkeiten im Aufstandsbereich des Reifens in 1. Näherung miterfaßt. Damit sind instationäre Rollzustände bis zu minimalen Wellenlängen von etwa 1 m berechenbar. Hochfrequente Rollzustände, z. B. zufolge kurzwelliger Bodenunebenheiten, sind nur mit Reifenmodellen hoher Ordnung erfaßbar. Dabei wird der Verformungszustand in der Kontaktfläche durch entsprechend viele Kollokationspunkte simultan abgetastet und das Durchlaufen von kurzwelligen Störungen durch die Kontaktfläche hindurch verfolgt.

Fahrzeugseitig benötigt man als Eingabe in das Reifenunterprogramm den Fortschritt des ideellen Aufstandspunktes des Rades in Längs- und -Querrichtung sowie die Drehbewegung um die Hochachse. Diesen Weginkrementen werden dann relative Weginkremente des Reifens selbst überlagert, die durch Integration der Reifenbewegungsgleichungen entstehen. Aus nummerischen Gründen und wegen des instationären Rollverhaltens müssen Weginkremente im cm-Bereich verwendet werden, bezüglich der zugrundeliegenden Theorie siehe Literatur /5/ (1. Fahrzeugdynamik-Fachtagung).

Zur Bestimmung der Radebene im Raum wird von dem Radträger bzw. seiner Momentanstellung ausgegangen. Der Radträger wird als steifer Körper aufgefaßt und die Stellung des Rades in Konstruktionslage diesem gegenüber berechnet. Die Stellung der Radebene mit der Basis $\vec{e}_1$, $\vec{e}_2$ und $\vec{e}_n$ folgt dann für jeden Zeitpunkt t aus einem linearen Gleichungssystem. Diese Radebene muß eigentlich als Felgenebene definiert werden, da der Reifen selbst davon abweichende Stellungen einnimmt. Mit Hilfe dieses Basissystems im Momentanzustand lassen sich Schräglaufwinkel, Umfangsschlupf und Bohrschlupf bestimmen. Die entstehenden Reifenkräfte werden dann auf die Lenkereckpunkte oder Radträgerpunkte verteilt.

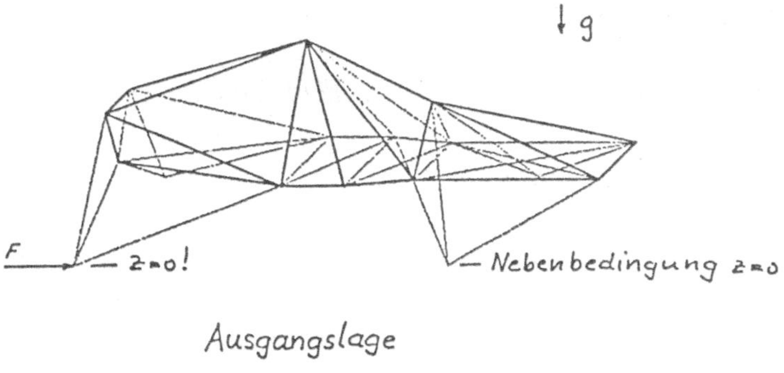

Bild 8. Mechanisches Ersatzsystem für Formel-1-Fahrzeug

Zunächst wurde ein Formel-1-Fahrzeug mit 17 Massenpunkten simuliert. Die Federbeine wurden mit Anschlag und Vorspannung dargestellt. Als 1. wurde die freie Bewegung auf der Fahrebene z = 0 betrachtet. Ausgehend von einer Anfangslage wurde die Drehbewegung unter einer vorgegebenen Längskraft F (richtungstreue Kraft) berechnet. Die Steifigkeit der Fachwerkstäbe wurde gering gewählt, um große Verformungen des Systems und große Drehbewegungen zu zeigen, siehe Bilder 9a-d.

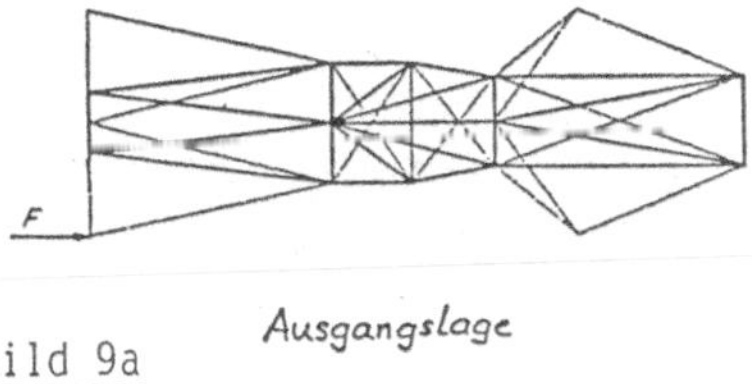

Bild 9a

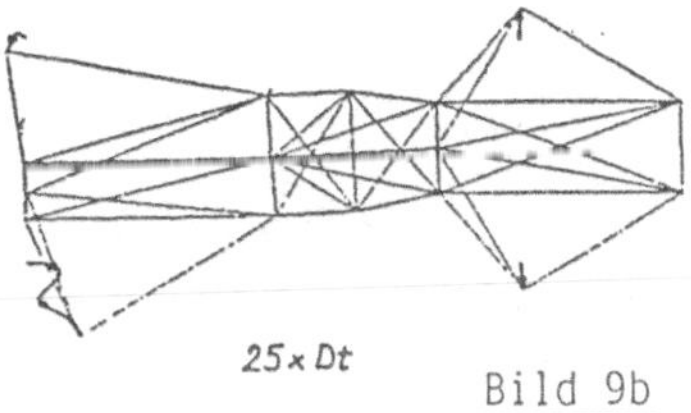

Bild 9b

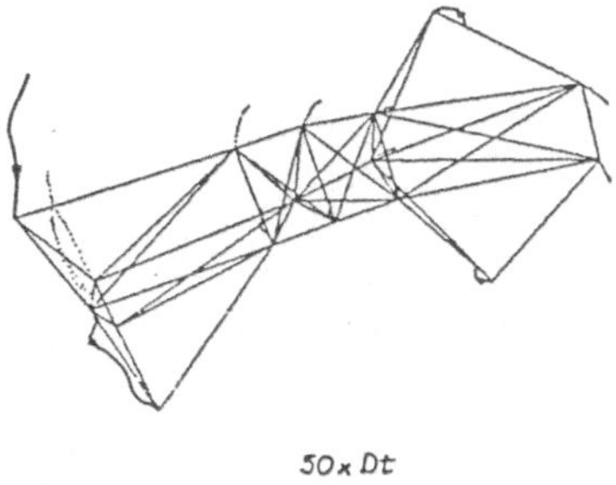

Bild 9c

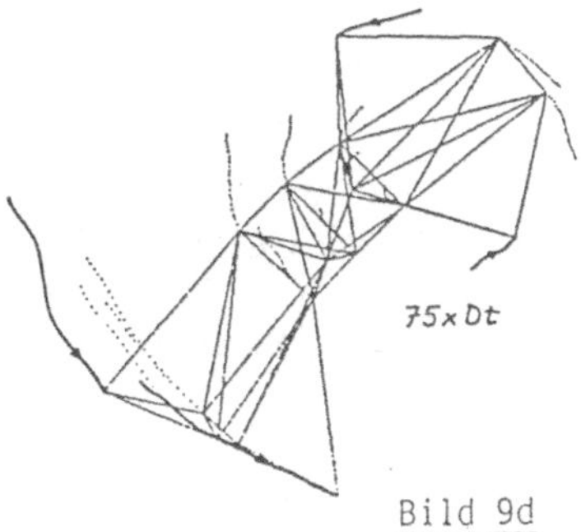

Bild 9d

Bilder 9a - d. Bewegung des Fahrzeugkörpers auf reibungsfreier Horizontalebene, unter der Wirkung einer Längskraft F exentrisch wirkend

Anschließend wurden gelenkte Fahrbewegungen unter Berücksichtigung der Reifenkräfte betrachtet. Dabei wurde eine Reifenfederzahl für die Einfederungsbewegung in z-Richtung zugrunde gelegt. Ebenso wurden Schräglaufsteifigkeiten vorgegeben. Der Lenkwinkel wurde linear gesteigert und dann konstant gehalten. Um zu prüfen, ob in jedem Zeitschritt das Gleichungssystem invertiert werden muß, wurde vergleichsweise in jedem Zeitschritt invertiert bzw. nur einmal am Beginn der Rechnung, siehe Bild 10. Dabei zeigt sich, daß nach 25 Zeitschritten die Unterschiede relativ gering sind, jedoch nach 50 Zeitschritten ergibt die Lösung mit nur einmaliger Inversion eine deutlich geringere Seitenbewegung des Fahrzeuges. Weitere Rechnungen haben dann gezeigt, daß die Inversion mindestens nach jedem 10. Zeitschritt notwendig ist.

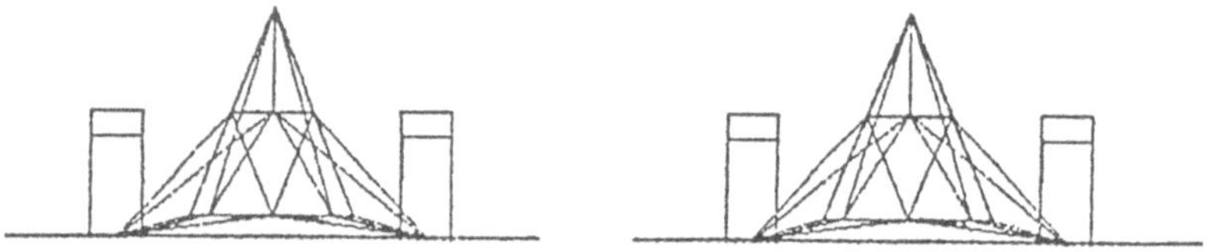

Ausgangslage

25 x Dt

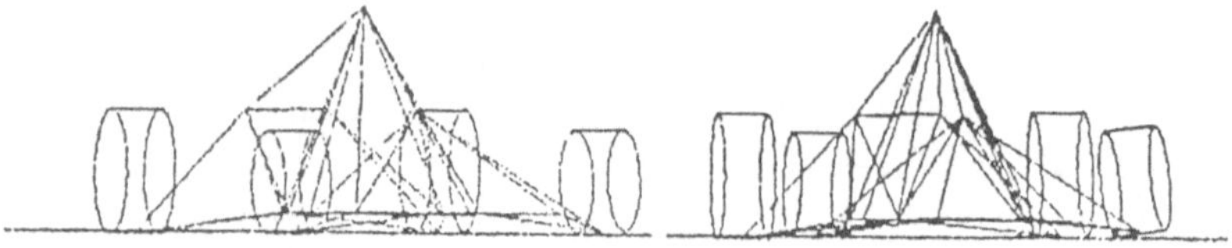

50 x Dt

Bild 10. Vergleich: Inversion in jedem Zeitschritt mit 1x invertiert

5. Das Fahrzeug auf vorgegebenem Kurs oder bei Zwangslenkung

Um das Fahrzeug auf einer Kurslinie zu halten, muß eine Lenkungsregelung eingeführt werden, dieses kann mit Hilfe einer Vorausschau nach Fiala /8/ geschehen. Um in allen Bereichen des Abstandes Δ von der gewünschten Kurslinie Stabilität zu erhalten, wird folgende abschnittsweise lineare Differentialgleichung 1. Ordnung verwendet:

$$\dot{\beta} = -K \frac{v_0}{v} \left[K_1 \Delta + K_2 (\psi + \alpha - \varphi) L_v + K_3 \left(\frac{\dot{\psi} + \dot{\alpha}}{v} - \varphi' \right) \frac{L_v^2}{2} \right]$$

α ... Fahrzeugschwimmwinkel, ψ ... Fahrzeuggierwinkel,
φ ... Kurstangentenwinkel, L_v ... Vorausschaustrecke.

Die Konstanten K_1, K_2 und K_3 bedeuten je nach Lage von Δ die folgenden Werte:

für $\Delta < 30$ cm	$K_1 = 0$	$K_2 = 1$	$K_3 = 1$
für $\Delta > 30$ cm und $\Delta < 100$ cm	$K_1 = 1$	$K_2 = 1$	$K_3 = 1$
für $\Delta > 100$ cm	$K_1 = 0$	$K_2 = 0$	$K_3 = 1$

Die Entwicklung dieser Regelstrategie erfolgte mit Hilfe eines einfachen Fahrzeugmodells.

Beispiel: Befahren einer achterförmigen Bahn mit einem PKW-Modell nach Riekert-Schunck ohne Störung durch Radlastschwankung für konstante Fahrgeschwindigkeit, siehe Bild 11a, ein weiteres Beispiel mit 25 % Radlastschwankung, siehe Bild 11b. Betrachtet man dagegen ein Motorrad, so muß dafür neben der Kursregelung eine Lageregelung für den Sturzwinkel γ gefunden werden, siehe /9/. Bildet man das Mischsignal aus Kursregelungs- und Lageregelungsgleichung, so kann das Fahrzeug in der Nähe einer gewünschten Bahn gehalten werden.

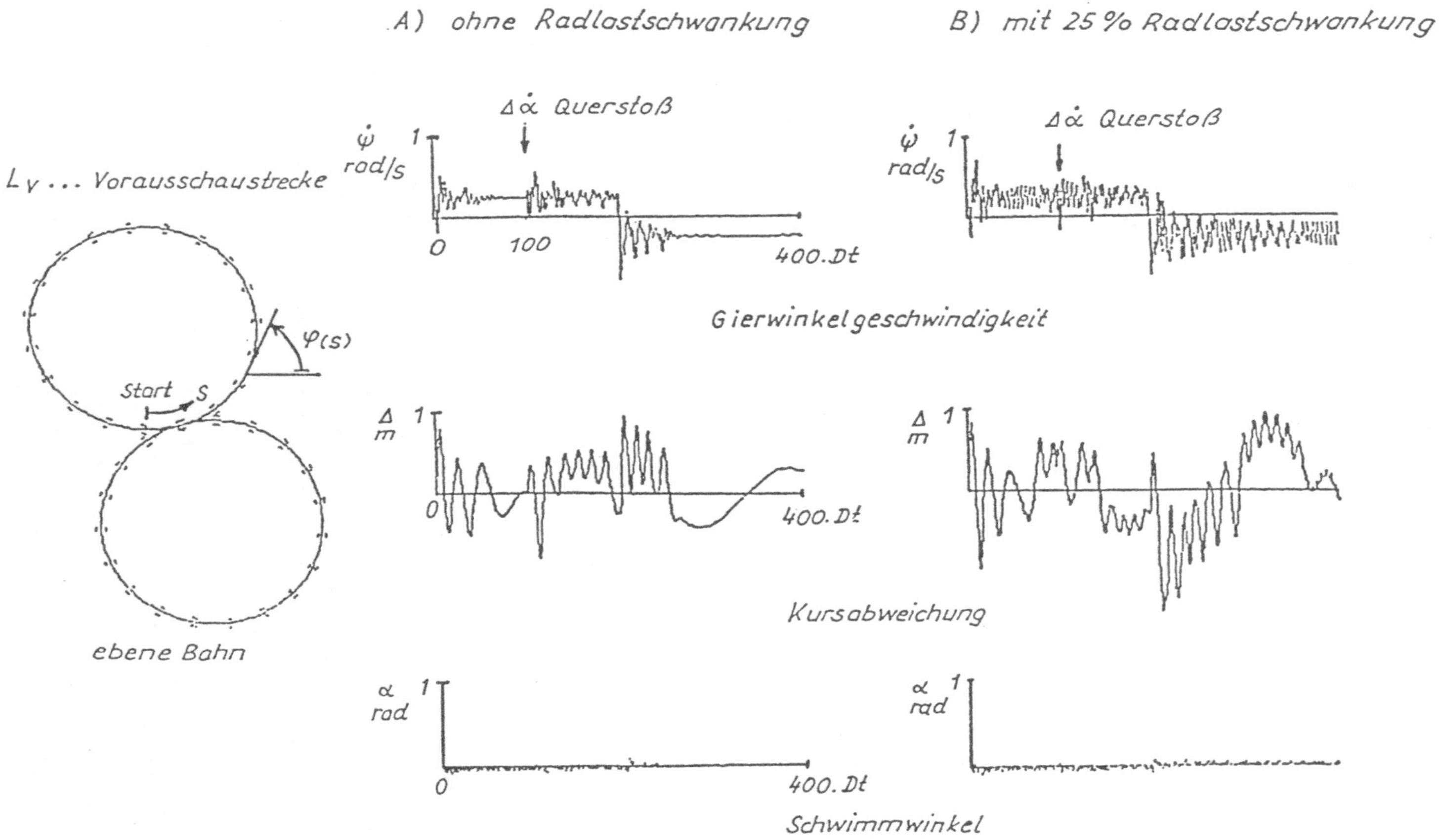

Bild 11. Regelung der Fahrzeugbahn mit Hilfe einer Vorausschau

Als Beispiele für elastodynamische Fahrzeugbewegung wurden berechnet ein Motorrad mit 20 Massenpunkten, bestehend aus Hauptrahmen und Vorderradgabel, bei der das Prinzip des Schubfreiheitsgrades nach Bild 6 angewendet wurde, sowie ein VW-Golf-Fahrzeug, bestehend aus 38 Massenpunkten mit Querlenkern an der Vorderachse, McPherson-Federbein und Längslenkern an der Hinterachse. Während im Falle des VW Golf mit simuliertem Aufstandspunkt gerechnet wurde, entsprechend der Vorgehensweise beim Formel-1-Fahrzeug, wurden beim Motorrad durch Aufsuchen des ideellen Aufstandspunktes die Kontaktkräfte bestimmt, da hier große Sturzwinkel auftreten können. Das zugrundeliegende Massenpunktsystem für die beiden Fahrzeuge ist in Bildern 12a, b dargestellt. Die Massenverteilung wurde geschätzt und die Gesamtmasse entsprechend den Werksangaben eingehalten. Die Steifigkeiten wurden anlog einer Gitterrohrrahmenkonstruktion berechnet. Um möglichst wirklichkeitsgetreue Steifigkeitsverhältnisse zu erhalten, empfiehlt es sich, hier Messungen an Karosserien und Fahrzeugteilen zu verwenden.

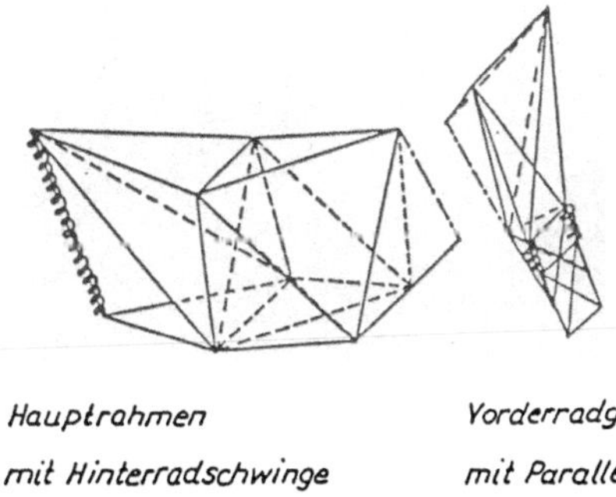

Bild 12a

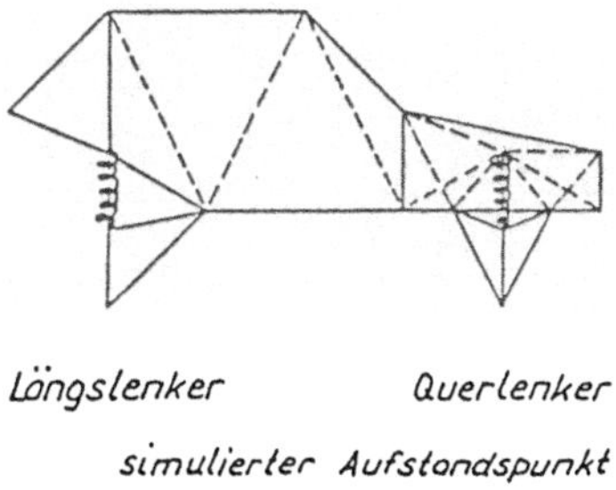

Bild 12b

Bilder 12a, b. Struktur des Motorrades und des PKW-Ersatzsystems

Die Kurvenfahrt des Motorrades ist in Bildern 13a, b dargetellt. Es zeigte sich, daß das Fahrzeug wegen der Verlagerung des Aufstandspunktes der Reifen sehr kurvenunwillig reagierte und nach außen umfiel. Durch Gegenlenken bei Einleitung der Kurvenfahrt konnte dies dann vermieden werden, Bild 13b.

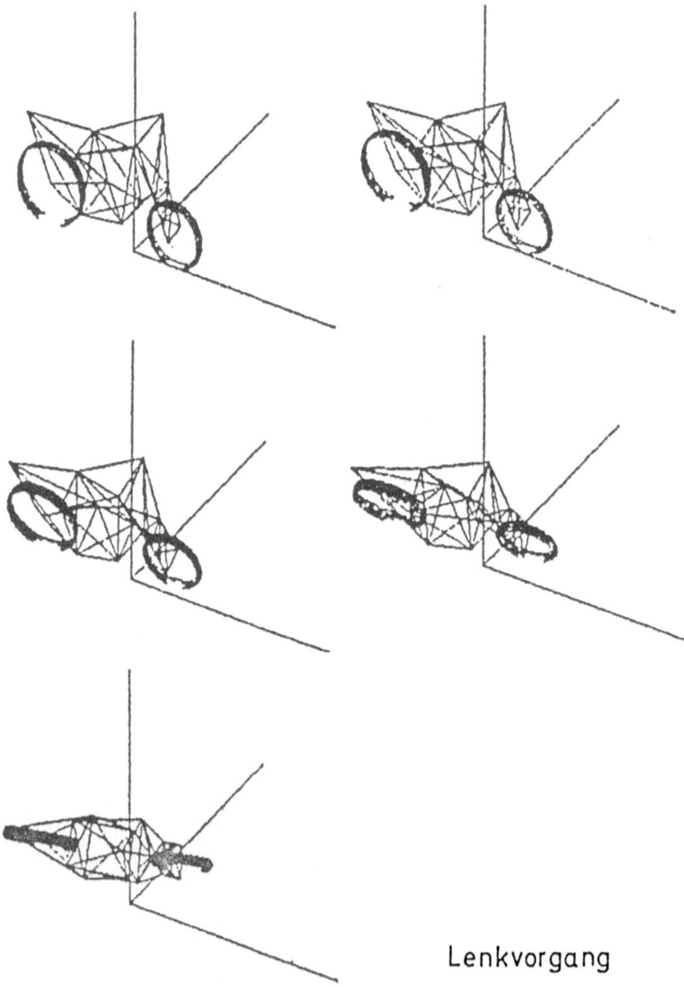

Bild 13a

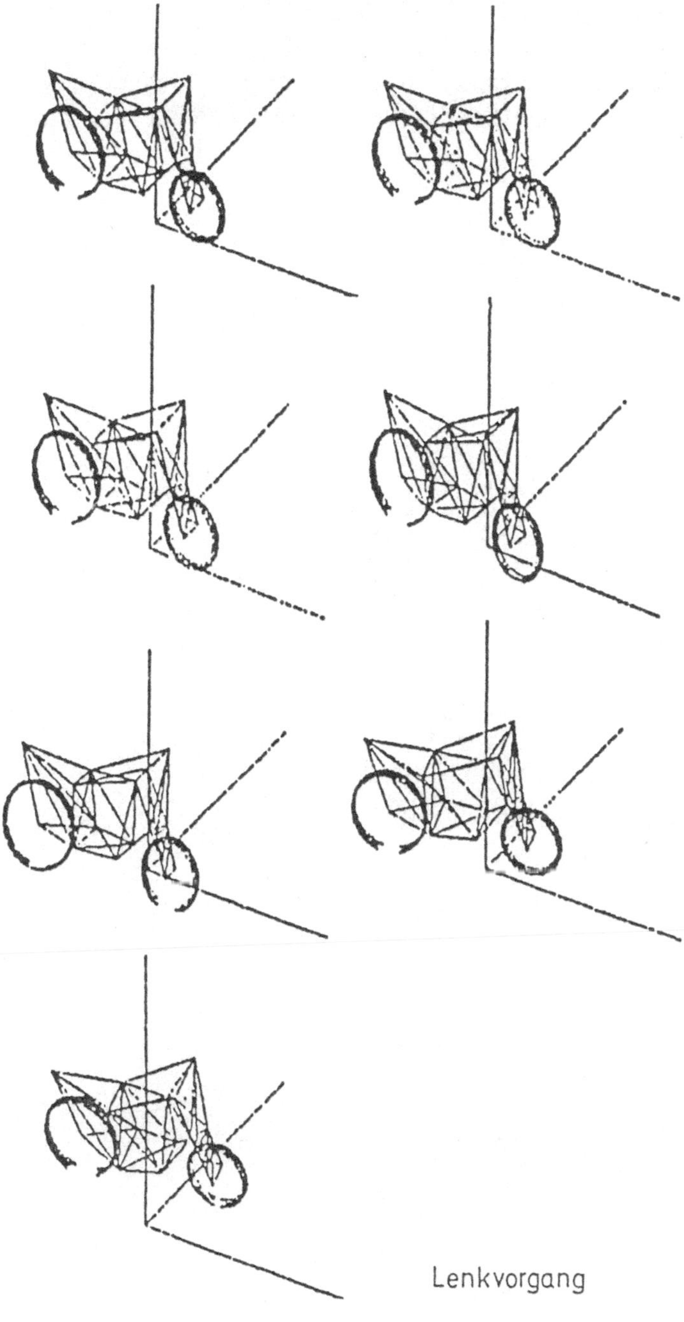

Bilder 13a, b. Kurvenfahrt des Motorrades

In Bild 14 ist der Lenkvorgang des PKW gezeigt. Hier spielt die Verlagerung der Aufstandspunkte keine so große Rolle wie beim Motorrad, daher wurden Fachwerkeckpunkte dafür verwendet und die entstehenden Reifenkräfte dort angesetzt.

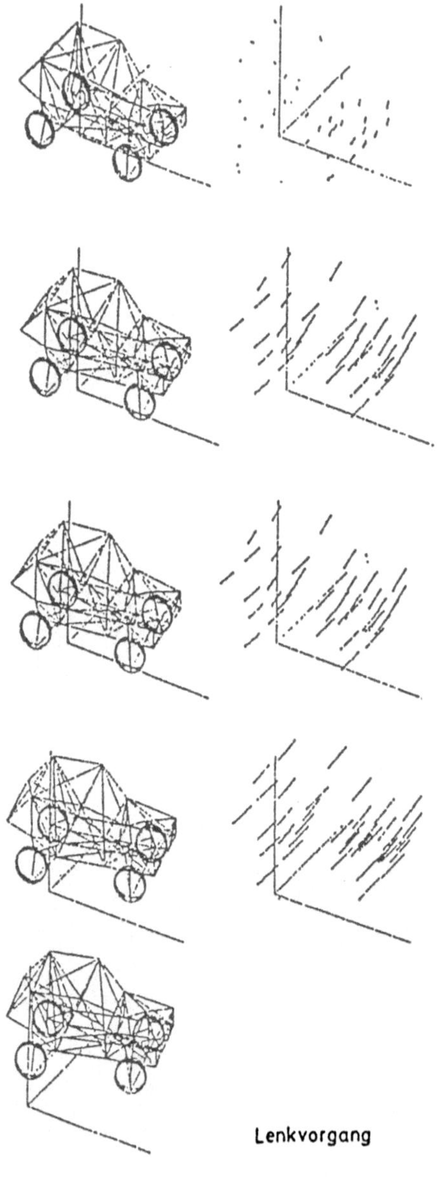

Bild 14. Kurvenfahrt des PKW

Im letzten Beispiel, Bild 15, wurde der Geradeauslauf des PKW untersucht bei Erregung des rechten Hinterrades durch eine Sinus-Funktion mit 3 Hz und eine Kraftamplitude von 37,5 daN. Dabei wurde die Lenkung festgehalten. Gezeichnet wurde auch die Beschleunigung einzelner Punkte 1-8 der Fahrzeugstruktur. Auffallend ist, daß das Fahrzeug nicht geradeaus fährt, sondern hin und her pendelt, wie die geplotteten Bahnkurven ausweisen. Eine Frequenzanalyse ergab relativ hochfrequente Schwingungen im Punkt 2 (DOM) während im Aufstandspunkt 1 die niederfrequente Achsschwingung überwiegt. Vergleichsversuche dazu wurden durchgeführt /10/ und ergaben sehr ähnliche Ergebnisse, allerdings zeigten sich Geschwindigkeitsproportionale Non-Uniformity-Effekte der Reifen und der Frequenzbereich der gemessenen Schwingungen erstreckte sich bis etwa 250 Hz, während dieser Bereich bei der Rechnung nur bis etwa 150 Hz lag. Die bei der Rechnung angenommene Struktursteifigkeit war daher zu gering.

6. Zusammenfassung

Hochfrequente Bewegungszustände des Fahrzeuges können mit der vorgelegten Methode berechnet werden, ohne daß Annahmen über den niederfrequenten Fahrzustand eingeführt werden müssen. Beliebige Störungen im Rollzustand, Stöße und selbsterregte Vorgänge sind den vorgebbaren Fahrmanövern überlagerbar. Das gewählte mechanische Ersatzsystem für das Fahrzeug sichert die numerisch stabile Berechnung. Die bestmögliche Abbildung des wirklichen Fahrzeugs auf das Ersatzsystem bleibt noch Gegenstand weiterer Untersuchungen.

Berlin, den 17.05.1990

Prof. Dr. Friedrich Böhm
Technische Universität Berlin, 1. Institut für Mechanik
Einsteinufer 5/7, 1000 Berlin 10, Tel. 030/31423456

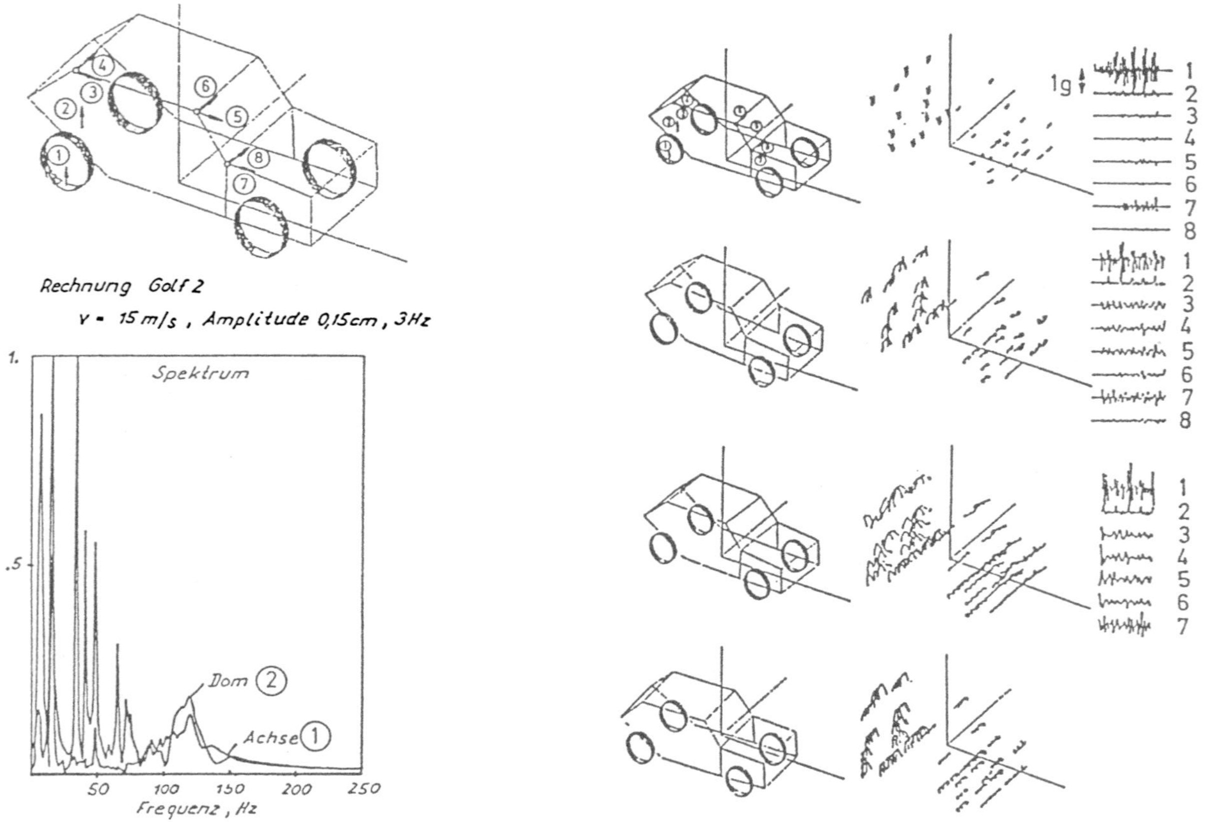

Bild 15. Geradeausfahrt des PKW unter der Wirkung einer periodischen Vertikalkraftschwankung rechts hinten sowie Spektrum des Beschleunigungswertes in Punkten 1 und 2

Literatur

/ 1/ Stein E., Wriggers P.; Computational Mechanics
GAMM-Mitteilungen Heft 1, März 1989

/ 2/ Atluri S. N., Iura M.; Nonlinearities in the Dynamics and Control of Space, Structures: Some Issues for Computational Mechanics

/ 3/ Pfeiffer F.; Dynamical Systems with Time-Varying or Unsteady Structure; GAMM-Tagung Hannover, April 1990

/ 4/ Bremer H.; Dynamik von Mehrkörpersystemen mit elastischen Bauteilen
ZAMM, Z. angew. Math. Mech. 65 (1985) 12, 613 - 621

/ 5/ Böhm F., Eichler M., Kmoch K.; Grundlagen der Rolldynamik von Luftreifen
Fortschritte der Kraftfahrzeugtechnik, Heft 1
Fahrzeug-Dynamik-Tagung Essen 1988

/ 6/ Böhm F., Swierczek M., Csaki G.; Hochfrequente Rolldynamik des Gürtelreifens - das Kreisringmodell und seine Erweiterung
VDI-Fortschritt-Berichte, Reihe 12, Nr. 135, Düsseldorf 1989

/ 7/ Schulze D. H.; Zum Schwingungsverhalten des Gürtelreifens beim Überrollen kurzwelliger Bodenunebenheiten
VDI-Fortschritt-Berichte, Reihe 12, Nr. 98, Düsseldorf 1988

/ 8/ Fiala E.; Lenken von Kraftfahrzeugen als kybernetische Aufgabe
Automobiltechnische Zeitschrift, Band 68, Heft 5, 156 - 162

/ 9/ Böhm F.; Über die Fahreigenschaften des Fahrrades
Prof. Karl Marguerre-Gedenk-Kolloquium Darmstadt 1978

/10/ Kmoch K.; Meßtechnik am Reifen und Fahrzeug
Fahrzeug-Dynamik-Fachtagung Essen 1990

MSC/NASTRAN-Einsatz für Eigenwertanalysen

von F. Brandhuber

Zusammenfassung

Es werden die von MSC/NASTRAN zur Verfügung gestellten Algorithmen zur Eigenwertanalyse beschrieben. Dabei wird unterschieden zwischen reeller und komplexer Eigenwertanalyse.

Zur reellen Eigenwertanalyse werden von MSC/NASTRAN die folgenden Methoden angeboten:

-GIVENS
-HOUSEHOLDER
-INVERSE VEKTOR-ITERATION
-LANCZOS

Der Einsatz der reellen Eigenwertanalyse für die Transformation auf modale Koordinaten wird ebenfalls diskutiert.

Die Methoden zur komplexen Eigenwertanalyse in MSC/NASTRAN sind:

-HESSENBERG
-DETERMINANTEN METHODE
-KOMPLEXE INVERSE VEKTOR-ITERATION
-KOMPLEXE LANCZOS METHODE

Abschließend wird noch ein Überblick über die in MSC/NASTRAN vorhandenen dynamischen Reduktionstechniken gegeben.

1) EINLEITUNG

Die häufigste dynamische Analyse in der Strukturmechanik ist zweifellos die Berechnung der Eigenfrequenzen und Eigenvektoren. Dies hat einen zweifachen Grund. Zum einen ist die Kenntnis der Eigenfrequenzen eines Bauteils sehr wichtig um einen sicheren, resonanzfreien Betrieb zu gewährleisten. Zum anderen sind die Eigenvektoren die Grundlage aller modalen dynamischen Analysen. Dies wird besonders deutlich, wenn man die von MSC/NASTRAN zur Verfügung gestellten dynamischen Standardlösungen wie transiente Analyse, erzwungene Schwingungen und komplexe Eigenwertanalyse betrachtet. Jede dieser Analysen kann entweder direkt oder modal durchgeführt werden. Die Bedeutung der modalen Analyse wird dabei immer wichtiger je mehr Freiheitsgrade das Strukturmodell hat. Große Modelle mit 10000 oder mehr Freiheitsgraden können auch im Zeitalter der Vektorrechner nur mit modalen Methoden wirtschaftlich berechnet werden.

Nun ist ein Haupteinsatzgebiet von MSC/NASTRAN gerade die dynamische Analyse von Bauteilen mit sehr vielen Freiheitsgraden. Wegen der Bedeutung der modalen Analysen für diese großen Systeme, werden von MSC/NASTRAN eine ganze Reihe verschiedener Algorithmen zur Eigenwertanalyse bereitgestellt. Diese Algorithmen werden im Folgenden erläutert. Das Hauptgewicht liegt dabei darin, das für den Anwender Wesentliche der Algorithmen herauszustellen. Für Details zur Implementierung dieser Algorithmen muß auf die Numerische Mathematik verwiesen werden.

2) REELLE EIGENWERTANALYSE

2.1 Grundgleichung

Die freien, ungedämpften Schwingungen eines dynamischen Systems mit N Freiheitsgraden lassen sich durch die folgende Matrizendifferentialgleichung 2. Ordnung beschreiben:

$$[M]\{\ddot{u}\} + [K]\{u\} = \{0\} \qquad (1)$$

Darin bedeuten:

$\{u\}$: Verschiebungsvektor, N x 1-Matrix
$\{\ddot{u}\}$: Beschleunigungsvektor, N x 1-Matrix
$[M]$: Massenmatrix, N x N-Matrix
$[K]$: Steifigkeitsmatrix, N x N-Matrix

In (1) wird die Dämpfung nicht berücksichtigt. Dies ist gerechtfertigt solange normalerweise die Dämpfung nicht von der Konstruktion her vorgesehen ist (Stoßdämpfer). Wegen der fehlenden Dämpfung kann für den Verschiebungsvektor folgender Ansatz benutzt werden:

$$\{u(t)\} = \{\Phi\}\, e^{i\omega t} \qquad (2)$$

$\{\Phi\}$: Eigenvektor, N x 1-Matrix
ω : Eigenkreisfrequenz
t : Zeit
i : $\sqrt{-1}$ imaginäre Einheit

Mit (2) in (1) ergibt sich nach einigen algebraischen Umformungen schließlich:

$$([K] - \lambda\, [M])\, \{\Phi\} = \{0\} \qquad (3)$$

Dabei wurde der Eigenwert $\lambda = \omega^2$ eingeführt. Mathematisch gesehen stellt (3) ein homogenes, lineares Gleichungssystem für die Komponenten des Eigenvektors $\{\Phi\}$ dar. Eine nicht triviale Lösung verlangt bekanntlich das Verschwinden der Determinante der Koeffizientenmatrix:

$$\det([K] - \lambda\, [M]) = 0 \qquad (4)$$

Diese Determinante läßt sich in ein Polynom N.-ten Grades für den Eigenwert λ entwickeln. Durch das Einsetzen eines Eigenwertes $\lambda = \lambda_i$ in (3) wird wenigstens eine der N Gleichungen linear abhängig. Dadurch kann mindestens eine der Komponenten des Eigenvektors $\{\Phi\}$ willkürlich festgelegt und die restlichen können aus den linear unabhängigen Gleichungen (3) berechnet werden.

In der Mathematik wird (3) als allgemeines Eigenwertproblem bezeichnet. Für eine nichtsinguläre Massenmatrix kann (3) durch Linksmultiplikation mit $[M]^{-1}$ sofort in folgendes, spezielle Eigenwertproblem übergeführt werden:

$$([A] - \lambda\, [I])\{\Phi\} = \{0\} \qquad (5)$$

$$[A] = [M]^{-1}\, [K]$$

$[I]$ N x N Einheitsmatrix

Ohne Ableitung soll hier gleich noch eine wichtige Eigenschaft der Eigenvektoren angegeben werden:

Es gilt:

$$\{ \Phi_i \}^T [M] \{ \Phi_j \} = 0 \quad \text{für } i \neq j \tag{6a}$$

$$\{ \Phi_i \}^T [K] \{ \Phi_j \} = 0 \quad \text{für } i \neq j \tag{6b}$$

Die Eigenvektoren sind also bezüglich der Massen- bzw. Steifigkeitsmatrix orthogonal.

2.2 MSC/NASTRAN Lösungsalgorithmen

2.2.1 Die Methoden von Givens und Householder

Die Methoden von Givens und Householder zählen zu den sogenannten Transformationsmethoden. Grundlage dieser Methoden ist die Tatsache, daß eine Ähnlichkeitstransformation

$$[B] = [P]^{-1} [A] [P] \tag{7}$$

die Eigenwerte invariant läßt (siehe z.B. [1]), d.h. die Matrix [B] hat die gleichen Eigenwerte wie die Matrix [A]. Beide Methoden bringen mit einer Anzahl von Ähnlichkeitstransformationen die Matrix [A] zunächst auf Tridiagonalgestalt:

$$[T] = \begin{bmatrix} a_1 & b_1 & & & & \\ b_1 & a_2 & b_2 & & & \\ & b_2 & a_3 & b_3 & & \\ & & & \cdots\cdots & & \\ & & & b_{n-2} & a_{n-1} & b_{n-1} \\ & & & & b_{n-1} & a_n \end{bmatrix} \tag{8}$$

Als Transformationsmatrizen $[P_i]$ werden orthogonale Matrizen gewählt, so daß $[P_i]^{-1}$ einfach durch Transponieren gewonnen werden kann. Die Givens Methode benutzt für $[P_i]$ eine N-dimensional verallgemeinerte, ebene Rotationsmatrix (Jacobi Rotation) von folgendem Aufbau:

$$[P_i] = \begin{bmatrix} 1 & & \cdot & & \cdot & \\ & \ddots & \cdot & & \cdot & \\ & 1 & \cdot & & \cdot & \\ \cdots\cdots & & \cos \varphi_i \cdots & & \sin \varphi_i \cdots & \\ & & \cdot & 1 & \cdot & \\ & & \cdot & \ddots & \cdot & \\ & & \cdot & 1 & \cdot & \\ \cdots\cdots & & -\sin \varphi_i \cdots & & \cos \varphi_i \cdots & \\ & & \cdot & & \cdot\; 1 & \\ & & \cdot & & \cdot & \ddots \\ & & \cdot & & \cdot & 1 \end{bmatrix} \begin{matrix} \\ \\ \\ p \\ \\ \\ \\ q \\ \\ \\ \\ \end{matrix} \tag{9}$$

$$\qquad\qquad p \qquad\qquad q$$

Das Householder-Verfahren arbeitet mit der Matrix

$$[P_i] = [I] - 2\{w_i\} * \{w_i\}^T \tag{10}$$

$[I]$ Einheitsmatrix, Größe N x N

$\{w_i\}$ normierter Vektor ($\{w_i\}^T \{w_i\} = 1$), Größe N x 1

Mathematisch gesehen beschreibt (10) eine Reflexion. Bezüglich Details über die Wahl der Komponenten des Vektors $\{w_i\}$ sei wieder auf [1] verwiesen.

Ausgehend vom allgemeinen Eigenwertproblem (3) laufen bei den Transformationsverfahren die folgenden Schritte ab:

a) Dreieckszerlegung (Cholesky) der Massenmatrix [M]:

$$[M] = [C][C]^T \tag{11}$$

b) Transformation auf ein spezielles Eigenwertproblem für die symmetrische Matrix

$$[J] = [C]^{-1}[K][C]^{-T} \tag{12}$$

c) Transformation der Matrix [J] auf Tridiagonalform [T] mit orthogonalen Matrizen nach (9) bei Givens bzw. nach (10) bei Householder.

d) Transformation der Tridiagonalmatarix [T] mit dem QR-Verfahren auf eine Diagonalmatrix. Die Diagonalelemente sind die gesuchten Eigenwerte.

e) Falls Eigenvektoren benötigt werden, werden zunächst aus

$$([T] - \lambda [I]) \{\Phi_T\} = \{0\} \tag{13}$$

mit Hilfe der inversen Vektoriteration die Eigenvektoren $\{\Phi_T\}$ berechnet.

f) Im letzten Schritt werden die Eigenvektoren $\{\Phi_T\}$ den inversen Transformationen gemäß c) und b) unterworfen, wodurch schließlich die gesuchten Eigenvektoren $\{\Phi\}$ entstehen.

Auf zwei Punkte soll noch besonders hingewiesen werden. Zum einen liefern die Transformationsmethoden immer **alle** Eigenwerte des untersuchten Problems (Schritt d). Die Eigenvektoren müssen extra ermittelt werden (Schritt e und f) und die Anzahl der berechneten Eigenvektoren ist vom Benutzer beliebig wählbar. Zum anderen kann die Transformation (12) offensichtlich nicht für eine singuläre Massenmatrix durchgeführt werden.

Das zuletzt angesprochene Problem wird mit Hilfe des modifizierten Givens bzw. Householder-Verfahrens umgangen. Grundidee ist dabei eine lineare Transformation (englisch: shift) der Eigenwerte gemäß

$$\lambda = \lambda^* + \lambda_S \tag{14}$$

Der Eigenwertshift λ_S ist ein fester Wert, der vom Algorithmus automatisch festgelegt wird. Mit (14) in (3) ergibt sich:

$$([K] - \lambda_S [M] - \lambda^* [M]) \{\Phi\} = \{0\} \tag{15}$$

Anstelle der singulären Massenmatrix [M] wird die Matrix

$$[K] - \lambda s [M] = [\bar{C}][\bar{C}]^T \tag{16}$$

in Dreiecksfaktoren zerlegt und für die Matrix

$$[J] = [\bar{C}]^{-1} [M] [\bar{C}]^{-T} \tag{17}$$

ein spezielles Eigenwertproblem gelöst. Die zu [J] gehörenden Eigenwerte $\bar{\lambda}$ sind mit den ursprünglichen Eigenwerten λ über die folgende Gleichung verknüpft:

$$\lambda = \frac{1}{\bar{\lambda}} + \lambda s \tag{18}$$

Werden die Gleichungen (11) durch (16), und (12) durch (17) ersetzt, kann das oben beschriebene Lösungsschema mit den Schritten a) bis f) auch für die modifizierten Transformationsverfahren verwendet werden.

2.2.2 Die inverse Vektoriteration

Bei Systemen mit sehr vielen Freiheitsgraden sind die eben besprochenen Transformationsmethoden nicht direkt anwendbar. Wenn dabei die Anzahl der gesuchten Eigenwerte und Eigenvektoren nicht zu groß ist, kann die inverse Vektoriteration vorteilhaft eingesetzt werden.

Die Grundidee der Vektoriteration benutzt die Darstellbarkeit eines beliebigen Startvektors $\{ x_0 \}$ als Linearkombination der Eigenvektoren $\{ \Phi_i \}$ des speziellen Eigenwertproblems (5):

$$\{ x_0 \} = c_1 \{ \Phi_1 \} + c_2 \{ \Phi_2 \} + \ldots + c_N \{ \Phi_N \} = \Sigma\, c_i \{ \Phi_i \} \tag{19}$$

Aus $\{ x_0 \}$ wird nun durch Multiplikation mit [A] der Vektor $\{ x_1 \}$ berechnet:

$$\{ x_1 \} = [A]\{ x_0 \} = [A] \; \Sigma\, c_i \{ \Phi_i \} \tag{20}$$

Mit der Definitionsgleichung (5) für die Eigenvektoren $\{ \Phi_i \}$ kann (20) umgeformt werden in

$$\{ x_1 \} = \Sigma\, c_i \, \lambda_i \{ \Phi_i \} \tag{21}$$

Durch n-malige Multiplikation mit [A] folgt schließlich

$$\{ x_n \} = \Sigma\, c_i \, \lambda^n_i \{ \Phi_i \} \tag{22}$$

Der einfachheithalber sei nun vorausgesetzt, daß keine Mehrfachwurzeln der Eigenwerte existieren. Dann können die Eigenwerte aufsteigend sortiert werden:

$$\lambda_1 < \lambda_2 < \ldots < \lambda_N \tag{23}$$

Mit zunehmendem n wird in (22) das Glied

$$c_N \, \lambda^n_N \{ \Phi_N \} \tag{24}$$

immer stärker dominieren, d.h. $\{ x_n \}$ konvergiert abgesehen von einem konstanten Faktor zum Eigenvektor $\{ \Phi_N \}$, der zum betragsgrößten Eigenwert λ_N gehört.

Von weitaus größerem technischen Interesse ist jedoch der zum betragskleinsten Eigenwert λ_1 gehörige Eigenvektor $\{ \Phi_1 \}$. Es kann aber leicht gezeigt werden, daß eine fortgesetzte Multiplikation eines willkürlichen Startvektors $\{ x_0 \}$ mit der inversen Matrix $[A]^{-1}$ in ein Vielfaches des kleinsten Eigenvektors konvergiert. Dies ist die Basis der inversen Vektoriteration.

Startpunkt der inversen Vektoriteration in MSC/NASTRAN ist jedoch das allgemeine Eigenwertproblem (3). Wird gleichzeitig noch ein Eigenwertshift gemäß (14) eingeführt, so ergibt sich die folgende Iterationsvorschrift:

$$([K] - \lambda_S [M]) \; \{ w_n \} = [M] \{ u_{n-1} \} \tag{25}$$

Der iterierte Vektor $\{ w_n \}$ muß dabei noch mit seiner betragsgrößten Komponente c_n normiert werden.

$$\{ u_n \} = \frac{1}{c_n} \{ w_n \} \tag{26}$$

$\{u_n\}$ konvergiert in den Eigenvektor mit dem Eigenwert, der λ_S am nächsten liegt. Um eine Konvergenz in einen anderen Eigenvektor zu erzwingen, darf der Startvektor $\{ u_0 \}$ nicht mehr ganz willkürlich sein: Er muß orthogonal sein zu den bereits gefundenen Eigenvektoren.

Sehr wichtig ist bei der inversen Vektoriteration sicherzustellen, daß **alle** Eigenvektoren und Eigenwerte in einem gegebenen Frequenzintervall gefunden werden. Das mathematische Werkzeug zu Kontrolle der Vollständigkeit ist die Sturm'sche Kette ([1]). MSC/NASTRAN führt in der neueren Version der inversen Vektoriteration, abgekürzt SINV bezeichnet, diese Prüfung durch. Dazu wird für einen Versuchseigenwert λ_V die Crout'sche Variante der Dreieckszerlegung für die Matrix $[K] - \lambda_V [M]$ durchgeführt:

$$[K] - \lambda_V [M] = [L] \; [D] [L]^T \tag{27}$$

$[D]$ ist dabei eine Diagonalmatrix und die Anzahl der negativen Diagonalterme ist gleich der Anzahl der Eigenwerte, die kleiner sind als λ_V. Wird (27) für zwei verschiedene Eigenwerte λ_{V1} und λ_{V2} durchgeführt, so ist damit die Zahl der Eigenwerte im Intervall bekannt.

2.2.3 Die LANCZOS Methode

Die LANCZOS Methode ist aus der Sicht von MSC/NASTRAN die neueste Methode zur Eigenwertanalyse. Eine gute Darstellung des LANCZOS Algorithmus ist in [2] zu finden. Allerdings benutzt MSC/NASTRAN im Gegensatz zu [2] nicht nur einen zufälligen Startvektor sondern gleich einen "Block" von Startvektoren. Dies spiegelt sich in der Bezeichnung "Block Shifted LANCZOS Method" wieder.

Eine detaillierte Darstellung der LANCZOS-Methode sprengt den Rahmen dieser Arbeit. Es soll jedoch der Basisalgorithmus von LANCZOS mit einem Startvektor kurz skizziert werden. Das spezielle Eigenwertproblem, das dem LANCZOS Algorithmus zugrunde liegt, ist

$$([K] - \lambda_S [M])^{-1} [M] \{ \Phi \} = \frac{1}{\lambda - \lambda_S} \{ \Phi \} \tag{28}$$

worin λ_S wieder einen Eigenwertshift bezeichnet.

Die spezielle Form der unsymmetrischen Systemmatrix

$$[H] = ([K] - \lambda s [M])^{-1} [M] \tag{29}$$

vermeidet eine Dreieckszerlegung der Massenmatrix. Die LANCZOS Methode erzeugt nun eine orthogonale Matrix [Q], welche die Matrix [H] auf Tridiagonalgestalt transformiert:

$$[Q]^T [H] [Q] = [T] \tag{30}$$

Durch Linksmultiplikation von (30) mit [Q] folgt

$$[H][Q] = [Q][T] \tag{31a}$$

Mit Hilfe der Spaltenvektoren $\{q_1\}, \{q_2\}, \ldots, \{q_N\}$ von [Q] läßt sich (31a) umformen zu

$$[\,[H]\{q_1\} \mid [H]\{q_2\} \mid \ldots\ldots \mid [H]\{q_N\}\,] =$$

$$[\,\{q_1\} \mid \{q_2\} \mid \ldots \mid \{q_N\}\,] \begin{bmatrix} a_1 & b_1 & & & \\ b_1 & a_2 & b_2 & & \\ & b_2 & a_3 & b_3 & \\ & & \ldots\ldots & & \\ & & & b_{N-1} & a_N \end{bmatrix} \tag{31b}$$

Aus (31b) kann direkt die folgende Rekursionsformel für die Spaltenvektoren von [Q] abgelesen werden:

$$[H]\{q_j\} = b_{j-1}\{q_{j-1}\} + a_j\{q_j\} + b_j\{q_{j+1}\} \tag{32}$$

Vorausgesetzt, die Spaltenvektoren $\{q_1\}$ bis $\{q_j\}$ sind bekannt, ist aus (32) der Spaltenvektor $\{q_{j+1}\}$ zu berechnen. Dazu müssen zunächst die ebenfalls noch unbekannten Koeffizienten a_j und b_j bestimmt werden. Aus der geforderten Orthogonalität der Spaltenvektoren zur Massenmatrix folgt durch Linksmultiplikation mit $\{q_j\}^T [M]$ und Berücksichtigung der Normierung $|| \{q_j\} || = \{q_j\}^T [M] \{q_j\} = 1$

$$a_j = \{q_j\}^T [M] [H] \{q_j\} \tag{33}$$

Damit kann a_j in (32) als bekannt angenommen werden. Auflösung nach den noch unbekannten Größen in (32) ergibt

$$b_j\{q_{j+1}\} = [H]\{q_j\} - b_{j-1}\{q_{j-1}\} - a_j\{q_j\} \tag{34}$$

Durch Bildung der Norm in (34) folgt wegen $|| \{q_{j+1}\} || = 1$ schließlich

$$b_j = || [H]\{q_j\} - b_{j-1}\{q_{j-1}\} - a_j\{q_j\} || \tag{35}$$

Nun ist $\{q_{j+1}\}$ aus (34) berechenbar und der Rekursionsschritt beendet.

Die LANCZOS Methode baut jedoch nicht die komplette Matrix [Q] auf. Die Zahl der berechneten Spaltenvektoren m wird von Algorithmus so festgelegt, daß die gewünschten Eigenvektoren $\{\Phi\}$ damit genau genug ermittelt werden können. Im Regelfall ist $m << N$.

Der abschließende Schritt der LANCZOS Methode besteht nun in der Berechnung von Näherungseigenvektoren $\{ \Phi \}$ nach dem Rayleigh-Ritz-Verfahren aus einer Linearkombination der m Spaltenvektoren $\{ q_i \}$:

$$\{ \bar{\Phi} \} = \Sigma \; s_i \{ q_i \} = [Q_m] \{ s \} \tag{36}$$

Es läßt sich zeigen, daß der Koeffizientenvektor $\{ s \}$ aus dem folgenden, speziellen Eigenwertproblem bestimmt werden kann:

$$[T_m] \; \{ s \} \; - \; \Theta \{ s \} = \{ 0 \} \tag{37}$$

$[T_m]$ ist die bereits ermittelte m x m Tridiagonalmatrix und die Eigenwerte Θ eine Näherung für $1 / (\lambda \; - \; \lambda \; s)$. Zur Kontrolle der Vollständigkeit der gefundenen Eigenwerte verwendet LANCZOS auch die Sturm'sche Kette.

2.3 MSC/NASTRAN User Interface

Die in den letzten Abschnitten dargelegte Theorie der Eigenwertverfahren muß der Anwender von MSC/NASTRAN keinesfalls im Detail kennen, wenn er mit MSC/NASTRAN Eigenwerte und Eigenvektoren berechnen möchte. Das gesamte User Interface besteht im wesentlichen nur aus der EIGR-Karte, welche in [3] dokumentiert ist. Für die LANCZOS - Methode existiert eine Spezialversion der EIGR-Karte, nämlich die EIGRL-Karte.

Ein Vergleich aller in MSC/NASTRAN vorhandenen Eigenwertalgorithmen ist im Anhang (A1) zu finden. Darin werden die folgenden Abkürzungen verwendet:

METHODE	MSC/NASTRAN ABKÜRZUNG
Givens	GIV
Householder	HOU
Givens modifiziert	MGIV
Householder modifiziert	MHOU
Inverse Vektoriteration	INV
Inverse Vektoriteration mit Sturm'scher Kette	SINV
Hessenberg	HESS
Komplexe inverse Vektoriteration	CINV

Die Hauptentscheidung, die vom Anwender zu treffen ist, besteht in der Methodenwahl. Diese Wahl hängt entscheidend von zwei Parametern ab:

- Anzahl der dynamischen Freiheitsgrade N
- Anzahl der gewünschten Eigenwerte

Im Anhang (A2) findet sich ein Diagramm das zur Festlegung der Methode benützt werden kann in Abhängigkeit dieser zwei Parameter. Das Diagramm ist jedoch hardware-abhängig durch den "spill limit". Spill tritt auf, wenn eine Transformationsmethode ein Problem nicht mehr im Hauptspeicher lösen kann, und somit ein Zwischenspeichern auf Platte erforderlich wird. Solange kein Spill auftritt sind übrigens die Householder Methoden um den Faktor 2 schneller als die Givens Methoden.

2.4 TRANSFORMATION AUF MODALE KOORDINATEN

2.4.1 Mathematik der Modaltransformation

Wird die Gleichung (1) um die geschwindigkeitsproportionale Dämpfung und einen zeitabhängigen Lastvektor{ F(t) } erweitert, ergibt sich

$$[M]\{\ddot{u}\} + [B]\{\dot{u}\} + [K]\{u\} = \{F(t)\} \tag{38}$$

Dies ist die Grundgleichung der linearen Dynamik in MSC/NASTRAN. Wegen der Linearität von (38) ist das Superpositionsprinzip anwendbar. Der Verschiebungsvektor { u(t) } kann daher als eine Linearkombination der Eigenvektoren gebildet werden:

$$\{u(t)\} = \{\Phi_1\}\,\xi_1(t) + \{\Phi_2\}\,\xi_2(t) + \dots = [\Phi]\{\xi(t)\} \tag{39}$$

Die ξ_i werden als modale Koordinaten bezeichnet. Man kann (39) auch als eine Koordinatentransformation auffassen. Mit (39) in (38) und einer Linksmultiplikation mit $[\Phi]^T$ folgt:

$$[\Phi]^T[M][\Phi]\{\ddot{\xi}\} + [\Phi]^T[B][\Phi]\{\dot{\xi}\} + [\Phi]^T[K][\Phi]\{\xi\} = [\Phi]^T\{F\} \tag{40}$$

Wegen der Orthogonalität der Eigenvektoren nach (6a,b) wird die transformierte Massen- bzw. Steifigkeitsmatrix in (40) zu einer Diagonalmatrix.

Die transformierte Dämpfungsmatrix

$$[\Phi]^T[B][\Phi] \tag{41}$$

wird für eine beliebige Dämpfungsmatrix [B] normalerweise keine Diagonalmatrix. Für Spezialformen von [B] wie beispielsweise der sogenannten Rayleigh-Dämpfung

$$[B] = \alpha[M] + \beta[K] \tag{42}$$

wird (41) auch zu einer Diagonalmatrix. In diesem Fall ist dann keinerlei Kopplung zwischen den modalen Koordinaten gegeben und (40) zerfällt in N "Einmassenschwinger"-Gleichungen:

$$m_i\ddot{\xi}_i + b_i\dot{\xi}_i + k_i\xi_i = \{\Phi_i\}^T\{F\} \tag{43}$$

Für die Lösung von (43) existiert eine Vielzahl von analytischen und numerischen Methoden. Mit bekannten modalen Koordinaten kann schließlich aus (39) der Verschiebungsvektor { u(t) } berechnet werden.

Zur Dämpfung soll noch bemerkt werden, daß meist nicht versucht wird, die vielfältigen physikalischen Phänomene der Dämpfung wirklich im Strukturmodell abzubilden. Häufig wird einfach direkt die modale Dämpfung vorgegeben, indem beispielsweise die Prozente der kritischen Dämpfung für die einzelnen Modes angenommen werden. Damit liegen die Koeffizienten b_i in (43) fest. Eine explizite Darstellung der Dämpfungsmatrix [B] existiert dann überhaupt nicht.

Für Modelle mit vielen Freiheitsgraden wird normalerweise in (39) nur eine Teilmenge der gesamten Eigenvektoren zur Verfügung stehen, nämlich die Eigenvektoren, die zu den niedrigsten Eigenfrequenzen gehören. Das Weglassen der zu den hohen Eigenfrequenzen gehörigen Eigenvektoren wird im Englischen als "Modal Truncation" bezeichnet. Durch dieses Abschneiden wird ein gewisser Fehler produziert, der besonders bei den Spannungen nicht so ohne weiteres vernachlässigbar ist. Der Beitrag dieser vernachlässigten "hochfrequenten" Eigenvektoren in den Spannungen kann in MSC/NASTRAN über die "Mode Acceleration Method" näherungsweise berücksichtigt werden (vgl. [4]).

2.4.2 Einsatz der Modal-Transformation in MSC/NASTRAN

Die folgende Tabelle gibt einen Überblick über die in MSC/NASTRAN Version 65 vorhandenen Lösungen bei denen die Modal-Transformation verwendet wird:

VOLLER LÖSUNGSNAME	ABKÜRZUNG
Modal Complex Eigenvalues	SOL 29
Modal Freqency Response	SOL 30
Modal Transient Response	SOL 31
Superelement Modal Complex Eigenvalues	SOL 70
Superelement Modal Frequency Response	SOL 71
Superelement Modal Transient Response	SOL 72
Superelement Aerodynamic Flutter	SOL 75
Superelement Aeroelastic Response	SOL 76
Modal Synthesis Flexibility Method	SOL 41
Modal Synthesis Hybrid Method	SOL 42
Modal Synthesis Stiffness Method	SOL 43

Mit Ausnahme der 5 zuletzt angeführten Lösungen ist zu jeder modalen Lösung auch eine direkte Lösung **ohne** Modal-Transformation verfügbar.

3. KOMPLEXE EIGENWERTANALYSE

3.1 Grundgleichung

Wird in (38) der Kraftvektor Null gesetzt, so entsteht die Bewegungsgleichung eines freien, gedämpften Schwingungssystems:

$$[M]\{\ddot{u}\} + [B]\{\dot{u}\} + [K]\{u\} = \{0\} \tag{44}$$

Die Matrix [B] kann sowohl Dämpfungsterme als auch gyroskopische Terme enthalten, d.h. [B] wird im allgemeinsten Fall nicht mehr symmetrisch sein. Das Vorhandensein von [B] bedingt, daß der Ansatz (2) nicht mehr verwendet werden kann. Die Verallgemeinerung von (2) ist

$$\{u(t)\} = \{\bar{\Phi}\}\, e^{pt} \tag{45}$$

$\{\bar{\Phi}\}$ ist der nunmehr komplexe Eigenvektor. Für den Eigenwert p gilt:

$$p = \alpha + i\omega \tag{46}$$

Für ein stabiles System muß α natürlich negativ sein. (45) in (44) eingesetzt ergibt:

$$(p^2[M] + p[B] + [K])\,\{\bar{\Phi}\} = \{0\} \tag{47}$$

Dies ist die Grundgleichung der komplexen Eigenwertanalyse.

3.2 MSC/NASTRAN Lösungsalgorithmen

3.2.1 Die Hessenberg Methode

Ausgangspunkt für die Hessenberg Methode ist ein zu (44) äquivalentes Matrizendifferentialgleichungssystem 1. Ordnung. Dieses entsteht durch eine Ergänzung von (44) um die Definitionsgleichung der Geschwindigkeit

$$\{\dot{u}\} = \{v\} \tag{48}$$

Wird (44) nach der Beschleunigung aufgelöst ergibt sich

$$\{\ddot{u}\} = -[M]^{-1}[B]\{v\} - [M]^{-1}[K]\{u\} \tag{49}$$

Dabei wurde vorgesetzt, daß [M] nicht singulär ist. Nun kann die Beschleunigung auch als zeitliche Ableitung der Geschwindigkeit verstanden werden, womit schließlich folgt:

$$\begin{Bmatrix} \dot{u} \\ \hline \dot{v} \end{Bmatrix} = \left[\begin{array}{c|c} [0] & [I] \\ \hline -[M]^{-1}[K] & -[M]^{-1}[B] \end{array}\right] \begin{Bmatrix} u \\ \hline v \end{Bmatrix} \tag{50}$$

bzw. durch Definition neuer Symbole

$$\{\dot{x}\} = [A]\{x\} \tag{51}$$

Die Dimension von (50) bzw. (51) ist jetzt allerdings 2xN. Wird für { x } ein zu (45) analoger Ansatz gemacht, ergibt sich für die Matrix [A] ein spezielles Eigenwertproblem.

Der Algorithmus zur Bestimmung der Eigenwerte von [A] ist sehr ähnlich dem bereits diskutierten Householder Algorithmus (Version 66). Wegen der Unsymmetrie von [A] entsteht aber durch die Ähnlichkeitstransformationen keine Tridiagonalmatrix [T] mehr, sondern eine obere Hessenberg-Matrix [H], die folgenden Aufbau hat:

$$[H] = \begin{bmatrix} x\,x\,x\,x\,x \ldots & x \\ x\,x\,x\,x\,x \ldots & x \\ \quad x\,x\,x\,x \ldots & x \\ \qquad x\,x\,x \ldots & x \\ \qquad \ldots\ldots\ldots\ldots & \\ & \\ & x\,x \end{bmatrix} \qquad (52)$$

Die Eigenwerte von [H] werden wieder mit Hilfe der QR-Methode berechnet.

Die Hessenberg Methode war bis einschließlich Version 65 von MSC/NASTRAN auf ca. 100 Freiheitsgrade beschränkt. In Version 66 speichert die Hessenberg Methode Zwischenergebnisse auf Platte (Spill), was die Behandlung größerer Probleme erlaubt.

3.2.2 Die Determinanten Methode

Die Basisgleichung für die Determinantenmethode ist das homogene Gleichungssystem (47) für die Komponenten des komplexen Eigenvektors { Φ }. Die Bedingung für eine nicht-triviale Lösung ist

$$\det(p^2[M] + p[B] + [K]) = 0 \qquad (53)$$

Die Determinanten Methode sucht in einem vom Benutzer angegebenen Bereich der Gauß'schen Zahlenebene nach Wurzeln der Gleichung (53). Dazu muß für eine Reihe von Versuchseigenwerten p_s die Determinante ausgerechnet werden. Jede Determinantenberechnung erfordert eine Dreieckszerlegung von $(p_s^2[M] + p_s[B] + [K])$. Erfüllt ein p_s genügend genau Gleichung (53), wird er als Eigenwert akzeptiert und der zugehörige Eigenvektor aus (47) berechnet.

Die Determinantenmethode ist weder wirtschaftlich noch zuverlässig und sollte heute eigentlich nur mehr als Back-up Methode verwendet werden.

3.2.3 Die komplexe inverse Vektoriteration

Ähnlich wie bei der Hessenbergmethode wird auch hier die Geschwindigkeit in die Analyse eingeführt. Auf die Ableitung der Grundgleichung wird deshalb verzichtet und gleich das Ergebnis angegeben:

$$p\begin{bmatrix} [M] & [0] \\ [0] & [I] \end{bmatrix}\begin{Bmatrix} v \\ u \end{Bmatrix} + \begin{bmatrix} [B] & [K] \\ -[I] & [0] \end{bmatrix}\begin{Bmatrix} v \\ u \end{Bmatrix} = \{0\} \qquad (54)$$

Hierin ist bereits der Ansatz (45) eingeführt. Abweichend von der bisherigen Darstellung ist der Eigenvektor in (54) nicht mit { Φ } bezeichnet, sondern er ist partitioniert in die entsprechenden Geschwindigkeits- und Verschiebungskomponenten.

Wird (54) von links mit der inversen Matrix von

$$\begin{bmatrix} [M] & [0] \\ [0] & [I] \end{bmatrix} \tag{55}$$

multipliziert ergibt sich bis auf eine Umordnung Gleichung (50).

Nach Einführung eines Eigenwertshiftes λs und einigen algebraischen Umformungen die in [5] nachgelesen werden können entsteht das folgende Iterations-Schema:

$$((\lambda s)^2[M]+\lambda s[B]+[K])\{w_n\} = -([B]+\lambda s[M])\{u_{n-1}\} - [M]\{v_{n-1}\} \tag{56a}$$

$$\{u_n\} = \frac{1}{c_n}\{w_n\} \tag{56b}$$

$$\{v_n\} = \lambda s\{u_n\} + \frac{1}{c_n}\{u_{n-1}\} \tag{56c}$$

c_n ist die Komponente mit dem größten Betrag in $\{w_n\}$. (56) macht deutlich das sowohl die Verschiebung als auch die Geschwindigkeit iteriert wird.

3.2.4 Komplexe LANCZOS Methode

Basis des Algorithmus ist ein spezielles Eigenwertproblem bei dem die Matrix [A] unterschiedlich gewählt wird je nach dem ob die Massenmatrix singulär ist oder nicht.

Die Matrix [A] für nichtsinguläres [M] ist:

$$[A] = \begin{bmatrix} -([M]^{-1}[B] + \lambda s[I]) & -[M]^{-1}[K] \\ [I] & -\lambda s[I] \end{bmatrix} \tag{57a}$$

Bei singulärem [M] wird folgendes [A] benutzt:

$$[A] = \begin{bmatrix} -[B]-\lambda s[M] & -[K] \\ [I] & -\lambda s[I] \end{bmatrix}^{-1} \begin{bmatrix} [M] & [0] \\ [0] & [I] \end{bmatrix} \tag{57b}$$

Der Eigenvektor enthält auch hier wieder Geschwindigkeiten. Die Tridiagonalisierung von [A] verläuft sehr ähnlich wie im reellen Fall und soll hier nicht weiter ausgeführt werden. Auf einen Unterschied zum reellen LANCZOS Algorithmus sei jedoch noch hingewiesen: Die komplexe LANCZOS Methode arbeitet nur mit einem Startvektor, d.h. ist also nicht "Block shifted".

3.3 MSC/NASTRAN User Interface

Das MSC/NASTRAN User Interface für die komplexe Eigenwertanalyse besteht aus einer Karte, nämlich der EIGC-Karte. Die Beschreibung der EIGC-Karte ist in [3] zu finden. Darin werden die folgenden Abkürzungen verwendet:

METHODE	MSC/NASTRAN Abkürzung
Komplexe inverse Vektoriteration	INV
Determinanten	DET
Hessenberg	HESS
Komplex LANCZOS	CLAN

Der Benutzer sollte für kleinere Modelle die Hessenberg Methode und für große Modelle die komplexe Lanczos Methode wählen. Die Methoden INV und DET sollten nur mehr für "Back-up"-Zwecke verwendet werden.

Neben der Methodenwahl muß auf der EIGC-Karte vor allem das Suchgebiet für die Eigenwerte in der Gauß'schen Zahlenebene festgelegt werden.

4. DYNAMISCHE REDUKTIONSVERFAHREN

4.1 ALLGEMEINES

Die Rechenzeit für eine dynamische Analyse ist normalerweise erheblich größer als für eine statische Analyse. Oft hat auch das in der Statik verwendete Strukturmodell einen in der Dynamik nicht nötigen Detailierungsgrad. Beides sind Gründe zu versuchen, die Anzahl der dynamischen Freiheitsgrade zu reduzieren. Das Problem ließe sich durch ein separates, auf die Dynamik zugeschnittenes Strukturmodell lösen. Diese Lösung kostet nicht nur Mannzeit (Manpower), sondern zieht meist auch einen Genauigkeitsverlust nach sich. Eine andere Lösung des Problems sind die dynamischen Reduktionsverfahren.

4.2 Die GUYAN Reduktion

Vom theoretischen Verständnis her ist die GUYAN Reduktion am einfachsten darzustellen. Von der Genauigkeit her ist sie normalerweise die schlechteste Reduktionsmethode in MSC/NASTRAN. Die Grundidee der GUYAN Reduktion besteht in der Aufteilung der Freiheitsgrade in zwei Teilmengen:

- **Analysis set** oder kurz **a-set**
  Die Freiheitsgrade im a-set sind die in der dynamischen Analyse aktiven Freiheitsgrade.

- **Omit set** oder kurz **o-set**
  Die Freiheitsgrade im o-set werden vor der dynamischen Analyse eliminiert.

Die Aufteilung bedingt eine Umgruppierung des Verschiebungsvektors { u } gemäß

$$\{ u \} = \begin{Bmatrix} u_a \\ --- \\ u_o \end{Bmatrix} \tag{58}$$

Wird diese Aufteilung auch in die Steifigkeitsmatrix [K] und den Lastvektor { F } reingezogen, folgt

$$\begin{bmatrix} [K_{aa}] & [K_{ao}] \\ [K_{oa}] & [K_{oo}] \end{bmatrix} \begin{Bmatrix} u_a \\ u_o \end{Bmatrix} = \begin{Bmatrix} F_a \\ F_o \end{Bmatrix} \tag{59}$$

Ausführung der Matrixmultiplikation ergibt

$$[K_{aa}]\{u_a\} + [K_{ao}]\{u_o\} = \{F_a\} \tag{60a}$$

$$[K_{oa}]\{u_a\} + [K_{oo}]\{u_o\} = \{F_o\} \tag{60b}$$

Vorausgesetzt, $[K_{oo}]$ ist nicht singulär, kann (60b) nach $\{u_o\}$ aufgelöst werden.

$$\{u_o\} = -[K_{oo}]^{-1}[K_{oa}]\{u_a\} + [K_{oo}]^{-1}\{F_o\} \tag{61}$$

Mit den in MSC/NASTRAN üblichen Namen läßt sich (61) noch kompakter schreiben:

$$\{u_o\} = [G_{oa}]\{u_a\} + \{u_o^o\} \tag{62}$$

Ein Vergleich von (61) und (62) läßt unmittelbar die Definitionsgleichungen der neuen Symbole erkennen.

Einsetzen von (62) in (60a) führt zu:

$$([\bar{K}_{aa}] + [K_{ao}][G_{oa}])\{u_a\} = \{F_a\} - [K_{ao}]\{u_o^o\} \tag{63}$$

Wird wiederum die MSC/NASTRAN Namenskonvention übernommen, kann (63) komprimiert werden zu

$$[K_{aa}]\{u_a\} = \{F_a\} \tag{64}$$

In (64) sind nur mehr a-set Freiheitsgrade vorhanden, d. h. der o-set ist eliminiert. In der Literatur wird diese Elimination auch als statische Kondensation bezeichnet. In der Statik wird durch diese Elimination keinerlei Vernachlässigung gemacht.

Die GUYAN Reduktion wendet dieses Verfahren nun auch in der Dynamik an. Hierbei wird jedoch in (62) der Term $\{u_o^o\}$ vernachlässigt, so daß sich ergibt:

$$\{u_o\} = [G_{oa}]\{u_a\} \tag{65}$$

(65) in (58) liefert

$$\{u\} = \begin{Bmatrix} u_a \\ [G_{oa}]\{u_a\} \end{Bmatrix} = \begin{bmatrix} [I] \\ [G_{oa}] \end{bmatrix} \{u_a\} \tag{66}$$

bzw. mit Einführung der Matrix $[T_a]$

$$\{u\} = [T_a]\{u_a\} \tag{67}$$

Die letzte Gleichung kann mathematisch gesehen als Koordinatentransformation aufgefaßt werden. Mit der Matrix $[T_a]$ können die Steifigkeits-, Dämpfungs- und Massenmatrizen in bekannter Weise transformiert werden. So ergibt beispielsweise das Tripelprodukt $[T_a]^T[M][T_a]$ die Massenmatrix für den a-set zu

$$[M_{aa}] = [\bar{M}_{aa}] + [G_{oa}]^T[M_{oa}] + [M_{ao}][G_{oa}] + [G_{oa}]^T[M_{oo}][G_{oa}] \tag{68}$$

Die in (68) benutzten verschiedenen Partitionierungen der Massenmatrix sind natürlich völlig äquivalent der Partitionierung der Steifigkeitsmatrix in (59). Die Dämpfungsmatrix [B_{aa}] kann analog zu (68) berechnet werden.

Die Aufgabe des Anwenders der GUYAN Reduktion besteht in der Aufteilung der Freiheitsgrade in a-set und o-set. Das MSC/NASTRAN User Interface für diese Aufteilung sind die ASET- bzw. OMIT-Karten, deren Dokumentation in [3] zu finden ist. Neben der Vernachlässigung des Terms { u_o^o} ist die Wahl eines geeigneten a-sets das wohl größte Problem der GUYAN Reduktion. Ein ungeeigneter a-set kann zur Unterdrückung von Eigenfrequenzen und Eigenvektoren führen. Damit ist die GUYAN Reduktion in den Händen eines unerfahrenen Anwenders ein gefährliches Werkzeug. Der Hauptvorteil der GUYAN Reduktion ist, daß sie von allen dynamischen Reduktionen am wenigsten Rechenzeit benötigt.

4.3 Allgemeine Dynamische Reduktion

In der MSC/NASTRAN Dokumentation wird diese Methode meist mit GDR abgekürzt (Generalized **D**ynamic **R**eduction). Die Grundidee der GDR-Methode ist eine Verallgemeinerung von Gleichung (65). In (65) werden die Verschiebungen der zu eliminierden Freiheitsgrade (o-set) rein statisch mit dem dynamischen Analysis-Set (a-set) verknüpft. Die GDR Methode nimmt nun einen dynamischen Anteil in Form einer Linearkombination von Näherungseigenvektoren in die o-set Verschiebungen mit auf:

$$\{ u_o \} = [\, [\, G_{ot} \,] \mid [\, \overline{\Phi}_{oq} \,] \,] \begin{Bmatrix} u_t \\ \hline u_q \end{Bmatrix} \tag{69}$$

{ u_t } physikalische Verschiebungen die im dynamischen Analysis-Set vorhanden sein sollen (optional)

{ u_q } verallgemeinerte Koordinaten

[G_{ot}] Statische Transformationsmatrix entsprechend einer GUYAN Reduktion

[$\overline{\Phi}_{oq}$] Matrix der Näherungseigenvektoren

Die Näherungseigenvektoren werden mit der inversen Vektoriteration bestimmmt. Dabei wird die Iteration wie bei der reellen Lanczos Methode mit einem Block von Startvektoren durchgeführt. Sind die Matrizen [G_{ot}] und [$\overline{\Phi}_{oq}$] bekannt, kann auf formal gleiche Weise wie in der GUYAN Reduktion beispielsweise die Massenmatrix [M_{aa}] abgeleitet werden. Wegen des komplizierten Aufbaus von (69) werden die Formeln noch umfangreicher und es wird hier auf eine explizite Darstellung verzichtet.

Das MSC/NASTRAN User Interface für die GDR-Methode besteht aus DYNRED-, ASET-, SPOINT-, und QSET-Karten, deren Dokumentation in [3] nachgelesen werden kann.

Wird im Anschluß an die dynamische Reduktion eine reelle Eigenwertanalyse mit einer Transformationsmethode durchgeführt, ist die reelle LANCZOS Methode die bessere Alternative.

4.4 Component Mode Synthesis (CMS)

Unter Komponenten werden bei dieser Methode Teilstrukturen verstanden. Teilstrukturen werden in MSC/NASTRAN wiederum **Superelemente** genannt. Für jedes einzelne Superelement werden die Freiheitsgrade in a-set und o-set Freiheitsgrade aufgeteilt. Die Superelement-Steifigkeits-Matrix wird mit Hilfe der statischen Kondensation gewonnen. Im Falle einer dynamischen Analyse werden bei der CMS-Methode die inneren Verschiebungen des Superelements gemäß der Gleichung (69) angesetzt. In der Matrix [$\overline{\Phi}_{oq}$] sind nun die Eigenvektoren des jeweiligen Superelements enthalten. Die Randbedingungen, die bei der Berechnung der Superelement-Eigenvektoren (Component Modes) unterstellt werden, sind in Wirklichkeit nicht vorhanden. Abhängig von diesen fiktiven Randbedingungen gelangt man zu unterschiedlichen mathematischen Formulierungen der Component Mode Synthesis.

Mit Gleichung (69) wird also versucht, abgesehen von dem in (69) enthaltenen statischen Anteil, die Verschiebung der Gesamtstruktur im Bereich des Superelements als Linearkombination der mit fiktiven Randbedingungen berechneten Eigenvektoren darzustellen. Die Koeffizienten dieser Linearkombination sind die verallgemeinerten Koordinaten { u_q }. Mathematisch gesprochen stellen die Component Modes nichts anderes als eine Vektorbasis dar. Mit Hilfe des Ansatzes (69) können die Matrizen [M_{aa}] und [B_{aa}] für die jeweiligen Superelemente berechnet werden.

In einem speziellen Superelement (Residual), das im einfachsten Fall alle Knotenpunkte enthält, die in Grenzflächen zwischen den einzelnen Superelementen liegen, erfolgt schließlich die Assemblierung der Gesamtstruktur. Die einzelnen Superelemente sind dabei durch ihre verallgemeinerten Koordinaten { u_q } repräsentiert. Die eigentliche dynamische Analyse wird dann für das Residual durchgeführt. In einem letzten Schritt werden schließlich die Verschiebungen im Innern der Superelemente berechnet.

Das MSC/NASTRAN User Interface zur CMS-Methode setzt die Kenntnis der Superelement-Technik voraus und wird im Rahmen dieser Arbeit nicht behandelt. Eine gute Darstellung der Mathematik der CMS-Methode ist in [6] enthalten.

5) ABSCHLIESSENDE BEMERKUNGEN

MSC/NASTRAN ist ein mächtiges Werkzeug zur dynamischen Analyse von großen Strukturen. Für die Eigenwertanalyse, die zweifellos eine Schlüsselrolle in der Dynamik spielt, stellt MSC/NASTRAN eine breite Palette an Methoden zur Verfügung. Die Berechnung sehr großer Modelle wird unterstützt durch

- Dynamische Reduktionsverfahren
- Superelementtechnik
- Cyclic Symmetry

Zum Schluß sei noch auf ein paar Speziallösungen hingewiesen, die ebenfalls die Eigenwertanalyse benutzen. Dazu zählen

- Kleine Schwingungen um eine nichtlineare Gleichgewichtslage (geometrische und/oder Material-Nichtlinearität)
- Lineare und nichtlineare Knick- und Beulanalyse
- Sensitivitätsanalyse von Frequenzen und Eigenvektoren
- Strukturoptimierung

LITERATUR:

[1] Schwarz/Rutishauser/Stiefel
"Matrizen-Numerik"
1. Auflage, Teubner Verlag, Stuttgart 1968

[2] Hughes, Thomas J.R.
"The Finite Element Method
Linear Static and Dynamic Finite Element Analysis"
1. Auflage, Prentice-Hall, Englewood Cliffs, 1987

[3] MSC/NASTRAN User's Manual

[4] MSC/NASTRAN Handbook for Dynamic Analysis

[5] MSC/NASTRAN Theoretical Manual

[6] Craig, Roy R.
"Structural Dynamics
An Introduction to Computer Methods"
John Wiley & Sons, New York, 1981

COMPARISON OF EIGENVALUE EXTRACTION METHODS

Characteristic \ Method	Tridiagonal Method		Tracking Method with Shifts		Lanczos
Obtain eigenvalues in order	All at once		Nearest to shift point		Nearest to shift point
Takes advantage of bandwidth	No		Yes		Yes
Number of calculations, order of	N^3		NB^2		NB^2
Limitations	HOU, GIV	MHOU, MGIV	INV	SINV	
Singular M allowed?	No	Yes	Yes	Yes	Yes
Find all roots in range reliably?	Yes	Yes	No	Yes	Yes
Large mass approach allowed?	Be careful	Be careful	Yes	Yes	Yes
Best application	Small, dense systems. Many vectors.		Large, sparse systems. Few vectors.		Very large

PREFERRED EIGENSOLUTION METHOD

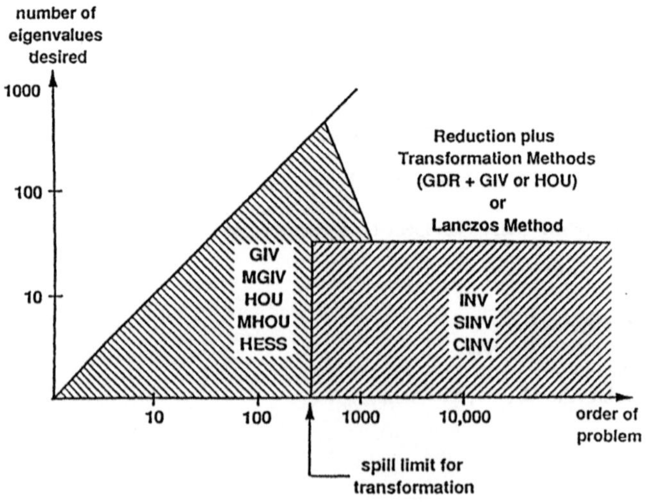

Zur Kopplung von Torsions- und Biegeschwingungen bei Gelenkwellen im Antriebsstrang

von P.-G. Frank

1. Einführung

Das gesamte Kraftfahrzeug mit allen Baugruppen und Verbindungen dieser Bauteile ist als ein einziges Schwingungssystem anzusehen, aus dem je nach Berechnungsziel verschiedene Ersatzsysteme festgelegt werden können (s. Bild 1). Die Definition dieser Subsysteme erfordert meist Annahmen darüber, daß andere Schwingungen des Fahrzeugs auf die zu analysierenden ohne Einfluß sind. Diese Annahmen können mit Hilfe theoretischer Überlegungen begründet werden, sind aber gegebenfalls zu prüfen.

In der Regel wird das Untersystem "Antriebsstrang" auf Torsions- und Biegeschwingungen getrennt hin berechnet. Dazu wird das System durch eine Drehschwingerkette ersetzt bzw. die

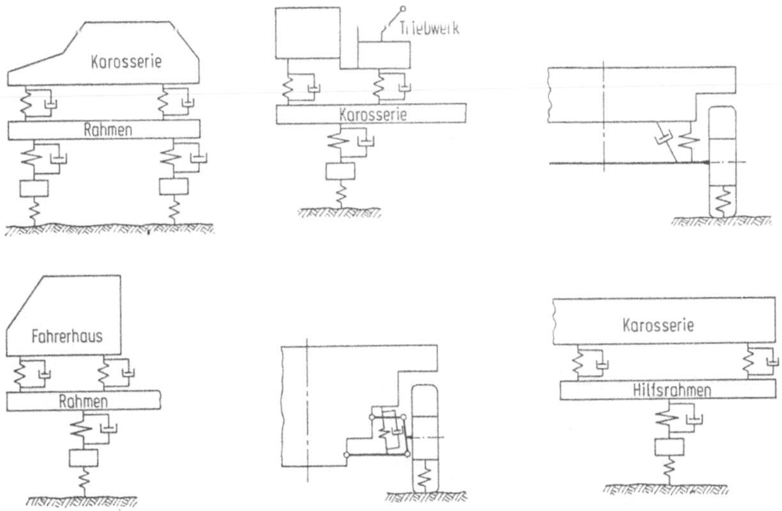

Bild 1 : Verschiedene Schwingungsersatzsysteme eines Fahrzeugs (aus [1])

Wellen als Rotoren in ihrer jeweiligen Lagerung einzeln untersucht. Im vorliegenden Beitrag soll anhand eines Antriebs mit einer Gelenkwelle dargestellt werden, inwieweit die getrennte Betrachtungsweise gerechtfertigt ist und welche Phänomene bei einer Kopplung zu erwarten sind.

Als einführendes Beispiel für die Möglichkeit einer derartigen Kopplung sei das Hinterachsgetriebe eines Fahrzeugs erwähnt (s. Bild 2). Aufgrund eines dynamischen Antriebsmoments in der Gelenkwelle wirkt ein Reaktionsmoment in der Hinterachswelle, welches seinereits vom Achsgehäuse aufzunehmen ist. Da dieses meist nachgiebig gelagert ist, wird über eine Verdrehung des Gehäuses die Gelenkwelle zu Biegeschwingungen angeregt. Andererseits kann eine Lageänderung des Gehäuses über das Kegelradgetriebe zu Drehbewegungen in den Wellen führen. Eine Kopplung von Torsions- und Biegeschwingungen kann prinzipiell in einem Antriebsstrang an der Stelle auftreten, wo die energieübertragenden Torsionsmomente nicht fluchten.

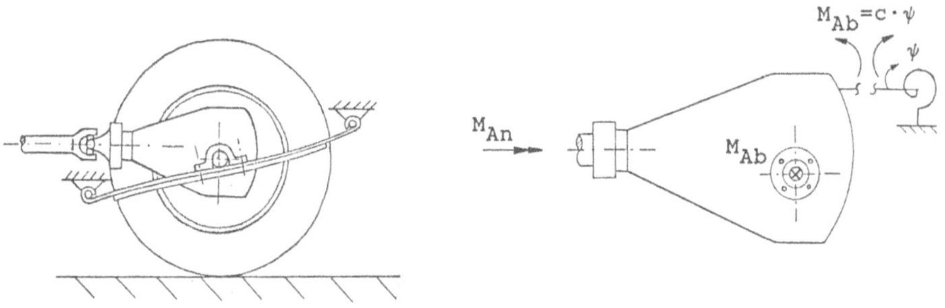

Bild 2 : Kegelradgetriebe einer Hinterachse

2. Grundgleichungen am Kreuzgelenk

Im Vordergrund steht die Kopplung infolge der Kreuzgelenke, die als drehstarre winkelausgleichende Kupplungen charakterisiert werden können. Typisch für diese Gelenke ist die ungleichförmige Übertragung der Drehbewegung (s. Bilder 3 u. 4) nach

$$\left.\begin{aligned} &\Phi_{12} \approx \Phi_{11} + \varepsilon_1 \cdot \sin 2\Phi_{11} \\ \text{bzw.}\quad &\Delta\Phi = \Phi_{12} - \Phi_{11} \approx \varepsilon_1 \cdot \sin 2\Phi_{11} \end{aligned}\right\} \tag{2.1}$$

mit

$$\varepsilon_1 \approx \frac{1}{4}\alpha_1^2 \ll 1 \quad . \tag{2.2}$$

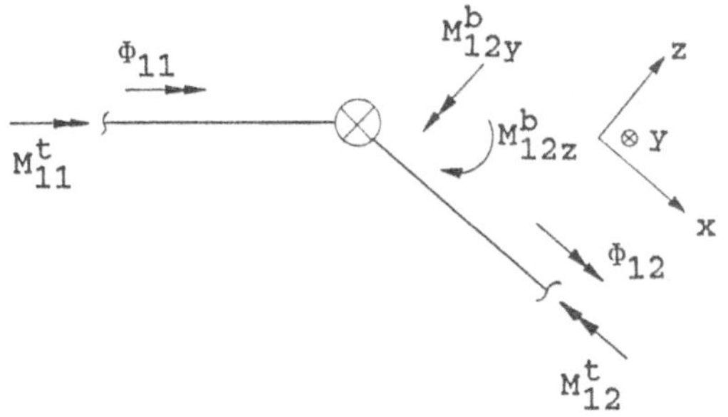

<u>Bild 3</u> : Winkel und Momente am Kreuzgelenk

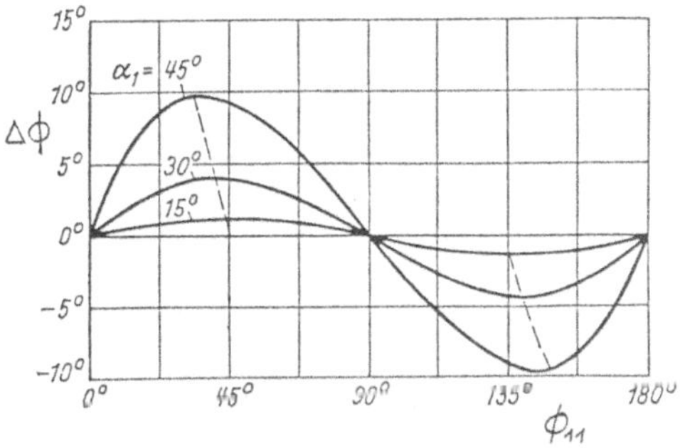

<u>Bild 4</u> : Zeitverlauf der ungleichförmigen Bewegung (aus [2])

Aufgrund des daraus resultierenden Übersetzungsverhältnisses ergibt sich die ebenfalls zeitabhängige Beziehung für die Torsionsmomente (s. Bild 3)

$$\frac{M_{12}^t}{M_{11}^t} = i_1 \approx 1 - 2\varepsilon_1 \cdot \cos 2\Phi_{11} \tag{2.3}$$

Die Biegemomente lassen sich nach [2] im raumfesten Koordinatensystem mit

$$\left.\begin{aligned} M^b_{12y} &= \frac{1}{2}\sin\alpha_1 \cdot (1+\cos 2\Phi_{11})\, M^t_{11} \\ M^b_{12z} &= \frac{1}{2}\tan\alpha_1 \cdot \sin 2\Phi_{11} \cdot M^t_{11} \end{aligned}\right\} \qquad (2.4)$$

angeben. Diese Momente sind in Bild 5 veranschaulicht, wobei der Index y bzw. z die Richtung eines äquivalenten Kräftepaars bezeichnet (vgl. Bild 3). Ähnlich sind Gleichungen für die Biegemomente in der Antriebswelle zu formulieren.

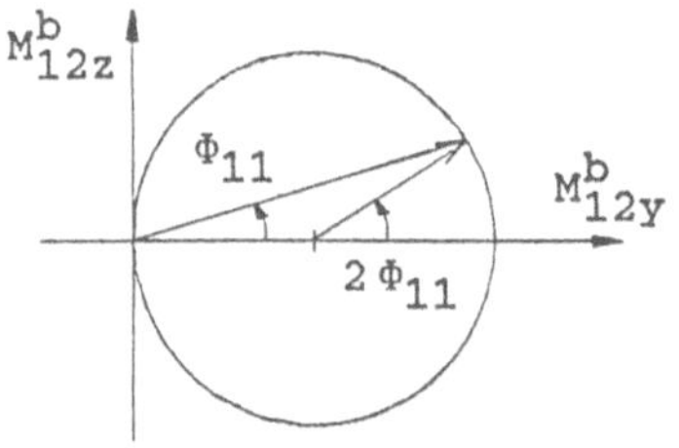

Bild 5 : Zeigerdiagramm der Biegemomente

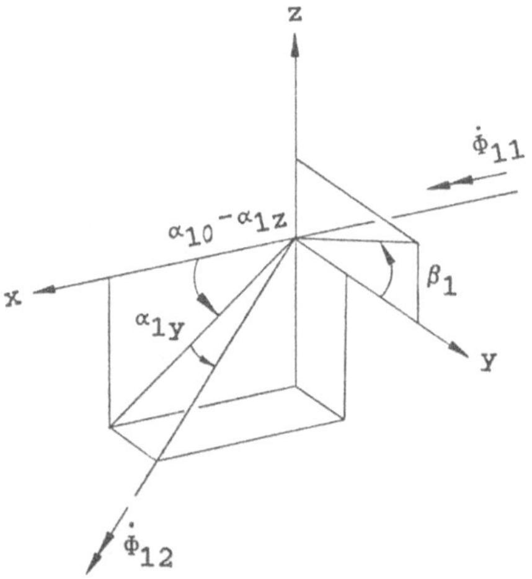

Bild 6 : Kreuzgelenk mit variablem Ablenkwinkel

Für ein Gelenk mit veränderlichem Ablenkwinkel in zwei Richtungen (s. Bild 6) lassen sich die kinematische Beziehung

$$\Phi_{12} \approx \Phi_{11} - \varepsilon_1 \cdot \sin 2\beta_1 + \varepsilon_1 \cdot \sin 2(\Phi_{11} - \beta_1) \qquad (2.5)$$

mit

$$\left.\begin{aligned}
\tan \beta_1(t) &\approx \frac{\alpha_{1y}}{\alpha_{10} - \alpha_{1z}} \approx \frac{1}{\alpha_{10}}\,\alpha_{1y} \\
\alpha_1(t)^2 &\approx (\alpha_{10}-\alpha_{1z})^2 + \alpha_{1y}^2 \approx \alpha_{10}^2 - 2\cdot\alpha_{10}\cdot\alpha_{1z} \\
\alpha_{1y}^2,\ \alpha_{1z}^2 &< \alpha_{10}^2 \ll 1
\end{aligned}\right\} \quad (2.6)$$

und ε_1 aus Gl. (2.2)

und die Momentengleichungen

$$\left.\begin{aligned}
\frac{M^t_{12}}{M^t_{11}} &\approx 1 - 2\varepsilon_1\cdot\cos 2(\Phi_{11}-\beta_1) \\
\frac{M^b_{12y}}{M^t_{11}} &\approx \frac{1}{2}\,(\alpha_{10}-\alpha_{1z})\cdot(1 + \cos 2\Phi_{11}) + \frac{1}{2}\,\alpha_{1y}\cdot\sin 2\Phi_{11} \\
\frac{M^b_{12z}}{M^t_{11}} &\approx \frac{1}{2}\,(\alpha_{10}-\alpha_{1z})\cdot\sin 2\Phi_{11} + \frac{1}{2}\,\alpha_{1y}\cdot(1 + \cos 2\Phi_{11})
\end{aligned}\right\} \quad (2.7)$$

entwickeln. Aus den Gln. (2.6) geht hervor, daß im wesentlichen der vertikale Winkel α_{1z} den Ablenkwinkel verändert, während der horizontale Winkel α_{1y} als eine scheinbare Wellenverdrehung zu deuten ist. Beide Winkel beeinflussen innerhalb der kinematischen und statischen Gleichungen sowohl Torsions- als auch Biegeschwingungen.

3. Qualitative Analyse der Kopplung

Anhand eines übersichtlichen Ersatzsystems nach Bild 7 kann der wechselseitige Einfluß der Torsions- und Biegeschwingungen aufgrund von Kreuzgelenken überprüft werden. Der Antriebstrang kann mit einem zeitlich konstanten Lastmoment M^t_L, einem entsprechenden Antriebsmoment M^t_A und einer zusätzlichen harmonischen Erregung M^t_E beaufschlagt werden. Die Kopplung ist dadurch herauszuarbeiten, daß die Schwingungen ungekoppelt mit Hilfe

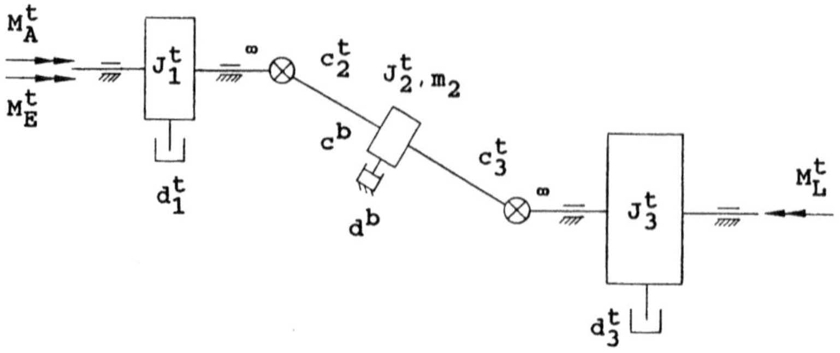

	Torsion	Biegung
Massen	J_1^t , J_2^t , J_3^t	m_2
Federzahlen	c_2^t , c_3^t	c^b
Dämpfungen	d_1^t , d_3^t	d^b

Bild 7 : Ersatzsystem für den Antriebsstrang

von Torsions- und Biegesystemen und parallel dazu gekoppelt über ein Gesamtersatzsystem berechnet werden.

Die Einflüsse in den Gleichungen lassen sich grob nach Tab. 1 lokalisieren. Kinetische und elastische Gleichungen müssen für alle Systeme gleichermaßen herangezogen werden. Für das

	Tors.syst.	Biegesyst.	Gek. Syst.
kinetische Gln.	x	x	x
elastische Gln.	x	x	x
geometrische Gln.	–	–	–
kinematische Gln.	x	–	x, f(t)
Leistungsgln.	x	–	x, f(t)
Momentengln.	–	(x)	x, f(t)

Tab. 1 : Schema der verwendeten Gleichungen

Torsionssystem sind die kinematischen Gesetze (s. Gl.(2.1)) und das Leistungsgleichgewicht (s. Gl.(2.3)) von Bedeutung. In dem Biegesystem stellen die Momentengleichungen nach Gln.(2.4) eine Erregung dar, jedoch muß für das Torsionsmoment M_{11}^t eine Annahme gemacht werden. Letzteres entfällt bei dem gekoppelten System, da sämtliche Momente berechnet werden. Darüberhinaus sind hier in den Gleichungen der Kreuzgelenke die zeitvariablen Ablenkwinkel zu berücksichtigen, die nach dem Schema in Bild 8 aus der Biegeverformung der Zwischenwelle resultieren und sowohl auf Torsionsmomente und Drehwinkel als auch auf die Biegemomente selbst einwirken.

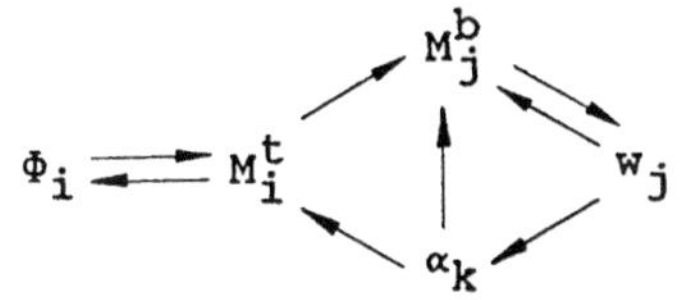

Drehwinkel Φ_i, Tors.momente M_i^t
Auslenkungen w_j, Biegemomente M_j^b
Ablenkwinkel α_k

Bild 8 : Gegenseitige Beeinflussung der Schwinggrößen des gekoppelten Systems

4. Bewegungsgleichungen und Lösungsmethoden

Auf eine ausführliche Darstellung der Differentialgleichungssysteme wird verzichtet, einige Hinweise sollen genügen.

Schon aus dem kinematischen Gesetz des Kreuzgelenks nach Gl.(2.1) ist ersichtlich, falls das Argument der Winkelfunktion durch

$$\Phi_{11} \approx \Omega \cdot t \qquad (4.1)$$

mit der Drehkreisfrequenz Ω der Welle angenähert wird, daß auf das Drehsystem eine 2Ω-Erregung einwirkt, die sowohl auf eine kinematische Verspannung (für $\Omega \rightarrow \infty$) als auch auf ein Lastmoment M_L^t (wegen Gl.(2.3)) zurückzuführen ist. Eine weitere Erregung stellt das zusätzliche Wechselmoment nach

$$M_E^t = \hat{M}_E^t \cdot \sin(\kappa\Omega t - \psi) \qquad (4.2)$$

dar, das im linearen Differentialgleichungssystem (Dgl.-System) superponiert werden kann.

Die Biegeschwingungen der Zwischenwelle, die hierbei als Ein-Massen-Schwinger aufgefaßt wird, werden durch Momente nach Gln.(2.4) erregt, wobei das Torsionsmoment M^t_{11} als bekannt vorausgesetzt werden muß. Für drei verschiedene Fälle sei die Gleichung des Biegemoments M^b_{12y} notiert:

- konstantes Lastmoment : $M^t_L = \text{const.}$

$$M^b_{12y} = \frac{1}{2} \sin \alpha_1 \cdot (1 + \cos 2\Omega t) \cdot M^t_L \tag{4.3}$$

- harmonisches Moment : $M^t_{2E} = \hat{M}^t_{2E} \cdot \cos 2\Omega t$

$$M^b_{12y} = \frac{1}{2} \sin \alpha_1 \cdot \left(\frac{1}{2} + \cos 2\Omega t + \frac{1}{2} \cos 4\Omega t\right) \cdot \hat{M}^t_{2E} \tag{4.4}$$

- harmonisches Moment : $M^t_{\kappa E} = \hat{M}^t_{\kappa E} \cdot \cos \kappa\Omega t$

$$\left.\begin{aligned} M^b_{12y} = \frac{1}{2} \sin \alpha_1 \cdot \Big(\frac{1}{2} \cos(\kappa-2)\Omega t &+ \cos \kappa\Omega t \\ &+ \frac{1}{2} \cos(\kappa+2)\Omega t \Big) \hat{M}^t_{\kappa E} \quad . \end{aligned}\right\} \tag{4.5}$$

In dem gekoppelten System treten alle Erregungen auf. Vernachlässigt man die Zeitabhängigkeit der Ablenkwinkel, läßt sich der Einfluß der Torsionsschwingungen auf die Biegeschwingungen näherungsweise dadurch bestimmen, daß man die Lösung des linearen Torsionssystems als Erregung des linearen Biegesystems verwendet. Dabei kann in bezug auf die Dreh<u>winkel</u> eine gleichförmige Bewegung angenommen werden (s. Gl.(4.1)).

Die linearen Dgl.-Systeme mit konstanten Koeffizienten sind über harmonische Ansatzfunktionen für die gesuchten Koordinaten im Frequenzbereich zu lösen, während die nichtlinearen Dgl.-Systeme im Zeitbereich numerisch integriert werden. Unter der Voraussetzung nur geringer Nichtlinearitäten sind die Anfangswerte zweckmäßig der Lösung der linearen Dgl.-Systeme zu entnehmen. Die Drehzahl des bzgl. der Drehbewegung ungefesselten Schwingers wird überwacht und nachgeregelt.

5. Rechenergebnisse

In Tab. 2 ist die Grundkonstellation der Parameterwerte aufgeführt, die zur Verdeutlichung von Zusammenhängen sinnvoll zu variieren sind (vgl. auch Bild 7). Die Kreuzgelenkgabeln der Zwischenwelle sollen in einer Ebene liegen, so daß die Abweichung von der sog. homokinematischen Anordnung, die mit Hilfe der beiden Kreuzgelenke eine gleichförmige Bewegung überträgt, nur in der Differenz der Ablenkwinkel besteht. Die Punktmasse dieser Welle wird in deren Mitte positioniert. Die Biegefederzahl entspricht der Ersatzkonstanten eines homogenen mittig

Beschreibung	Formelzeichen	Zahlenwert	Einheit
Ablenkwinkel	α_{10}	9	°
	α_{20}	7	"
Länge der Zwischenwelle	l	1250	mm
Drehmassen	J_1^t	2,5	$kg \cdot m^2$
	J_2^t	0,01	"
	J_3^t	33,3	"
Punktmasse d. Zw.welle	m_2	3,0	kg
Drehfedern	c_2^t, c_3^t	96923	Nm/rad
Biegefeder	c^b	1838600	N/m
Drehdämpfung	d_1^t	76,7	Nms/rad
	d_3^t	10,0	"
Biegedämpfung	d^b	281,8	Ns/m
Unwucht	e_u	0,1	mm

Tab. 2 : Systemparameter mit Zahlenwerten

belasteten Balkens. Damit ergeben sich die modalen Größen:

Torsion: f_{0T} = 22,9 Hz , D_T = 0,10

Biegung: f_{0B} = 124,6 Hz , D_B = 0,06

jeweils mit der Eigenfrequenz f_0 und dem Dämpfungsgrad D. Als wichtiger Einflußparameter wird die Torsionseigenfrequenz über die Drehmassen und Dämpfungskoeffizienten derart eingestellt, daß die Amplitude der Kreuzgelenkerregung, die von den Federzahlen abhängig ist, und der Dämpfungsgrad unverändert bleiben.

In den Diagrammen sind für jeden Parametersatz (PS) die Resonanzkurven des Torsionsmoments in der Zwischenwelle M_2^t und des Biegemoments am Massenpunkt M_m^b dargestellt. Im Falle des Torsionsmoments wird die Differenz von Maximalwert und konstantem Lastmoment aufgetragen, während für das Biegemoment der aus zwei Richtungen resultierende Maximalbetrag ausschlaggebend ist. Sowohl für Torsion als auch für Biegung wird mit drei verschiedenen Dgl.-Systemen gerechnet, die sich wie folgt den Linientypen zuordnen lassen (vgl. Abschn. 4) :

Torsionsschwingungen	Biegeschwingungen	Linie
lineares Torsionssystem	lin. Biegesystem ($\bar{M}^t$)	....
nichtlin. Torsionssystem	lin. Biegesystem ($\bar{M}^t+\tilde{M}^t$)	— — —
gekoppeltes System	gekoppeltes System	———

In Tab.3 sind die Parametersätze mit den für die hier dargestellten Ergebnisse wichtigen Parameterwerten und der Bildnummer aufgeführt.

Der PS 1 enthält nur die Erregung durch die Kreuzgelenke, wobei die Torsionseigenfrequenz f_{0T} nach

$$f_{0T} = \frac{1}{4} \cdot f_{0B} = 31{,}1 \text{ Hz}$$

bestimmt ist. In den meisten praktischen Fällen ist diese Eigenfrequenz wesentlich niedriger als die Biegeeigenfrequenz der Zwischenwelle f_{0B}. Das Torsionsmoment M_2^t zeigt neben der Resonanz bei $0{,}5 \cdot f_{0T}$ zusätzlich im gekoppelten System zwei Extrema an den Frequenzen, an dem das Biegemoment M_m^b große Am-

Nr.	f_{0T} [Hz]	M_L^t [Nm]	M_E^t [Nm]	κ [1]	ψ [°]	Bild-Nr.
PS 1	31,1	1200	0	-	-	9
PS 2	62,3	"	"	-	-	10
PS 3	"	0	"	-	-	11
PS 4	"	1200	600	3	0	12
PS 5	"	"	"	2	"	13
PS 6	"	"	"	"	90	14

Tab. 3 : Übersicht der verwendeten Parametersätze

plituden erreicht. In den Biegeschwingungen sind die Resonanzen bei $0{,}5 \cdot f_{0T}$ aufgrund des maximalen Torsions-Wechselmoments und bei $0{,}25 \cdot f_{0B}$ aufgrund der Erregerfrequenz von 4Ω nach Gl.(4.4) auffallend. Für den PS 2 mit der Torsionseigenfrequenz

$$f_{0T} = \frac{1}{2} \cdot f_{0B} = 62{,}3 \text{ Hz}$$

fallen diese beiden Resananzstellen zusammen, wodurch sich ein erheblich größerer Spitzenwert einstellt. Ohne Lastmoment in PS 3 verringert sich die Resonanzamplitude des Biegemoments bei $0{,}5 \cdot f_{0B}$ stark, und die Auswirkungen auf die Torsionsschwingungen sind dort vernachlässigbar.

Bei einer zusätzlichen Momentenerregung in PS 4 ergeben sich zwei Resonanzstellen für das Torsionsmoment, die zu einer Reihe von Maxima des Biegemomentenverlaufs führen (s. Gln. (4.3) bis (4.5)). Fallen beide Erregerfrequenzen zusammen, wie in PS 5, kann es bei den Torsionsschwingungen durch Phasenverschiebungen zu Auslöschungseffekten kommen. Für die Biegeschwingungen konzentrieren sich die Resonanzen aufgrund harmonischer Torsionsmomente zu einer Maximalstelle bei der Drehfrequenz von $0{,}25 \cdot f_{0B}$. – Der Phasenwinkel ψ der Momentenerregung gegenüber der Kreuzgelenkerregung beeinflußt sowohl die Torsionsschwingungen hinsichtlich der Auslöschung durch Superposition, als auch den Maximalwert der Biegeresonanz bei $0{,}25 \cdot f_{0B}$, wie anhand von PS 6 deutlich wird. Dieser Phasenwinkel wird im Antriebsstrang infolge der unterschiedlichen Stel-

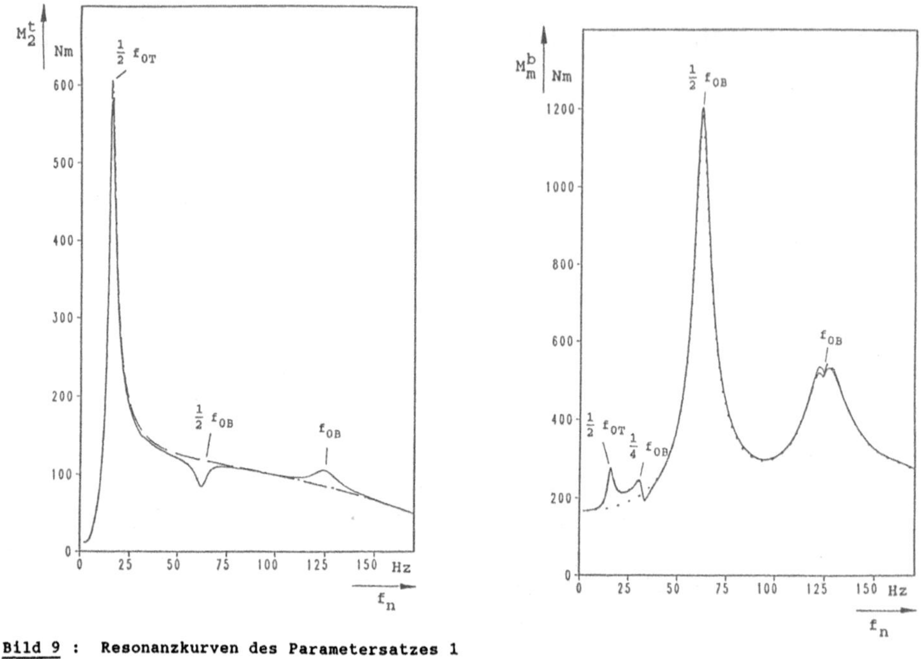

Bild 9 : **Resonanzkurven des Parametersatzes 1**

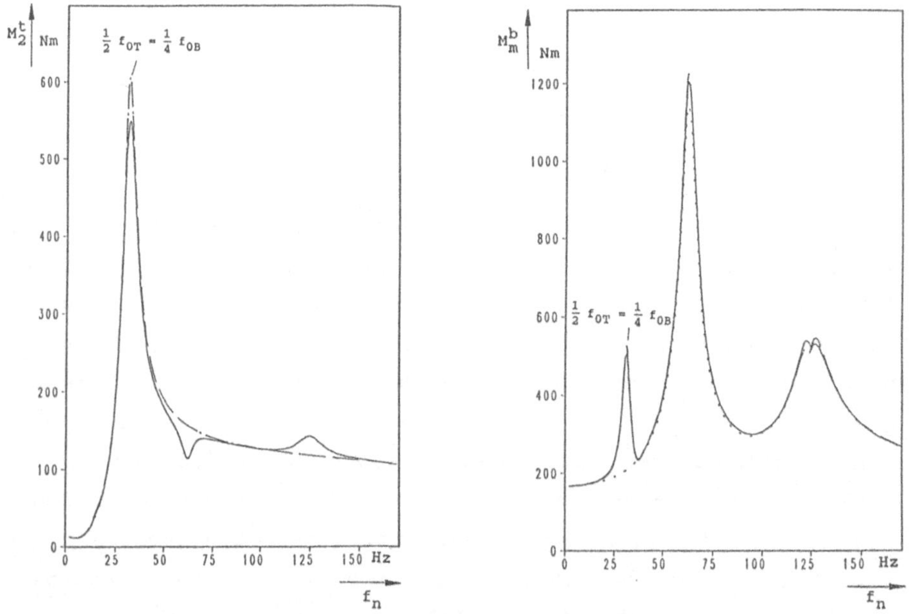

Bild 10 : **Resonanzkurven des Parametersatzes 2**

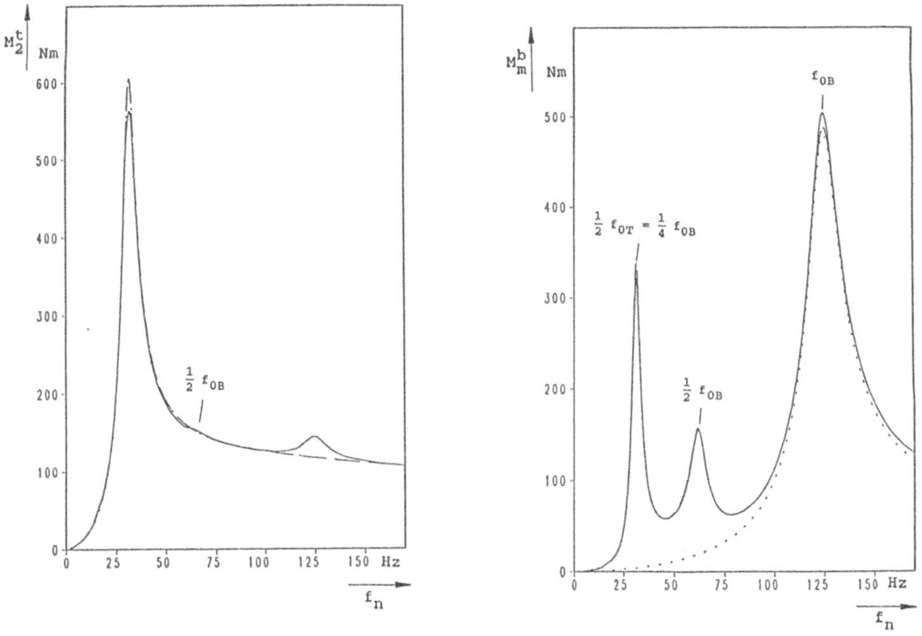

Bild 11 : Resonanzkurven des Parametersatzes 3

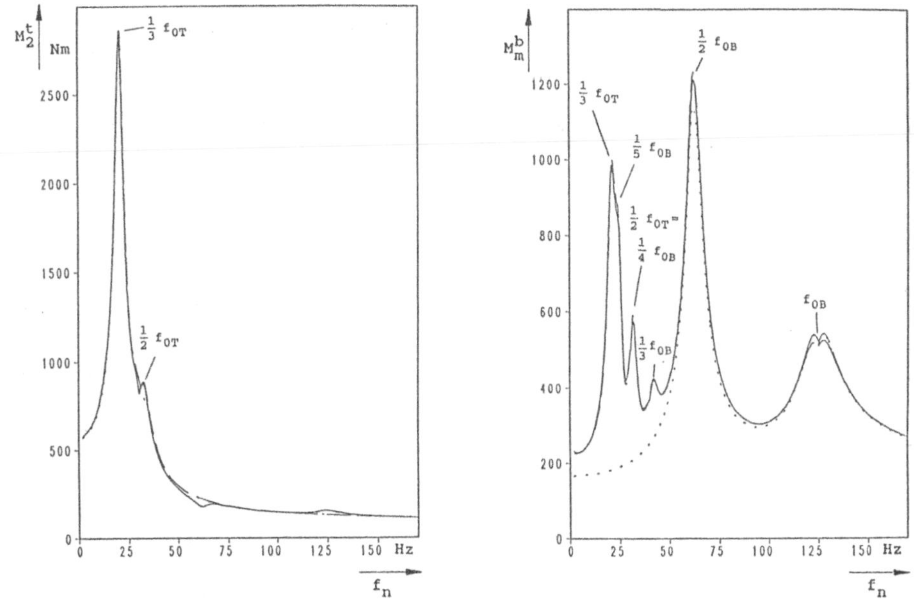

Bild 12 : Resonanzkurven des Parametersatzes 4

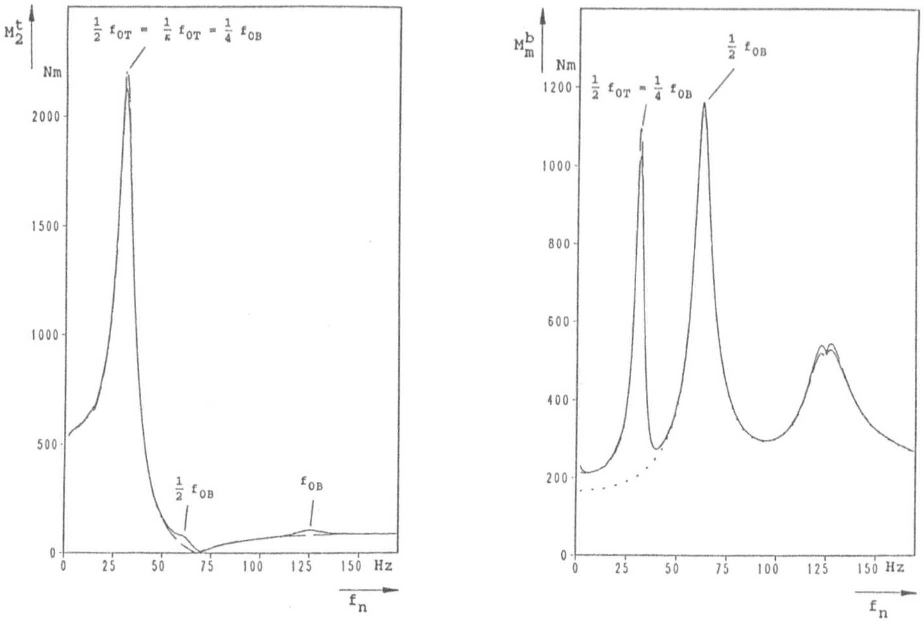

Bild 13 : **Resonanzkurven des Parametersatzes 5**

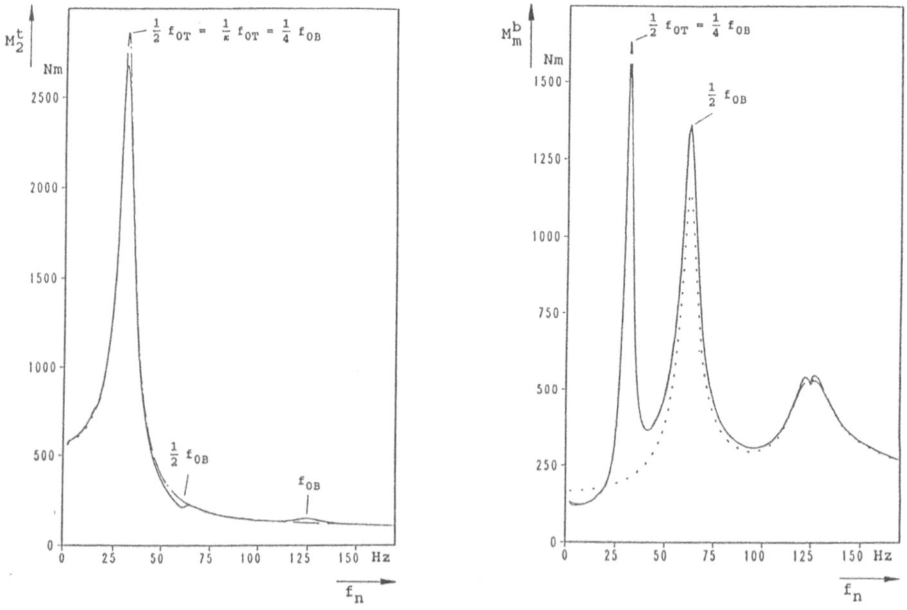

Bild 14 : **Resonanzkurven des Parametersatzes 6**

lung von Motor und Gelenkwelle durch Betätigen der Kupplung beliebig eingestellt.

6. Zusammenfassende Bewertung

Aufgrund der Winkel- und Momentengleichungen am Kreuzgelenk wird das Phänomen der Kopplung von Torsions- und Biegeschwingungen einer Gelenkwelle innerhalb eines Antriebsstrangs erläutert und mit Hilfe eines Ersatzsystems berechnete Ergebnisse dargestellt.

Es zeigt sich, daß der Einfluß der Torsions- auf die Biegeschwingungen weitaus größer ist als der umgekehrte und daß die Auswirkungen der Kopplung stark von den Systemparametern abhängen. Wirkt in dem Antriebsstrang, z.B. aufgrund der Gaskräfte eines Verbrennungsmotors, ein harmonisches Erregermoment, sind bei der Resonanzfrequenz des Torsionssystems (!) auch größere Amplitudenerhöhungen der Biegeschwingungen zu beobachten (s. Bild 12 von PS 4). Entscheidend verstärkt werden können die Effekte durch das Verhältnis von Torsions- und Biegeeigenfrequenz (f_{0T}/f_{0B}), dessen kritische Werte sich im wesentlichen auf

$$\frac{f_{0T}}{f_{0B}} = \frac{1}{2}\,,\ 1\,,\ \frac{\kappa+2}{\kappa}\,,\ 2 \qquad (6.1)$$

belaufen. Da für diese Verhältniszahl in praktischen Antriebssträngen meist

$$f_{0T} < f_{0B} \quad \text{bzw.} \quad f_{0T} \ll f_{0B} \qquad (6.2)$$

gilt, wird diese zusätzliche Verstärkung nur in Sonderfällen wirksam sein. Grundsätzlich ist bei nicht fluchtenden Wellen im Antriebsstrang eine Kopplung in Betracht zu ziehen, insbesondere bei Verwendung von Kreuzgelenken aufgrund ihrer drehwinkelabhängigen Übertragungseigenschaften. Die meist erfüllte Beziehung nach Gl.(6.2) läßt den Schluß zu, daß 'unerklärliche' Resonanzerscheinungen bei Drehschwingungen im höheren Drehzahlbereich möglicherweise durch Biegeschwingungen verursacht werden. Andererseits können Biegeresonanzen im niederen Drehzahlbereich eine Folge von Torsionsschwingungen sein. Aufgrund der hohen dynamischen Torsionsmomente im Antriebsstrang ist der letztere Kopplungseffekt eher zu erwarten.

7. Literatur

[1] Mitschke, M.: Dynamik der Kraftfahrzeuge, 2.Aufl., Bd. B: Schwingungen. Berlin: Springer-Verlag 1984

[2] Duditza, F.: Kardangelenkgetriebe und ihre Anwendungen. Düsseldorf: VDI-Verlag 1973

[3] Schmelz, F.; Seherr, H.-Chr.; Aucktor, E.: Gelenke und Gelenkwellen. Berlin: Springer-Verlag 1988

[4] Wintergerst, S.: Dreh- und Biegeschwingungen in Kardanwellen. Forsch. auf d. Geb. d. Ing.-Wesens Bd. 13 (1942) S. 213/217

[5] Al Chihaze, A.: Beitrag zur Kopplung zwischen Biege- und Torsionsschwingungen in Antriebssystemen mit eingebauten Kreuzgelenkgetrieben. TU Dresden 1977, Diss.

[6] Bauer, A.: Grundlagen zur Berechnung der Stabilität und des Resonanzverhaltens der Biege-Torsionsschwingungen eines Antriebsstranges mit Gelenkwelle und deren Zwischenwelle als Kontinuum. TU Berlin 1983, Diss.

[7] Kato, M.; Ota, H.; Kato, R.: Lateral-Torsional Coupled Vibrations of a Rotating Shaft Driven by a Universal Joint. JSME Int. Journal Bd. 31 (1988) S. 68/74

Beurteilung von Abhilfemaßnahmen bei Fahrzeugschwingungen durch Anwendung der Substruktur- und Strukturmodifikationstechnik

von L. Li, H. Lilienthal

1 Übersicht

Zunächst soll ein kurzer Überblick über die Modalanalyse gegeben werden. Um die experimentelle, rechnergestützte Modalanalyse mit einem Satz zu beschreiben, läßt sich sagen, daß sich damit die modalen Größen, wie Eigenwerte und Eigenvektoren, aus Messungen rechnergestützt ermitteln lassen. Vorausgesetzt werden allerdings lineare Feder- und Dämpfungskennlinien sowie eine Zeitinvarianz der Parameter.

Ausgehend von diesen modalen Größen lassen sich nun mit Hilfe der Strukturmodifikation und Substrukturtechnik weitere Untersuchungen am System vornehmen.

Die **Strukturmodifikationstechnik (SMT)** stellt, wie der Name schon sagt, ein Verfahren dar, mit dem es möglich ist, unter Zuhilfenahme des Rechners Modifikationen an einem gegebenen System vorzunehmen, ohne diese wirklich am System durchzuführen. D.h. also, daß eine Neuberechnung nicht mehr erforderlich ist, sondern mit Hilfe des herausgearbeiteten Algorithmus verkürzt wird. Dabei können zunächst die modalen Größen für eine gegebene reale Struktur experimentell, rechnergestützt identifiziert werden, jedoch werden dann Strukturmodifikationen, z. B. die Verwendung einer anderen Kupplung, allein rechnerisch ausgeführt. Im Bild 1 wird die schematische Darstellung des Algorithmus verdeutlicht.

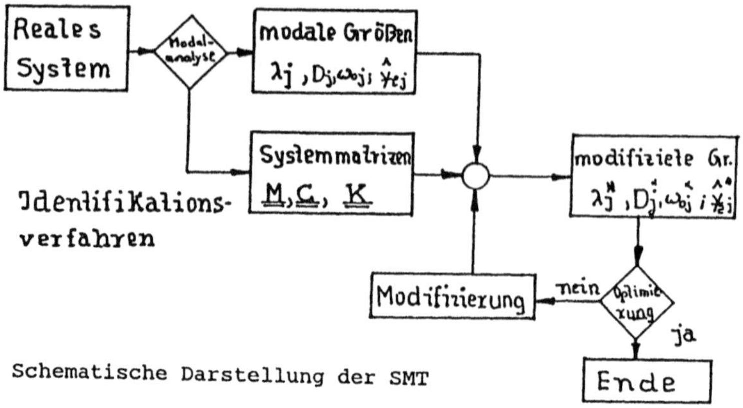

Bild 1: Schematische Darstellung der SMT

Ausgehend von einem realen System wird die Modalanalyse durchgeführt und mit den Eigenwerten und -vektoren sowie der Identifikationsrechnung werden die generalisierten Systemdaten ermittelt. Einführung der Modifikationen liefert wiederum modale Größen, jetzt aber des modifizierten Systems. Hier ist eine Optimierung denkbar, denn es ist möglich, das System so lange zu verändern, bis sich die für den Anwender optimalen modalen Größen ergeben.

Bei der **Substrukturtechnik (SST)** verhält es sich ähnlich. Oft ist es notwendig, die Modalanalyse am Gesamtsystem durchzuführen. Doch welcher Weg ist zu beschreiten , wenn z.B. die einzelnen Teile in verschiedenen Werken gefertigt werden ? Oder der Aufwand der Messung den Rahmen des Versuchslabors sprengen würde ? Auch werden viele Teilsysteme eines PKW's in verschiedene Autotypen eingebaut, so daß es nützlich wäre, die modalen Größen der Teilsysteme zu kennen und mittels eines geeigneten Algorithmus die modalen Größen des zusammengesetzten Systems rein analytisch zu ermitteln, ohne daß für das Gesamtsystem neue Berechnungen in Form einer experimentellen rechnergestützten Modalanalyse durchgeführt werden müssen. Aber gerade das ist die Idee der Substrukturtechnik, wie es das Bild 2 schematisch zeigt.

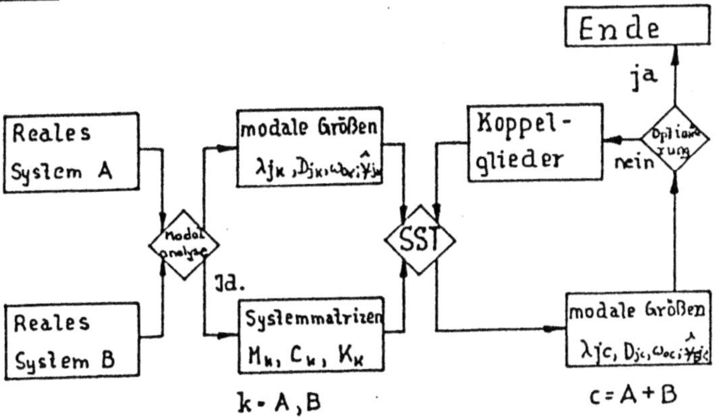

Bild 2: Schematische Darstellung der SST

Für die SST ist die Modalanalyse an den zu koppelnden Teilsystemen durchzuführen. Diese liefert für jedes Teilsystem jeweils die modalen Größen. Mit der zusätzlichen Kenntnis der Stelle und Größe der Koppelglieder ist die SST durchführbar. Auch hier ist eine Optimierung in Bezug auf die Koppelglieder denkbar, was die Rückführung im Bild 2 verdeutlicht.

Die Kopplung der Systeme kann entweder elastisch oder starr vorgenommen werden, wobei hier nur die elastische Kopplung vorgestellt werden soll.

In der Vergangenheit sind schon von verschiedenen Autoren Verfahren entwickelt worden. Das Neue an dem nachfolgend beschriebenen Verfahren ist die Berücksichtigung einer zwar geschwindigkeitsproportionalen, aber sonst allgemeinen Dämpfung, die auch als nichtproportionale Dämpfung bezeichnet wird. Die sonst übliche Annahme einer proportionalen Dämpfung stellt eine rein mathematische Näherung da, die in der Realität nie anzutreffen ist. Darüberhinaus stellt die Annahme einer geschwindigkeitsproportionalen Dämpfung eine zusätzliche Näherung dar, die aber für die meisten Anwendungen zu ausreichend genauen Ergebnissen führt. Auf die Auswirkungen der nichtproportionalen Dämpfung wird im Folgenden noch genauer eingegangen.

Nach einigen theoretischen Einführungen wird im weiteren das Verfahren der Strukturmodifikation auf einen PKW-Motor mit Antriebsstrang und das der Substrukturtechnik auf die bestmöglichste Anbringung eines Tilgers an einer Gelenkwelle angewendet.

2 Theorie

2.1 Einleitung

Auf die vollständigen theoretischen Hintergründe soll im Rahmen dieses Vortrages nicht weiter eingegangen werden. In diesem Zusammenhang wird auf zwei Veröffentlichungen verwiesen, in denen die Herleitung, Begründung und die Anwendung an Hand von einfachen Ersatzsystemen gezeigt wird:

- **L. Li., W. Stühler:**

  Strukturmodifikation mit dem Modal-Korrektur-Verfahren - Verfahren für das System mit nichtproportionaler Dämpfung. Ingenieur Archiv, (58), 1988, S. 466 - 473

- **L. Li., W. Stühler:**

  Modalsynthese - Viscoelastische Kopplung von nichtproportional gedämpfter Substrukturen. Ingenieur Archiv, (59), 1989

So soll hier nur die grundsätzliche Idee das Verfahrens und die Unterschiede, die die nichtproportionale Dämpfung mit sich bringt, gegenüber anderen Verfahren dargelegt werden. Außerdem soll jeweils anhand eines kleinen Beispiels die Vorgehensweise demonstriert werden.

2.2 Allgemeines

Zur Verdeutlichung wird zuerst die rein rechentechnische Vorgehensweise erläutert. Anschließend wird auf die experimentelle Seite kurz eingegangen.

Ausgehend von den bekannten Systemdaten wird das gekoppelte Differentialgleichungssystem aufgestellt:

$$\underline{\underline{M}}\,\ddot{\underline{y}} + \underline{\underline{R}}\,\dot{\underline{y}} + \underline{\underline{C}}\,\underline{y} = \underline{f}(t)\ .$$

Dieses setzt sich für einen n-Massenschwinger aus n.x.n Matrizen zusammen. Für die proportionale Dämpfung ist diese bekanntlich mit Hilfe der Bequemlichkeitshypothese in jeweils einen Anteil proportional der Massen- und einen proportional der Steifigkeitsmatrix aufzuspalten, also

$$\underline{\underline{R}} = a\,\underline{\underline{M}} + b\,\underline{\underline{C}}\ ,$$

und demzufolge ist das Differentialgleichungssystem auf üblichem Wege entkoppelbar. Für die nichtproportionale Dämpfung ist das nicht mehr möglich, so daß ein Trick angewendet wird. Mit Hilfe des Zusatzgleichungssystems

$$\underline{\underline{M}}\,\dot{\underline{y}} - \underline{\underline{M}}\,\dot{\underline{y}} = \underline{0}$$

wird aus dem obigen Differentialgleichungssystem 2. Ordnung ein Differentialgleichungssystem 1. Ordnung, das allerdings eine doppelt so große Dimension aufweist, d.h. für eine n-Massenschwinger haben die Matrizen die Dimension n x n. Die Rechnung wird dann fortan im Zustandsraum durchgeführt.

Das Ergebnis des homogenen Differentialgleichungssystems ist dann die entsprechende Anzahl an Eigenwerten und Eigenvektoren, also 2 n beim n-Massenschwinger. Während bei der proportionalen Dämpfung die Eigenvektoren wie im ungedämpften Fall immer reell darstellbar sind, treten diese im Fall der nichtproportionalen Dämpfung konjugiert komplex auf. Die Eigenwerte lassen sich allerdings wie auch bei der proportionalen Dämpfung, vorausgesetzt diese ist nur schwach ausgeprägt, konjugiert komplex darstellen. Mit Hilfe dieser Eigenvektoren ist das Differentialgleichungssystem dann entkoppelbar.

2.3 Strukturmodifikationstechnik (SMT)

Für die SMT treten daraufhin entsprechende Modifikationsmatrizen auf, je nach dem wo welche Veränderungen vorgenommen werden. Eine Voraussetzung zur Anwendung der SMT ist die Beibehaltung der Freiheitsgrade. Mittels zweier Transformationen mit Modalmatrizen, auf deren Form hier nicht näher eingegangen wird, wird das Differentialgleichungssystem dann entkoppelt.

Als Beispiel soll, wie im Bild 3 dargestellt, ein 4-Massenschwinger dienen. Die Modifikationen $\Delta\Theta_1$, Δr_4, Δc_1 sind, wie auf dem Bild 3 zu sehen, vorgenommen wurden. So sind sowohl für das Ausgangs- als auch für das modifizierte System die Eigenwerte und -vektoren bestimmt worden.

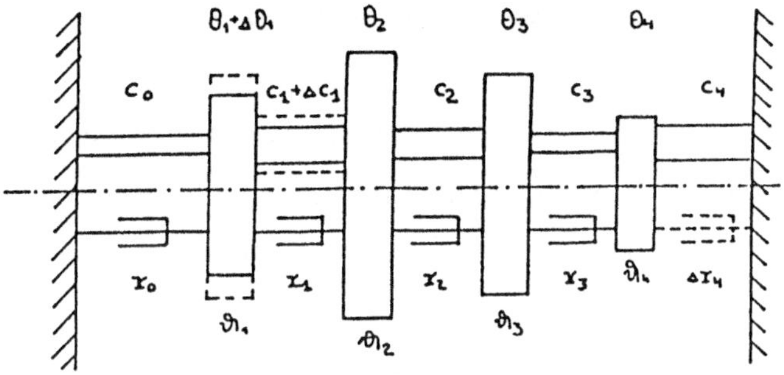

$$\underline{\underline{\Theta}}\,\ddot{\underline{\vartheta}} + \underline{\underline{R}}\,\dot{\underline{\vartheta}} + \underline{\underline{C}}\,\underline{\vartheta} = \underline{0}$$

Bild 3: Modell zur Anwendung der SMT

2.4 Substrukturtechnik (SST)

Bei der SST treten zusätzlich zu den Systemmatrizen Kopplungsmatrizen auf. Die Dimension der Matrizen bzw. des DGLS des gekoppelten Systems bei einer elastischen Kopplung läßt sich aus der jeweiligen Anzahl an Freiheitsgraden additiv ermitteln. Sollen z.B. ein 2- und ein 3-Massenschwinger gekoppelt werden, so hat das neue Differentialgleichungssystem die Dimension 5.

Ebenso wie bei der Strukturmodifikationstechnik erfolgt bei der Subtrukturtechnik die Berechnung im Zustandsraum, wobei die Eigenwerte und Eigenvektoren wiederum konjugiert komplex auftreten. Aus den Systemmatrizen der zu koppelnden Subsysteme und den Koppelmatrizen ergeben sich die neuen Systemmatrizen. Mit den jeweils aus den Eigenvektoren der Teilsysteme aufgebauten Modalmatrizen wird eine entsprechend neue Modalmatrix gebildet, mit der das DGLS transformiert wird. Eine anschließende 2. Transformation mit der Modalmatrix, die aus allen Eigenvektoren des gekoppelten Systems zusammengesetzt wird, wird das DGLS schließlich entkoppelt und ist so einfacher zu lösen. Damit lassen sich dann wiederum die Eigenwerte und Eigenvektoren des Gesamtsystems berechnen.

Ein kleines Beispiel soll das Verfahren verdeutlichen, und zwar die Kopplung eines 2- und 3-Massenschwingers, wie das Bild 4 zeigt, mit Hilfe einer Feder und eines Dämpfers, die jeweils eine lineare Kennlinie aufweisen.

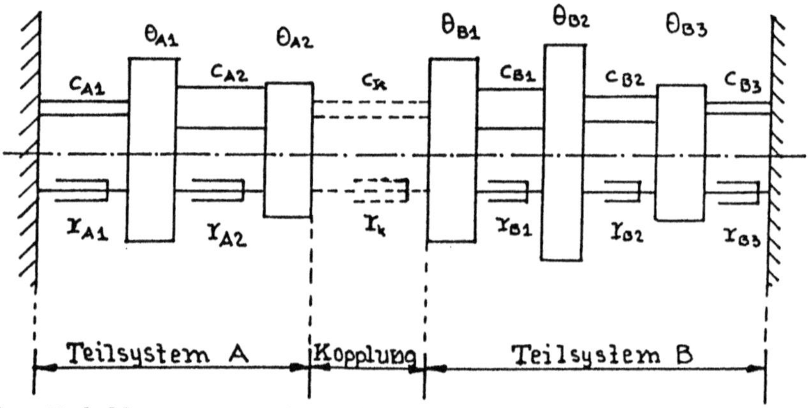

Bild 4: Modell zur Anwendung der SST

Die Berechnung liefert dann die modalen Größen der Einzelsysteme sowie die des gekoppelten Systems, wobei für das gekoppelte System als Gesamtsystem die modalen Größen separat vom Verfahren der SST bestimmt wurden. Die Übertragungsfunktion H_{ij} (iΩ) verdeutlicht die Güte des Verfahrens.

2.5 Experimentelle Vorgehensweise

Bei der experimentellen Vorgehensweise sind nun die Systemgrößen unbekannt, so daß mit Hilfe von Messungen die modalen Größen bestimmt werden müssen. Dies erfolgt i.a. mit Hilfe eines FFT-Analysators. Sind die modalen Größen dann bekannt, lassen sich mit Hilfe geeigneter Identifikationsverfahren die Systemmatrizen und damit alle Systemgrößen, wie Massen, Steifigkeiten und Dämpfungen, bestimmen. Anschließend kann dann ebenso eine Strukturmodifikation oder eine Substrukturrechnung durchgeführt werden, wie es zuvor schon erläutert wurde.

3 Praktische Einsatzmöglichkeiten

Der praktische Einsatz der beiden Verfahren ist sehr vielseitig. Denkbar sind demzufolge viele Realisierungen, die sich nicht allein auf die Fahrzeugindustrie beschränken. In diesem Rahmen wird jedoch nur auf Anwendungsbeispiele in der Automobilindustrie eingegangen.

3.1 Grundsätzlich

Die grundsätzliche Anwendbarkeit der SMT, sowie der SST ist in den schon vorgestellten Bildern 1 und 2 zu sehen.

3.2 Strukturmodifikation

Um von diesen schematischen Darstellung auf reale Probleme überzugehen, erfolgt für die SMT und SST eine Auflistung von Einsatzmöglichkeiten, die jedoch keinen Anspruch auf Vollständigkeit erhebt.

Als Einsatzgebiet der Modifikation sind folgende Gebiete denkbar:

- Kupplungsvariation,
- Variation des Schwungrades,
- Variation der Steifigkeit der Gelenkwelle oder
- Variation der Tilgerdaten, der z.B. an der Gelenkwelle angebracht ist.

Bei diesen Modifikationen wird das Ziel verfolgt, für den Menschen physisch oder psychisch störende Eigenformen zu vermeiden, bzw. die Elemente des Motors so abzustimmen, daß diese möglichst wenig schwingungstechnisch beansprucht werden und demzufolge verschleißärmer sind.

3.3 Substrukturtechnik

Für die SST sind folgende Anwendungsfälle denkbar:

- Zur Vermeidung von gefährlichen Drehschwingungen sollen angekoppelte Tilger, Dämpfer oder Tilger-Dämpfer-Kombinationen (GTD) dimensioniert werden. Es handelt sich hierbei um Systeme mit einem Freiheitsgrad, wobei sich
- der **Tilger** aus einem einfachen Feder - Masse System,
- der **Dämpfer** aus einem reinen Dämpfer - Masse System und
- schließlich die **Tilger-Dämpfer-Kombination** aus einer Feder, einen Dämpfer und einer Masse zusammensetzt.

Auch denkbar sind die
- Kombination von Motor und Getriebe mittels Kupplung

oder
- Fahrzeug mit Anhänger.

Es wären natürlich noch weitere Beispiele zu nennen, doch diese kleine Auswahl soll an dieser Stelle genügen.

4 Beispiel

Freundlicherweise sind die, für die Berechnung notwendigen, Daten von der Volkswagen AG zur Verfügung gestellt worden. Der Berechnung liegen Daten eines 1,6 l Dieselmotors eines PKW's zu Grunde. Anhand dieser Daten ist, ausgehend von dem von VW verwendeten Modell, das im Bild 5 dargestellt ist, ein einfacheres Ersatzsystem gebildet worden, um den wesentlichen Kern des Verfahrens der Substruktur- und der Strukturmodifikationstechnik zu verdeutlichen. Abweichend von den Daten ist die Dämpfung verzehnfacht worden, um die Effekte deutlicher hervorzuheben.

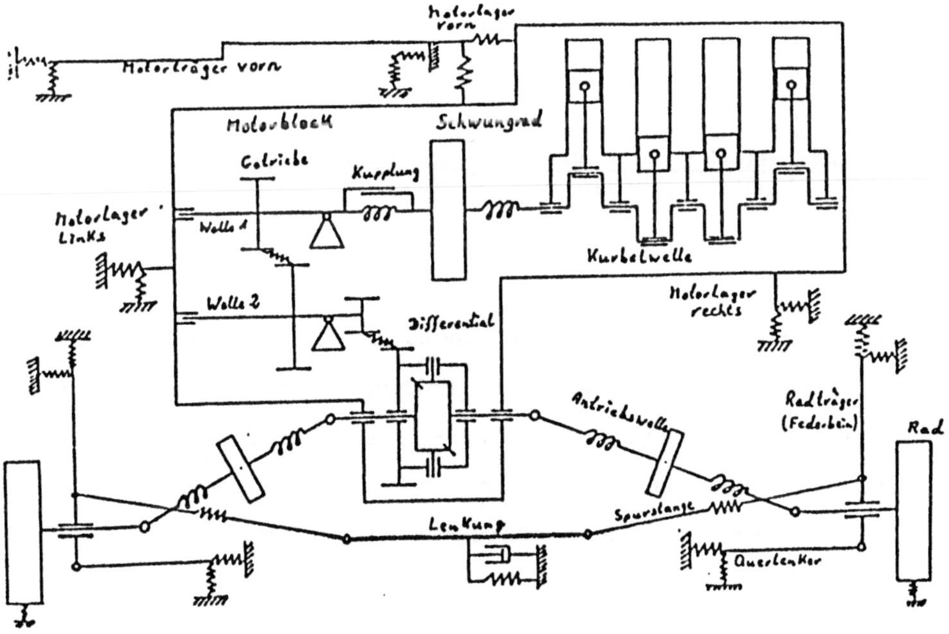

Bild 5: Modell eines PKW-Motors (nach VW)

4.1 Substrukturtechnik

Die Subtrukturtechnik ist anhand des gesamten Motors, wobei allerdings der Einfluß von der Lenkung unberücksichtigt geblieben ist, durchgeführt worden.

Das so gebildete Ersatzsystem besteht aus einer unverzweigten Welle, die mit neun Massen besetzt ist, was auch im Bild 6 zu sehen ist. Als einziger Freiheitsgrad ist jeweils der Drehfreiheitsgrad berücksichtigt worden.

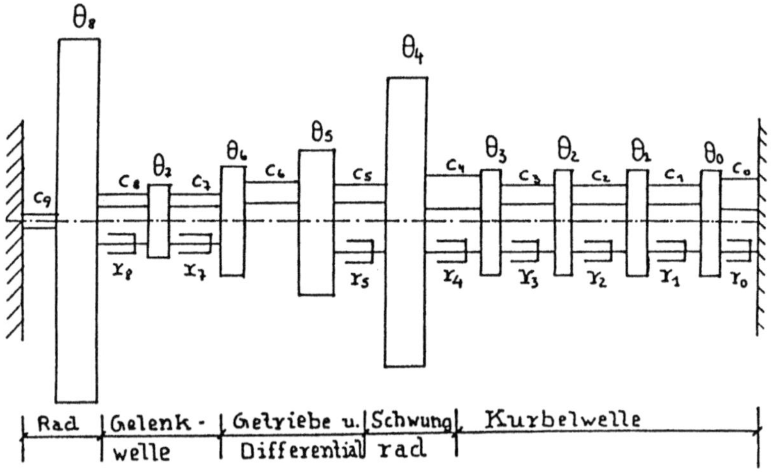

Bild 6: Ersatzmodell des Motors

Als erstes Element des Wellenstranges tritt die Kurbelwelle auf. Für die jeweiligen Drehmassen der Kolben der Kurbelwelle ist auf die Frahmsche Näherung zurückgegriffen worden, wobei davon ausgegangen wird, daß alle vier Kolben gleichermaßen aufgebaut sind, was in der Praxis auch allgemein üblich ist.

Für die jeweiligen Federsteifigkeiten ist nur eine Abschätzung mit Hilfe der Längenabmessungen zwischen den Kolben sowie der Abstände zur Schwungscheibe bzw. zum Keilriemen, was auch im Bild 7 dargestellt ist, vorgenommen worden.

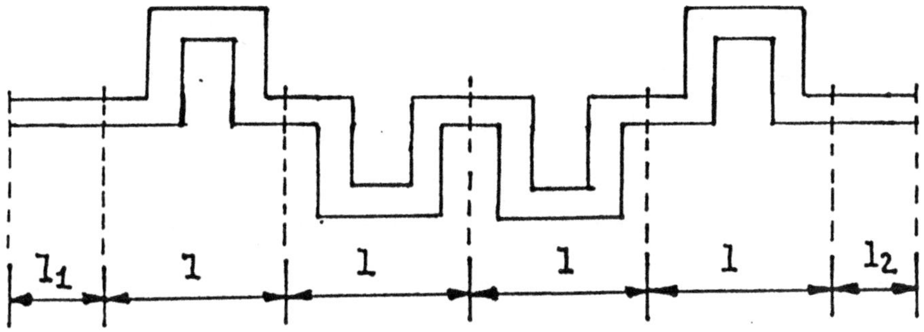

Bild 7: Schematische Darstellung der Längenabmessungen der Kurbelwelle

Mit der zusätzlichen Kenntnis der Gesamtsteifigkeit der Kurbelwelle sind die einzelnen Steifigkeiten aus der Reihenschaltung bestimmt worden. Die Verwendung einer Rekursionsformel, wie z.B. der von Carter, ist nicht möglich gewesen, da sämtliche erforderliche Daten nicht zur Verfügung standen. Bei dieser Abschätzung wird deutlich, daß die errechneten Steifigkeiten geringfügig höher sein müssen, als wenn sie mit der Rekursionsformel berechnet worden wären. Da aber in diesem Rahmen nur die prinzipielle Anwendung des Verfahrens gezeigt werden soll, genügen diese Werte den Anforderungen.

Die restlichen Daten konnten dann expliziet aus dem Datensatz von VW übernommen werden. Eine weitere Vereinfachung ist allerdings vorgenommen worden. Denn, um nicht mit einem verzweigten System rechnen zu müssen, sind die beiden Antriebsstränge zu einem

Wellenstück mit jeweils verdoppelten Parametern zusammengefaßt worden. Diese Vereinfachung ist durchaus plausibel, denn die jeweiligen Antriebswellen und Räder schwingen in Phase.

Anhand dieses Ersatzsystems wird die Substrukturtechnik durchgeführt. Das Ersatzsystem stellt sich dabei als Gesamtsystem dar, das in zwei praktisch sinnvolle Teilsysteme aufgespalten wird. Das Teilsystem A bildet die Kurbelwelle mit Schwungscheibe und das Teilsystem B stellt sich als Getriebe mit Differential sowie Antriebsstrang mit Gelenkwelle und Rad dar. Die Systeme werden schließlich mit der Kupplung gekoppelt. Dies ist im nachfolgendem Bild 8 dargestellt.

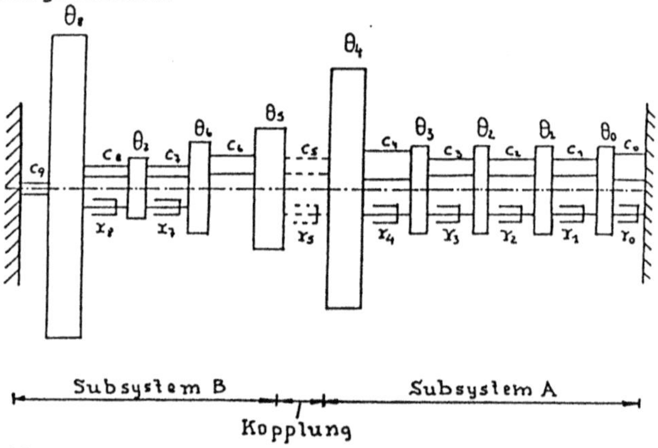

Bild 8: Teilsysteme A und B und Kopplungselement

Die Vorgehensweise der Substrukturtechnik erfolgt so, wie dies im Abschnitt 1 erläutert wurde. Der erste Schritt ist die getrennte Berechnung der modalen Größen für jedes Teilsystem. Mit Hilfe der Parameter der Kupplung wurden die Teilsysteme schließlich gekoppelt und die modalen Größen des Gesamtsystems berechnet. Um die Genauigkeit des Verfahrens zu überprüfen, wird das Gesamtsystem zusätzlich einer Modalanalyse unterworfen.

In der nachstehenden Tabelle 1 sind die Eigenwerte der Teilsysteme A und B sowie die des Gesamtsystems aufgeführt. Dabei sind die Eigenwerte des Gesamtsystems mittels Substrukturtechnik sowie direkt als Gesamtsystem berechnet zu unterscheiden.

Eigenwerte	
Teilsystem A	Teilsystem B
$\lambda_{1/6} = -12616{,}160 \pm i\ 5296{,}764$	$\lambda_{1/5} = -629{,}109 \pm i\ 3042{,}361$
$\lambda_{2/7} = -\ 9744{,}070 \pm i\ 7046{,}595$	$\lambda_{2/6} = -\ 46{,}687 \pm i\ 1415{,}512$
$\lambda_{3/8} = -\ 5512{,}489 \pm i\ 7170{,}591$	$\lambda_{3/7} = -\ 10{,}792 \pm i\ 495{,}182$
$\lambda_{4/9} = -\ 1667{,}401 \pm i\ 4686{,}562$	$\lambda_{4/8} = -\ 4{,}978 \pm i\ 7{,}520$
$\lambda_{5/10} = -\ 52{,}755 \pm i\ 883{,}236$	

Gesamtsystem C = A + B		
	Mit SST berechnet	direkt berechnet
$\lambda_{1/10}$ =	-12616,2208672 ± i 5296,6681591	-12616,2208443 ± i 5296,66815533
$\lambda_{2/11}$ =	-9744,25936905 ± i 7046,44738167	-9744,25938455 ± i 7046,44740194
$\lambda_{3/12}$ =	-5512,93334628 ± i 7170,51264546	-5512,9333438 ± i 7170,51264257
$\lambda_{4/13}$ =	-1669,03521057 ± i 4687,4477235	-1669,03520939 ± i 4687,44772752
$\lambda_{5/14}$ =	-629,082575736 ± i 3042,46900893	-629,082575733 ± i 3042,46900893
$\lambda_{6/15}$ =	-69,0534789046 ± i 1474,86419123	-69,0534789356 ± i 1474,86419126
$\lambda_{7/16}$ =	-93,1503823577 ± i 1048,71066485	-93,1503823321 ± i 1048,71066492
$\lambda_{8/17}$ =	-38,5472623732 ± i 718,893157576	-38,5472623657 ± i 718,893157554
$\lambda_{9/18}$ =	-0,47866026992 ± i 89,0419923837	-0,478660269906 ±i 89,0419923837

Eigenfrequenzen [Hz]		
	mit SST berechnet	direkt berechnet
f_1 =	2177,71262885	2177,71262526
f_2 =	1913,85398272	1913,85398661
f_3 =	1439,52708078	1439,52708018
f_4 =	791,911315884	791,911316424
f_5 =	494,46658109	494,466581089
f_6 =	234,989067477	234,989067481
f_7 =	167,564613697	167,564613707
f_8 =	114,57976144	114,579761436
f_9 =	14,1716779914	14,1716779915

Tabelle 1: Eigenwerte der Teilsysteme, Eigenwerte und Eigenfrequenzen des Gesamtsystems (mit SST und direkt berechnet)

Ein anschauliches Ergebnis liefert die Übertragungsfunktion. Die folgenden Bilder 9 und 10 zeigen die Übertragungsfunktionen H_{ij} $(i\Omega)$ zwischen der 1. und der 3. Masse sowohl für das mittels Subtrukturtechnik gewonnenen Gesamtsystem sowie für das direkt berechnete System.

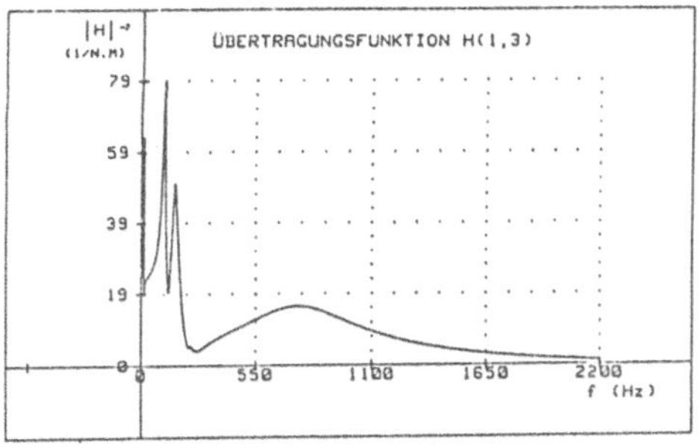

Bild 9: H_{13} (iΩ)

mit SST berechnet

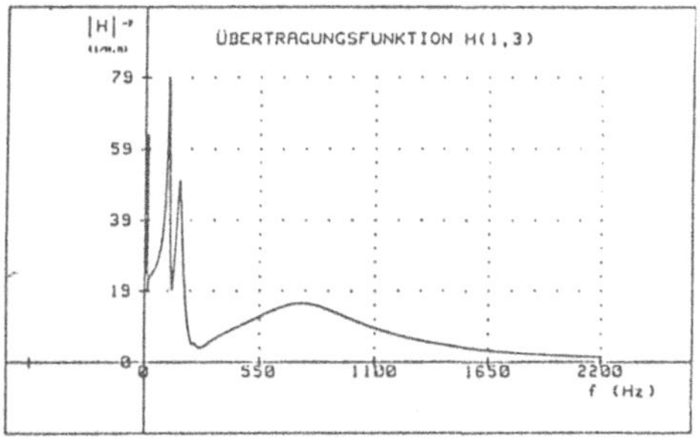

Bild 10: H_{13} (iΩ)

direkt berechnet

Aus den Bilder wird deutlich, daß in der Übertragungsfunktion kein wesentlicher Unterschied zu erkennen ist. Dieser ist in der Tat sehr gering, denn aus den Werten der Eigenfrequenzen, siehe Tabelle 1, wird ersichtlich, daß die Abweichung sich erst weit hinter dem Komma bemerkbar macht.

4.2 Strukturmodifikationstechnik

Mittels der Strukturmodifikationstechnik ist die Auswirkungen der Anbringung eines Tilgers an die Gelenkwelle untersucht worden. Als Gesamtsystem ist dabei das, bei der Substrukturtechnik als System B zuzüglich der Kupplung bezeichnete, System verwendet worden. Der Tilger ist mit einer Feder und einem Dämpfer ausgestattet und als fünfte Masse an die Gelenkwelle gekoppelt. Das System ist im folgendem Bild 11 dargestellt. Die Einspannung an der Kupplungsseite ist insofern gerechtfertigt, da das Massenträgheitsmoment der Schwungscheibe wesentlich größer ist als die übrigen Massenträgheitsmomente.

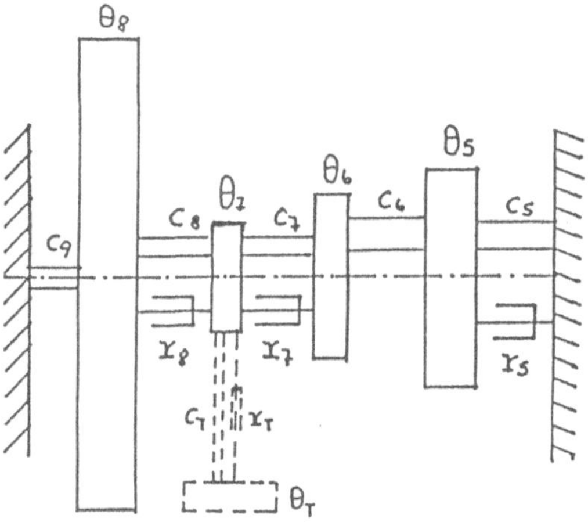

Bild 11:

Ersatzsystem, zur Anwendung der SMT

Dieses System ist hinsichtlich seiner Eigenwerte untersucht worden. Dabei sind die modalen Größen für das System mit variierenden Tilgerdaten berechnet worden und damit der Tilger optimiert worden. Die Ausgangsdaten für den Tilger sind aus einem Bericht entnommen. An diesem Tilger sind das Massenträgheitsmoment und die Dämpfung erhöht worden, während die Steifigkeit verringert wurde. Die so erhaltenen Eigenwerte und Eigenfrequenzen sind in der unten stehenden Tabelle 2 aufgeführt. Für den optimierten Tilger sind die Eigenwerte mittels Strukturmodifikationstechnik und die als Gesamtsystem direkt berechneten zu unterscheiden.

Eigenwerte des vorgegebener Tilgers
$\lambda_{1/6} = 577{,}859 \pm i\ 3761{,}112$
$\lambda_{2/7} = 84{,}886 \pm i\ 1810{,}147$
$\lambda_{3/8} = 55{,}598 \pm i\ 1283{,}932$
$\lambda_{4/9} = 60{,}26 \pm i\ 807{,}043$
$\lambda_{5/10} = 0{,}505 \pm i\ 91{,}918$

Eigenwerte des optimierter Tilgers		
	mit SMT berechnet	direkt berechnet
$\lambda_{1/6}$ =	-1946,72625241 ± i 2162,25564254	-1946,72523803 ± i 2162,24964905
$\lambda_{2/7}$ =	-193,506617686 ± i 1528,15650791	-193,50722762 ± i 1528,15611148
$\lambda_{3/8}$ =	-110,073063362 ± i 841,883968744	-110,073366398 ± i 841,883656916
$\lambda_{4/9}$ =	-11,7075017951 ± i 96,6023821126	-11,7075968654 ± i 96,6014442157
$\lambda_{5/10}$ =	-0,13590606248 ± i 3,35196293105	-0,13591250031 ± i 3,35163817151
Eigenfrequenzen des optimalen Tilgers [Hz]		
	mit SST berechnet	direkt berechnet
f_1 =	463,058635159	463,057818228
f_2 =	245,155814849	245,15576445
f_3 =	135,130391362	135,130348405
f_4 =	15,4872446235	15,4870982574
f_5 =	0,533919788454	0,533868185317

Tabelle 2: Eigenwerte des vorgegebenen Tilgers, Eigenwerte und Eigenfrequenzen des optimierten Tilgers

Die Auswirkungen dieser Variationen wird mit der Übertragungsfunktion H_{ij} $(i\Omega)$ im nachfolgendem Bild 12 zwischen der 1. und der 3. Masse veranschaulicht. Vergleichsweise ist im Bild 13 die Übertragungsfunktion für den optimalen Tilger dargestellt worden, die aus der direkten Berechnung ermittelt wurde.

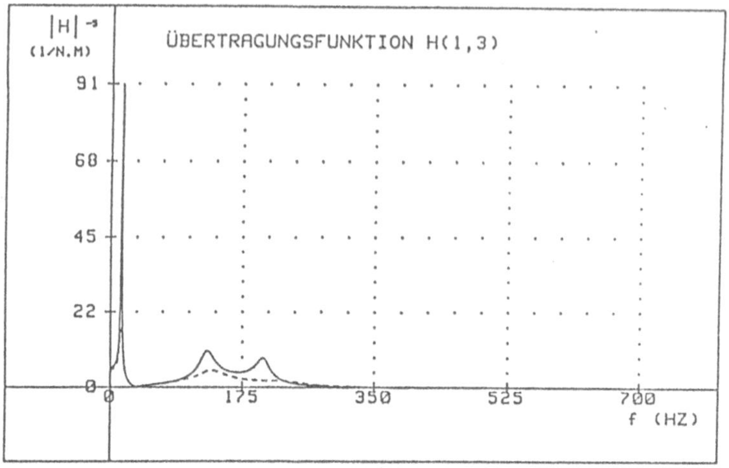

Bild 12: H_{13} (iΩ) ——— des vorgegebenen Tilgers
- - - - - " optimierten "

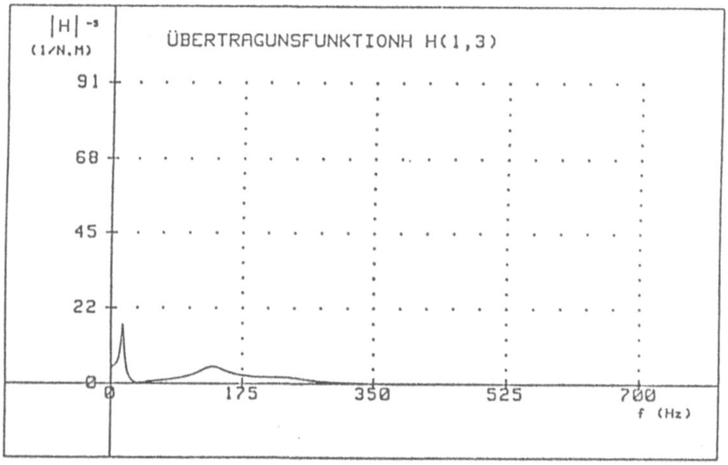

Bild 13: H13 (iΩ) direkt berechnet

Es ist ersichtlich, daß die optimierten Tilgerdaten eine Verschiebung der Eigenfrequenzen sowie geringere Spitzenwerte hervorrufen. Diese Optimierung läßt sich nun beliebig fortführen, bis die für den Anwender optimale Übertragungsfunktion entsteht. Vor der Berechnung muß natürlich weiterhin beachtet werden, ob diese

Variation der Tilgerdaten überhaupt möglich ist, also ob vorhandene Restriktionen bei der Optimierung erfüllt sind:

Denn es ist i.a. sinnvoll auf handelsübliche Tilger zurückzugreifen. Außerdem ist jeweils zu prüfen, ob der optimierte Tilger aus Festigkeitsgründen zu verwirklichen ist.

5 Zusammenfassung

Zusammenfassend läßt sich sagen, daß sich mit Hilfe des vorgestellten Verfahrens der Strukturmodifikationstechnik bzw. der Substrukturtechnik ein System mit nichtproportionaler Dämpfung berechnen läßt. In beiden Fällen erfolgt die Berechnung im Zustandsraum und das DGLS wird mittels zweier Transformationen entkoppelt.

Es ist also auch für ein nichtproportional gedämpftes System, das aus Teilsystemen zusammengesetzt ist, möglich, diese Teilsysteme einzeln zu untersuchen und mittels des vorgestellten Verfahrens zu koppeln, ohne daß eine erneute Berechnung des Gesamtsystems notwendig wäre.

Ebenso läßt sich eine Modifikation an einem schon untersuchten System durchführen, ohne das modifizierte System vollständig neu zu untersuchen.

Dies hat auch für die eigentliche experimentelle rechnergestützte Modalanalyse Vorteile, denn es ist zwar das zu untersuchende Objekt für die Messung notwendig, doch müssen an diesem keine

Modifikationen vorgenommen werden, um Veränderungen zu diskutieren.

Ebenso ist eine jeweils getrennte Modalanalyse zweier zu koppelnder Elemente möglich. Das ist z.B. dann notwendig, wenn die zwei zu verbindenden Teile in verschiedenen Werken oder Abteilungen gefertigt werden und das Gesamtsystem im vorhinein untersucht werden soll oder der sich dann ergebende Versuchsaufbau sehr groß wird, woraus sich Probleme für eine vernünftige Erregung im Rahmen der Modalanalyse ergeben.

So ist es mit Hilfe der gewonnenen modalen Größen und Systemdaten sowie der Kenntnis der Koppelglieder rein rechentechnisch möglich, das System zu untersuchen. Auch ist eine Diskussion der zu verwendenden Koppelglieder möglich, bevor die Teile zusammenmontiert werden.

6 Ausblick

Aufgrund der guten Ergebnisse, die das Verfahren erzielt, wäre es natürlich wünschenswert, diesen Rechenalgorithmus in der Modalanalysesoftware zu integrieren, wodurch weitere Anwendungsmöglichkeiten für die Modalanalyse gewonnen wären.

7. Literatur

/1/ **W.C. Hurty:** Dynamic analysis of substructural systems using component modes. AIAA Journal, Vol.3, No. 4, 1963, pp.678-685

/2/ **R. Greif, L. Wu:** Dynamic response of nonproportional damped systems using a successive transformation technique. Proceeding of IMAC - IV, 1986 , Florida, pp. 349-353

/3/ **R.R. Jr. Craig, Y.T. Chung:** A generalized substructure coupling procedure for damped systems. AIAA paper, No. 81-0560, 1981, pp. 254-266

/4/ **T.K. Hasselman, A. Kaplan:** Dynamic analysis of large systems by complex mode synthesis. Journal of dynamic systems, measurement and control. Trans. ASME V. 96, Ser. G., September 1974, pp. 327-333

/5/ **L. Wu, R. Greif:** Substructuring and modal synthesis for damped systems. Journal of Sound and Vibration, V. 90(3), 1983, pp. 407-422

/6/ **E. Breitbach:** Bestimmung der Kopplungsglieder und der Bewegungsgleichungen einer aus mehreren elasto-mechanischen Teilsystemen zusammengesetzten Flugkonstruktion. Zeitschrift für Flugwissenschaft, Vol. 18, Heft 9/10,1970

/7/ **E. Breitbach:** Modalsynthesis: Modalcorrection - Modal coupling. By H.G. NATKE "Identification of vibrating structures", Springer-Verlag, Wien-New York, 1982, pp. 321-348

/8/ **F.H. Müller, J. Baseler:** Zur Eigenformmethode nichtproportional gedämpfter Schwingungssysteme. Ingenieur - Archiv, 55 (1985), pp. 348-357

/9/ **J.H. Willkinson:** The algebraic eigenvalue problem. Clarendon Press, 1977, Oxford

/10/ **L. Li , W. Stühler:** Strukturmodifikation mit den Modal - Korrektur - Verfahren für das System mit nicht proportionaler Dämpfung. Ingenieur - Archiv, (58), 1988, S. 466 - 473

/11/ **L. Li , W. Stühler:** Modalsynthese - Viscoelastische Kopplung von nicht proportional gedämpften Substrukturen. Ingenieur - Archiv, (59), 1989

Rechnergestützte Fahrzeugsimulation mit dem Programmsystem NUSTAR

von G. Siegl

Zusammenfassung

In diesem Beitrag wird ein räumlich nichtlineares Mehrkörperprogrammsystem (MKS) vorgestellt, das bei der Industrieanlagen-Betriebsgesellschaft (IABG) entwickelt wurde und hauptsächlich als Instrument zur Erstellung komplexer Fahrzeugmodelle genutzt wird. Die Modelle dienen dem Studium des Fahrverhaltens unter diversen Randbedingungen. Die Modellerstellung erfolgt fehlerfrei und kostengünstig auf numerischer Basis. Modellvarianten lassen sich in kürzester Zeit realisieren.

Einleitend wird der Aufbau der Bewegungsgleichungen erläutert. Neben einfachen Feder-Dämpfer-Kopplungen spielen bei MKS-Programmen kinematische Bindungen in Form von Gelenken eine bedeutende Rolle. Diese Bindungen reduzieren die Zahl der Systemfreiheitsgrade und führen auf Differentialalgebraische Gleichungssysteme. Die algebraischen Nebenbedingungen werden mit der Methode von Baumgarte [1] behandelt. NUSTAR besitzt eine Bibliothek mit unterschiedlichen Standard-Verbindungselementen. Diese beinhaltet bisher verschiedene Gelenktypen sowie lineare und nichtlineare Feder-Dämpfer Verbindungselemente. Die stetige Erweiterung der Bibliothek wird von praktischen Erfordernissen bestimmt. Insbesondere im Hinblick auf die Fahrzeugsimulation sind eine Reihe von Spezialelementen entwickelt worden. Hierzu zählen Reifenmodelle unterschiedlicher Komplexität, Antriebs- und Fahrermodule, verschiedene hydrodynamische Regler und Stellmotore sowie eine Bibliothek mit Straßen- und Geländedaten. Das Programmsystem erlaubt die Berechnung sämtlicher Weg-, Geschwindigkeits-, und Beschleunigungsgrößen sowie die Radaufstandskräfte und Gelenkkräfte im inertialen und in mitbewegten Basissystemen. Die Aufbereitung der Ergebnisse wird in einem Postprozessor in Form herkömmlicher Zeitliniendiagramme oder als 3D-Animation des Modells vorgenommen. Zur Demonstration der Leistungsfähigkeit von NUSTAR wird ein LKW-Modell vorgestellt.

1. *Einleitung*

Die Untersuchung des dynamischen Verhaltens komplexer räumlich ausgedehnter technischer Strukturen hat in den letzten Jahren zunehmend an Bedeutung gewonnen. Durch die Weiterentwicklung auf dem Gebiet der Rechnertechnologie steht heute an vielen Arbeitsplätzen ausreichend Computerleistung zur Lösung umfangreicher numerischer Aufgaben bereit.

Zur Untersuchung der dynamischen Eigenschaften von Land-, Luft-, und Raumfahrzeugen sowie von Robotern und Prüfständen hat sich der Einsatz von Mehrkörper-Programmsystemen (MKS) vielfach bewährt. Auf dem Gebiet der MKS-Software existieren derzeit eine Vielzahl Programme. International am verbreitetsten sind wohl die Programmsysteme ADAMS [2] und DADS [3]. Der Grund dafür ist hauptsächlich die Verbreitung und Wartung durch bekannte Software Häuser. Nachteile beim Verwenden fertiger Programmsysteme treten meist dann in Erscheinung, wenn Aufgaben zu lösen sind, die mit den eingebauten Standard-Elementkatalogen und Programmoptionen nicht lösbar sind. Dann ist es notwendig, ein Programmsystem nicht nur von der Anwenderseite her zu kennen, sondern auch die Methodik zum Aufbau der Simulationsgleichungen sowie zur Behandlung von Nebenbedingungen und Lösungsalgorithmen, um entsprechende Erweiterungen in kürzester Zeit vornehmen zu können. Aus diesem Grunde wurde bei der Industrieanlagen Betriebsgesellschaft (IABG) in Ottobrunn das Programmsystem NUSTAR (von NUmerisches STARrkörperprogramm) entwickelt. Es liegt damit eine erste Programmversion vor, die alle wesentlichen Leistungsmerkmale der verbreiteten MKS-Software sowie die speziell zur Fahrzeugmodellierung erforderlichen Komponenten beinhaltet. Weiterentwicklungen werden bei Bedarf hinzugefügt.

2. *Modellbildung*

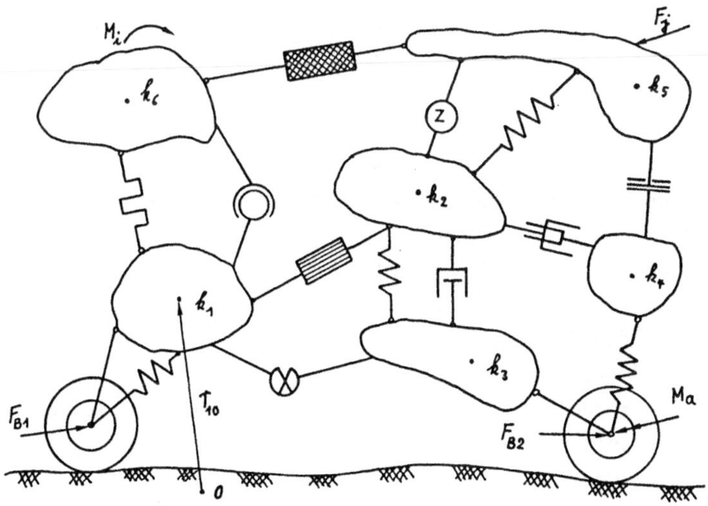

Bild 1: Physikalisches Ersatzsystem

Der erste Schritt beim Erstellen eines Simulationsmodells betrifft die Bildung des physikalischen Ersatzsystems. Dazu wird die reale technische Struktur je nach Anforderung in starre Teilkörper zerlegt, die über Koppelelemente untereinander oder mit der Umgebung verbunden werden (vergl. Bild 1.). Als Standardverbindungselemente stehen eine Reihe unterschiedlicher Feder-, Dämpfer-, Gelenk-, und Reifenmodelle zur Verfügung (siehe die Tabellen 2 bis 4). Für spezielle Anforderungen kann ein Anwender eigene FORTRAN-Unterprogramme an dafür vorgesehene Programmschnittstellen anbinden.

3. *Bewegungsgleichungen*

Zur Herleitung der Bewegungsgleichungen des MKS werden die Newton-Eulerschen Gleichungen unter Verwendung des Schnittprinzips eingesetzt. Dazu wird aus dem Ersatzsystem des Bildes 1 der k-te Körper herausgelöst (vergl. Bild 2).

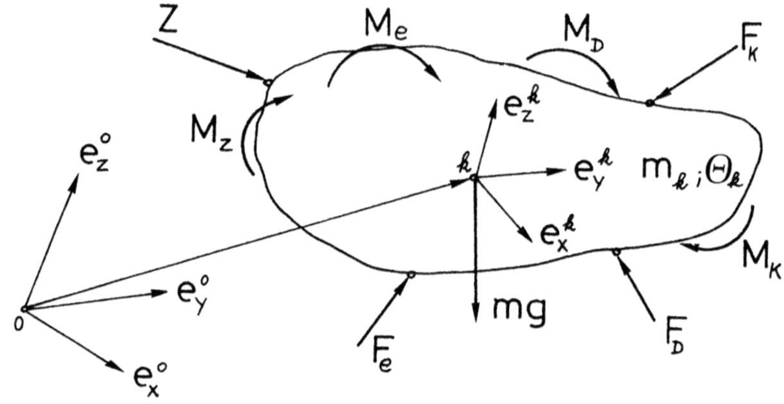

Bild 2: Einzelkörper mit Schnittkräften und Schnittmomenten

An den durchtrennten Bindungen zu den Nachbarkörpern greifen

- Reaktionskräfte aus Federn F_k
- Reaktionskräfte aus Dämpfern F_D
- äußere eingeprägte Kräfte F_e
- Zwangskräfte Z
- äußere eingeprägte Momente M_e
- Reaktionsmomente M_k , M_D aus Feder- und Dämpferkopplungen und
- Zwangsmomente M_z

an. Die räumliche Position des k-ten Körperschwerpunktes k wird durch den im Inertialsystem B^0 gemessenen Ortsvektor r^0_{k0} festgelegt. Das Newtonsche Grundgesetz lautet damit

$$m_k \cdot \ddot{r}^0_{k0} = \sum_{j=1}^{n} F^0_{kj} + \sum_{i=1}^{r} F^0_{Di} + \sum_{k=1}^{p} F^0_{ek} + \sum_{l=1}^{s} Z^0_l - m_k \cdot g \cdot e^0_z \qquad (1)$$

wenn am Körper n Federkräfte, r Dämpferkräfte, p äußere eingeprägte Kräfte und s Zwangskräfte sowie die in negative z^0-Richtung wirkende Schwerkraft angreifen.

Die Eulersche Gleichung in Form des Drallsatzes wird zweckmäßigerweise in der körperfesten Hauptachsenbasis B^k angesetzt, weil dafür die Matrix des Trägheitsmomententensors nur zeitlich konstante Elemente auf der Hauptdiagonalen enthält:

$$\Theta^k_k \cdot \dot{\omega}^k_{0k} + \tilde{\omega}^k_{0k} \cdot \Theta^k_k \cdot \omega^k_{0k} = \sum_{j=1}^{\alpha} M^k_{Zj} + \sum_{i=1}^{\delta} M^k_i \qquad (2)$$

In (2) wirken α Zwangsmomente und δ Momente aus Feder- und Dämpferkopplungen. Das Kreuzprodukt im Kreiselmomentenanteil wurde mit

$$\omega^k_{0k} \times =: \tilde{\omega}^k_{0k} = \begin{bmatrix} 0 & -\omega^k_z & \omega^k_y \\ \omega^k_z & 0 & -\omega^k_x \\ -\omega^k_y & \omega^k_x & 0 \end{bmatrix} \qquad (3)$$

als schiefsymmetrische Matrix abgekürzt. Die Komponenten von $\tilde{\omega}^k_{0k}$ sind die des Winkelgeschwindigkeitsvektors des k-ten Körpers relativ zur Inertialbasis projiziert auf die Achsen der B^k-Basis

$$\omega^k_{0k} = [\ \omega^k_x \ ;\ \omega^k_y \ ;\ \omega^k_z\ ]^T \qquad (4)$$

Eine Rotation des Körpers k gegenüber der ruhenden Umgebung wird durch Angabe der zeitlich veränderlichen Orientierungsmatrix A^{0k} beschrieben. Ihre Zeilenvektoren ergeben sich durch Projektion der Einheitsvektoren der B^k-Basis auf die Achsen der B^0-Basis. A^{0k} kann als Funktion eines Satzes dreier Drehwinkel (z.B. Euler- oder Kardanwinkel) oder der Eulerparameter [4] e_0, e_1, e_2, e_3 ausgedrückt werden.

$$A^{0k} = 2 \cdot \begin{bmatrix} e_0^2 + e_1^2 - 1/2 & e_1 e_2 - e_0 e_3 & e_1 e_3 + e_0 e_2 \\ e_1 e_2 + e_0 e_3 & e_0^2 + e_2^2 - 1/2 & e_2 e_3 - e_0 e_1 \\ e_1 e_3 - e_0 e_2 & e_2 e_3 + e_0 e_1 & e_0^2 + e_3^2 - 1/2 \end{bmatrix} \qquad (5)$$

Die Eulerparameter sind die Komponenten der Quaternione [5]

$$\underset{\sim}{e} = [\, e_0 \;;\; e \,]^T \tag{6}$$

wobei der Vektor

$$e = [\, e_1 \;;\; e_2 ;\; e_3 \,]^T = e_a \cdot \sin(\varphi/2) \tag{7}$$

in Richtung der momentanen Körperdrehachse e_a weist und der Skalar als

$$e_0 = \cos(\varphi/2) \tag{8}$$

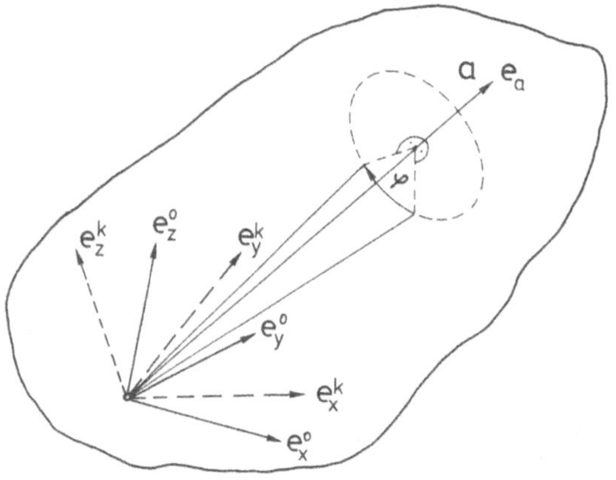

Bild 3: Drehung eines Körpers um die Raumachse a

definiert ist (vergl. Bild 3). Die zeitliche Änderung der Orientierung der Hauptachsenbasis B^k bezüglich der Inertialbasis B^0 wird von der Poisson'schen Differentialgleichung

$$\dot{A}^{0k} = A^{k0} \cdot \tilde{\omega}_{0k}^{k} \tag{9}$$

vermittelt. Aus (9) lassen sich insgesamt 9 skalare Differentialgleichungen 1. Ordnung isolieren, die aber zur Berechnung von $A^{0k}(t)$ nicht alle integriert werden müssen. Hierzu reichen prinzipiell drei Gleichungen aus. Unter Nutzung der Orthonormalität von A^{0k} lassen sich dann alle Matrixelemente berechnen. Bei Verwendung von Euler- oder Kardanwinkeln ergeben sich jedoch für spiezielle Winkel Singularitäten bei der Berechnung der Elemente von A^{0k}. Diese werden durch Einführung der Euler-Parameter vermieden, weshalb die Poisson'sche Differentialgleichung in Quaternionenform

$$\dot{\underset{\sim}{e}} = (1/2) \cdot R_e \cdot \underset{\sim}{\omega}^k \qquad \text{mit} \tag{10}$$

$$\dot{\underset{\sim}{e}} = [\, \dot{e}_0 \,;\, \dot{e}_1 \,;\, \dot{e}_2 \,;\, \dot{e}_3 \,]^T \tag{10a}$$

$$\underset{\sim}{\omega}^k = [\, 0 \,;\, \omega_x^k \,;\, \omega_x^k \,;\, \omega_x^k]^T \tag{10b}$$

$$R_e = \begin{bmatrix} e_0 & -e_1 & -e_2 & -e_3 \\ e_1 & e_0 & e_3 & -e_2 \\ e_2 & -e_3 & e_0 & e_1 \\ e_3 & e_2 & -e_1 & e_0 \end{bmatrix} \tag{10c}$$

verwendet wird, wobei stets die Nebenbedingung

$$e_0^2 + e_1^2 + e_2^2 + e_3^2 = 1 \tag{11}$$

gilt. Die erste Zeile in (10) entspricht der zeitlichen Ableitung von (11). Aus dem Integrationsprozeß kann diese fortfallen, weil Gl.(11) die Unbekannte e_0 liefert. Mit Hilfe des Vektors der verallgemeinerten Koordinaten

$$q_k = [\, x \,,\, y \,,\, z \,,\, e_0 \,,\, e_1 \,,\, e_2 \,,\, e_3 \,]_k^T \tag{12}$$

ist die räumliche Lage des k-ten Körpers eindeutig festgelegt.

Reaktionskräfte

Die Reaktionskräfte zwischen den Punkten P und Q benachbarter Körper (vergl. Bild 5) ergeben sich aus der physikalischen Wirkung des Koppelelementes. Für die lineare Feder gilt das Gesetz

$$F_{QP}^0 = k \cdot (\, |r_{QP}| - l_0) \cdot e_{QP}^0 = k \cdot (\, 1 - l_0/|r_{QP}|\,) \cdot r_{QP}^0 \tag{13}$$

wobei mit

k =: Federkonstante

l_0 =: Entspannte Federlänge

abgekürzt wurde. Der Verbindungsvektor zwischen P und Q lautet

$$r_{QP}^0 = r_{j0}^0 - r_{i0}^0 + A^{0j} \cdot r_{Qj}^j - A^{0i} \cdot r_{Pi}^i \tag{14}$$

wobei A^{0j} bzw A^{0i} die Orientierungsmatrizen der körperfesten Hauptachsenbasen B^i und B^j bezüglich der Inertialbasis B^0 bedeuten.

Beim linearen Dämpfer wird vorausgesetzt, daß die Dämpferkraft in Richtung des Einheitsvektors e^0_{QP} weist; d.h.

$$F^0_D = d\cdot(\dot{r}^0_{QP}\cdot e^0_{QP})\cdot e^0_{QP} = (d/|r^0_{QP}|^2)\cdot(\dot{r}^0_{QP}\cdot r^0_{QP})\cdot r^0_{QP}\ . \qquad (15)$$

Hier ist d der Dämpfungsfaktor. Die zeitliche Ableitung von (14) liefert den Geschwindigkeitsvektor

$$\dot{r}^0_{QP} = \dot{r}^0_{j0} - \dot{r}^0_{i0} + \dot{A}^{0j}\cdot r^j_{Qj} - \dot{A}^{0i}\cdot r^i_{Pi} \qquad (16)$$

bzw. durch Einsetzen der Poisson'schen Dgl. (9)

$$\dot{r}^0_{QP} = \dot{r}^0_{j0} - \dot{r}^0_{i0} + A^{0j}\cdot\tilde{\omega}^j_{0j}\cdot r^j_{Qj} - A^{0i}\cdot\tilde{\omega}^i_{0i}\cdot r^i_{Pi}$$

oder analog

$$\dot{r}^0_{QP} = \dot{r}^0_{j0} - \dot{r}^0_{i0} - A^{0j}\cdot\tilde{r}^j_{Qj}\cdot\omega^j_{0j} + A^{0i}\cdot\tilde{r}^i_{Pi}\cdot\omega^i_{0i}$$

Komplizierter als die oben betrachteten Reaktionskräfte sind die analytischen Zusammenhänge für die Gelenkreaktionen. Diese sogenannten Zwangskräfte werden in NUSTAR als holonom skleronom vorausgesetzt. Zwangskräfte entstehen an den als ideal angenommenen Gelenken, worunter man masselose sowie reibungs- und spielfreie Mechanismen versteht. In diesem Fall lassen sich für die Gelenkgrundformen die Nebenbedingungen

$$\Phi(q,t) = 0 \qquad (18)$$

formulieren, welche die Systemfreiheitsgrade um die Zahl der skalaren Zwangsbedingungen reduzieren. In verschiedenen Vorgehensweisen [6],[7] wird der Zustandsvektor auf die Minimalzahl der verbleibenden Freiheitsgrade reduziert. Dies hat im allgemeinen zur Folge, daß die Massenmatrix mit Koppeltermen außerhalb der Hauptdiagonalen besetzt ist. In NUSTAR wird dagegen keine Reduktion der Zahl der Freiheitsgrade vorgenommen.
Die Reaktionskräfte in den Gelenken werden mit Hilfe der Lagrange-Multiplikatoren angesetzt und in herkömmlicher Weise verarbeitet. Dies hat zwar den Nachteil, daß die Zahl der Differentialgleichungen maximal ist, dafür bleibt die Massenmatrix aber bis auf zusätzliche Jacobi-Blöcke (siehe Gl. (22)) diagonal besetzt. Die getroffenen Voraussetzungen recht-

fertigen für die Zwangskräfte den Ansatz

$$Z = \sum_{j=1}^{n} (\partial\Phi(q,t)/\partial q_j) \cdot \lambda(t) \quad = J^T \cdot \lambda(t) \tag{19}$$

wobei mit J^T die Jacobi-Matrix gebildet aus den Ableitungen der Nebenbedingungen (18) nach den verallgemeinerten Koordinaten des Systems und mit $\lambda(t)$ die im allgemeinen zeitlich veränderlichen Lagrange Multiplikatoren bezeichnet werden. Die Zwangskräfte (19) und deren Momente werden in (1) und (2) eingesetzt. Nach einer Idee von Baumgarte [1] lassen sich die Nebenbedingungen (18) auf Beschleunigungs- und Geschwindigkeitsebene formulieren und zur Beziehung

$$\ddot{\Phi} + \alpha \cdot \dot{\Phi} + \beta \cdot \Phi = 0 \tag{20}$$

zusammenfügen. Die Baumgarte-Dgl. (20) zeigt bei geeigneter Wahl der Konstanten α und β asymptotisch stabiles Verhalten. Formal kann (20) mit (18) als

$$J \cdot [\ddot{r}_j \, ; \, \dot{\omega}^j_{0j}]^T = g_k (q_k , \dot{q}_k , \alpha , \beta , \omega^k_{0k}) \tag{21}$$

dargestellt und mit den Beziehungen (1), (2), (19) und (21) zum Gesamtsystem der Bewegungsgleichungen

$$\left[\begin{array}{cc|c} m_k \cdot E & 0 & \\ 0 & \Theta^k_k & J^T \\ \hline J & & 0 \end{array} \right] \left[\begin{array}{c} \ddot{r}_k \\ \dot{\omega}^k_{0k} \\ \hline \lambda \end{array} \right] = \left[\begin{array}{c} \sum_{j=1}^{n} F^0_j - m_k \cdot e^0_z \\ \sum_{j=1}^{n} M^k_j - \tilde{\omega}^k_{0k} \cdot \Theta^k_k \cdot \omega^k_{0k} \\ \hline g_k (r_k , \dot{r}_k , \alpha , \beta , \omega^k_{0k}) \end{array} \right] \tag{22}$$

zusammengefaßt werden.

Grundformen kinematischer Bindungen

Eine Auswahl der wichtigsten Gelenke läßt sich durch Kombination weniger Bindungsgleichungen beschreiben. In diesem Beitrag sollen aus Platzgründen nicht alle in NUSTAR integrierten Gelenke behandelt werden. Weitere Bindungsrelationen kann man der Arbeit [8] entnehmen. Die am häufigsten gebrauchte sogenannte Vektorschleifenbindung liest man aus dem Bild 4 ab. Hierbei wird die Forderung erhoben, daß die Punkte P und Q zu allen Zeiten aufeinanderliegen, was gleichbedeutend mit $r^0_{QP} = 0$ ist. Mit (14) ergibt sich die Nebenbedingung

$$\Phi_1 = r^0_{j0} - r^0_{i0} + A^{0j} \cdot r^j_{Qj} - A^{0i} \cdot r^i_{Qi} \quad =: 0 \tag{23}$$

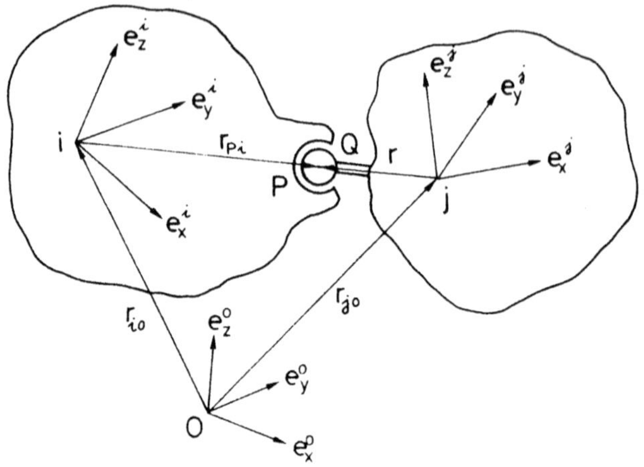

Bild 4: Vektordiagramm zum Kugelgelenk

Eine weitere Relation ist die sogenannte Orientierungsschleife

$$A^{PQ} = A^{Pi} \cdot A^{ij} \cdot A^{jQ} \tag{24}$$

der in den Punkten P und Q installierten Gelenkachsensysteme. Die Transformation A^{PQ} stellt die Richtungscosinusmatrix der Einheitsvektoren von B^Q ausgedrückt in B^P dar. Setzt man voraus, es existiere der Vektor $r^0_{QP} \neq 0$ und bildet diesen in der B^P-Basis ab

$$r^P_{QP} = A^{P0} \cdot r^0_{QP} = A^{Pi} \cdot A^{i0} \cdot r^i_{Pi}$$

bzw. mit (14)

$$r^P_{QP} = A^{Pi} \cdot \left\{ r^i_{j0} - r^i_{i0} + A^{ij} \cdot r^j_{Qj} - r^i_{Pi} \right\} \tag{25}$$

so kann z.B. gefordert werden, daß r^P_{QP} zu allen Zeiten die Richtung der e^P_x-Achse haben soll. Dazu muß die y- und z-Komponente in (25) null gesetzt werden:

$$r^P_{QP} =: [\, x_{QP} \; ; \; \Phi_2 \; ; \; \Phi_3 \,]^T \tag{26}$$

Die beiden skalaren Bindungsgleichungen

$$\Phi_2 = r^P_{QP} \cdot e^P_y \quad =: 0 \tag{27}$$

$$\Phi_3 = r_{QP}^P \cdot e_z^P =: 0$$

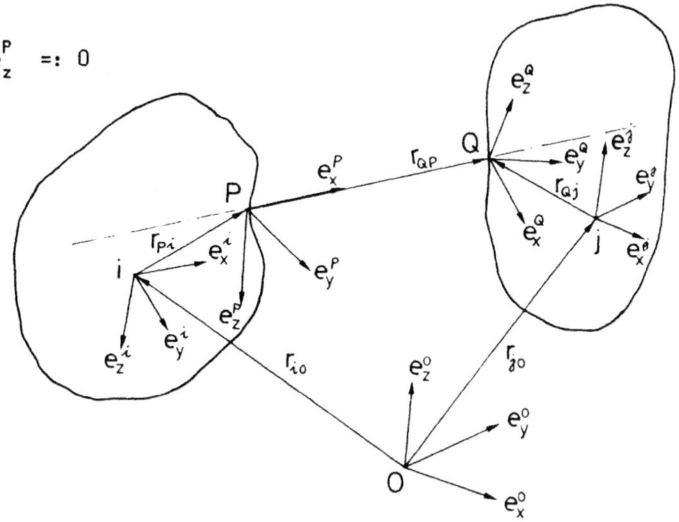

Bild 5: Diagramm zur Punktfolge Gleichung

lassen nur Relativbewegungen der Punkte P und Q auf der e_x^P-Achse zu (sogenannte Punktfolge Relation). Drückt man den Einheitsvektor

$$e_x^Q = [\ 1\ ;\ 0\ ;\ 0\ ]^T$$

in der B^P-Basis aus, so ergibt sich

$$[\ e_x^Q]^P = A^{PQ} \cdot e_x^Q = [\ a_{11};\ a_{21};\ a_{31}]^T \tag{28}$$

d.h. die erste Spalte der Matrix A^{PQ}. Wenn gefordert wird, daß die x-Achsen der Gelenkbasen zu allen Zeiten parallel sein müssen, ist dies durch die beiden skalaren Beziehungen

$$\Phi_4 = a_{21} =: 0$$

$$\Phi_5 = a_{31} =: 0 \tag{29}$$

zu erreichen. Eine Relativdrehung der Körper i und j um die
$e_x^P = e_x^Q$ -Achse
ist hierbei möglich. Wenn diese Drehung zusätzlich blockiert werden soll, kann dies z.B. durch Abbildung der e_y^Q-Achse in

$$[\ e_y^Q]^P = A^{PQ} \cdot e_y^Q = [\ a_{12};\ a_{22};\ a_{32}]^T \tag{30}$$

und der Forderung

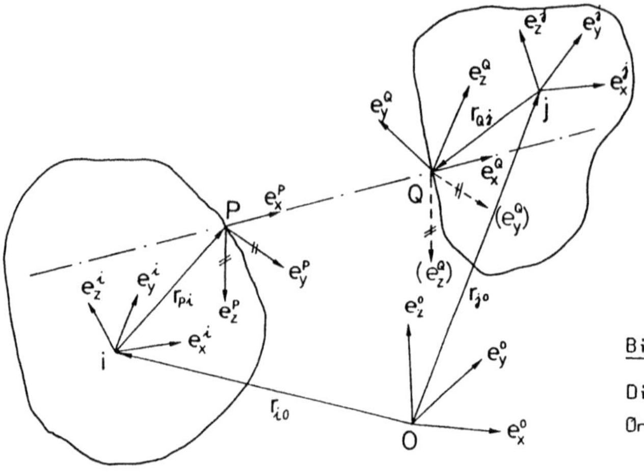

Bild 6:

Diagramm zur Orientierungsschleife

$$[\, e_y^Q \,]^P \cdot e_z^P = 0 \qquad \text{d.h.} \quad [\, e_y^Q \,]^P \perp e_z^P$$

$$\Phi_6 = [\, e_y^Q \,]^P \cdot e_z^P = 0 \tag{31}$$

geschehen.

Der Aufbau einer Auswahl spezieller Gelenktypen erfolgt durch Kombination der verschiedenen Grundformen der Bindungsgleichungen Φ_j $j = 1, 2, \ldots, 6$. Die Tabelle 1. liefert dafür einen Überblick.

Gelenktyp	Neben- bedingung	Zahl der Zwangsbed. trans- latorisch	rota- torisch	Freiheits- grade
Kugelgelenk	Φ_1	3t	0r	3r
Drehgelenk	Φ_1, Φ_4, Φ_5	3t	2r	1r
Zyl.-Gelenk	$\Phi_2, \Phi_3, \Phi_4, \Phi_5$	2t	2r	1t, 1r
Trans.-Gel.	$\Phi_2, \Phi_3, \Phi_4, \Phi_5, \Phi_6$	2t	3r	1t
Kardan-Gel.	Φ_1, Φ_6	3t	1r	2r

Tabelle 1: Zusammenstellung der Bindungsbeziehungen für spezielle Gelenktypen

4. *Spezialkomponenten*

Neben den Standardkoppelelementen Federn, Dämpfer, Gelenke erfordert der Aufbau von Fahrzeugmodellen die Abbildung zusätzlicher spezifischer Komponenten. Hierzu zählen

- Reifenmodelle
- Antriebsaggregate
- Fahrbahnbeschreibungen und ein
- Fahrermodul.

In NUSTAR können diese Elemente standardmäßig angewählt und mit individuell geltenden Datensätzen versorgt werden [9].

4.1 *Reifenmodelle*

Das Fahrzeug hat über Luftreifen mit der Fahrbahn Rollkontakt. Die Modellierung des mechanischen Verhaltens eines Luftreifens ist in voller Allgemeinheit kompliziert und aufwendig. Aus diesem Grunde wurde eine Reifenmodellhierarchie entwickelt, in der sehr einfache Rechenzeit sparende Modelle bis hin zu einem räumlich instationären aufwendigen Mehrstreifen Latschmodell nach Böhm [10],[11] integriert sind. Aus Rechenzeitgründen sollte das aufwendigste Modell nur für gelenkte und/oder angetriebene Räder verwendet werden. Das Bild 7 zeigt das instationäre 3-D Reifenmodell nach Böhm, welches in NUSTAR integriert wurde. In Bild 8 sind

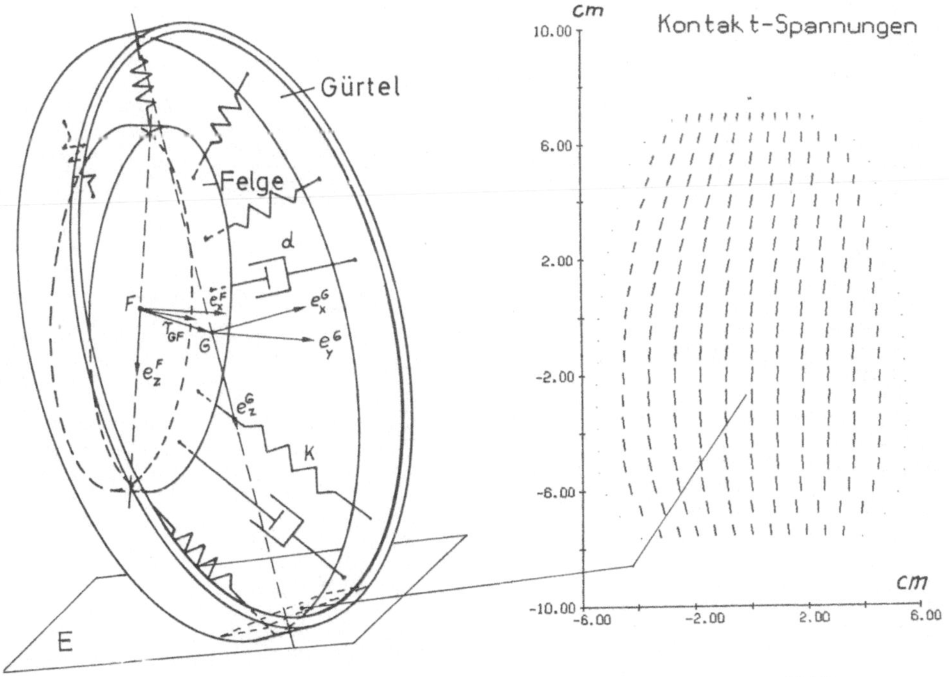

Bild 7: Kreisringmodell des Luftreifens mit Latschabdruck nach [10].

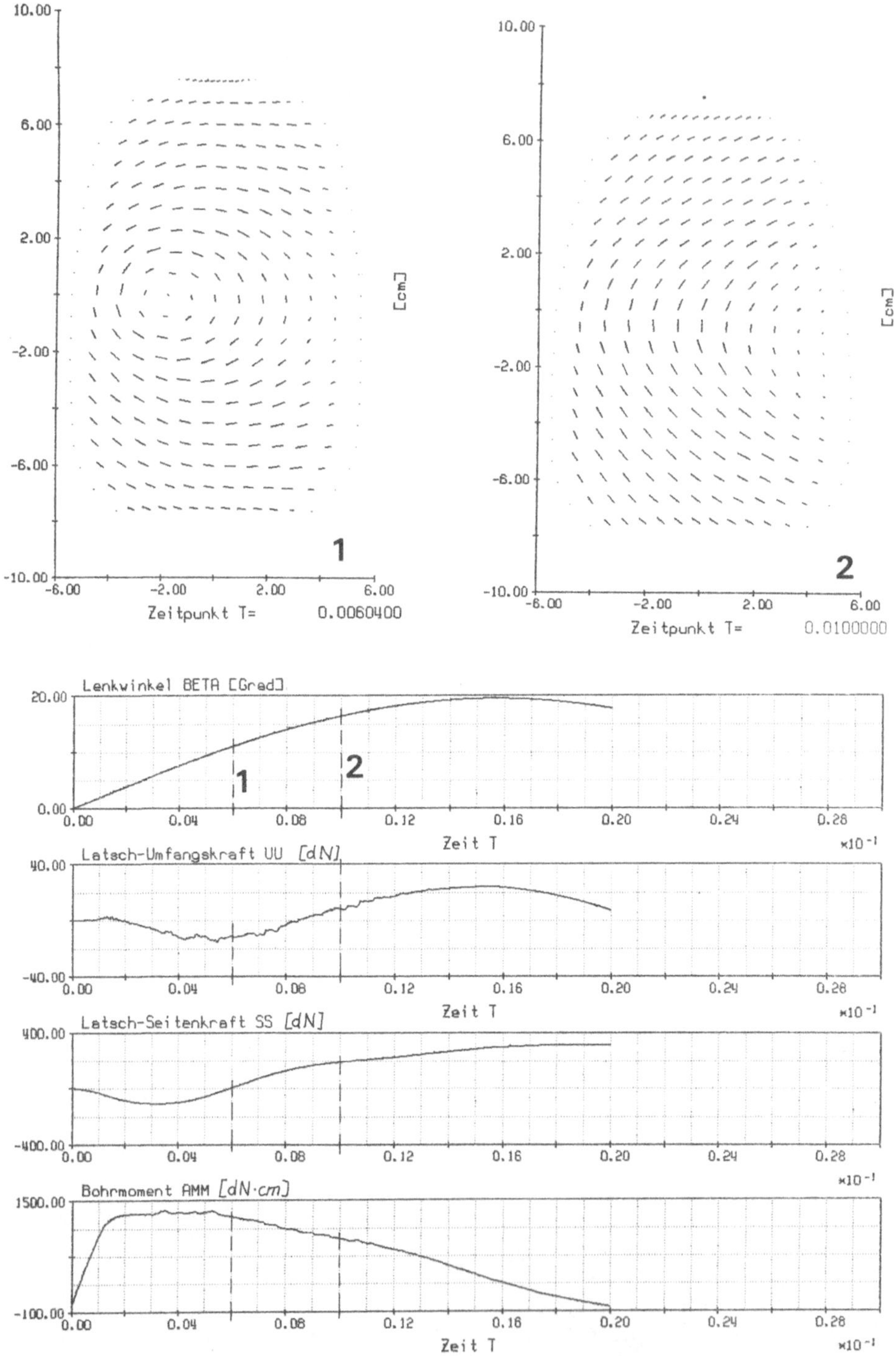

Bild 8 : Latschspannungsverläufe und daraus integrierte Kraftgrößen bei veränderlichem Lenkwinkel nach [10] und [11].

Schubspannungen im Reifenlatsch für eine 21-Streifen und 13 Knotendiskretisierung für unterschiedliche Bewegungszustände dargestellt. Es ist hier sehr gut das Wandern des Momentanpols der Schubspannungen zu erkennen.

4.2 *Fahrermodul*

Zur Untersuchung des Verhaltens eines Fahrzeuges bei bestimmten Fahrsituationen ist ein sogenanntes Fahrermodul notwendig. Hier wird der Fahrer als

- Meßwertaufnehmer und als
- Regler, der Stellgrößen (Lenkraddrehungen) an das Fahrzeug weitergibt

modelliert. Das Bild 9 zeigt ein grobes Blockschaltbild der Wechselwirkung zwischen Fahrzeug- Fahrer und Fahrbahn.

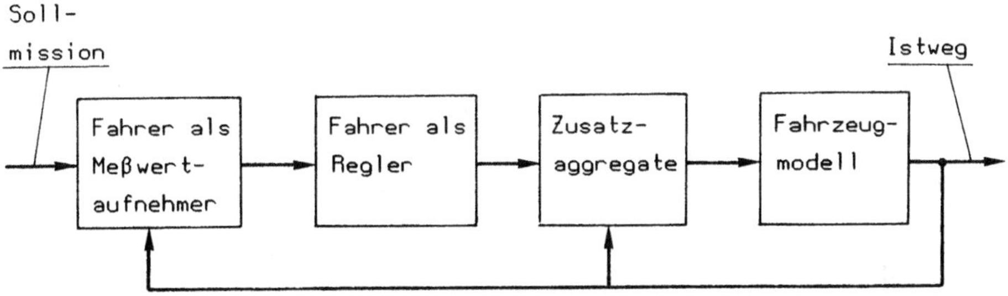

Bild 9: Blockschaltbild für die Wechselwirkung Fahrer-Fahrzeug

Der Fahrer hat eine sogenannte Sollmission zu erfüllen, in der das Fahrzeug z.B. aus dem Stand beschleunigt und einem definierten Kurs folgend

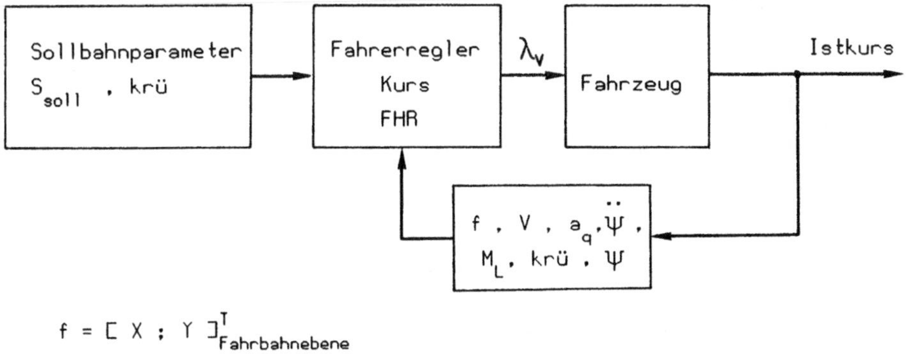

Bild 10: Schema der Fahrkurssteuerung

bewegt werden soll. Zusatzaggregate sind dann zu berücksichtigen, wenn diese aufgrund vorgegebener Stellgrößen intern vom aktuellen Bewegungszustand abhängige Kräfte und Momente verursachen. Das Bild 10 zeigt das Blockschaltbild für die Fahrkurssteuerung. Als Sollbahnparameter wird eine im Geländedatensatz integrierte Bahnkrümmung in Abhängigkeit vom zurückgelegten Fahrweg definiert. Der Fahrerregler bildet aus den Sollvorgaben sowie den gemessenen und rückgekoppelten Abweichungen ein Stellsignal, das am Lenkrad oder Lenkgestänge angreift. Das Schaltbild des relativ komplizierten Fahrerreglers zeigt Bild 11

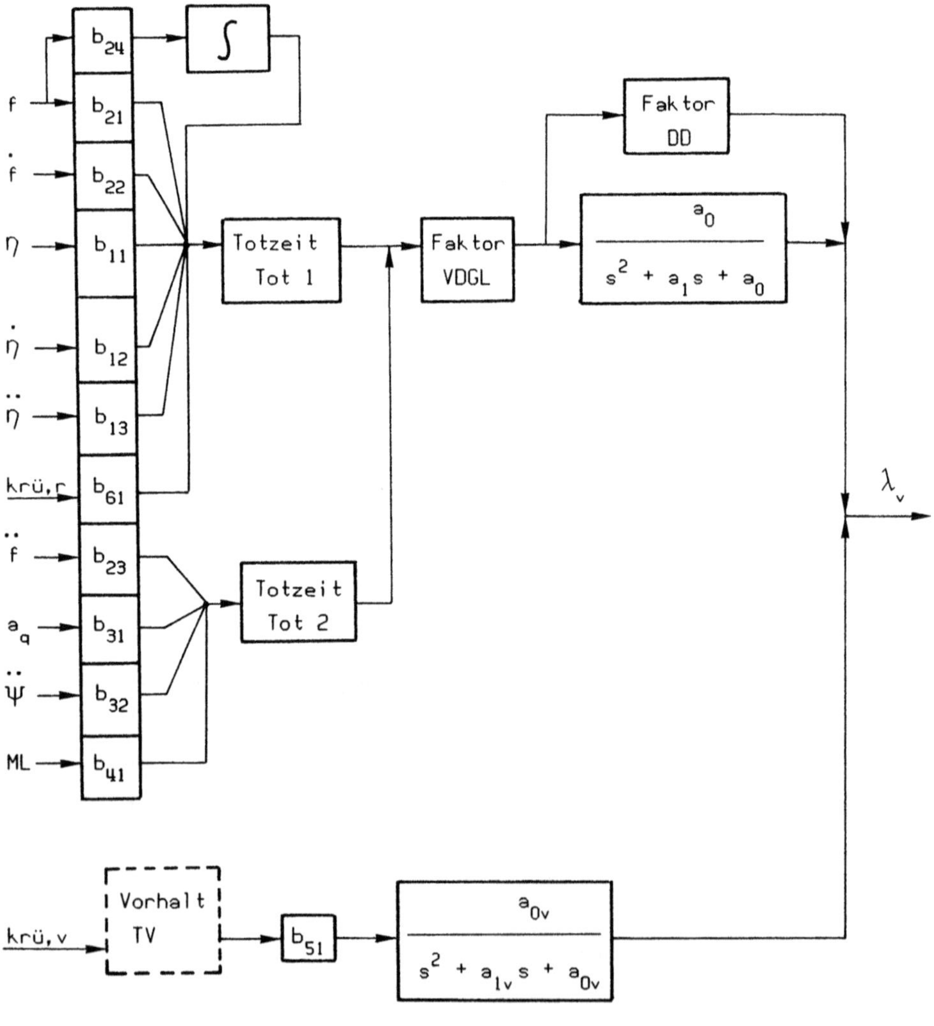

Bild 11: Strukturbild des Fahrerreglers

Der Regler gewichtet die dynamisch nichtlineare Reaktion des Fahrers an Hand der von Fahrgeschwindigkeit, Vorhalt, Reaktionszeit und anderer Faktoren b_{ij}, wie sie aus der Literatur bekannt sind [12],[13]. Das Bild 12 zeigt, wie der Fahrer als Geschwindigkeitsregler wirkt. Der Fahrer

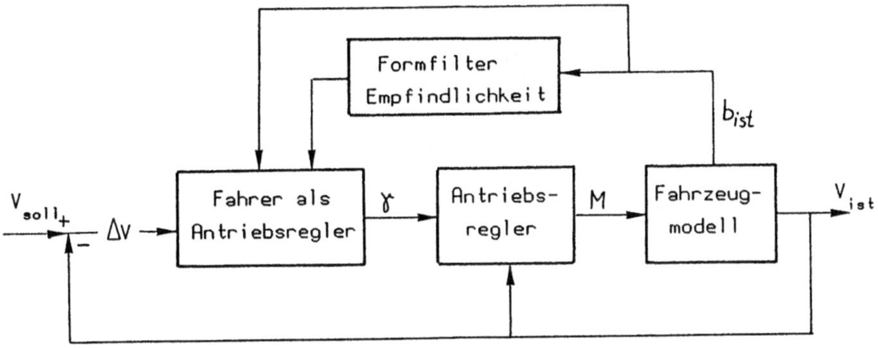

Bild 12: Blockschaltbild der Geschwindigkeitssteuerung

erhält eine im allgemeinen zeitlich veränderliche Geschwindigkeitssollvorgabe und zusätzliche Grenzbeschleunigungswerte des Fahrersitzes. Er stellt die Differenz zwischen Soll- und Istgeschwindigkeit fest, die als Eingangsgröße ΔV für den PID-Fahrer-Antriebsregler verwendet wird.
Eine zusätzliche Rückkopplung der Fahrzeug-Istbeschleunigung sowie die Gewichtung mit der frequenzabhängigen Empfindlichkeitsgrenze des Fahrers nach ISO 2631 werden ebenfalls berücksichtigt.
Als *Antriebsmodelle* stehen Module unterschiedlicher Komplexität zur Verfügung. Je nach Aufgabenstellung können

- Modelle von Hubkolbentriebwerken mit und ohne Aufladung, oder eine
- Zweiwellengasturbine mit Wärmetauscher,

bei denen neben der Mechanik auch die Thermodynamik abgebildet sind, ausgewählt werden. Um Rechenzeit zu sparen, läßt sich die Thermodynamik der Antriebsaggregate auch in Form mehrdimensionaler Kennfelder verarbeiten. Wenn sowohl die Mechanik, als auch die Thermodynamik des Motors von minderem Interesse ist, kann der Motor auch in seiner Wirkung durch die sogenannte Vollastkennlinie ersetzt werden, die nur die Grenzkurve des erzeugbaren Drehmomentes als Funktion der Fahrzeuglängsgeschwindigkeit darstellt.

5. *Zusammenstellung wichtiger Standardelemente*

Zum Aufbau eines Fahrzeugmodells stellt NUSTAR mehrere Bibliotheken mit

- Standardkörpern (Tabelle 2)
- Standardgelenken (Tabelle 3)
- Standardkraftelementen (Tabelle 5)
- Reifenmodellen (Tabelle 4)

bereit. Anwenderspezifische Komponenten lassen sich über vorbereitete Schnittstellen ankoppeln.

Bezeichnung	Symbol	Freiheitsgrade
Punktmasse		3 trans.
Starrkörper	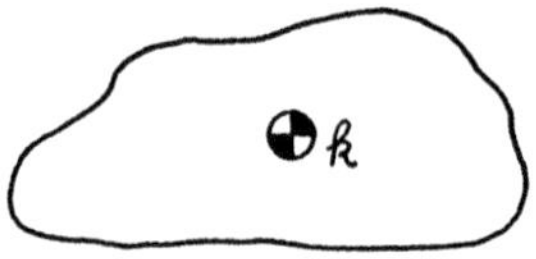	3 trans./ 3 rot.

Tabelle 2: Standardkörper (Massen)

Bezeichnung	Symbol	Zwangsbedingungen trans./rot.	Freiheitsgrade
Kugelgelenk		3t	3r
Drehgelenk	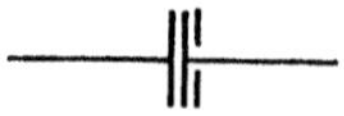	3t/2r	1r
Zylinder-Gelenk	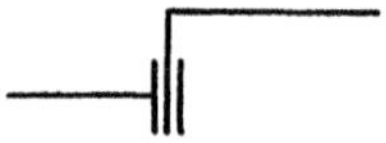	2t/2r	1t/1r
Translations-Gelenk		2t/3r	1t
Schrauben-Gelenk	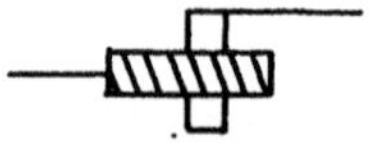	2.5t/2.5r	0.5t/0.5r
Kardangelenk 1)		3t/1r	2r
Pendelstütze 2)		x	x
universelles Kardangelenk 3)	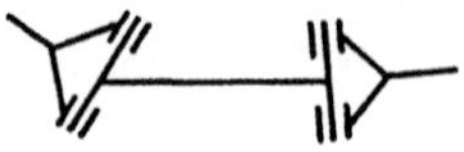	3t/1r	2r

Tabelle 3: Standard-Gelenkverbindungen

Fußnoten zu Tabelle 3:

1) : Gelenkachsen schneiden sich in einem Punkt unter 90 Grad

2) : An der Stelle x ; Kugelgelenk, Drehgelenk, Schraubengelenk

3) : Gelenkachsen verlaufen beliebig im Raum

Bezeichnung	Merkmale
Punktmodell	Die vertikale Federsteifigkeit des Reifens wird durch Kennlinie abgebildet. Die maximale Horizontalkraft wird aus Seitenkraftbeiwert berechnet.
Linienmodell	Der Fahrbahnkontakt wird durch Kontaktlinie beschrieben. In der Vertikalebene werden Kräfte aus inkrementeller Reifensteifigkeit und -Dämpfung berechnet.
Kennfeldmodell	An einem Einstreifen-Latsch wird eine parabolische Druckverteilung und vom Einlaufpunkt an eine lineare Stollenverspannung angenommen. Unter Berücksichtigung der Haft- und Gleitzustände werden Kennfelder berechnet.
Instationäres 3D- Kreisring-modell mit Mehr-streifenlatsch	Von Böhm [10] entwickeltes instationäres Reifenmodell. Der Gürtel ist als starrer Kreisring ausgebildet, an dem sich das variable Mehrstreifen-Latschmodell anschließt. Der Gürtel ist mit der Felge in 6 Freiheitsgraden über Federn und Dämpfer gekoppelt.

Tabelle 4a: Reifenmodell für starre Fahrbahnen

Bezeichnung	Merkmale
Reifen-Boden-modell	Stationäres Kennfeldmodell für nachgiebige Fahrbahnen nach Ansätzen von Baladi [14]. Die wesentlichen Reifen-Boden Wechselwirkungen werden generiert

Tabelle 4b: Reifenmodell für nachgiebige Fahrbahnen

Die Kraft-Elemente der nebenstehenden Tabelle kommen gewöhnlich immer in mechanischen Systemen vor. Nichtlineare Federn und Dämpfer sowie Gummi-Elemente können entweder als analytischer Ausdruck oder als tabellarisch vorliegende Kennfelder definiert werden. Werte zwischen den Kennfeld-stützpunkten findet das Programm durch mehrdimensionale Interpolation. Die Hydraulikzylinder sind mit unterschiedlichen Regelungsmodellen verbunden. Diese Elemente lassen sich zum Aufbau von hydraulisch angetriebenen Prüfstandsmodellen sehr effektiv nutzen.

Bezeichnung	Symbol
lineare Feder	
nichtlineare Feder	
linearer Dämpfer	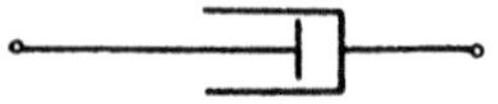
nichtlinearer Dämpfer	
Gummi-Element	
Zylinder (hydraulisch)	

Tabelle 5 : Standard-Kraftelemente

5. *Beispiel LKW-Modell*

Der Anwender eines MKS-Pogramms muß zunächst die zu untersuchende Struktur im Hinblick auf die gestellte Aufgabe so unterteilen, daß alle relevanten mechanischen und sonstigen Eigenschaften abgebildet werden. Dieser Schritt erfordert oft experimentelle Voruntersuchungen und viel Erfahrung. Als nächster Schritt erfolgt die Auswahl der Koppelelemente aus den Programmbibliotheken. Spezialelemente und Anwenderunterprogramme müssen angeschlossen werden (vergl. Bild 14). Aus den entsprechenden Voruntersuchungen ist die Aufgliederung des LKW's nach Bild 15 entstanden. Die Modelldaten müssen, sofern sie nicht als Konstruktionsdaten vorliegen, meßtechnisch ermittelt werden. Im Steuerdatenfile wird die Simulationszeit, das Geländedatenfile mit dem Sollkurs, der Fahrertyp sowie die Antiebseinheit ausgewählt.
Die Bilder 16 bis 18 zeigen das Verhalten des LKW-Fahrer Sytems auf der vorgegebenen Sollbahn bei v=40 Km/h und einer Pritschenbeladung von 1300 Kg. Es ist hierbei gut zu erkennen, daß der große Bogen mit r=50m noch stabil durchfahren wird (Positionen 1 bis 3 in Bild 16). An der Stelle, wo der Kurvenradius r=25m (Positionen 6,7 und 8) beträgt, kippt das Fahrzeug um. Der Grund dafür ist die Unterbrechung der Querbeschleunigungskopplung des Fahrersitzes mit dem Antriebsmodul, so daß der Fahrer an allen Punkten der Sollbahn die vorgegebenen 40 Km/h einhält. Das hier dargestellte Fahrzeug-

modell wurde mit Hilfe von TÜV-Messungen verifiziert. Es stellt ein wirksames Instrument zur Untersuchung des Fahrverhaltens bis zu Extremsituationen dar.

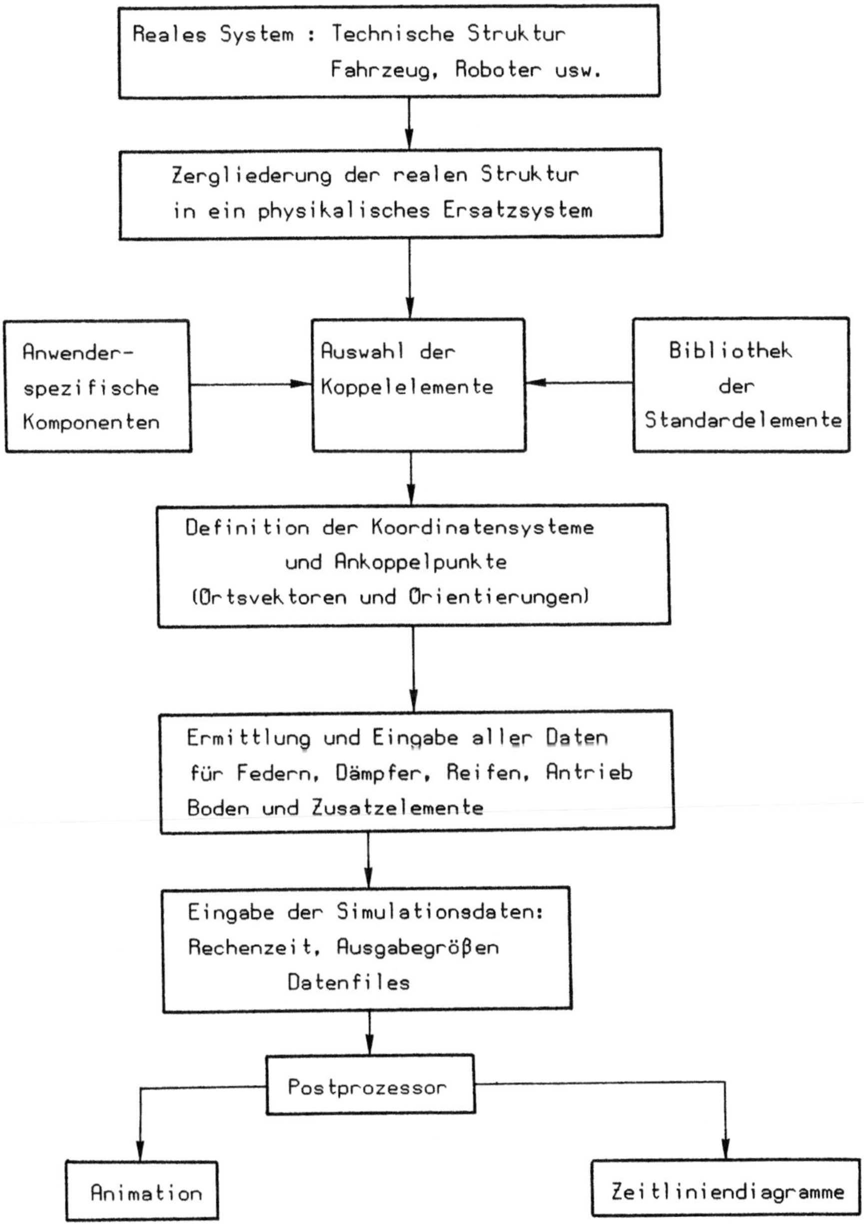

Bild 14: Übersicht zur Modellerstellung

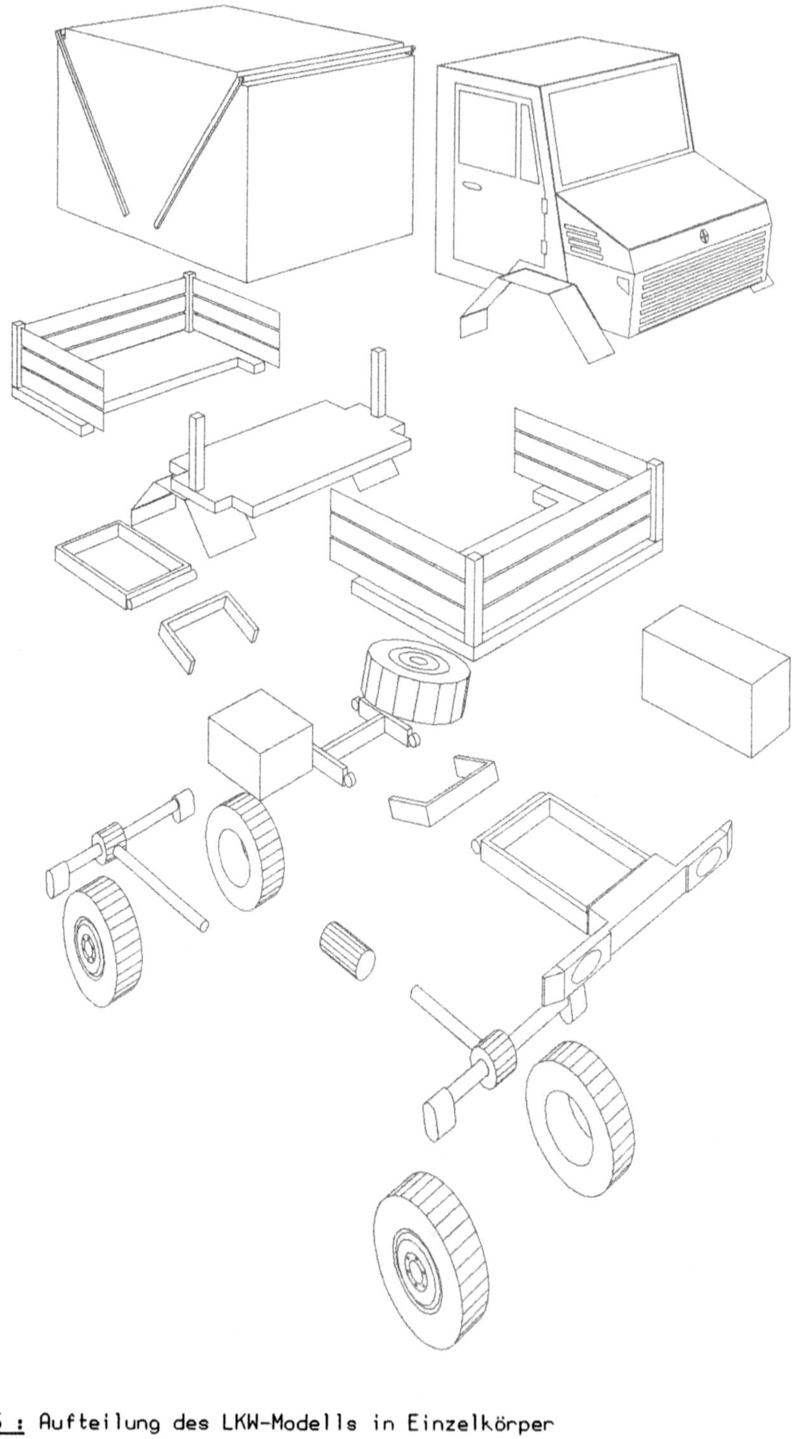

Bild 15 : Aufteilung des LKW-Modells in Einzelkörper

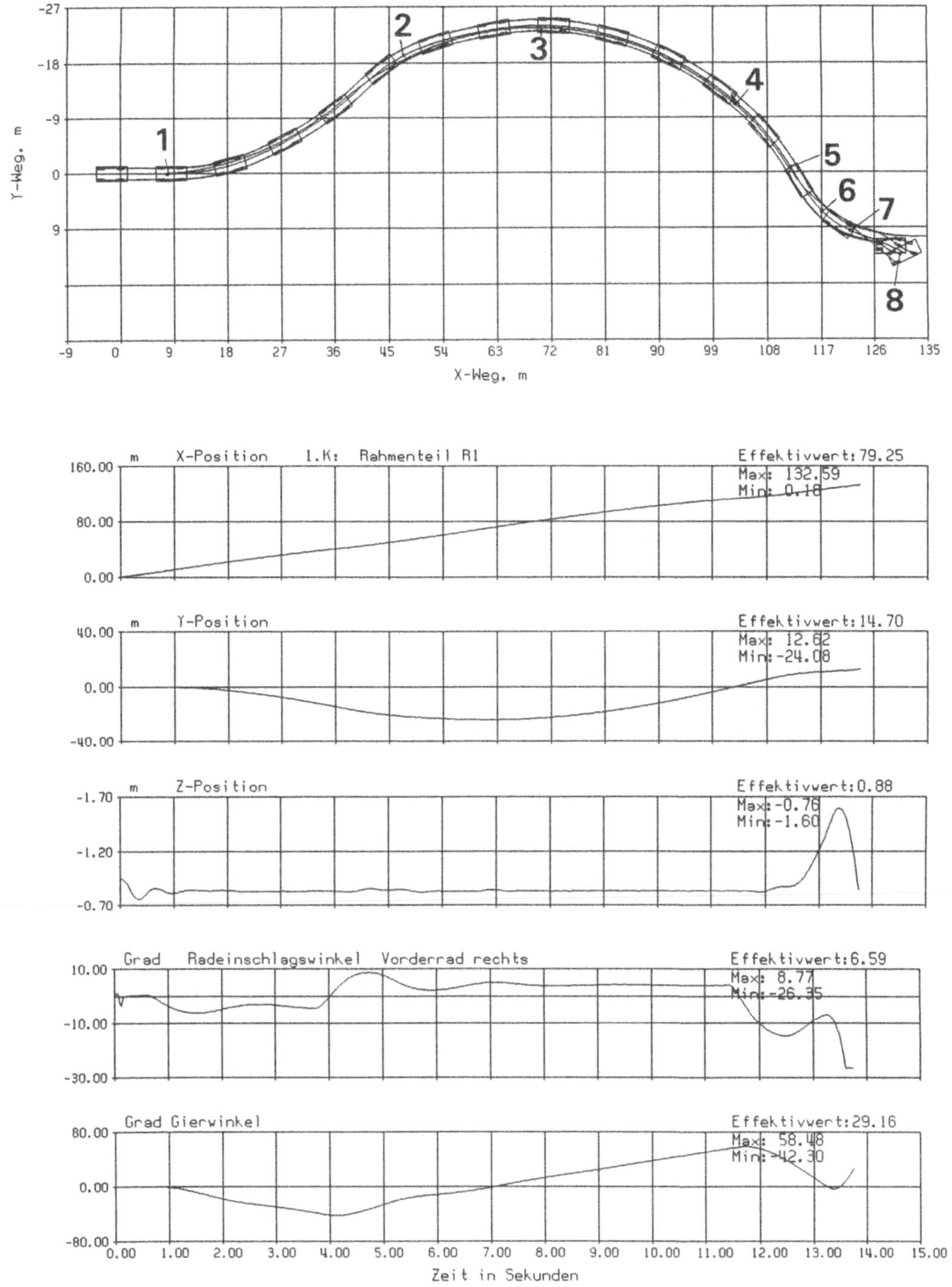

Bild 16 : Sollkurs und wirkliche Bahnkurve des LKW-Modells bei konstant 40 Km/h mit einigen Zustandsgrößen.

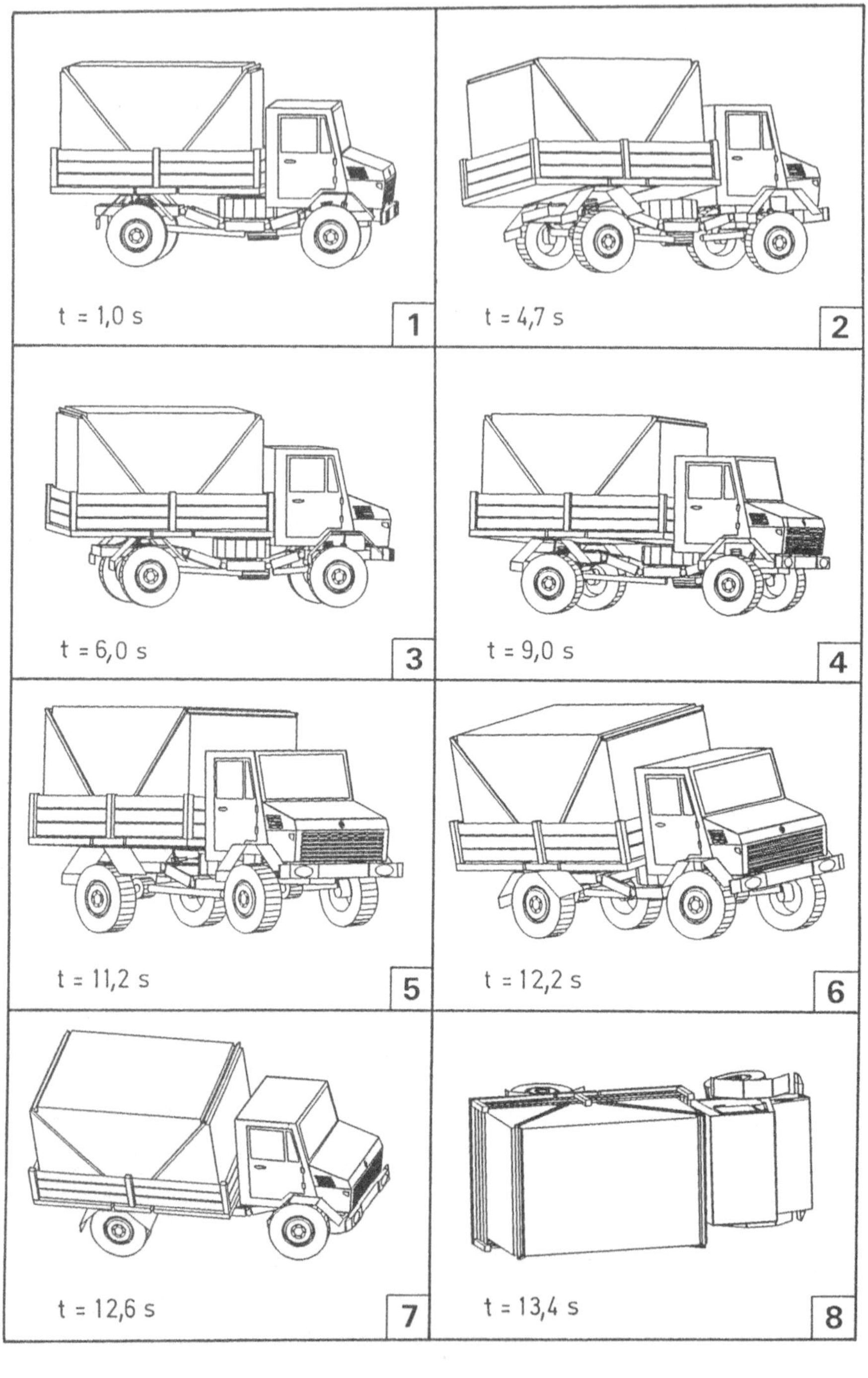

Bild 17 : 3D-Animation an verschiedenen Orten des Fahrweges

Geschwindigkeiten

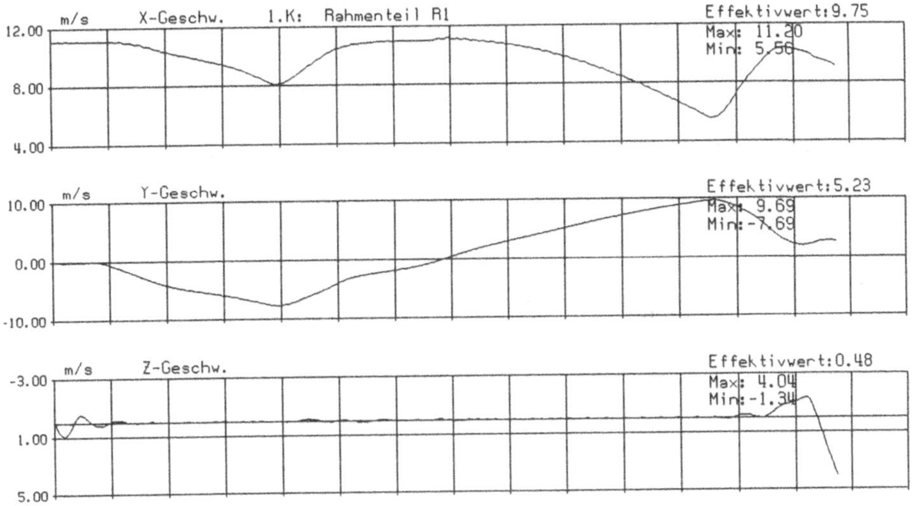

Reifen-Aufstandskräfte

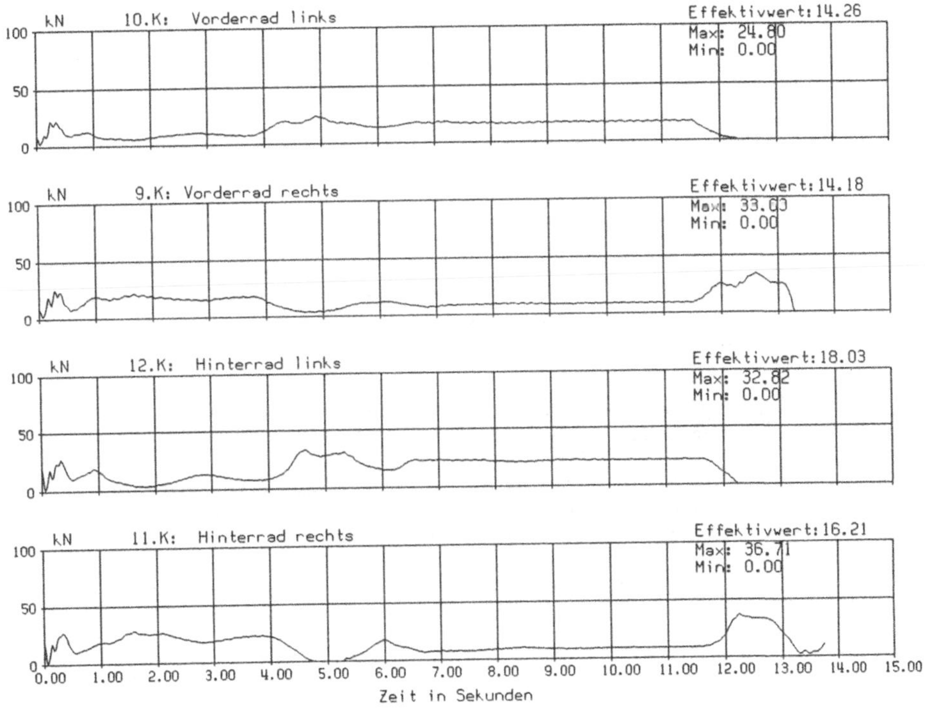

Bild 18 : Geschwindigkeitskomponenten eines Rahmenteiles und Reifenaufstandskräfte.

6. Literatur

[1] J. Baumgarte: Stabilization of constraints and integrals of motion in dynamical systems, Methods in Applied Mechanics and Engineering 1 (1972)

[2] N. Orlanda: ADAMS (theory and application), In: De Pater, A.D. Pacejka, H.B. (eds.): Proc. 3rd Seminar on advanced vehicle systems dynamics, Amalfi, Mai 1986, Vehicle System Dynamics 16, 1987

[3] P.E. Nikravesh, I.S. Chung: Application of Euler parameters to the dynamik analysis of three dimensional constrained mechanical systems, Journal of Mechanical Design 1982, Vol. 104

[4] J. Wittenburg: Dynamics of systems of rigid bodies. LAM Teubner-Verlag 1977

[5] R. Wehage, H.Hahn: Quaternion and vector algebra, application to rigid body kinematics, IABG-Bericht B-TF 2071

[6] W. Kortüm, W. Schielen: General purpose vehicle system dynamics softvare based on multibody formalism. Vehicle System Dynamics 1985

[7] H. Brandl, R. Johanni, M. Otter: A very efficient algorithm for the simulation of robots and similar multibody systems without inversion of the mass matrix. IFAC/IFIP/-IMACS int. symp. on theory of robots, Wien 1986

[8] H. Hahn: Mathematische Modelle masseloser Gelenke zur Simulation räumlicher Bewegungen von Starrkörpersystemen, IMAT-Bericht RT-1, 1988, Gesamthochschule Kassel

[9] J. Eysenbach: Eingabedateibeschreibung für NUSTAR Version V30.0 IABG--Bericht Nr. B-TF 2616

[10] F. Böhm: Theorie schnell veränderlicher Rollzustände für Gürtelreifen, Ing.-Archiv 55, 1985

[11] F. Böhm, M. Eichler, K. Kmoch: Grundlagen der Rolldynamik von Luftreifen, 2. Fahrzeugdynamik Fachtagung 1988, in Fortschritte der Kraftfahrzeugtechnik 1, (Herausg. W. Stühler), Vieweg-Verlag

[12] W. Lange: Ein Fahrermodul zur Fahrtrichtungshaltung, IABG-Bericht Nr. B-TF 2254

[13] E. Donges: Experimentelle Untersuchung und regelungstechnische Modellierung des Lenkverhaltens von Kraftfahrern bei simulierter Straßenfahrt, Dissertation, Technische Hochschule Darmstadt,1977

[14] Baladi, Rohani, Barnes: Steerability analysis of multiaxle wheeled vehicles, US Army, Waterways, Experiment Station, Vicksburg 1984

Vergleich

Reifenmodelle im Vergleich

von M. Eichler

Ü B E R S I C H T

Das Überrollen von stufenförmigen Bodenunebenheiten auf einem Trommelprüfstand wurde mit einem Dreispur-Kreisringmodell berechnet. Die Schwankungen von Radlast und Umfangkraft in Messung und Rechnung werden verglichen, ebenso die Leistungsspektren von Radlast und Umfangskraft. Die Bodenunebenheiten regen hochfrequente Reifenschwingungen an, die nicht mehr mit linearen Modellen 1. Ordnung berechnet werden können. Modelle 1. Ordnung können aber gut im niederfrequenten Bereich eingesetzt werden. Als Beispiel wird die Berechnung instationären Reifenverhaltens auf einem Trommelprüfstand mit seitlich elastisch gefesseltem Schlitten gezeigt und Messungen gegenübergestellt.

Einleitung

Einfache Reifenmodelle wurden lange Zeit in der Praxis eingesetzt, da sie numerisch schnell rechenbar sind und damit der Leistungsfähigkeit der damaligen Rechenanlagen angepaßt waren. Die geringe Anzahl der Systemparameter läßt darüber hinaus eine schnelle Anpassung an das Verhalten realer Reifen im niederfrequenten Frequenzbereich zu. In einer Zeit aber, in der eine immer rasantere Entwicklung der Rechenleistung stattfindet, kommt der Wunsch nach verbesserten Reifenmodellen auf, die in akzeptabler Zeit berechnet werden können. Einfache Reifenmodelle können dann nicht mehr benutzt werden, wenn hochfrequente Übergangszustände berechnet werden müssen, um das Verhalten realer Reifen in weiten Bereichen nachzubilden.

Das grundlegende Kreisringmodell für den Gürtelreifen, von Frank /1/, Fiala und Willumeit /2/ und Böhm /3/ entwickelt, wurde von

Böhm /4,5/ mit einer Theorie bis in den Frequenzbereich von 250 Hz verbessert. Höherfrequente Reifenschwingungen wurden von Oertel /6/ durch Berücksichtigung der Stollendynamik berechnet.

Der hochfrequente Rollkontakt ist in den oben genannten Modellen jedoch auf ebene Fahrbahnen oder langwellige Bodenunebenheiten beschränkt. Die Erweiterung des Kreisringmodells auf höherfrequente Reifenschwingungen und kurzwellige Bodenunebenheiten wurde von Böhm, Swierczek und Csaki /7/ entwickelt. Dieses erweiterte Kreisringmodell soll im folgenden kurz beschrieben werden und berechnete Stufenüberfahrten sollen Messungen an einem Trommelprüfstand gegenübergestellt werden. Der Vergleich wurde von Prof. Huschek, TU Berlin, angeregt. Weiterhin werden Versuche mit instationären seitlichen Schlittenbewegungen mit einem Modell 1. Ordnung berechnet und mit den Messungen verglichen.

Das erweiterte Kreisringmodell

Die Modellierung des erweiterten Kreisringmodells soll hier nur kurz umrissen werden; ausführlichere Informationen können dem Bericht /7/ entnommen werden.

Die Entwicklung des Modells ging aus vom Einspur-Kreisringmodell über ein Dreispur-Kreisringmodell bis zum Siebenspur-Kreisringmodell für den Gürtel, der mit einem massebehafteten Membranmodell für die Seitenwanddynamik gekoppelt wurde. Die später folgenden Rechnungen wurden mit dem Dreispur-Kreisringmodell durchgeführt, das den Übergang zur Querschnittsdynamik liefert und auf einer Workstation rechenbar ist.
Das Dreispur-Kreisringmodell geht aus dem Einspur-Kreisringmodell hervor durch Kopplung von biegesteifen Streifen in Querrichtung (Bild 1). Jeder einzelne Streifen des Gürtels wird als diskretisiertes Kontinuum betrachtet, dessen Bewegungsgleichungen erstmalig von Böhm /3/ angegeben wurden. Die Rückstellwirkung eines Querschnittes (Bild 2) setzt sich zusammen aus der Seitenwandspannung und der Biegesteifigkeit des Gürtelverbandes .

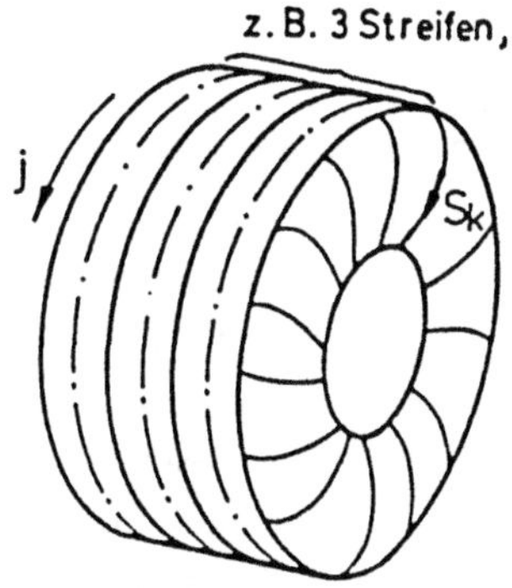

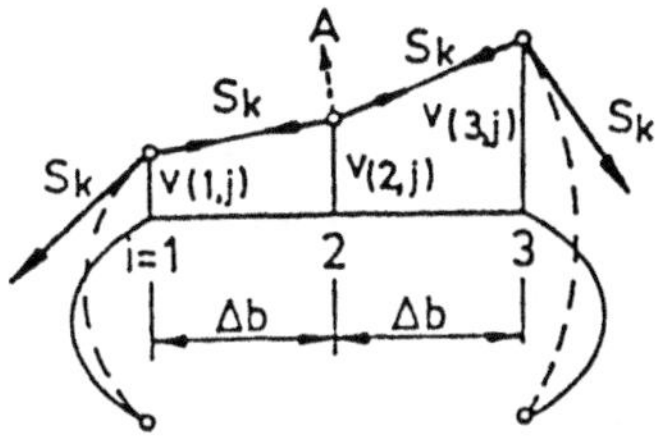

Bild 1: Dreispur-Kreisringmodell   Bild 2: Querschnitt des Modells

Die Seitenwand wird hier als masselose Mebran angenommen und entwickelt damit keine Eigendynamik. Die Biegesteifigkeit des Gürtelverbandes besteht aus Anteilen in Umfangs- und in Querrichtung. Die Anzahl der Querschnitte muß der Frequenz der zu untersuchenden Störungszustände angepaßt werden, sei es z.B. eine Reifen-Nonuniformity höherer Ordnung oder das Schwingungsverhalten beim Überfahren von Bodenwellen. Die Wellenlänge der Bodenunebenheiten muß wenigsten das 2,5-fache des Abstandes der einzelnen Querschnitte betragen, um die Bodeneingriffsfrequenzen zu analysieren. Sind die Bodenunebenheiten nicht sinusförmig, sondern als Stufen ausgebildet, so muß die Anzahl der Querschnitte noch erhöht werden, da vermehrt die Bildung von Oberwellen der Eingriffsfrequenz angeregt wird.

Die Berechnung der rolldynamischen Kontaktkräfte erfolgt mit Hilfe der von Böhm angegebenen Störungsgleichungen /4,5/. Der Transport der Längsstörungen durch die Kontaktfläche wird dabei durch ein Differentialgleichungssystem 1. Ordnung beschrieben, wobei Längs- und Querrichtung entkoppelt sind. Die Größe der Kontaktfläche wird in der Rechnung einer Bool'schen Matrix entnommen, die angibt, in welchen Punkten der Querschnitte Kontakt vorliegt. Bei unebener Fahrbahn können so auch mehrere Kontaktgebiete entstehen.

Der Trommelprüfstand

Die Versuchsanordnung besteht aus einer 2,15 m breiten Trommel mit einem Durchmesser von 2,60 m, die von einem Elektromotor über einen Keilriemen angetrieben wird. Der Reifen wird von einem Schlitten mit einer 6-Komponenten-Meßnabe geführt (Bilder 3,4). Die Messung der Kräfte und Momente des Reifens erfolgt in der Meßnabe über Dehnmeßstreifen. Die Freiheitsgrade des Reifens sind die Anpreßbewegung gegen die Trommel zur Erzeugung der Radlast, die seitliche Verschiebung, die Drehung um die Radachse und die Einstellung eines Lenkwinkels. Der Anpreßdruck für die Radlast wird einem Kompressor entnommen und einem Anpreßzylinder mit Rollbalg zugeführt.

Schnelle seitliche Bewegungen des Schlittens können erreicht werden durch rückstellende Federkräfte, wenn der ausgelenkte Schlitten durch Ausrasten einer Klinke losgelassen wird. Der Reifen kann z.Z. nur von der Trommel angetrieben werden, ein eigener Antrieb ist jedoch geplant. Die Lauffläche der Außentrommel besteht wie gewöhnlich aus Schmirgelleinen, auf die als Bodenunebenheiten Stufen aus Kaltplastikmasse aufgetragen wurden. Die halbe Trommelbreite kann auch für Innenläufe genutzt werden, um z.B. Asphaltdecken zu testen.

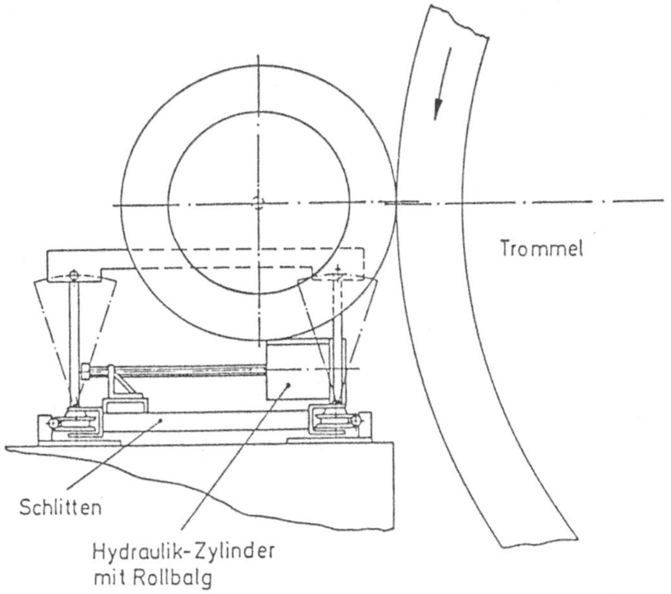

Bild 3: Trommelprüfstand Seitenansicht

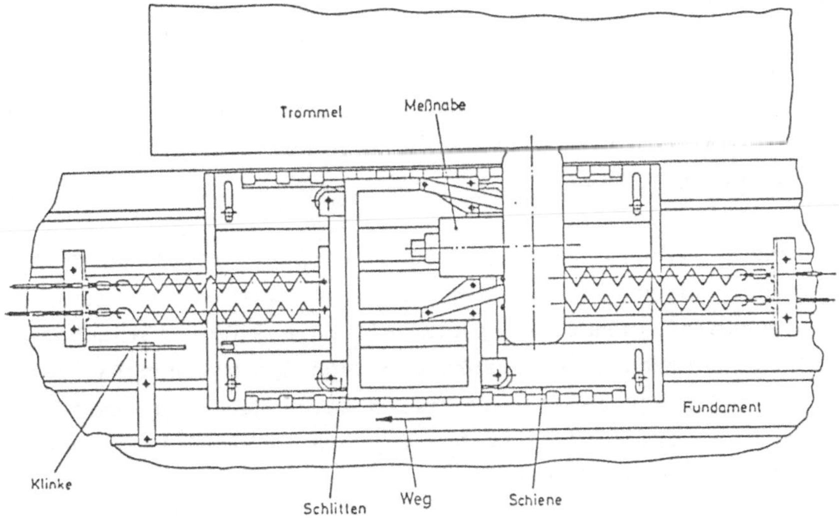

Bild 4: Trommelprüfstand Draufsicht

Die für die Berechnung der Kontaktkräfte wichtigen Reibbeiwerte zwischen Trommellaufbahn und Reifen können in der derzeitigen Ausbaustufe des Prüfstandes nicht gemessen werden. Deshalb wurden die Reibwerte in den Berechnungen mit μ_H=0,8 und μ_G=0,6 so angesetzt, daß bei stationärem Schräglauf von 2° gemessene und berechnete Seitenkräfte übereinstimmen.

Als Meßreifen wurde ein Breitreifen SEMPERIT 205/50 VR 15 verwendet, dessen Parameter für das Reifenmodell zum Zeitpunkt der Berechnung nur teilweise bekannt waren. Für die unbekannten Parameter wurden deshalb für Breitreifen übliche Durchschnittswerte angesetzt.

Die Messungen auf dem Trommelprüfstand wurden von unserem Mitarbeiter, Jobst Klei, durchgeführt. Zum Vergleich lagen 9 Messungen mit mittleren Radlasten von 1000 N, 2000 N und 3000 N vor, bei Trommelgeschwindigkeiten von 15 m/s, 20 m/s und 25 m/s. In den Rechnungen wurden zusätzlich noch die Geschwindigkeiten 17,5 m/s und 22,5 m/s behandelt. Die Wellenlänge der Stufenbahn beträgt 32,5 cm, bei einer Stufenlänge von 16 cm. In der Rechnung betrug die Wellenlänge 33 cm, wodurch die Eingriffsfrequenz der Bodenunebenheiten um etwa 1 Hz differiert. Die Höhe der Stufen beträgt durchschnittlich 1,3 mm.

Anhand der Radlast soll überprüft werden, in welchen Punkten Rechnung und Messung am besten verglichen werden können. In der Rechnung wurde die Eindrückung des Reifens aus der statischen Federkennlinie berechnet und unabhängig von dynamischen Radlaständerungen konstant gehalten. Das Bild 5 zeigt die sich einstellende mittlere dynamische Radlast P_{mittel} in Abhängigkeit von der ursprünglich gewünschten Radlast P_{soll}.

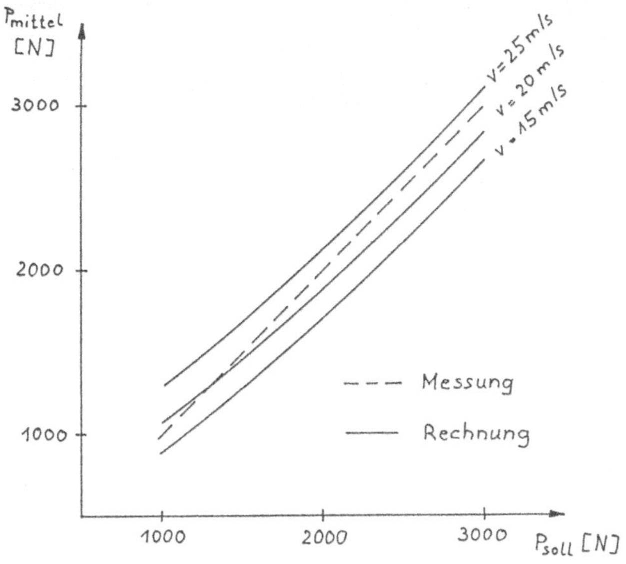

Bild 5: Mittlere dynamische Radlast bei verschiedenen Geschwindigkeiten

Mit zunehmender Rollgeschwindigkeit steigt die mittlere Radlast an, da sich der Gürtel des Reifens durch eine Fliehkraftaufweitung versteift. In der Messung wurde die Radlast dynamisch jeweils bei 25 m/s eingestellt und zeigt im betrachteten Geschwindigkeitsbereich bis 15 m/s herab keine nennenswerte Geschwindigkeitsabhängigkeit. Wegen der unterschiedlichen mittleren Radlasten können Messung und Rechnung nur in den Leistungsspektren von Radlast und Umfangskraft verglichen werden sowie in den Schwankungen von Radlast und Umfangskraft.

Zunächst soll nur die Umfangskraft betrachtet werden; die Radlast folgt später in diesem Kapitel.
Die gemessenen Umfangskraftschwankungen (Bild 6) ändern sich nur wenig mit der mittleren Radlast und der Geschwindigkeit, nur bei einer Geschwindigkeit von 20 m/s nimmt die Umfangskraftschwankung beständig mit der mittleren Radlast zu und liegt bei einer Radlast von 3000 N ca. 50% höher als bei den anderen Geschwindigkeiten.

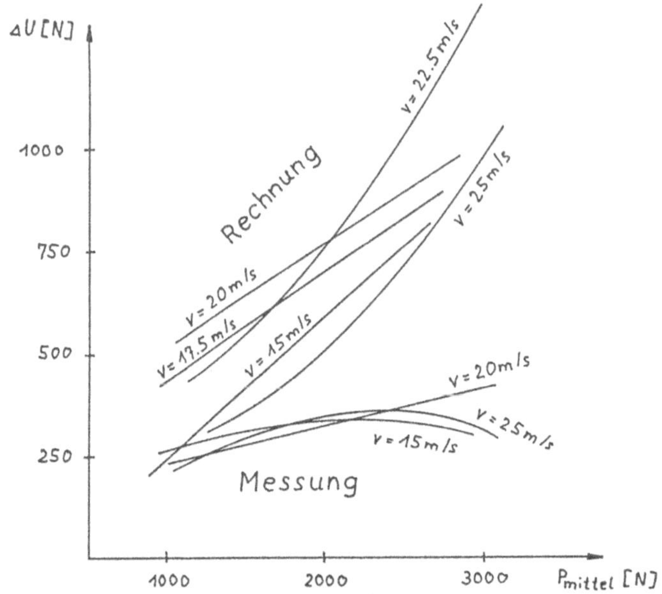

Bild 6: Umfangskraftschwankungen in Messung und Rechnung

Die berechneten Umfangskraftschwankungen wachsen bei allen Geschwindigkeiten mit der mittleren Radlast an. Die Zunahme der Umfangskraftschwankungen erfolgt linear bis zu Geschwindigkeiten von 20 m/s, darüber progressiv, wobei die Schwankungen mit noch zunehmender Geschwindigkeit und kleiner werdender Radlast deutlich abfallen. Der Grund für die starken Umfangskraftschwankungen bei 22,5 m/s liegt darin, daß die Eingriffsfrequenz der Bodenunebenheiten mit 68,4 Hz in den Bereich einer Eigenfrequenz des Modells fällt. Die Bilder 7 und 8 zeigen den zeitlichen Verlauf und das Leistungsspektrum der Umfangskraft bei einer Geschwindigkeit von 22,5 m/s und einer mittleren Radlast von 3000 N. Diese Eigenfrequenz kann ebenso angeregt werden, wenn beim Rollen auf reibungsfreier, ebener Fahrbahn plötzlich Horizontalkräfte freigegeben werden durch Hochsetzen des Haft- und Gleitreibbeiwertes (Bilder 9,10). Die Umfangskraft stabilisiert sich dabei sehr schnell auf einen konstanten Wert und zeigt im Leistungsspektrum die Eigenfrequenz bei 68,4 Hz, die sich bei anderen Radlasten und anderen Geschwindigkeiten praktisch nicht ändert.

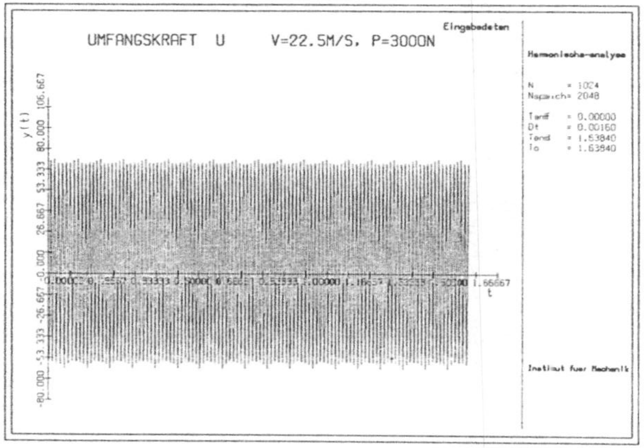

Bild 7: Zeitverlauf der gerechneten Umfangskraft, Überrollen stufenförmiger Bodenunebenheiten, v=22.5m/s, P=3000N

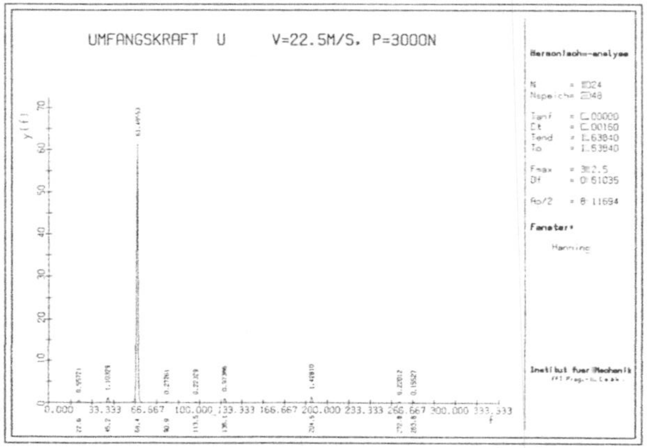

Bild 8: Leistungsspektrum der gerechneten Umfangskraft, Überrollen stufenförmiger Bodenunebenheiten, v=22.5m/s, P=3000N

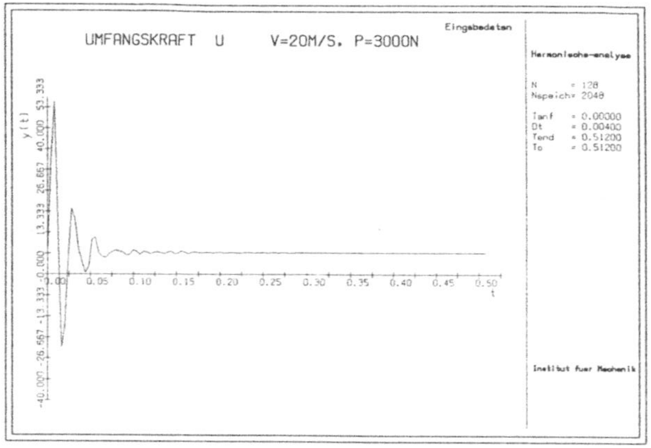

Bild 9: Zeitverlauf der gerechneten Umfangskraft, Reibungssprung auf ebener Fahrbahn, v=20m/s, P=3000N

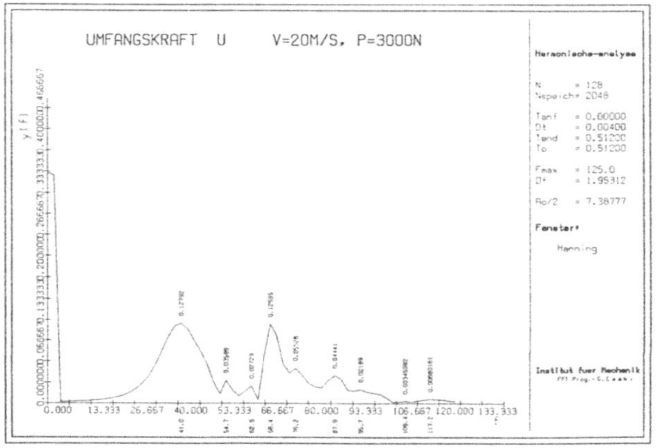

Bild 10: Leistungsspektrum der gerechneten Umfangskraft, Reibungssprung auf ebener Fahrbahn, v=20m/s, P=3000N

Der Anteil der Oberwellen der Bodeneingriffsfrequenzen steigt mit abnehmender Geschwindigkeit und abnehmender Radlast. Die Leistungsspektren zeigen bei einer Geschwindigkeit von 15 m/s die 1. und 2. Oberwelle (Bilder 11,12), während bei 22,5 m/s nur die Bodeneingriffsfrequenz selbst auftritt (Bild 8).

Die Tendenz, Oberwellen bei kleiner Geschwindigkeit und kleiner Radlast auszubilden, wird von der Messung bestätigt. Bei größerer Geschwindigkeit (Bild 13) entstehen keine Oberwellen zufolge des Bodeneingriffs, bei kleinerer Geschwindigkeit (Bild 14) zeigt die Messung eine stark ausgeprägte 1. Oberwelle.

Die Ausbildung von Oberwellen wird hauptsächlich durch die Stufenform der Bodenunebenheiten hervorgerufen. Vergleichsrechnungen mit sinusförmigen Bodenwellen (Bilder 15,16) zeigen im Leistungsspektrum der Umfangskraft bei allen betrachteten Geschwindigkeiten und Radlasten ausschließlich die Eingriffsfrequenz der Bodenunebenheiten.

In der Messung kann bei kleiner Geschwindigkeit eine umso größere 1. Oberwelle beobachtet werden, je kleiner die Radlast wird. Die Erklärung dafür liegt darin, daß bei kleiner Radlast und damit auch kleiner Kontaktfläche Radlaständerung und Schlupfänderung bei Stufenauffahrt und Stufenabfahrt in kürzerer Zeit erfolgen müssen und somit höherfrequentere Schwingungsanregungen darstellen. Bei höherer Geschwindigkeit werden diese stoßartigen Auf- und Abfahrzustände stärker durch die Struktur des Reifens gedämpft.

In den Leistungsspektren der gemessenen Umfangskräfte sind die Nonuniformities des Reifens schraffiert ausgezeichnet (Bilder 13,14). Sie treten in der Rechnung natürlich nicht auf, da das Reifenmodell rotationssymmetrisch modelliert wurde.

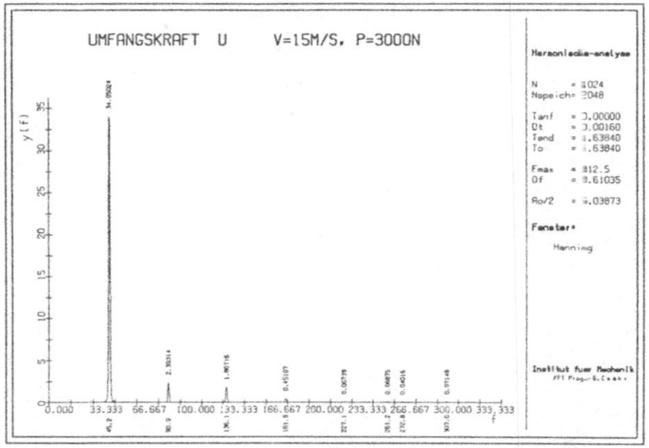

Bild 11: Leistungsspektrum der gerechneten Umfangskraft,Überrollen stufenförmiger Bodenunebenheiten, v=15m/s, P=3000N

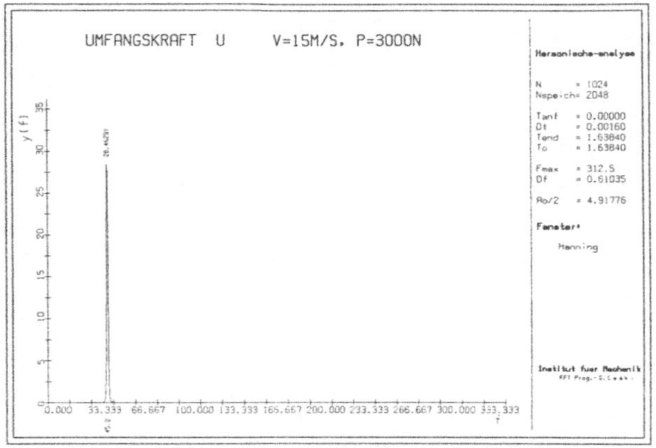

Bild 15: Leistungsspektrum der gerechneten Umfangskraft, Überrollen sinusförmiger Bodenunebenheiten, v=15m/s, P=3000N

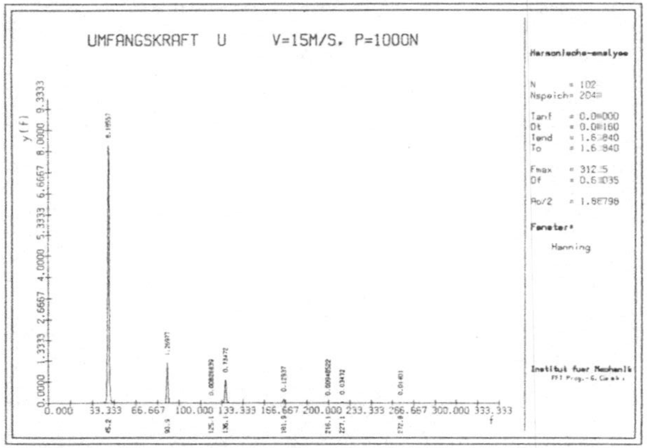

Bild 12: Leistungsspektrum der gerechneten Umfangskraft,Überrollen stufenförmiger Bodenunebenheiten, v=15m/s, P=1000N

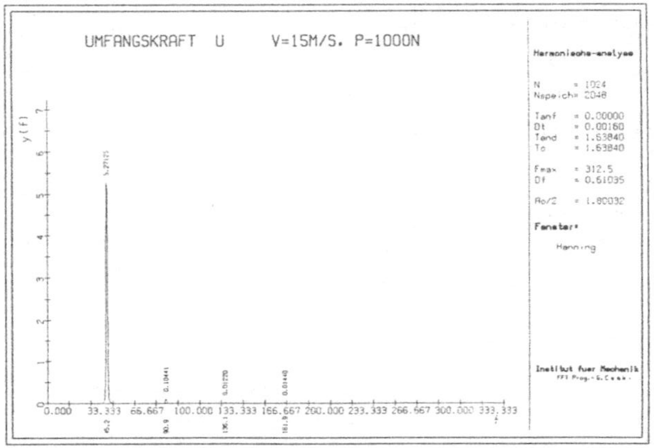

Bild 16: Leistungsspektrum der gerechneten Umfangskraft, Überrollen sinusförmiger Bodenunebenheiten, v=15m/s, P=1000N

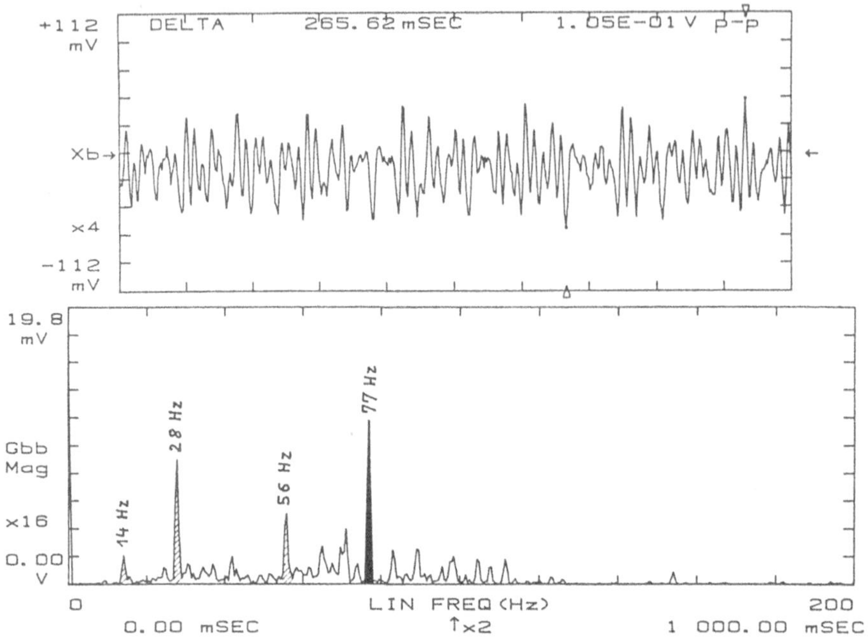

Bild 13: Zeitverlauf und Leistungsspektrum gemessener Umfangskraft, Überrollen stufenförmiger Bodenunebenheiten, v=25m/s, P=3000N

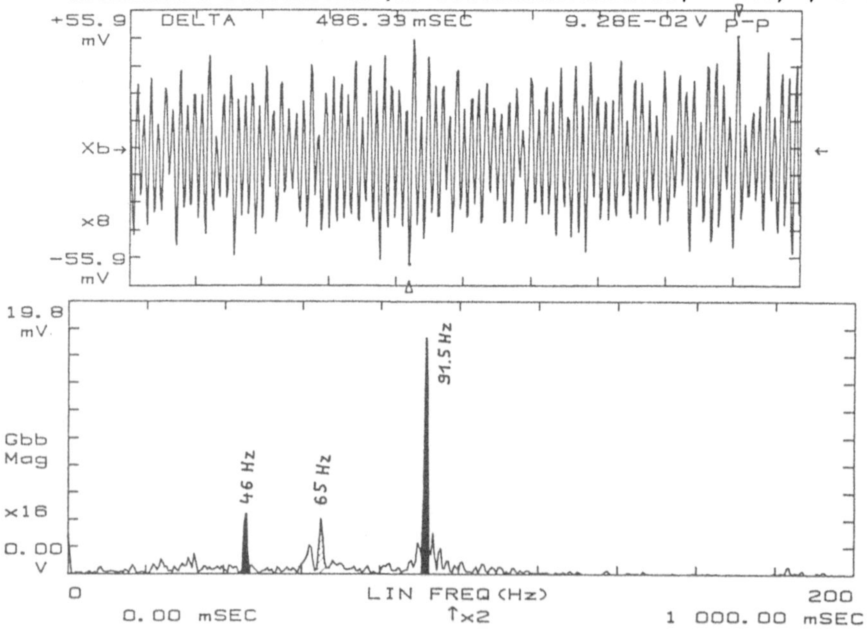

Bild 14: Zeitverlauf und Leistungsspektrum gemessener Umfangskraft, Überrollen stufenförmiger Bodenunebenheiten, v=15m/s, P=1000N

Betrachten wir jetzt die Radlastschwankungen (Bild 17), so zeigt die Messung mit ansteigender mittlerer Radlast abnehmende Radlastschwankungen; nur bei einer Geschwindigkeit von 25 m/s nimmt die Radlastschwankung ab 2000 N mittlerer Radlast wieder zu. Weiterhin nehmen die Radlastschwankungen zunächst mit von 15 m/s auf 20 m/s steigender Geschwindigkeit ab, danach erfolgt jedoch ein deutlicher Anstieg der Radlastschwankung bei 25 m/s Rollgeschwindigkeit.

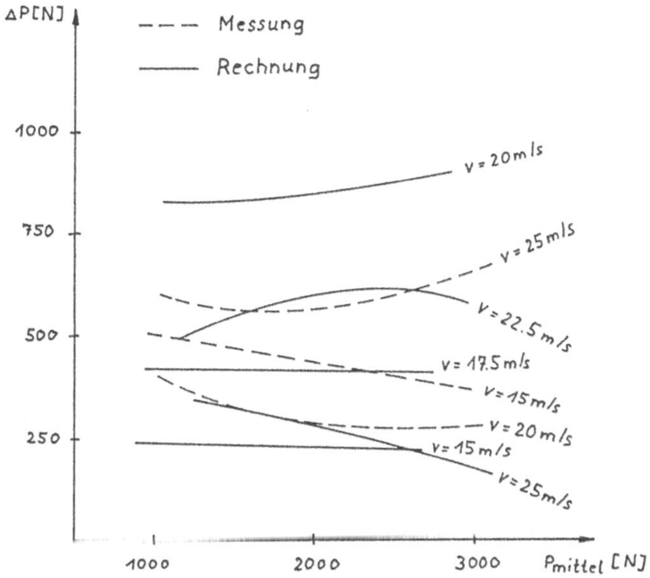

Bild 17: Radlastschwankungen in Messung und Rechnung

Die Rechnung zeigt bis zur Geschwindigkeit von 20 m/s zunehmende Radlastschwankungen, relativ unabhängig von der Radlast. Bei höheren Geschwindigkeiten nehmen die Radlastschwankungen wieder ab und verringern sich bei 25 m/s deutlich mit zunehmender mittlerer Radlast. Das Auftreten der starken berechneten Radlastschwankungen bei einer Geschwindigkeit von 20 m/s entsteht durch das Zusammenfallen der Bodeneingriffsfrequenz von 60,4 Hz (Bilder 18,19) mit der Eigenfrequenz der radialen Bewegung. Der oben bei der Diskussion der Umfangskräfte gezeigte Reibungssprung liefert im Leistungsspektrum der Aufstandskraft Resonanzen um 60 Hz (Bilder 20,21).

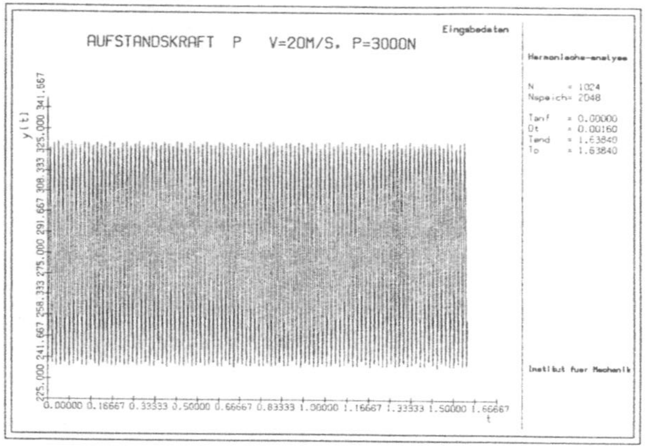

Bild 18: Zeitverlauf der gerechneten Radlast, Überrollen stufenförmiger Bodenunebenheiten, v=20m/s, P=3000N

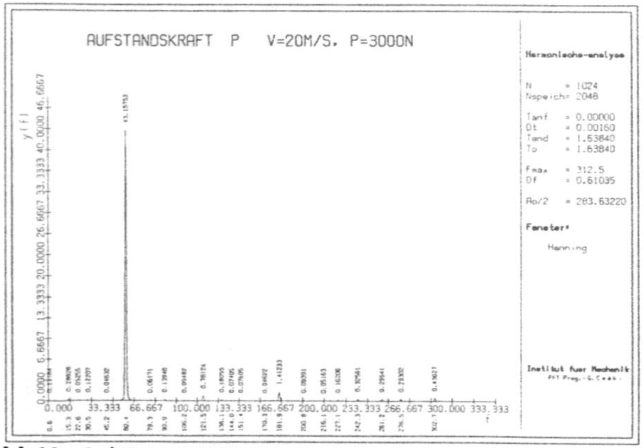

Bild 19: Leistungsspektrum der gerechneten Radlast, Überrollen stufenförmiger Bodenunebenheiten, v=20m/s, P=3000N

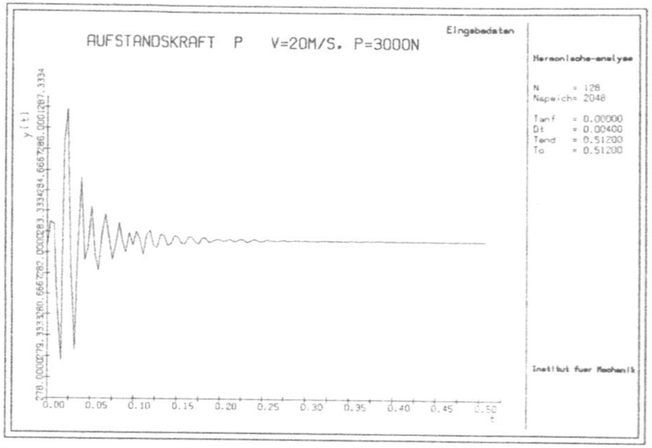

Bild 20: Zeitverlauf der gerechneten Radlast, Reibungssprung auf ebener Fahrbahn, v=20m/s, P=3000N

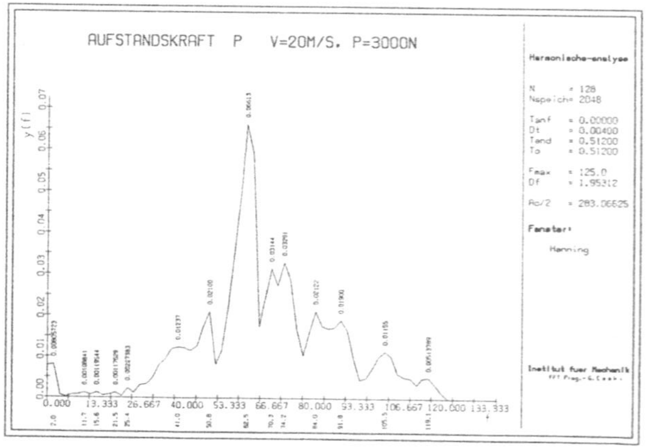

Bild 21: Leistungsspektrum der gerechneten Radlast, Reibungssprung auf ebener Fahrbahn, v=20m/s, P=3000N

Die durch Horizontalkraftsprünge hervorgerufenen Radlaständerungen zeigen deutlich die Kopplung von Umfangskraft und Radlast. In den Leistungsspektren der berechneten Radlast finden wir neben der Bodeneingriffsfrequenz bei allen Geschwindigkeiten und Radlasten deren 1. und 2. Oberwelle (Bilder 22,23). Vergleichsrechnungen mit sinusförmigen Bodenwellen zeigen auch hier, daß die Ausbildung von Oberwellen hauptsächlich durch die Stufen angeregt wird. Die Leistungsspektren (Bilder 24,25) zeigen hier das Auftreten der 1. Oberwelle nur bei großer Geschwindigkeit und großer Radlast und keine höheren Oberwellen.

In der Messung besteht der Frequenzgehalt der Aufstandskraft bei hohen Geschwindigkeiten nur aus der Bodeneingriffsfrequenz (Bild 26), bei kleinen Geschwindigkeiten und abnehmender Radlast kommen dann die 1. und auch die 2. Oberwelle hinzu, wobei die 2. Oberwelle nur sehr schwach ausgeprägt ist (Bild 27).

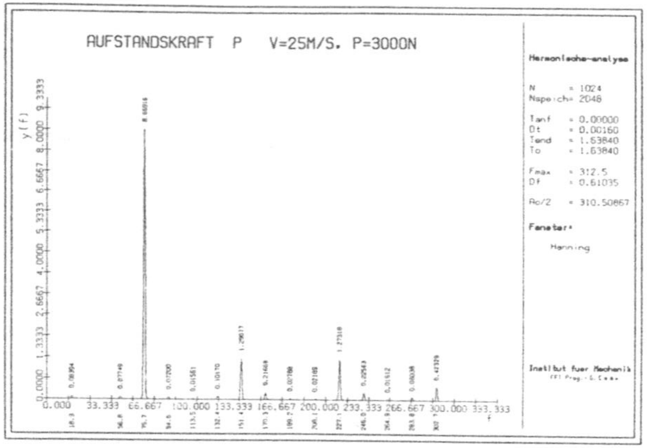

Bild 22: Leistungsspektrum der gerechneten Radlast, Überrollen stufenförmiger Bodenunebenheiten, v=25m/s, P=3000N

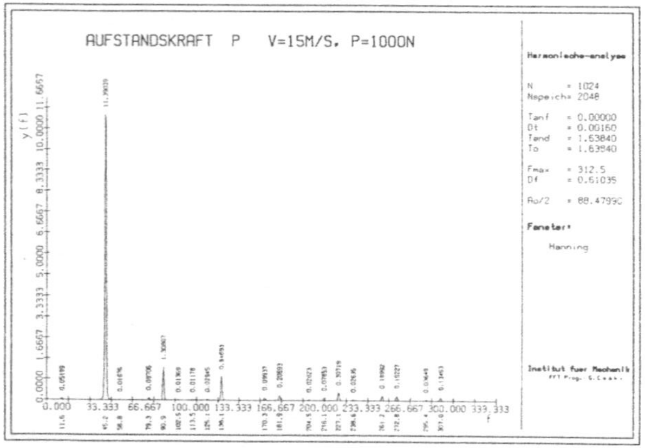

Bild 23: Leistungsspektrum der gerechneten Radlast, Überrollen stufenförmiger Bodenunebenheiten, v=15m/s, P=1000N

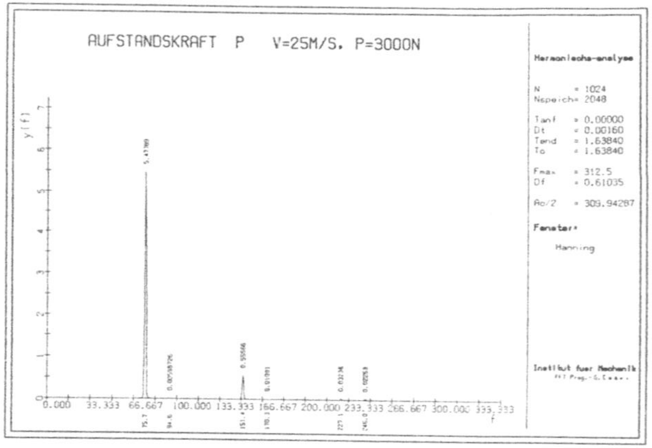

Bild 24: Leistungsspektrum der gerechneten Radlast, Überrollen sinusförmiger Bodenunebenheiten, v=25m/s, P=3000N

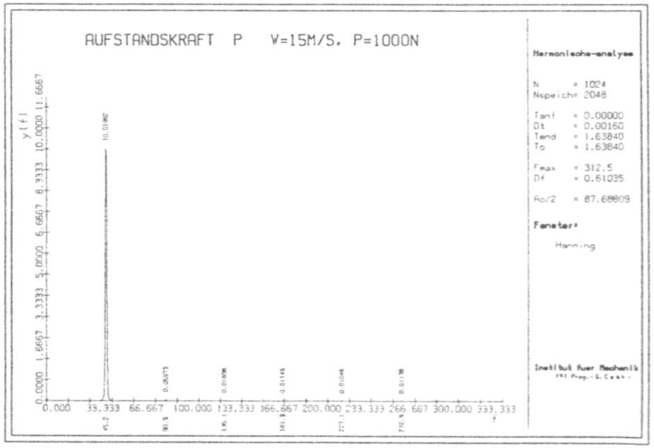

Bild 25: Leistungsspektrum der gerechneten Radlast, Überrollen sinusförmiger Bodenunebenheiten, v=15m/s, P=1000N

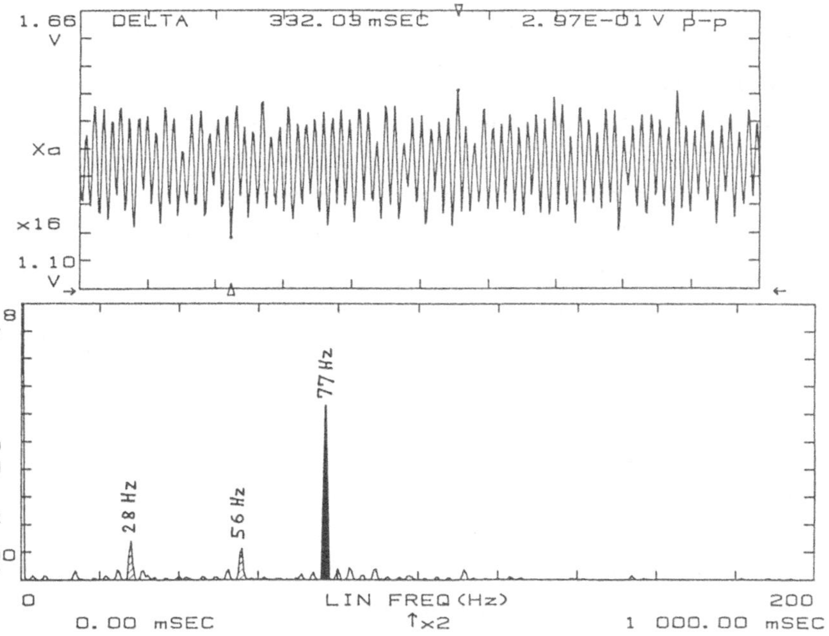

Bild 26: Zeitverlauf und Leistungsspektrum der gemessenen Radlast, Überrollen stufenförmiger Bodenunebenheiten, v=25m/s, P=3000N

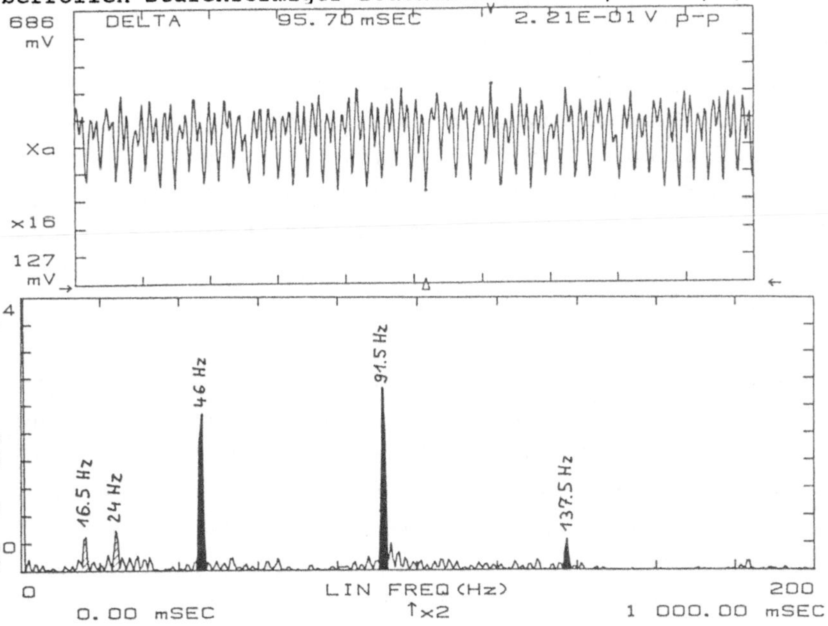

Bild 27: Zeitverlauf und Leistungsspektrum der gemessenen Radlast, Überrollen stufenförmiger Bodenunebenheiten, v=15m/s, P=1000N

Unterschiede zwischen Messung und Rechnung

Abschließend sollen die wesentlichen Unterschiede zwischen den gerechneten und gemessenen Prüfstandversuchen gegenübergestellt werden. Betrachten wir die Trommeloberfläche, so können wir eine hohe Maßhaltigkeit des Trommelradius feststellen. Die Abweichungen vom Sollmaß liegen in der Größenordnung von 1/10 mm, können also gegenüber den Unrundheiten der Reifen völlig vernachlässigt werden. Anders sieht es bei den angebrachten Stufen aus, deren Höhe örtlich bis zu einem Millimeter schwankt. Über die gesamte Kontaktfläche gesehen ändern lokale Fehler der einzelnen Stufe die Radlast nur unwesentlich, die Aufeinanderfolge von Stufen unterschiedlicher Höhe zeigt sich in den Meßschrieben jedoch deutlich als Änderung der zeitlichen Radlastschwankung.

In der Messung wird der Reifen von der Trommel angetrieben, deren Winkelgeschwindigkeitsänderung abhängig von der eingestellten Regelcharakteristik um 1% liegt. In der Rechnung dagegen wird der Reifen mit konstanter Winkelgeschwindigkeit gedreht und die Trommel läuft mit. Auf den ersten Blick scheint dieser Unterschied unerheblich zu sein, genauer betrachtet ändert sich jedoch beim Herauf- und Herunterfahren von den Stufen der Schlupf zwischen Reifen und Trommel aufgrund der durch die Stufenhöhe bedingten unterschiedlichen Geschwindigkeiten von Trommeloberfläche und Stufenoberfläche. Auf dem Prüfstand muß die Felgendrehung bei der Stufenauffahrt beschleunigt und bei der Stufenabfahrt wieder verzögert werden; eine Messung der Felgenwinkelgeschwindigkeit konnte leider nicht durchgeführt werden.

Die Parameter für das Reifenmodell waren teilweise meßtechnisch noch nicht bestimmt und es mußten hier Erfahrungswerte angesetzt werden. Da das Reifenmodell sehr empfindlich auf die Variation einiger Parameter reagiert, wie z.B. auf die Änderung der tangentialen Gürteldämpfung, können damit die Rechenergebnisse in großen Bereichen variieren. Die Aufgabenstellung der Messung war die Frequenzanalyse der Reifenschwingungen bei Stufenüberfahrten. Der Reifen brauchte dazu vor Meßbeginn nicht warmgefahren zu werden, da die Bodeneingriffsfrequenzen und deren Oberwellen temperaturunabhängig sind. Die Dämpfung des Reifens dagegen ist temperaturabhängig und führt zu Schwankungen in den Amplituden, so daß eine Reproduzierbarkeit hinsichtlich der Amplituden nicht erwartet werden kann.

Instationäre Schlittenbewegung in Messung und Rechnung

In der Diplomarbeit von Wünsche /8/ wurde u.a. das instationäre Übergangsverhalten von Reifen auf dem Trommelprüfstand untersucht. Aus den umfangreichen Messungen wurden drei Beispiele ausgewählt, in denen der Reifen FIRESTONE 195/70 HR 14 zunächst unter konstantem Lenkwinkel von -2° läuft und der seitlich ausgelenkte Schlitten mit einer Klinke festgehalten wird. Nach dem Lösen der Klinke wird der Schlitten von den vorgespannten Federn schnell in eine neue Gleichgewichtslage gezogen. Die dabei entstehenden instationären Seitenkräfte wurden von Wünsche mit einem Reifenmodell 1. Ordnung nachgerechnet (Bild 28).

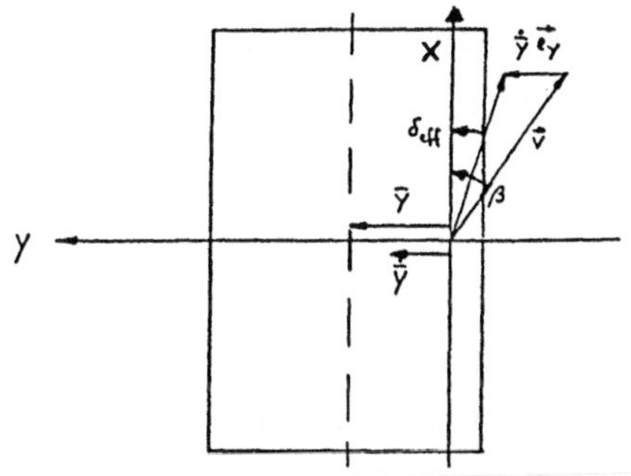

Bild 28:
Reifenmodell 1.Ordnung zur Berechnung instationärer Seitenkräfte

Der Schlitten wurde als Einmassenschwinger modelliert und die Reibung in der Schlittenführung näherungsweise berücksichtigt (Bild 29).

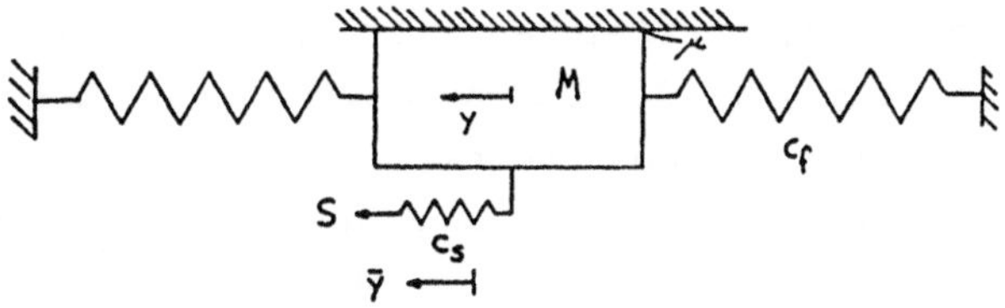

Bild 29: Modellierung des Schlittens als Einmassenschwinger

Es wurden Versuche gefahren mit Geschwindigkeiten von 10 m/s und 1000 N bzw. 3000 N Radlast und 20 m/s mit 3000 N Radlast. Die

Bilder 30 bis 32 zeigen jeweils die gemessene Schlittenquerverschiebung, die Kräfte an der Felge und die mit dem Reifenmodell 1. Ordnung berechneten Seitenkräfte.

Die Seitenkräfte des Reifens sind aufgrund des negativen Lenkwinkels im gefesselten stationären Lauf gleichgerichtet wie die Zugkraft der vorgespannten Schlittenfedern. Beim Lösen der Klinke wird der Schlitten durch Federkräfte und Seitenkraft beschleunigt und erreicht nach kurzer Zeit eine Quergeschwindigkeit, die dem Schräglauf des Reifens entspricht, so daß die Seitenkraft verschwindet. Bei weiter zunehmender Quergeschwindigkeit des Schlittens, jetzt ausschließlich durch beschleunigende Federkräfte hervorgerufen, ändert der Reifenschräglaufwinkel sein Vorzeichen, und damit ändert sich auch die Richtung der Seitenkraft. Die Federkräfte nehmen auf die Nullage des Schlittens hin stetig ab und die seitliche Schlittengeschwindigkeit wird durch Reibung und bremsende Seitenkraft des geschleppten Reifens vermindert, bis die Seitenkraft abermals das Vorzeichen wechselt und den Schlitten mit seiner restlichen Bewegungsenergie in eine stationäre Lage schiebt.

Bei gleicher Geschwindigkeit erreicht der Schlitten die stationäre Position schneller, wenn die Radlast kleiner ist (Bilder 30,31), da die Schleppkraft des Reifens kleiner ausfällt. Die Endauslenkung des Schlittens im neuen Stationärzustand dagegen nimmt bei größerer Radlast durch größere Schräglaufseitenkraft zu. Wird die Geschwindigkeit erhöht, so erreicht der Schlitten auch bei größerer Radlast schneller einen Stationärzustand (Bild 32). Die Quergeschwindigkeit, die der Reifen aufgrund seines Schräglaufwinkels erreichen will liegt bei größerer Rollgeschwindigkeit näher bei der Quergeschwindigkeit des Schlittens, wodurch der effektive Schräglaufwinkel des mit dem Schlitten mitbewegten Reifens kleiner ausfällt und der Reifen damit auch eine kleinere Schleppkraft verursacht. Die Berechnung der Seitenkräfte mit dem Modell 1. Ordnung stimmt mit den Messungen im zeitlichen Mittel gut überein, woraus auf eine gute Wahl der wenigen Systemparameter geschlossen werden kann.

In den Messungen treten als Eigenfrequenzen neben den Nonuniformities des Reifens, von denen die erste bei 10 m/s Rollgeschwindigkeit bei 5 Hz liegt, hauptsächlich Schwingungen um 140 Hz auf. Diese Frequenz wurde in allen Komponenten der Meßnabe analysiert und kann eindeutig auf die Schlittenführung zurückgeführt werden.

Zusammenfassend kann festgestellt werden, daß einfache Reifenmodelle bei Fahrmanövern im niederfrequenten Bereich bei geschickter Wahl der Systemparameter gute Ergebnisse liefern können. Sind hochfrequente oder schnell veränderliche Rollzustände zu berücksichtigen, muß auf komplexere Modelle übergegangen werden, die allerdings einen wesentlich größeren Aufwand bei der Beschaffung der Parameter erfordern.

Literatur

/1/ Frank, F.: Theorie des Reifenschräglaufs, Diss., TH Darmstadt, 1965.

/2/ Fiala, E., Willumeit, H.P.: Radiale Schwingungen von Gürtelreifen, Automobiltechnische Zeitschr. Nr. 2, 1966.

/3/ Böhm, F.: Zur Mechanik des Luftreifens, Habilitationschrift, Stuttgart, 1966.

/4/ Böhm, F.: Theorie schnell veränderlicher Rollzustände für Gürtelreifen, Ing.-Archiv 55, 1985, S. 30-44.

/5/ Böhm, F., Eichler, M., Kmoch, K.: Grundlagen der Rolldynamik von Luftreifen, Fortschritte der Kraftfahrzeugtechnik 1, W. Stühler (Hrsg.), Fahrzeugdynamik, Tagung Essen 1988, Verlag Vieweg.

/6/ Oertel, C.: Darstellung zweidimensionaler Reibschwingungen in komplexen Modellierungen des Reifens, Fahrzeugdynamik, Tagung Essen 1988, Verlag Vieweg.

/7/ Böhm, F., Swierczek, M., Csaki, G.: Hochfrequente Rolldynamik des Gürtelreifens - das Kreisringmodell und seine Erweiterung, Sonderforschungsber. 181, TU Berlin, 1989.

/8/ Wünsche, B.: Schwingungen beim instationären Rollkontakt von PKW-Reifen bei geringen und mittleren Geschwindigkeiten, Dipl.-Arbeit, TU Berlin, 1989.

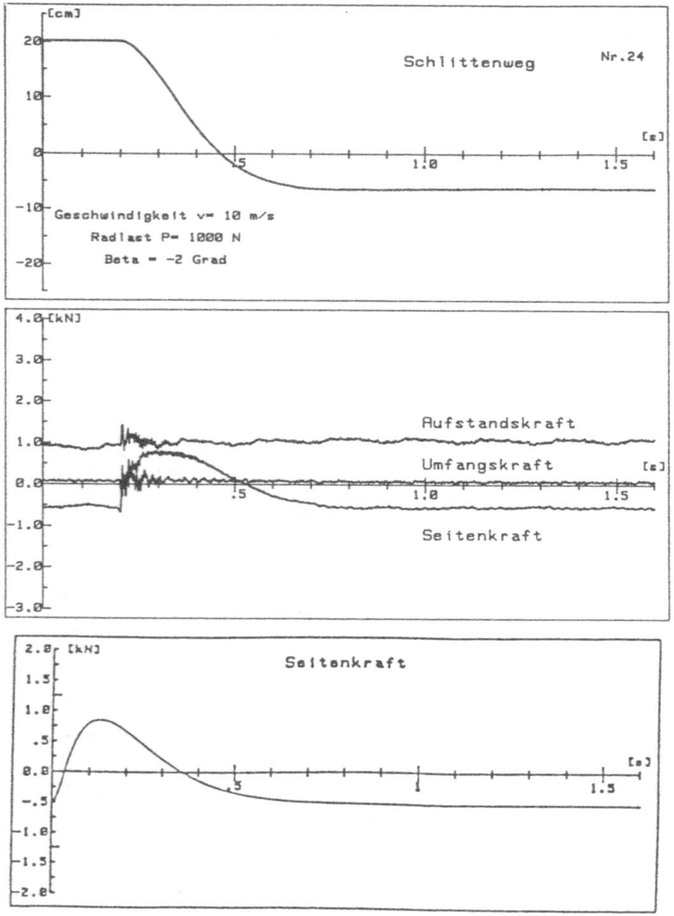

Bild 30: Gemessene Schlittenquerverschiebung und Felgenkräfte und berechneter Seitenkraftverlauf bei v=10m/s, P=1000N

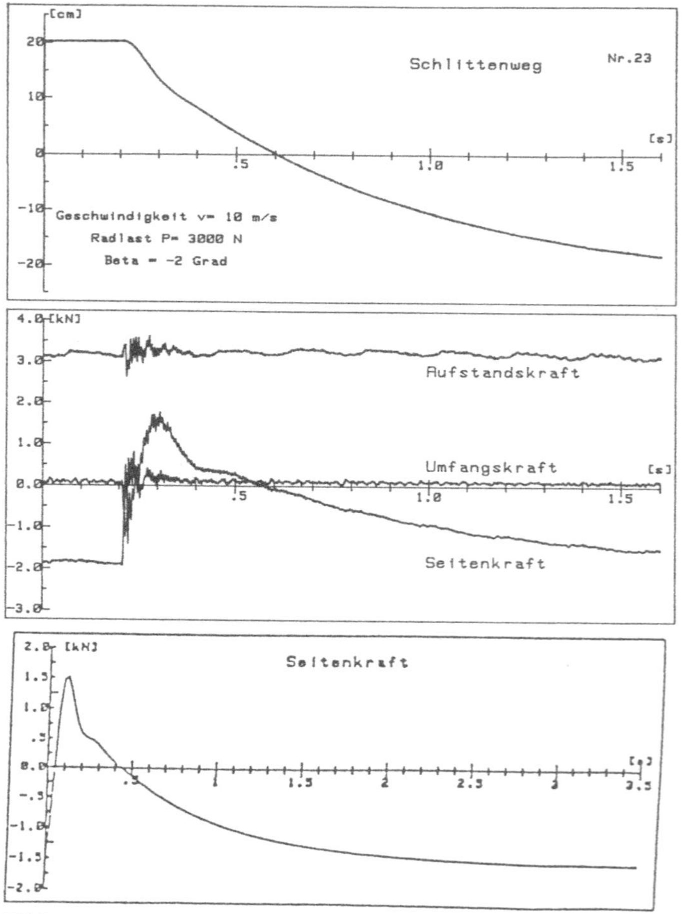

Bild 31: Gemessene Schlittenquerverschiebung und Felgenkräfte und berechneter Seitenkraftverlauf bei v=10m/s, P=3000N

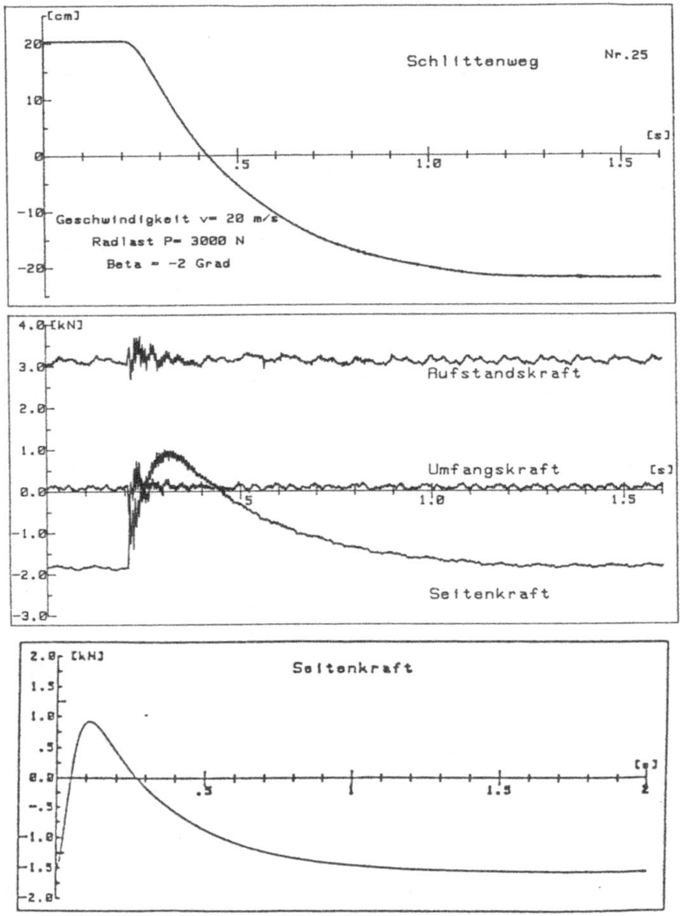

Bild 32: Gemessene Schlittenquerverschiebung und Felgenkräfte und berechneter Seitenkraftverlauf bei v=20m/s, P=3000N

Umsetzung experimentell ermittelter Frequenzgänge zur Ermittlung von Systemparametern

von J. Han, W. Stühler

Identifikation physikalischer Parameter und Verifikation der Identifikationsgenauigkeit

[**Übersicht**] Ein Verfahren zur Identifikation physikalischer Parameter eines Rechenmodells für ein Schwingungssystem aufgrund experimentell ermittelter Frequenzgänge sowie die Verifikation der Identifikationsgenauigkeit wird erläutert. Die Gleichungen zur Identifikation der Parameter werden mittels der Orthogonalität zwischen der dynamischen Steifigkeits- und Nachgiebigkeitsmatrix gebildet. Den Ausgangspunkt für das Verifikationsverfahren stellt eine Empfindlichkeitsanalyse zur Überprüfung des Abhängigkeitsgrades der identifizierten Parameter von den fehlerhaften Singulärwerten der betreffenden Koeffizientenmatrix dar. Am Beispiel eines Fahrzeuges werden die Vorgehensweise der beiden Verfahren und die Resultate vorgestellt.

Identification of the physical Parameters and Inspection of the Precision of the identified Results

[**Summary**] In this paper, a method is proposed for the identification of the physical parameters of a vibration system by use of the measured data of the only one colum of the dynamical stiffniss matrix at some frequency points and inspection of the identified results with the help of the singular-valuce decomposition of the coefficient matrix of the equations, which are formed in the light of the orthogonality between the dynamical flexibility matrix and the dynamical stiffniss matrix. The well demonstrated results of such idetification and inspection for the suspension parameters of BJ-130 light truck show that the method is of practical application value.

1 Problemstellung

In der Praxis dienen zur Untersuchung des dynamischen Verhaltens eines Fahrzeuges in der Regel diskrete Rechenmodelle. Als Systemparameter sollten die Koeffizienten in den Differentialgleichungen

2. Ordnung vom Rechenmodell in physikalischen Koordinaten im voraus bestimmt werden.

Zur Bestimmung der Parameter gibt es zwei Möglichkeiten: die analytische und die experimentelle Methode. Die experimentelle Methode geht von dem realen System aus, d.h. diese Parameter werden aus Meßwerten identifiziert.

Die Genauigkeit der Identifikationsergebnisse wird von zwei Fehlerquellen beeinflußt: Diskretisierungsfehler bei der technischen Umsetzung sowie Meß- und Auswertungsfehler. Der Diskretisierungsfehler steht in Abhängigkeit primär von der Modellordnung, die durch die Anzahl der Freiheitsgrade und damit auch der Eigenwerte gekennzeichnet ist. Alle drei Fehlerquellen sind in der Regel unvermeidbar.

In der vorliegenden Arbeit sollen zur Identifikation der Systemparameter unter der Bedingung, daß die Struktur des Rechenmodells bekannt ist, die gemessenen Frequenzgänge direkt genutzt und auf numerischem Weg der Einflußgrad der Meß- und Auswertungsfehler auf die Genauigkeit der Identifikationsergebnisse untersucht werden.

2 Grundbeziehungen zur Identifikation

Den Ausgangspunkt für das im Frequenzbereich arbeitende Verfahren stellt ein lineares Parameterschätzgleichungssystem dar, welches auf der Orthogonalität zwischen der dynamischen Steifigkeits- und Nachgiebigkeitsmatrix basiert.

Gegeben sei ein lineares Rechenmodell eines Schwingungssystems mit N Freiheitsgraden, dessen komplexe dynamische Steifigkeitsmatrix lautet

$$\underline{Z} = -\Omega^2 \cdot \underline{M} + i\Omega \cdot \underline{D} + \underline{K}, \qquad (2.1)$$

worin $\underline{M}$, $\underline{D}$, $\underline{K}$, Ω jeweils die Massen-, Dämpfungs- und Steifigkeitsmatrix des Rechenmodells sowie die Kreisfrequenz der Schwingung sind. In dem Artikel sind alle unterstrichenen Buchstaben eine Matrix oder ein Spaltenvektor. Die entsprechende dynamische

Nachgiebigkeitsmatrix $\underline{H}$ ist die Inverse der dynamischen Steifigkeitsmatrix $\underline{Z}$

$$\underline{H} = \underline{Z}^{-1}. \tag{2.2}$$

Angenommen, es sind die Werte einer Spalte der dynamischen Nachgiebigkeitsmatrix $\underline{H}$ bei Erregungen mit m verschiedenen Frequenzen Ω_k ermittelt, z.B. die j-te Spalte gemäß

$$H_{ij}(\Omega_k), \qquad i = 1,2,\cdots,N, \qquad k = 1,2,\cdots,m.$$

Aus der Orthogonalitätsrelation zwischen $\underline{H}$ und $\underline{Z}$ ergibt sich nach dem Multiplizieren jeder Zeile l der dynamischen Steifigkeitsmatrix mit der j-ten Spalte der dynamischen Nachgiebigkeitsmatrix zu

$$\sum_{i=1}^{N} Z_{li}(\Omega_k)\cdot H_{ij}(\Omega_k) = \delta_{lj} \qquad \left\{\begin{array}{l} l = 1,2,\cdots,N \\ k = 1,2,\cdots,m. \end{array}\right\} \tag{2.3}$$

Dabei sind in $Z_{li}(\Omega_k) = -\Omega_k{}^2\cdot M_{li} + i\Omega_k\cdot D_{li} + K_{li}$ die Größen M_{li}, D_{li} und K_{li} jeweils die Elemente der Matrizen $\underline{M}$, $\underline{D}$ und $\underline{K}$.

Sei l=j in Gl.(2.3) und wird diese Gleichung in Realteil und Imaginärteil aufgespalten, so lassen sich die Unbekannten separieren. Aus dem Realteil ergibt sich

$$\underline{\varphi}^T{}_{jk}\cdot\underline{\theta}_j = 1, \qquad k = 1,2,\cdots,m, \tag{2.4}$$

$\underline{\theta}_j$ Spaltenvektor der Unbekannten

$\underline{\varphi}_{jk}$ Koeffizientenvektor, dessen Element eine bekannte Funktion vom Realteil $Re\{H_{ij}(\Omega_k)\}$, dem Imaginärteil $Im\{H_{ij}(\Omega_k)\}$ und der Kreisfrequenz Ω_k ist.

Die übrigen N-1 Gleichungen von Gl.(2.3) haben folgendes Aussehen:

$$\sum_{i=1}^{N} Z_{li}(\Omega_k)\cdot H_{ij}(\Omega_k) = 0 \qquad \left\{\begin{array}{ll} l = 1,2,\cdots,N & l \neq j \\ k = 1,2,\cdots,m, & \end{array}\right\} \tag{2.5}$$

worin es mindestens eine Gleichung gibt, die mit der Gl.(2.4) wegen der elastischen Kopplung sowie Dämpfungs- und Trägheitskopplung einige gleiche Unbekannte hat. Werden die Kopplungsverhältnisse benutzt und werden die Terme,in denen die in früheren Schritten, z.B. aus Gl.(2.4), schon identifizierten Parameter stehen, auf die rechte Seite der Gleichung angeordnet, dann bilden sich inhomogene Gleichungen, die durch geeignete Umformung auch in die Gestalt von Gl.(2.4) umgewandelt werden können. Deshalb lassen sich die Gleichung (2.4) und die Gleichungen (2.5) durch eine gemeinsame Formulierung darstellen als

$$\underline{\varphi}^T{}_{lk} \cdot \underline{\theta}_l = 1, \quad l = 1,2,\cdots,N, \quad k = 1,2,\cdots,m, \tag{2.6}$$

wobei $\underline{\theta}_l$ der Spaltenvektor der zu identifizierenden Parameter ist, deren Elemente aus den Elementen des Vektorraumes

$$\mathbf{A} = \{ \alpha_i \mid \alpha_i \text{ ist ein Element von } \underline{\theta} \}$$

bestehen. Es gilt für beliebiges $\alpha_i \in \mathbf{A}$, daß α_i mindestens einmal ein Element eines Vektors $\underline{\theta}_l$ ist. Aufgrund der besonderen Eigenschaft, daß nämlich die Elemente der Massen-, Steifigkeits- und Dämpfungsmatrix entlang der Hauptdiagonalen liegen, ist die Anzahl der Unbekannten jeder Gleichung des Gleichungssystems Gl.(2.6) relativ gering, auch wenn der Freiheitsgrad des zu betrachtenden Systems verhältnismäßig groß ist.

Mittels der Methode der kleinsten Fehlerquadrate ergibt sich aus der Gl.(2.6) die Schätzgleichung zu

$$\underline{\theta}_l = (\underline{\Phi}^T{}_l \cdot \underline{\Phi}_l)^{-1} \cdot \underline{\Phi}^T{}_l \cdot \underline{I}_l \quad l = 1,2,\cdots,N \tag{2.7}$$

mit

$\underline{\Phi}_l = (\underline{\varphi}_{l1}, \underline{\varphi}_{l2}, \cdots, \underline{\varphi}_{lm})^T$ Koeffizientenmatrix,
$\underline{I}_l$ (m,1) Spaltenvektor, dessen Elemente alle 1 sind.

3 Grundbeziehungen zur Verifikation der Identifikationsgenauigkeit

Dem Verifikationsverfahren liegt die Singulärwertzerlegung der Koeffizientenmatrix der Schätzgleichung zugrunde.

Vorgegeben sei in allgemeiner Form ein lineares Parameterschätzmodell

$$\left.\begin{aligned} \underline{Y} &= \underline{A}\cdot\underline{X} + \underline{\varepsilon} \\ \underline{E}(\underline{\varepsilon}) &= \underline{0} \\ \mathrm{Var}(\underline{\varepsilon}) &= \sigma^2\cdot\underline{I} \end{aligned}\right\} \quad (3.1)$$

mit

$\underline{A}$ (m,N) Koeffizientenmatrix, $\underline{Y}$ (m,1) Vektor

$\underline{X}$ (N,1) zu identifizierender Parametervektor

$\underline{\varepsilon}$ (m,1) stochastischer Fehlervektor

$\underline{I}$ Einheitsmatrix.

Die Singulärwertzerlegung der Koeffizientenmatrix $\underline{A}$ ergibt

$$\underline{A} = \underline{U}\cdot\underline{S}\cdot\underline{V}^T, \quad (3.2)$$

worin $\underline{U}$ eine (m,N) Matrix, deren Spalten paarweise aufeinander senkrecht stehen und normiert sind; $\underline{V}$ eine orthogonalnormale (N,N) Matrix ist; $\underline{S} = \mathrm{diag}(S_1,S_2,\cdots,S_N)$ eine (N,N) diagonale Matrix ist, deren diagonale Elemente als die sogenannten Singulärwerte der Koeffizientenmatrix $\underline{A}$ bezeichnet werden. Die Singulärwertzerlegung bietet die beste Kontrolle und Steuerungsmöglichkeit für die Konditionszahl eines Gleichungssystems (m=N) bzw. einer Ausgleichsaufgabe (m>N)[3]. Als Forschungsergebnis und als weitere Anwendungsmöglichkeit der Singulärwertzerlegung wird sie hier zur Verifikation der Identifikationsgenauigkeit von einem linearen Parameterschätzmodell benutzt.

Aus Gl.(3.2) errechnen sich die Schätzwerte $\bar{\underline{X}}$ mit kleinster Abweichung mittels der Methode des Minimums der Fehlerquadratsumme zu

$$\bar{\underline{X}} = \underline{V}\cdot\underline{S}^+\cdot\underline{U}^T\cdot\underline{Y} \quad (3.3)$$

mit

$$\left.\begin{aligned} S^+_i &= \begin{cases} 1/S_i & \text{für } S_i > 0, \\ 0 & \text{für } S_i \text{ sonst} \end{cases} \\ i &= 1,2,\cdots,N, \end{aligned}\right\} \quad (3.4)$$

oder

$$\left.\begin{aligned} \delta_i &= S^+_i \cdot \underline{u}^T_i \cdot \underline{Y}, \\ \underline{\bar{X}} &= \sum_{i=1}^{N} \delta_i \cdot \underline{v}_i, \quad i = 1, 2, \cdots, N, \end{aligned}\right\} \quad (3.5)$$

wobei $\underline{u}_i$ und $\underline{v}_i$ jeweils die i-te Spalte von $\underline{U}$ und $\underline{V}$ sind.

Ersichtlich aus Gl.(3.5) ist, daß der Einfluß von relativ kleinen S_i auf die Schätzwerte des Parametervektors $\underline{X}$ relativ groß ist. Wenn ein Wert von S_i ($i = 1,2,\cdots,N$) nicht nur klein, sondern auch fehlerhaft ist, werden die Schätzwerte von ihm sehr stark beeinflußt. Ein fehlerhafter Singulärwert bedeutet hier, daß er sehr empfindlich gegenüber kleinen Veränderungen bei den Elementen der Koeffizientenmatrix $\underline{A}$ ist. Wegen der orthogonalnormalen Eigenschaft von den Matrizen $\underline{U}$ und $\underline{V}$ in Gleichung (3.2) werden die Veränderungen hauptsächlich durch die entsprechenden Veränderungen der Singulärwerte repräsentiert.

Tatsache ist auch, daß ein einzelner fehlerhafter Singulärwert in verschiedener Weise Einfluß nehmen kann auf die Schätzwerte eines einzelnen Prameters. Auf die Schätzwerte einiger Parameter kann der Einfluß sehr klein sein, das bedeutet, daß die Schätzwerte hauptsächlich von den richtigen Singulärwerten bestimmt werden. Auf die Schätzwerte von anderen Parametern kann der Einfluß sehr groß sein, das bedeutet, daß die Schätzwerte primär von den fehlerhaften Singulärwerten bestimmt werden.

Aufgrund der beschriebenen Zusammenhänge kann ein Verfahren zur Verifikation der Identifikationsgenauigkeit abgeleitet werden. Das Verfahren wird in drei Schritten durchgeführt.

Der erste Schritt:

Bestimmmung des Charakters jedes Singulärwertes

In die Koeffizientenmatrix $\underline{A}$ werden einige stochastische Störungen eingeführt. Die Variationstendenz jedes Singulärwertes der gestörten Koeffizientenmatrix $\underline{A}'$ wird dann beobachtet:

—diejenigen Singulärwerte, die eine relativ niedrige Veränderung im Vergleich mit den entsprechenden, von der ungestörten Koeffizientenmatrix $\underline{A}$ berechneten Singulärwerten haben, sind gut konditioniert,

—diejenigen Singulärwerte, die relativ große Veränderungen haben, sind nicht gut konditioniert,

—die gegenüber Störungen sehr empfindlichen Singulärwerte sind schlecht konditioniert.

Die gut konditionierten Singulärwerte werden als einwandfrei bezeichnet. Die schlecht konditionierten Singulärwerte werden als fehlerhaft bezeichnet. Im ersten Schritt wird also festgestellt, welche Singulärwerte einwandfrei und welche fehlerhaft sind.

Der zweite Schritt:

Überprüfung der Abhängigkeit jedes zu identifizierenden Parameters von fehlerhaften Singulärwerten

Werden die fehlerhaften Singulärwerte verändert, z.B. verdoppelt, um 50 % reduziert oder zu Null gesetzt, so verändern sich auch die Schätzwerte der zu identifizierenden Parameter. Mit dem Grad der Veränderung der Schätzwerte in Abhängigkeit vom Grad der Veränderung der fehlerhaften Singulärwerte wird bestimmt, welcher Parameterschätzwert stark oder welcher schwach abhängig ist den fehlerhaften Singulärwerten ist.

Der drite Schritt:

Untersuchung der Genauigkeit jedes Parameterschätzwertes

Die von den fehlerhaften Singulärwerten stark abhängigen Parameterschätzwerte werden besonders empfindlich gegenüber Meß- und Auswertungsungenauigkeiten sein. Im Gegensatz dazu werden die von den fehlerhaften Singulärwerten schwach abhängigen Parameterschätzwerte wenig empfindlich gegenüber Ungenauigkeiten sein. Es liegt nahe, daß die stark empfindlichen Schätzwerte eine geringe Genauigkeit bei der Identifikation haben und demgegenüber die schwach empfindlichen Schätzwerte eine große Genauigkeit besitzen.

Bild 3.1 zeigt den Ablauf bei der Durchführung des Verifikationsverfahrens.

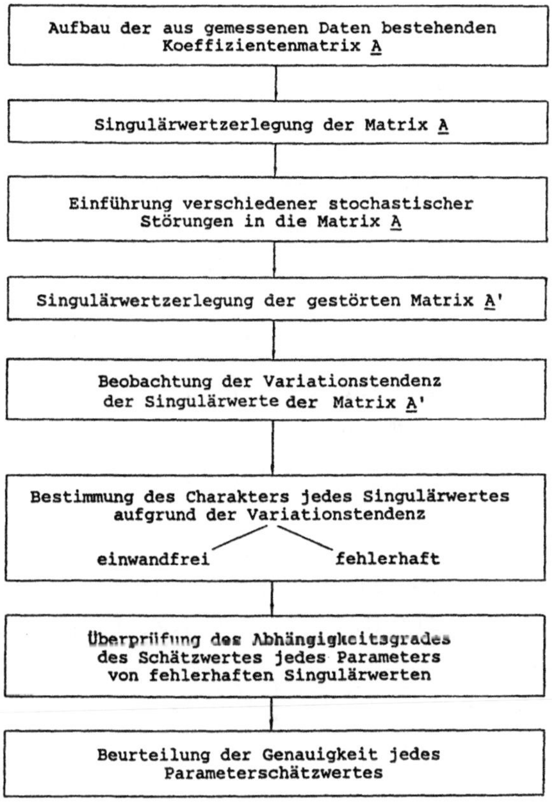

Bild 3.1 Ablauf zur Verifikation der Identifikationsgenauigkeit

4 Anwendungsbeispiel eines Fahrzeuges

Mit der oben vorgestellten Methode ist die Identifikation der physikalischen Parameter des Räderaufhängungssystem eines leichten LKWs Typ BJ-130 durchgeführt worden. Das im Bild 4.1 gezeigte,

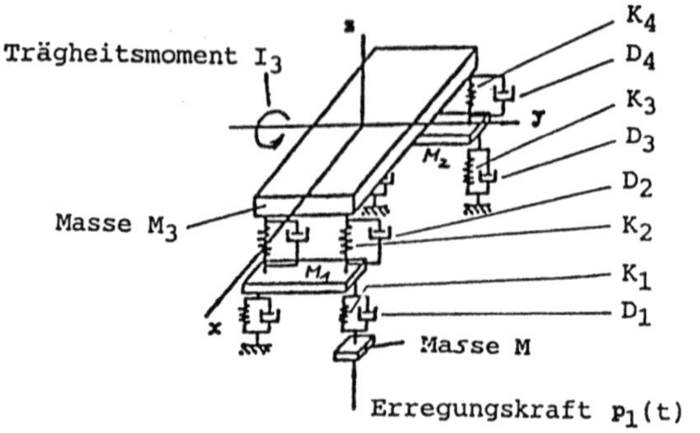

<u>Bild 4.1</u>

Rechenmodell mit 8 Freiheitsgraden

reduzierte Rechenmodell mit den konzentrierten physikalischen Parametern besitzt 8 Freiheitsgrade in vertikaler Richtung z, wobei der erste dem senkrechten Ausschlag der, oberhalb des Kraftaufnehmers am elektrisch-hydraulischen Rütteltisch befindlichen Masse entspricht. Es sei angenommen, daß das System linear und symmetrisch bezüglich der zur z/x-Ebene parallelen Mittelebene ist.

Aufgrund der gewährten Systemstruktur ergibt sich das Differentialgleichungssystem zu

$$\underline{M}\cdot\underline{\ddot{z}} + \underline{D}\cdot\underline{\dot{z}} + \underline{K}\cdot\underline{z} = \underline{p}(t) \qquad (4.1)$$

mit

Verschiebungsvektor $\underline{z} = (z_1, z_2, \cdots, z_8)^T$

Erregungsvektor $\underline{p} = (\hat{p}_1\cdot\sin(\Omega\cdot t), 0, \cdots, 0)^T$

Massenmatrix $\underline{M} = \mathrm{diag}(M, M_1, I_1, M_2, I_2, M_3, I_3, I_4)$

Steifigkeitsmatrix:

$$\underline{K} = \begin{vmatrix} K_1 & -K_1 & -A_5\cdot K_1 & 0 & 0 & 0 & 0 & 0 \\ -K_1 & 2(k_1+k_2) & 0 & 0 & 0 & -2K_2 & 2A_2\cdot K_2 & 0 \\ -A_5\cdot K_1 & 0 & (2A_5^2\cdot K_1 + 2A_4^2\cdot K_2) & 0 & 0 & 0 & 0 & -2A_1\cdot A_4\cdot K_2 \\ 0 & 0 & 0 & 2(K_3+K_4) & 0 & -2K_4 & -2A_2\cdot K_4 & 0 \\ 0 & 0 & 0 & 0 & (2A_7^2\cdot K_3 + 2A_7^2\cdot K_4) & 0 & 0 & -2A_1\cdot A_6\cdot K_4 \\ 0 & -2K & 0 & -2K_4 & 0 & 2(K_2+K_4) & (2A_2\cdot K_4 - 2A_2\cdot K_2) & 0 \\ 0 & 2A_2\cdot K_2 & 0 & -2A_2\cdot K_4 & 0 & (2A_2\cdot K_4 - 2A_2\cdot K_2) & (2A_2^2\cdot K_2 + 2A_2^2\cdot K_4) & 0 \\ 0 & 0 & -2A_1\cdot A_4\cdot k_2 & 0 & -2A_1\cdot A_6\cdot K_4 & 0 & 0 & (2A_2^2\cdot K_2 + 2A_2^2\cdot K_4) \end{vmatrix}$$

Und die Gestalt der Dämpfungsmatrix $\underline{D}$ sieht genauso aus wie die Steifigkeitsmatrix unter Verwendung der Dämpfungsparameter statt der Steifigkeitsparameter.

Die Erläuterung jedes Systemsparameters ist die folgende:

M die Masse oberhalb des Kraftaufnehmers am elektrisch-hydraulischen Rütteltisch
M_1 die Masse unter dem Vorderradaufhängungsrahmen
M_2 die Masse unter dem Hinterradaufhängungsrahmen
M_3 Aufhängungsmasse an den Vorder- und Hinterradaufhängungsrahmen
I_1 Trägheitsmoment der Masse M_1 bezüglich der longitudinalen Achse durch den Schwerpunkt
I_2 Trägheitsmoment der Masse M_2 bezüglich der longitudinalen Achse durch den Schwerpunkt
I_3 Trägheitsmoment der Aufhängungsmasse M_3 bezüglich der Querachse durch den Schwerpunkt
I_4 Trägheitsmoment der Aufhängungsmasse M_3 bezüglich der longitudinalen Achse durch den Schwerpunkt
D_1 Äquivalenter Dämpfungsgrad des Vorderradreifens
D_2 Äquivalenter Dämpfungsgrad des Vorderradaufhängungsrahmens
D_3 Äquivalenter Dämpfungsgrad des Hinterradreifens
D_4 Äquivalenter Dämpfungsgrad des Hinterradaufhängungsrahmens
K_1 Äquivalente Steifigkeit des Vorderradreifens
K_2 Äquivalente Steifigkeit des Vorderradaufhängungsrahmens
K_3 Äquivalente Steifigkeit des Hinterradreifens
K_4 Äquivalente Steifigkeit des Hinterradaufhängungsrahmens
$A_1, A_2, \cdots, A_7$ Abmessungen.

4.1 Identifikation der Parameter

Bei dem Anwendungsbeispiel wurde die erste Spalte der dynamischen Nachgiebigkeitmatrix für 23 Frequenzpunkte (1 bis 12 Hz, Schrittweite 0,5 Hz) gemessen, d.h. in Gl.(2.3) ist $j = 1$. Aus Gl.(2.3) (aber hier wird nur $j = 1$ und $l = 1, 2, 3, 6, 7$, betrachtet) ergeben sich die Gleichungen, welche die zu identifizierenden Parameter M_3, I_3, K_2, K_4, D_2 und D_4 vom Aufhängungsrahmensystem enthalten:

$$\left.\begin{aligned} Z_{11}\cdot H_{11} + Z_{12}\cdot H_{21} + Z_{13}\cdot H_{31} &= 1 \\ Z_{21}\cdot H_{11} + Z_{22}\cdot H_{21} + Z_{26}\cdot H_{61} + Z_{27}\cdot H_{71} &= 0 \\ Z_{31}\cdot H_{11} + Z_{33}\cdot H_{31} + Z_{38}\cdot H_{81} &= 0 \\ Z_{62}\cdot H_{21} + Z_{64}\cdot H_{41} + Z_{66}\cdot H_{61} + Z_{67}\cdot H_{71} &= 0 \\ Z_{72}\cdot H_{21} + Z_{74}\cdot H_{41} + Z_{76}\cdot H_{61} + Z_{77}\cdot H_{71} &= 0. \end{aligned}\right\} \quad (4.2)$$

Durch geeignete Umformungen werden die folgenden Schätzgleichungen erhalten:

$$\left.\begin{aligned} & K_2\cdot(\mathrm{Re}\{H_{21}\} - \mathrm{Re}\{H_{61}\} + A_2\cdot\mathrm{Re}\{H_{71}\} + A_4^2\cdot\mathrm{Re}\{H_{31}\}/A_5 \\ & \quad - A_1\cdot A_4\cdot\mathrm{Re}\{H_{81}\}/A_5) \\ & + D_2\cdot\Omega\cdot(-\mathrm{Im}\{H_{21}\} + \mathrm{Im}\{H_{61}\} - A_2\cdot\mathrm{Im}\{H_{71}\} - A_4^2\cdot\mathrm{Im}\{H_{31}\}/A_5 \\ & \quad + A_1\cdot A_4\cdot\mathrm{Im}\{H_{81}\}/A_5) \\ & + M\cdot(-\Omega^2\cdot\mathrm{Re}\{H_{11}\}) + M_1\cdot(-1/2\cdot\Omega^2\cdot\mathrm{Re}\{H_{21}\}) \end{aligned}\right\} \quad (4.3)$$
$$+ I_1\cdot(-\Omega^2\cdot\mathrm{Re}\{H_{31}\}/A_5) = 1$$

$$\left.\begin{aligned} & K_2\cdot(-\mathrm{Re}\{H_{21}\} + \mathrm{Re}\{H_{61}\} - A_2\cdot\mathrm{Re}\{H_{71}\}) \\ & + K_4\cdot(-\mathrm{Re}\{H_{41}\} + \mathrm{Re}\{H_{61}\} + A_2\cdot\mathrm{Re}\{H_{71}\}) \\ & + D_2\cdot\Omega\cdot(\mathrm{Im}\{H_{21}\} - \mathrm{Im}\{H_{61}\} + A_2\cdot\mathrm{Im}\{H_{71}\}) \\ & + D_4\cdot\Omega\cdot(\mathrm{Im}\{H_{41}\} - \mathrm{Im}\{H_{61}\} - A_2\cdot\mathrm{Im}\{H_{71}\}) \\ & + M_3\cdot(-\Omega^2\cdot\mathrm{Re}\{H_{61}\}) + M_1\cdot(-1/2\cdot\Omega^2\cdot\mathrm{Re}\{H_{21}\}) = 0 \end{aligned}\right\} \quad (4.4)$$

$$\left.\begin{aligned} & K_2\cdot(\mathrm{Re}\{H_{21}\} - \mathrm{Re}\{H_{61}\} + A_2\cdot\mathrm{Re}\{H_{71}\}) \\ & + K_4\cdot(-\mathrm{Re}\{H_{41}\} + \mathrm{Re}\{H_{61}\} + A_2\cdot\mathrm{Re}\{H_{71}\}) \\ & + D_2\cdot\Omega\cdot(-\mathrm{Im}\{H_{21}\} + \mathrm{Im}\{H_{61}\} - A_2\cdot\mathrm{Im}\{H_{71}\}) \\ & + D_4\cdot\Omega\cdot(\mathrm{Im}\{H_{41}\} - \mathrm{Im}\{H_{61}\} - A_2\cdot\mathrm{Im}\{H_{71}\}) \\ & + I_3\cdot(-\Omega^2\cdot\mathrm{Re}\{H_{71}\}) + M_1\cdot(-1/2\cdot\Omega^2\cdot\mathrm{Re}\{H_{21}\}) = 0. \end{aligned}\right\} \quad (4.5)$$

Um die Abhängigkeit der Schätzwerte von der Größe der Frequenz, für die die erste Spalte der dynamischen Nachgiebigkeitsmatrix $\underline{H}$ experimentell bestimmt wurde, überprüfen zu können, werden die an 23 Frequenzpunkten gemessenen Frequenzgänge in sieben Gruppen geteilt. Die Daten dieser sieben Gruppen wurden jeweils benutzt und dann wurden sieben Gruppen von Parameterschätzwerten aus Gl.(4.3),(4.4) und(4.5) ermittelt. Aus Gl.(4.3) kann K_2 einschließlich D_2, M, M_1 und I_1 zuerst ermitelt werden. Die sieben Schätzwerte von K_2 sind in <u>Tabelle 4.1</u> dargestellt.

Tabelle 4.1 Schätzwerte für K_2

Datengruppe	1	2	3	4	5	6	7
K_2 [N/cm]	1493	1484	1473	1479	1479	1484	1487

Wird K_2 = 1487 N/cm jeweils in Gl.(4.4) und Gl.(4.5) eingesetzt, dann ergeben sich die Schätzwerte für D_2, M_3, K_4, D_4 und I_3, die in der Tabelle 4.2 dargestellt sind.

Tabelle 4.2 Schätzwerte für M_3, K_4, I_3, D_2, und D_4

Datengruppe	1	2	3	4	5	6	7
K_2 [N/cm]	1493	1484	1473	1479	1479	1484	1487
M_3 [kg]	1130	1123	1129	1109	1118	1127	1142
K_4 [N/cm]	2295	2233	2885	2277	2342	2382	2507
I_3 [N·cm·s^2]	1813	1770	1779	1814	1818	1853	1855
D_2 [N/cm]	27,6	28,8	27,4	27,4	27,6	27,1	26,5
D_4 [N·s/cm]	84,3	126,7	80,7	92,3	93,4	71,4	44,1

Die Masse M_3 des Fahrzeugaufbaues vom LKW BJ-130, der in dem Versuch verwendet wurde, beträgt 1166 kg und der identifizierte Wert dafür ist 1142 kg. Der relative Fehler liegt unter 1,8%. Daraus geht hervor, daß das identifizierte Ergebnis der Masse M_3 verhältnismäßig genau ist. Wegen der Abhängigkeit der Identifikationsgenauigkeit der Masse M_3 von K_2 besagt das genaue Resultat von M_3, daß K_2 = 1487 N/cm auch ein relativ genaues Ergebnis ist.

4.2 Verifikation der Identifikationsgenauigkeit

Die sieben Schätzwerte für die äquivalente Steifigkeit des Vorderradaufhängungsrahmens K_2 sind sehr stabil (siehe Tabelle 4.1). Es ist auch schon gesagt, daß der identifizierte Wert von K_2 eine große Genauigkeit besitzt. Hier wird mittels des Verfahrens zur Verifikation der Identifikationsgenauigkeit der Grund dafür untersucht.

Die Gleichung (4.3) kann auch wie folgt geschrieben werden:

$$\underline{\varphi}^T{}_k \cdot \underline{\Theta} = 1, \qquad k = 1,2,\cdots,23, \tag{4.6}$$

wobei

$$\underline{\Theta} = (K_2, D_2, M, M_1, I_1), \quad \underline{\varphi}_k = (\varphi_{1k}, \varphi_{2k}, \varphi_{3k}, \varphi_{4k}, \varphi_{5k})^T$$

$$\varphi_{1k} = \mathrm{Re}\{H_{21}(\Omega_k)\} - \mathrm{Re}\{H_{61}(\Omega_k)\} + A_2 \cdot \mathrm{Re}\{H_{71}(\Omega_k)\} + A_4{}^2 \cdot \mathrm{Re}\{H_{31}(\Omega_k)\}/A_5 - A_1 \cdot A_4 \cdot \mathrm{Re}\{H_{81}(\Omega_k)\}/A_5$$

$$\varphi_{2k} = \Omega_k \cdot (-\mathrm{Im}\{H_{21}(\Omega_k)\} + \mathrm{Im}\{H_{61}(\Omega_k)\} - A_2 \cdot \mathrm{Im}\{H_{71}(\Omega_k)\} - A_4{}^2 \cdot \mathrm{Im}\{H_{31}(\Omega_k)\}/A_5 + A_1 \cdot A_4 \cdot \mathrm{Im}\{H_{81}(\Omega_k)\}/A_5$$

$$\varphi_{3k} = -\Omega_k{}^2 \cdot \mathrm{Re}\{H_{11}(\Omega_k)\}$$

$$\varphi_{4k} = -1/2 \cdot \Omega_k{}^2 \cdot \mathrm{Re}\{H_{21}(\Omega_k)\}$$

$$\varphi_{5k} = -\Omega_k{}^2 \cdot \mathrm{Re}\{H_{31}(\Omega_k)\}/A_5.$$

In diesen Gleichungen sind fünf Unbekannte, nämlich K_2, D_2, M, M_1 und I_1. Ihre Koeffizientenmatrix $\underline{\Phi} = (\underline{\varphi}_1, \underline{\varphi}_2, \underline{\varphi}_3, \cdots, \underline{\varphi}_{23})$ ist eine (23,5) rechteckige Matrix. Sie hat fünf positive Singulärwerte in der Tabelle 4.3.

Tabelle 4.3 Singulärwerte der Koeffizientenmatrix $\underline{\Phi}$

S_1	S_2	S_3	S_4	S_5
$2{,}077 \cdot 10^{-2}$	$4{,}875 \cdot 10^{-3}$	$3{,}900 \cdot 10^{-4}$	$1{,}181 \cdot 10^{-5}$	$1{,}273 \cdot 10^{-7}$

a Überprüfung des Charakters der Singulärwerte

Rechnerisch wurden bei jedem Element der Koeffizientenmatrix $\underline{\Phi}$ jeweils 2%, 5%, 10%, und 15% stochastische Störungen eingeführt. Die Singulärwerte der gestörten Koeffizientenmatrix $\underline{\Phi}'$ sind in der Tabelle 4.4 eingetragen. Die Prozentzahlen sind der relative Fehler.

Der fünfte Singulärwert S_5 ist sicher fehlerhaft, weil er stark empfindlich gegenüber den in der Koeffizientenmatrix eingeführten Störungen ist. Aber die vier größeren Singulärwerte S_1, S_2, S_3, S_4 sind einwandfrei, weil sie nicht empfindlich gegenüber den Störungen sind.

Tabelle 4.4 Singulärwerte der gestörten Koeffizientenmatrix

Singulärwert	Störungen 0	2%	5%	10%	15%
$S_1 \cdot 10^2$	2,077	2,078 (0,04%)	2,080 (0,12%)	2,084 (0,33%)	2,090 (2,5%)
$S_2 \cdot 10^3$	4,875	4,885 (0,19%)	4,903 (0,56%)	4,944 (1,40%)	4,998 (2,5%)
$S_3 \cdot 10^4$	3,900	3,925 (0,65%)	3,965 (1,60%)	4,032 (3,40%)	4,102 (5,2%)
$S_4 \cdot 10^5$	1,181	1,189 (0,73%)	1,203 (1,80%)	1,226 (3,80%)	1,251 (7,0%)
$S_5 \cdot 10^7$	1,273	13,95 (9,60%)	1,672 (31,3%)	2,273 (78,6%)	2,951 (131,8%)

b Überprüfung der Abhängigkeit des Schätzwertes des Parameter K_2 von dem fehlerhaften Singulärwert S_5

Wenn der kleinste Singulärwert S_5 verdoppelt wird, ist der relative Fehler von Parameter K_2 nicht mehr als 0,3%, aber der kleinste relative Fehler von den übrigen vier Parametern beträgt bis 12,8%. Wenn der kleinste Singulärwert S_5 um 50% abnimmt, ist der relative Fehler vom Parameter K_2 gleich 0,7%, aber der kleinste relative Fehler von den übrigen vier Parametern beläuft sich auf mehr als 25,6%. Wenn der kleinste Singulärwert S_5 zu Null gesetzt wird, ist der relative Fehler von Parameter K_2 gleich 0,73%, aber der kleinste relative Fehler bei den anderen Parametern liegt bei mehr als 25,7%. Das zeigt, daß die Abhängigkeit des Schätzwerte für den Parameter K_2 vom dem fehlerhaften Singulärwert S_5 sehr klein ist.

c Untersuchung der Identifikationsgenauigkeit von K_2

Der Parameter K_2 ist sehr schwach abhängig von S_5. So, wie gewünscht, ist sein Schätzwert nicht empfindlich gegenüber den verschiedenen, in der Koeffizientenmatrix eingesetzten Störungen (siehe Tabelle 4.5). Deshalb kann ausgesagt werden, daß er auch nicht empfindlich gegenüber Meß- und Auswertungsfehlern ist. Das heißt, daß das aus Gl.(4.3) geschätzte Ergebnis von K_2 eine hohe Identifikationsgenauigkeit hat.

Tabelle 4.5 Darstellung des relativen Fehlers vom Parameter K_2

Steifigkeit	Störungen					
	0	2%	5%	10%	15%	20%
K_2[N/cm]	1487	1487 (0,6%)	1462 (1,7%)	1433 (3,6%)	1401 (5,8%)	1366 (8,1%)

Literatur:

[1] Nash J.C.: Compact Numerical Methode For Computers: Linear Algebra and Function Minimisation, Abam Hilger Ltd., Bristol, 1979

[2] Das zweite Fahrzeugwerk Beijing: Benutzungsanleitungen vom Leichten LKW BJ-130, Verlag des Volksverkehrs, 2.Auflage, 1985

[3] Törnig W. und Spelluzzi P.: Numerische Mathematik für Ingenieure und Physiker, Band 1, 2.Auflage, Springer-Verlag, 1988

Modelanalyse-Untersuchung an Gelenkwellen im Zusammenhang mit deren Geräuschabstrahlung

von H.P. Hastrich

1 Einordnung der Thematik und Zielsetzung

Die Ursachen der Geräuschentwicklung am Fahrzeug lassen sich in die drei Bereiche **Motor, Gelenkwelle** und **Reifen** unterteilen. Zur Abhilfe gibt es zum Bereich Motor sehr viele Aktivitäten :

1. am Motor und am Getriebe selbst,
2. an der Motorhaube und Motorschürze.

Im Bereich Reifen gibt es Neuentwicklungen von

1. Reifenprofilen und
2. Fahrbahnoberflächen (geräuscharmer Asphalt).

Aber im Bereich Gelenkwelle ist bisher nichts geschehen, obwohl es

1. direkte Verbindungen mit Motor und Getriebe,
2. direkte Verbindungen zum Differential und Reifen gibt,
3. das Gelenkwellenrohr ein schwach gedämpftes System ist, eine große Oberfläche hat und damit wie ein großer Lautsprecher wirkt.

Daher kommt der Gelenkwellen-Untersuchung eine besondere Bedeutung zu. Reduzierungsmaßnahmen im Bereich Reifen-Fahrbahn bzw. im Bereich Motor können dazu führen, daß die bisher nicht so wichtig betrachtete Reduktion an der Gelenkwelle nun selbst sehr bedeutend wird. Die Untersuchung wird durch die

Forschungsvereinigung Antriebstechnik FVA

und der

Arbeitsgemeinschaft Industrieller Forschungsvereinigungen AIF

finanziert. Das Ziel ist, eine Reduzierung der Schallabstrahlung zu erreichen mit den dazu notwendigen Abhilfemaßnahmen, Hinweise zur konstruktiven Gestaltung zu geben sowie nach Möglichkeit Formelausdrücke anzugeben zur Vorausberechnung der Schallabstrahlung von Gelenkwellen.

2 Lösungsweg - Ziel

Betrachtet wird die folgende Black Box :

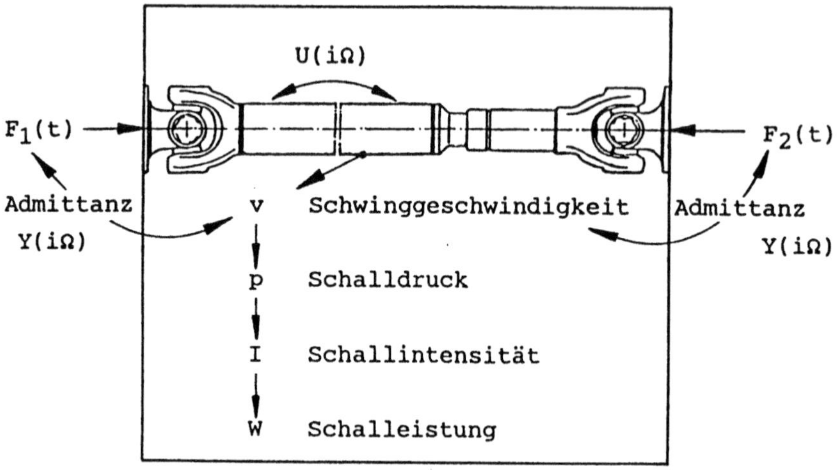

Bild 1 : Geräuschentwicklung der Gelenkwelle

Die eingeleiteten Kräfte $F_{1,2}(t)$ verursachen eine Verformung der Welle u(t) bzw. spektral U(iΩ). Jeder Punkt der Wellenoberfläche hat eine Geschwindigkeit v und in Verbindung mit dem Abstrahlgrad σ der Welle werden Schallwellen abgestrahlt. Dabei entsteht ein Schalldruck p. Wird dieser auf eine bestimmte Fläche bezogen, ist das Ergebnis die Schallintensität I. Durch Integration von I über die gesamte betrachtete Fläche ergibt sich die Schalleistung W. Die Schallintensität bzw. die Schalleistung ist abhängig von

1. der Erregung,
2. der Verformung u(t) und dem
3. Abstrahlgrad σ .

Zu 1.

Die Erregung soll nicht auf spezielle Fälle eingeschränkt sein, sondern alle möglichen sind zugelassen; denn die angestrebten Abhilfemaßnahmen sollen sich eben nicht auf bestimmte Formen der Erregung beziehen, sondern im Zusammenhang mit dem Frequenzgang gefunden werden. Die einzige Begrenzung erfährt der Analysebereich, und zwar von 0 - 5 kHz.

Zu 2.
Die Ursache der erzwungenen Schwingungen u(t) bzw. U(iΩ) läßt sich nicht durch akustische Messungen erfassen. Aber mit Hilfe der **Modal-Analyse** sind die Eigenformen der Welle bestimmbar. Die Modal-Analyse ist damit das entscheidente Bindeglied in der Untersuchungskette Erregerkräfte ⟶ Schalleistung.

Zu 3.
Der Abstrahlgrad σ ist abhängig von der Oberflächengestalt und ist praktisch nicht zu beeinflussen.

Stark vereinfacht liefert die Akustik-Untersuchung Aussagen, z.B. wie laut bei welcher Frequenz oder wie intensiv bei welcher Frequenz ein Geräusch ist. Wie schon erwähnt, können die, dieses Geräusch verursachenden Bewegungsformen nicht erkannt werden.
Abhilfe schafft da die **Modal-Analyse.** Sie kann die fehlende geometrischen Aussagen liefern, und es zeigt sich nachfolgend, welcher Stellenwert ihr zukommt.
Gesucht sind also die Eigenfrequenzen, Dämpfungen und die dazu gehörenden Modeformen der Gelenkwelle. Es werden für eine spezielle Gelenkwelle die Admittanz-Spektren aus Akustik-Untersuchungen und die Übertragungsfunktionen aus der Datenaufnahme für die Modal-Analyse miteinander verglichen. Dazu müssen die Spektren eine gleiche dekadische Abszisseneinteilung haben. Dann werden die Peaks beider Spektren auf frequenzmäßige Übereinstimmung hin untersucht. Gibt es denn überhaupt Peaks in beiden Spektren für gleiche Frequenzen ? Bei Übereinstimmung für einen Peak, der ausgewählt wird nach akustischen Gesichtspunkten, kann für diese bestimmte Frequenz die das Geräusch erzeugende Bewegungsform aufgrund einer Modal-Analyse angegeben werden.
Das Ziel, Abhilfemaßnahmen für störende Frequenzen, ist erst erreichbar, wenn die verursachenden Bewegungsformen bekannt sind.
Doch zunächst sind grundsätzliche Überlegungen zu den möglichen Bewegungsformen einer Gelenkwelle nötig. Ein Rohr kann im allgemeinen Biege-, Längs-, Torsions- bzw. Atmungsschwingungen ausführen. Die für die Akustik relevanten Bewegungsformen werden bei einer Gelenkwelle die Biege- und die Atmungsschwingungen sein.

Die Biegeschwingung ist hier eine Bewegung um die Längsachse, wobei alle Punkte einer Querschnittsebene sich in gleicher Phase befinden.
Die Atmung läßt sich in zwei Formen unterteilen :

1. Atmung mit Dehnung,
2. Atmung ohne Dehnung.

Zu 1.

Ein Rohrabschnitt (Ring) läßt sich aus einem gebogenen Stab hergestellt vorstellen. Wenn nun durch Dehnung und Stauchung die Stablänge verändert wird, so wird sich im Falle eines Ringes der Durchmesser gleichmäßig vergrößern bzw. verkleinern, vorausgesetzt es handelt sich um einen idealen Ring konstanter Wandstärke, homogenes Material, kreisförmig ect. Die sich einstellende, pulsierende kreisförmige Bewegung wird Kreis-Atmung genannt.

Zu 2.

Ein Rohrquerschnitt kann bei dehnungsfreier Bewegung im Querschnitt nur um die kreisförmige Ausgangslage Biegeschwingungen ausführen. Die sich einstellende, den Ausgangskreis wechselnd in Ellipsen verformende Bewegung wird Ellipsen-Atmung genannt. Die Anzahl der dabei entstehenden Schwingungsknoten hängt von der Ordnung der Ellipse ab und berechnet sich nach

Knotenanzahl = 2*n + 2 .

n	Knotenanzahl	Form
1	4	
2	6	
3	8	

Bild 2 : Dehnungslose Eigenformen im Rohrquerschnitt

Beide Atmungsformen wurden bis hierher nur in einer Ebene betrachtet. Natürlich können sich die einzelnen Ebenen über die Länge der Welle in Phase bzw. gegenphasig verhalten, und so lassen sich in Längsrichtung zusätzliche Schwingungsknoten erzeugen. Die Anzahl der dabei entstehenden Schwingungsknoten hängt von der Ordnung und den Randbedinungen ab und berechnet sich für den hier vorliegenden Fall nach

$$\text{Knotenanzahl} = n - 1 \quad .$$

n	Knotenanzahl	Form
1	0	
2	1	
3	2	

Bild 3 : Eigenformen in Rohrlängsrichtung

Es entsteht eine zusätzliche Ordnung für die Bezeichnung einer Eigenform, und zwar

$$EA_{n,m}$$

mit

EA	Ellipsen-Atmung
n	Ordnungszahl im Querschnitt
m	" in Längsrichtung .

Zum Beispiel

Nach vorstehenden Tabellen bedeutet

$$EA_{1,3}$$

Ellipsen-Atmung mit 4 Knoten am Umfang und
2 Knoten in Längsrichtung .

Bei Knoten in Längsrichtung wird von Knotenebenen und bei Knoten im Querschnitt von Knotenlinien gesprochen, die durch kontinuierliche Fortführung eines Knotenpunktes einer Ebene von dieser zur nächsten Ebene entsteht. Die Punkte der Knotenlinien und der Knotenebenen sind, wenn die Eigenform angeregt wird, in Ruhe.

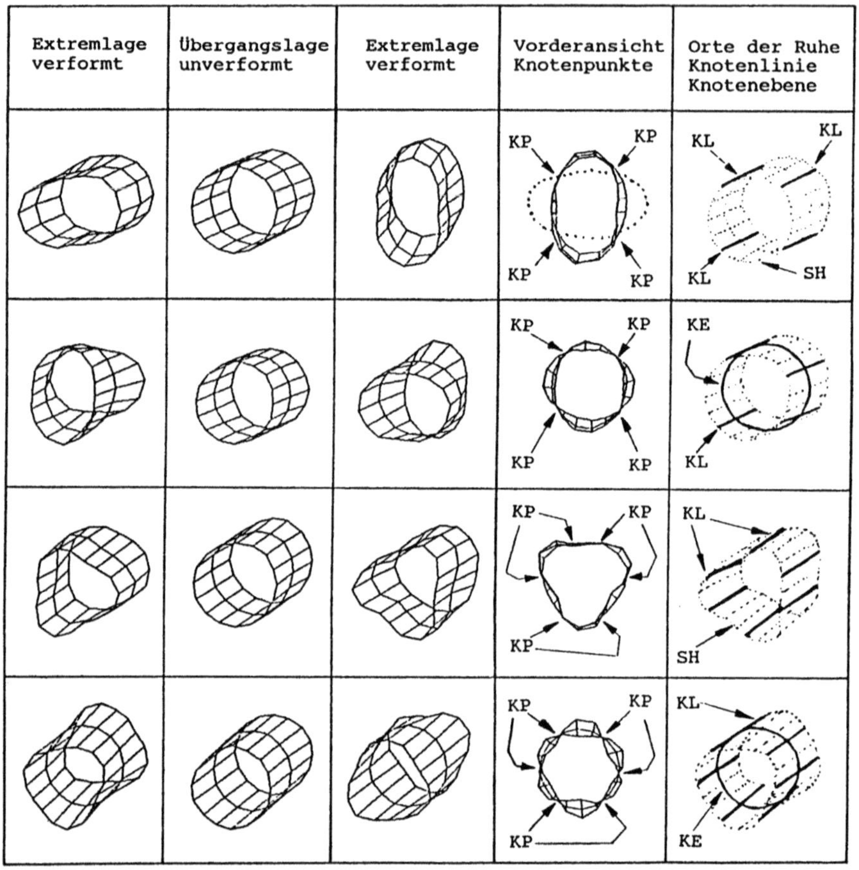

KP : Knotenpunkt

KL : Knotenlinie

KE : Knotenebene

SH : Struktur - Hilfslinien

Bild 4 : Beispiele für Knotenlinie und Knotenebene

An dieser Stelle ist zum besseren Verständnis der kommenden Abschnitte in Bild 5 die Übersicht der Gelenkwellenuntersuchung schematisch in ihren einzelnen Teilen und Entwicklungsstufen abgebildet.

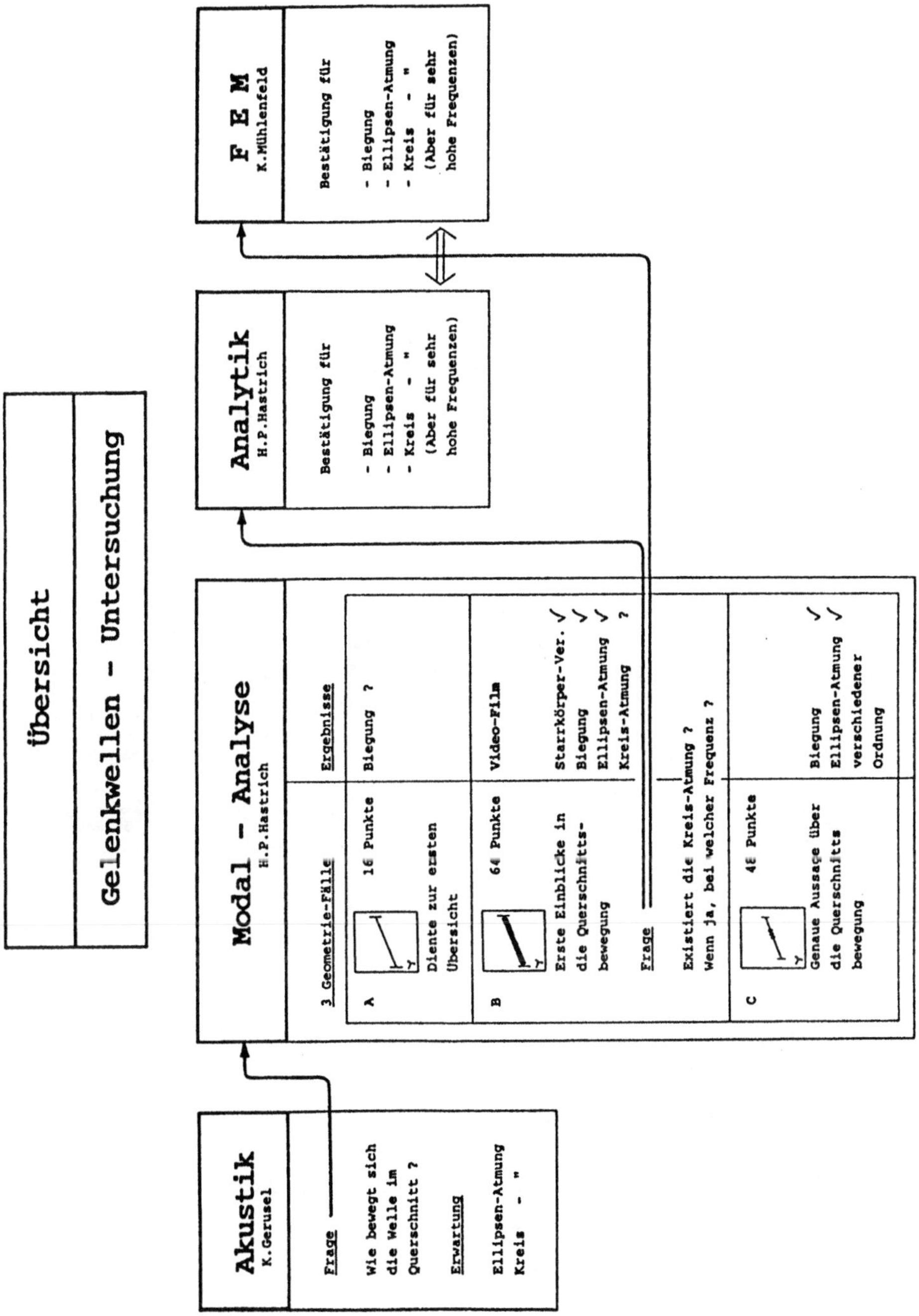

Bild 5 : Übersicht der Gelenkwellen-Untersuchung

3 Einzelheiten zum ersten Schritt der experimentellen rechnerunterstützten Modalanalyse - Ermittlung von Frequenzgängen

3.1 Versuchsaufbau

Die Gelenkwelle wurde zwischen zwei Spannböcken auf einem Fundament fest eingespannt.

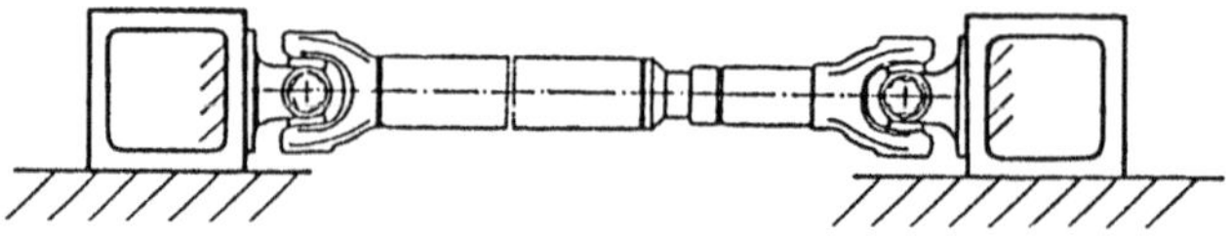

Bild 6 : Versuchsaufbau

3.2 Meßkette

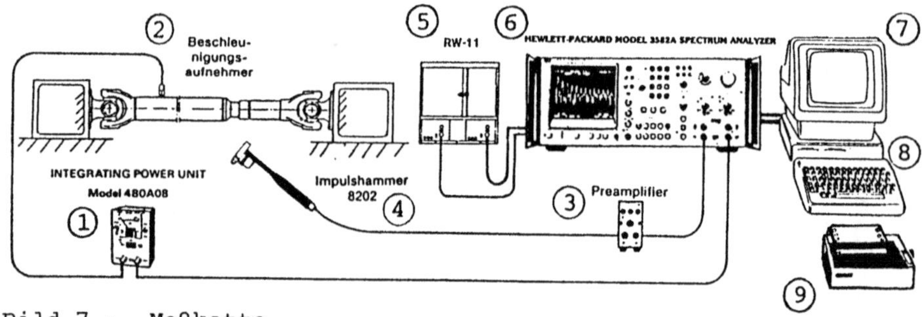

Bild 7 : Meßkette

Geräte-Liste

1 PCB Piezotronics Modell 480 A
2 PCB 309 A 5N1648
3 B&K Charge Amplifier Type 2635
4 B&K Impuls-Hammer 8202
5 X-Y- Schreiber Rikadenki Modell RW-11 (DIN A4)
6 HP - Spektrum-Analyzer 3582A
7 HP - Computer 9816
8 HP - Disketten-Laufwerk 9122
9 HP - Drucker
Software von LMS
diverse Kabel

3.3 Vorgehensweise

Zunächst ist eine der beiden folgenden Arbeitsweisen auszuwählen:

1. fester Meßort - mit der Erregung wandern,
2. fester Erregerort - mit dem Meßort wandern.

Zum Einsatz kam die erste Arbeitsweise mit einem Referenzpunkt (Meßort) und einer Referenzrichtung (Meßrichtung: x-Koordinate). Die Erregung erfolgte mit Hilfe eines Impulshammers. Beide Arbeitsweisen beinhalten systematische Fehler. Der Auswahl lagen die nachstehenden Überlegungen zu Grunde:
Der Beschleunigungsaufnehmer verändert durch seine zwar geringe Masse das System. Streng genommen ist das schon ein Fehler. Wenn der Meßort nach der Datenaufnahme durch Umsetzen des Aufnehmers verschoben wird, ist das System zusätzlich durch das Verschieben der Masse, also durch Veränderung der Massenverteilung, verändert. Dadurch wird sich die Fehlereinwirkung bei jeder Datenaufnahme zusätzlich verändern, und sie wird auf diese Weise für jedes aufgenommene Spektrum eine andere sein. Wenn nun der Meßort konstant ist und mit der Erregung gewandert wird, wird zwar ein Fehler begangen, aber er ist für alle Spektren dann aus diesem Grund gleich groß.
Die Arbeiten wurden mit einem zweikanaligen Analysator ausgeführt, wobei dem Kanal A das Erregersignal und dem Kanal B das Antwortsignal zugeordnet wurde. Bei der Datenaufnahme werden Übertragungsfunktionen bestimmt und zur späteren Analyse aufgezeichnet. Dazu wird das Zeitsignal des Einganges (Impulshammer) mit Hilfe von FFT in ein Eingangsfrequenzspektrum transformiert. Das Gleiche geschieht mit dem Zeitsignal des Ausganges (vom Beschleunigungsaufnehmer), es wird in das Ausgangsfrequenzspektrum transformiert. Durch Quotientenbildung zwischen Eingangsspektrum und Ausgangsspektrum wird der Amplituden-Frequenzgang sowie durch Differenzbildung zwischen Eingangsphasenwinkel und Ausgangsphasenwinkel der dazu gehörige Phasen-Frequenzgang berechnet und auf eine Diskette gespeichert.

3.4 Analysebereich

Es gibt drei Gründe, die den Analysebereich begrenzen :

1. die Bestandteile der Meßkette,
2. der Hörbereich,
3. der zeitliche Rahmen .

Entscheidend war der zweite Grund, das menschliche Hörvermögen. Der Analysebereich erstreckte sich daher auf 0 - 5 kHz.

3.5 Modell-Bildung (Geometrie)

Die rechnerunterstützte Modal-Analyse verlangt zu Beginn die Abbildung der realen Struktur als geometrisches Modell. Das einfachste Modell für eine Gelenkwelle ist der entweder beidseitig gelenkig gelagerte oder beidseitig fest eingespannte Balken. Da die Gelenkwelle in Einspannböcken fest verschraubt war, kommt das Modell des fest eingespannten Balkens der Realität sehr nahe.

3.5.1 Geometrie - Fall A

Der Balken wurde in karthesischen Koordinaten (x,y,z) durch 16, auf der gesamten Gelenkwelle in Richtung der z-Achse verteilte Punkte (Erregerorte), diskretisiert. Der Referenzpunkt (Meßort) ist der Punkt 5. Die Richtung der Erregung und der Messung war parallel zur x-Achse.

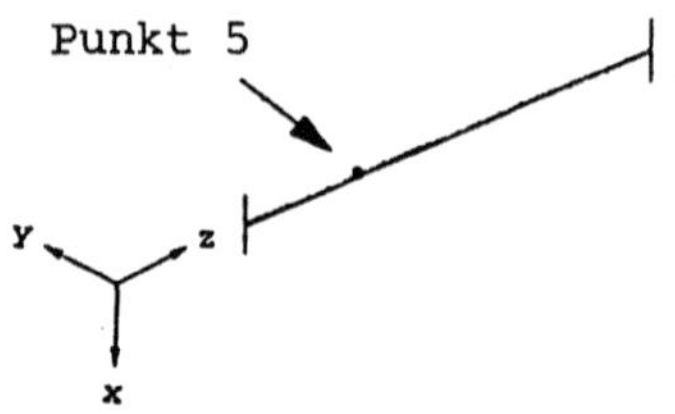

Bild 8 : Struktur Geometrie - Fall A
Gesamtzahl der Punkte : 16

3.5.2 Geometrie - Fall B

Der Balken wurde in Zylinder-Koordinaten (R,φ,z) dargestellt und wie im Fall A durch 16, auf der gesamten Gelenkwelle in Richtung der z-Achse verteilte Ebenen, aber hier durch je vier symmetrisch am Umfang angeordnete Punkte diskretisiert. Ihre Einteilung in den Ebenen war je ein Punkt im Abstand r der Koordinate R für die Winkel

$$\varphi = 0;90;180 \text{ und } 270 \text{ Grad} \quad .$$

Der Referenzpunkt (Meßort) ist der Punkt 5. Die Richtung der Messung war parallel zur R-Achse und die Erregung radial.

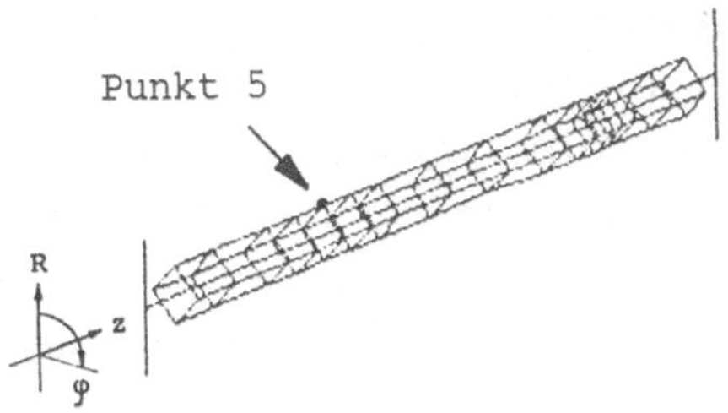

Bild 9 : Struktur Geometrie - Fall B
Gesamtzahl der Punkte : 16 * 4 = 64

3.5.3 Geometrie - Fall C

Der Balken wurde in zylindrischen Koordinaten (R,φ,z) nur noch durch drei speziell ausgewählte Ebenen in Richtung der z-Achse dargestellt, aber hier durch je 16 symmetrisch am Umfang angeordnete Punkte, diskretisiert. Ihre Einteilung in den Ebenen war je ein Punkt im Abstand r der Koordinate R für die Winkel

$$\varphi = 0;22,5;45,0;\ldots;315,0 \text{ und } 337,5 \text{ Grad} \quad .$$

Der Referenzpunkt (Meßort) ist der Punkt 1. Die Richtung der Messung war parallel zur R-Achse und die Erregung radial.

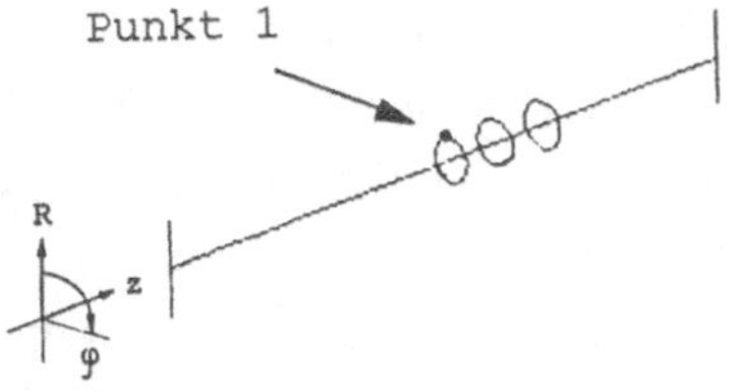

Bild 10 : Struktur Geometrie - Fall C
Gesamtzahl der Punkte : 16 * 3 = 48

4 Einzelheiten zum zweiten Schritt : Identifikationen

Die zu den Modal-Analyse-Untersuchungen verwendete Software ist die

General Modal Analysis Package GMAP
Version 3.0 von 1986

der Firma **LMS**.

Zur Auswertung selbst kam das MDOF-Verfahren zum Einsatz; denn bei stark gekoppelten Moden würde eine SDOF-Auswertung zu großen Ungenauigkeiten führen.

Durch die Auswahl des Analysebereiches z.B. von 0 bis 1000 Hz oder mit Hilfe von Zoomtransformation z.B. von 1500 Hz bis 1800 Hz lassen sich eng beieinander stehende Peaks auseinanderziehen. Aber trotzdem liegt die Modekoppelung weiterhin vor und die kann nur berücksichtigt werden von MDOF-Verfahren. Ein SDOF-Verfahren würde das, was das Spektrum für diese Resonanzstelle hergibt, alles der einen Mode zuschreiben. Aber in Wahrheit ist z.B. die nächst höhere Mode schon mit 20 % am Amplitudenwert beteiligt. Dies macht, trotz einer durch Zoomtransformation optisch deutlichen Trennung von Peaks, eine Anwendung des MDOF-Verfahrens notwendig.

5 Durchführung von Modalanalyse-Untersuchungen

5.1 Vorbetrachtungen

Der Frage nach möglichen Atmungsschwingungen der Welle konnte nur in mehreren Teilschritten nachgegangen werden. Das zunächst verwendete Modell mußte in zwei weiteren Stufen, entsprechend den Erkenntnissen aus den Zwischenergebnissen, verfeinert werden. So war dann ein Nachweis für Biege-Eigenformen, eine Starrkörperverschiebung und elliptische Atmungseigenformen von verschiedener Ordnung, möglich. Während den Analysen konnte keine Kreisatmung im Bereich zwischen 0 und 5 kHz gefunden und diese nur auf anderem Wege ermittelt werden. Dazu waren zum einen analytische Berechnungen und zum anderen eine FEM-Berechnung notwendig und erfolgreich. Allerdings lagen die Ergebnisse außerhalb des betrachteten Frequenzbereiches.

5.2 Modalanalyse für Geometrie - Fall A (experimentell)

Im diesem Fall wird die Gelenkwelle als einfacher Balken dargestellt. Die Anregung erfolgte, wie in Abschnitt 3.5.1 beschrieben, an den 16 Punkten. Die Analyse mit dem MDOF-Verfahren der Firma LMS ergab die auf der nächsten Seite folgende Ergebnis-Tabelle. In ihr sind eingetragen :

1. Eigenform-Nummer
2. Eigenfrequenz f in Hz
3. Dämpfungsgrad D in %
4. Anzahl der Schwingungsknoten
5. Eigenformen
6. Frequenzgang von 0 - 5 kHz .

Die Eintragung erfolgte fortlaufend für jeden Peak des Frequenzganges. Die Eigenformen wurden so angeordnet, daß sie mit ihrer Achse genau für ihre jeweilige Eigenfrequenz ausgerichtet sind an der Frequenzachse des Frequenzganges. Die Pfeile bringen eine Zuordnung nach links hin zu den modalen Größen, und nach rechts zeigen sie die Lage der Eigenfrequenzen im Vergleich mit den Peaks des Spektrums.

Es sind 15 Eigenformen zu erkennen. Die ersten 8 haben mit Null beginnend eine steigende Anzahl von Knoten. Ab der 9. Eigenform wiederholt sich der Vorgang, es beginnt wieder bei Null Knoten und steigt dann genau wie bei den ersten acht. Ein Unterschied läßt sich jedoch leicht erkennen. Während bei den ersten acht die gesamte Welle beteiligt war, ist bei denen danach nur noch das lange Rohr der Gelenkwelle in Bewegung. Dies läßt folgende Vermutungen zu :

1. Die ersten 8 Eigenformen sind Biegeeigenformen .
2. Die weiteren Eigenformen sind Atmungseigenformen .

Die Vermutung 1 ist damit zu begründen, daß die gesamte Welle sich verformt, also auch z.B. über den Längenausgleich hinweg, und die hauptsächliche Bewegung sich um die Längsachse und nicht im Querschnitt abspielt.

Koord.- Nr.	Bezeichnung
0	Einspannstelle links
1	Gelenk "
:	
5	Referenzpunkt (Meßort)
:	
16	Gelenk rechts
17	Einspannstelle "

Abschnitt	Bezeichnung
A	Bereich des langen Rohres
B	" " Längenausgleiches
C	" " kurzen Rohres

EF-Nr	Freq(Hz)	Zeta(%)	Knoten-Anzahl
1	104.27	1.24	0
2	323.61	2.20	1
3	675.24	2.67	2
4	938.84	1.54	3
5	1181.30	2.54	4
6	1546.42	5.62	5
7	1734.67	.76	6
8	2080.66	.03	0
9	2136.91	.04	1
10	2273.13	.11	2
11	2525.51	.13	3
12	2886.98	.07	4
13	3371.78	.16	5
14	3935.78	.42	4
15	4551.45	.21	5

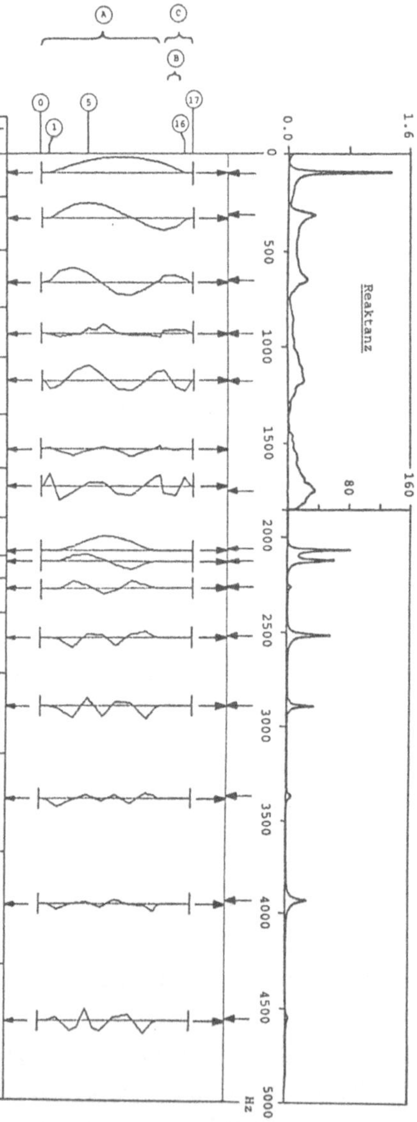

Bild 11 : Tabelle der Modalanalyse-Ergebnisse für die kleine Gelenkwelle des Geometrie - Falles A mit Zuordnung im Amplitudenfrequenzgang

Wenn die Eigenformen Nr.9 bis 15 Atmungseigenformen sind, dann ist die Frage zu klären, ob hier die Ellipsen- oder sogar die Kreisatmung auftritt. Bewiesen werden konnte mit dem Geometrie-Fall A eigentlich noch nichts, es sind nur Vermutungen, die aber die Richtung der weiteren Vorgehensweise festlegen.
Die Atmungseigenform ist eine Eigenform, die sich im Querschnitt des Rohres zeigt. Das Modell muß so erweitert werden, daß die Vorgänge im Querschnitt sichtbar werden.
Eine andere Fragestellung ist die Genauigkeit der graphischen Darstellung der Eigenformen. Sie unterscheiden sich in ihrem Aussehen qualitativ. Die ersten 3 und die 5. sind gut. Weniger gut dagegen sind aus unterschiedlichen Gründen die 4., 6. und die 7. Mode. Für die 4. und 6. war der Referenzort (Punkt 5) in der Nähe oder auf einem Schwingungsknoten. Behoben werden kann dieses Problem durch Umsetzen des Aufnehmers in einen Schwingungsbauch der betreffenden Eigenformen. Bei der Eigenform Nr.7 hat die Auflösung (Anzahl der Strukturpunkte) nicht gereicht, daher sieht sie eckig aus. Sie kann verbessert werden durch eine Erhöhung der Anzahl der Strukturpunkte. Ab der 8. Eigenform wiederholt sich das Ganze. Die Eigenformen 8 bis 10 sind gut, durch Referenzort in Knotennähe sind die 13. und 14. weniger schön und die restlichen haben das Auflösungsproblem.

5.3 Modalanalyse für Geometrie - Fall B (experimentell)

Die Struktur wird so dargestellt, daß für jeden Punkt aus dem Geometrie-Fall A hier jetzt eine Ebene mit vier Punkten wird, die gleichmäßig am Umfang verteilt sind. Es entsteht ein prismatischer Körper. Die Anregung erfolgte, wie in Abschnitt 3.5.2 beschrieben, an den 64 Punkten. Die Analyse mit dem MDOF-Verfahren der Firma LMS ergab die Werte nach Bild 12.

Bez.	EF-Verhalten	FREQ(Hz)	(%)	Vorderansicht Draufsicht
RB_1	Reine Biegung	103.43	1.35	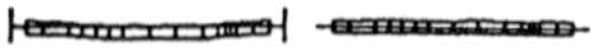
S_1	Starrkörperver.	185.35	2.12	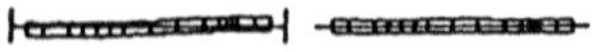
RB_2	Reine Biegung	318.97	3.56	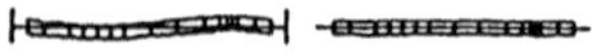
RB_3	- " -	665.79	2.03	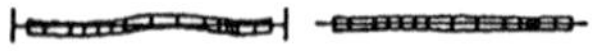
RB_4	- " -	940.83	2.42	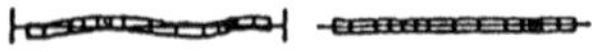
RB_5	- " -	1207.12	1.31	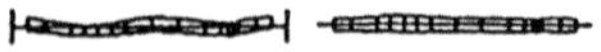
RB_6	- " -	1445.20	1.48	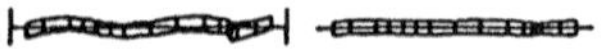
BA_1	Biegung & Atmung	1742.76	2.56	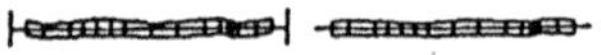
BA_2	- " -	1818.86	3.71	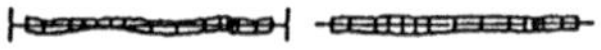
EA_{11}	Reine Atmung	2047.21	.03	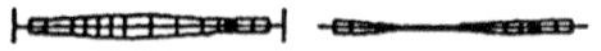
EA_{12}	- " -	2103.05	.05	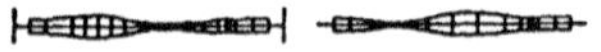
EA_{13}	- " -	2234.75	.15	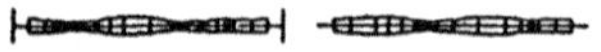
EA_{14}	- " -	2531.46	.04	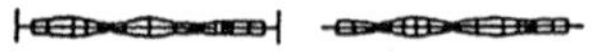
EA_{15}	- " -	2895.59	.05	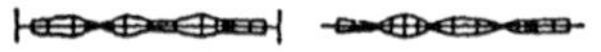
EA_{16}	- " -	3368.00	.09	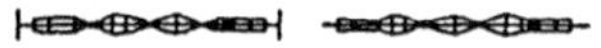
EA_{17}	- " -	3931.70	.17	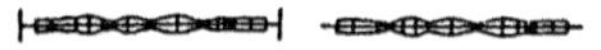
EA_{18}	- " -	4533.49	.23	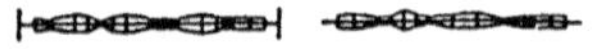
EA_{19}	- " -	4657.39	.43	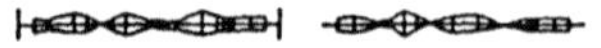

Bild 12 : Tabelle der Modalanalyse-Ergebnisse für die kleine Gelenkwelle des Geometrie - Falles B

Die Eintragung erfolgte fortlaufend nach steigender Ordnung der Eigenformen wie beschrieben in Abschnitt 2. Aus der Tabelle sind die folgenden Schwingungsformen zu erkennen :

1. Biegeeigenformen - Reine Biegung,
2. dazwischen Starrkörperverschiebung,
3. gemeinsames Auftreten von Biegung und Atmung,
4. reines elliptisches Atmen .

Die Biegeeigenformen zeigen Verschiebungen in der Richtung x (siehe Vorderansicht), aber keine in y (siehe Draufsicht). Außerdem bewegen sich alle vier Punkte einer Ebene in Phase. Das Gleiche gilt für die Starrkörperverschiebung.
Die Atmungseigenformen zeigen Bewegungen in der Querschnittsebene. Nur sind hier immer zwei Punkte einer Ebene, die sich gegenüberstehen, in Phase und benachbarte sind gegenphasig. Zu erkennen ist dies durch Verschiebungen sowohl in der Vorder- als auch in der Draufsicht. Besonders deutlich wird dies, wenn die Eigenformen in bewegten Bildern mit Hilfe der Computer-Animation dargestellt werden, da mit ihr eine On-Line-Drehung und -Verschiebung der bewegten Struktur möglich ist. Dadurch kann die günstigste Einstellung zur Beurteilung aufgesucht werden. Zu Bemerken ist noch, daß die "Wackelfrequenz", mit der die Stuktur bewegt abgebildet wird, nichts mit der Eigenfrequenz der jeweiligen Eigenform zu tun hat. Sie kann quasi als Zeitlupendarstellung angesehen werden.
Die Ergebnisse für den Geometrie-Fall B sind in einem Video-Film zusammengestellt und eine Erweiterung um die Ergebnisse des Geometrie-Falles C ist vorgesehen.

Jetzt können schon die Biegeeigenformen, die Starrkörperverschiebung und auch die Ellipsenatmung als gesichert angesehen werden.

<u>Fazit</u>

- erster Beweis für die gesuchte Ellipsenatmung .

- Fragestellung : Wie ist die Kreisatmung aufzufinden ?
  (Sie ist ja möglich!)
  Wo soll sie gesucht werden ?
  In welchem Frequenzbereich ?
  Wie ist sie anzuregen ?
  Gibt es auch andere Möglichkeiten ?
  Analytisch, FEM ?

5.4 Analytische Lösung

Da für die Gelenkwelle die Kreisatmung experimentell nicht mit Hilfe der Modal-Analyse zu finden war, mußte auf eine andere Weise eine Lösung gesucht werden. Als naheliegend kommt zunächst die analytische Lösung in betracht. Von ihr werden die Eigenfrequenzen und die entsprechenden Eigenformen erwartet. Weil die Atmungsbewegung im Querschnitt auftritt, reicht ein Zylinder bzw. ein Kreisring als Modell für die Gelenkwelle völlig aus.

Das Bild 13 zeigt das Differentialgleichungssystem für einen Zylinder für welches, nach speziellen Schwingungsformen sortiert, Eigenfrequenz- und Eigenformgleichungen in Bild 14 in einer Tabelle zusammengestellt sind. In ihr sind die gesuchten Gleichungen für die Ellipsen- und Kreisatmung und der Vollständigkeit wegen, die Gleichungen für die Biege-, Torsions- und Longitudinaleigenformen mit angeführt.

Die experimentellen Untersuchungen und die analytischen Berechnungen wurden zunächst für zwei verschiedene Gelenkwellen durchgeführt. Für die in Betracht kommenden speziellen Eigenformen Biegung, Ellipsen- und Kreisatmung, wurden unter Berücksichtigung der entsprechenden Randbedingungen Eigenfrequenzen in Abhängigkeit der Ordnung berechnet und in einer Tabelle zusammengestellt. Sie enthält :

1. das Eigenform-Verhalten,
2. die Ordnungszahl,
3. die Frequenz - analytisch berechnet,
4. " " - mit FEM " ,
5. " " - gemessen .

Da die Gelenkwelle eine sehr komplexe Struktur ist und für die analytische Eigenfrequenzgleichung der Biegung als erste Näherung ein einfacher, auf beiden Seiten eingespannter Biegebalken zugrunde lag, wurde die erste Biegeeigenfrequenz bei der Berechnung auf die erste gemessene Biegeeigenfrequenz des realen Systemes bezogen und bei allen weiteren analytischen Frequenzen dieser so gefundene Faktor berücksichtigt. Für die kleine Gelenkwelle, die einen Durchmesser von 85 mm, eine Wandstärke

von 5 mm, eine Länge des langen Rohres von 981 mm (siehe dazu in Bild 11 den Abschnitt Ⓐ) und eine Gesamtlänge von 1550 mm hatte, konnte eine gute Übereinstimmung zumindest in der Frequenzabstufung erzielt werden. Dagegen kam es für die große Gelenkwelle, die einen Durchmesser von 110 mm, eine Wandstärke von 4 mm, eine Länge des langen Rohres von 1181 mm und eine Gesamtlänge von 1745 mm hatte, zu Abweichungen, die mit steigender Ordnungszahl zunahmen.
Die wichtigen Frequenzen für die Ellipsenatmung stimmen bei der kleinen Welle, soweit sie gemessen werden konnten, überein. Leichte Abweichungen zeigte hier die große Welle, die sich aber mit steigender Ordnungszahl verringerten.
Für die Kreisatmung ergaben sich für beide Wellen zunächst sehr groß erscheinende Frequenzwerte. Die für die große Welle bei 15,5 kHz und bei der kleinen über 20 kHz liegende Eigenfrequenzen sind aufgrund der Einsatzgrenzen der in Abschnitt 3.2 angegebenen Geräte der Meßkette experimentell nicht mehr nachprüfbar.

Fazit

- Zur Bestätigung der analytischen Ergebnisse fehlt eine zusätzliche Bestimmung der Kreisatmungs-Eigenfrequenzen, deren Ergebnisse auf einem anderen Weg gefunden wurden. Im nächsten Abschnitt wird dieser Frage nachgegangen.
- Die Ellipsenatmungs-Eigenformen höhrer Ordnung sind durch geeignetete Modifikationen des Modells, erneuter Datenaufnahme und den anschließenden Analysen nachzuweisen, sofern sie im Einsatzbereich der Meßkette und im Analysebereich liegen. Dies wird im Abschnitt 5.6 behandelt.

$$\nu \frac{\partial w}{\partial z} + \frac{1}{R}\cdot\frac{\partial v}{\partial \theta} + \frac{1}{R}\cdot u + \frac{T^2}{12}\cdot\left[R\cdot\frac{\partial^4 u}{\partial z^4} + \frac{2}{R}\cdot\frac{\partial^4 u}{\partial z^2 \partial \theta^2} + \frac{1}{R^3}\cdot\frac{\partial^4 u}{\partial \theta^4} \right] - \frac{T^2}{12}\cdot\left[\frac{(2-\nu)}{R}\cdot\frac{\partial^3 v}{\partial z^2 \partial \theta} + \frac{1}{R^3}\cdot\frac{\partial^3 v}{\partial \theta^3} \right] = -\frac{(1-\nu^2)}{\varrho}\cdot\frac{R}{E}\cdot\frac{\partial^2 u}{\partial t^2}$$

$$\frac{(1+\nu)}{2}\cdot\frac{\partial^2 w}{\partial z \partial \theta} + R\cdot\frac{(1-\nu)}{2}\cdot\frac{\partial^2 v}{\partial z^2} + \frac{1}{R}\cdot\frac{\partial^2 v}{\partial \theta^2} + \frac{1}{R}\cdot\frac{\partial u}{\partial \theta} - \frac{T^2}{12\,R}\cdot\left[\frac{\partial^3 u}{\partial z^2 \partial \theta} + \frac{1}{R^2}\cdot\frac{\partial^3 u}{\partial \theta^3} \right] + \frac{T^2}{12\,R}\cdot\left[(1-\nu)\cdot\frac{\partial^2 v}{\partial z^2} + \frac{1}{R^2}\cdot\frac{\partial^2 v}{\partial \theta^2} \right] = -\frac{(1-\nu^2)}{\varrho}\cdot\frac{R}{E}\cdot\frac{\partial^2 v}{\partial t^2}$$

$$\frac{\partial^2 w}{\partial z^2} + \frac{(1-\nu)}{2\,R^2}\cdot\frac{\partial^2 w}{\partial \theta^2} + \frac{(1+\nu)}{2\,R}\cdot\frac{\partial^2 v}{\partial z \partial \theta} + \frac{\nu}{R}\cdot\frac{\partial u}{\partial z} = 0$$

R	Zylinder - Radius				
T	" - Wandstärke				
L	" - Länge				
ϱ	Dichte				
ν	Querkontraktionszahl				
E	E-Modul				
u	Verschiebung	entlang	der	Zylinderkoordinate	r
v	"	"	"	"	θ
w	"	"	"	"	z

R.J.Allemang D.L.Brown	Analytical and Experimental Analysis on Inextensional Modes of Circular Cylinder
C.L.Shen Y.G.Tsuei	Proceedings 11.International Seminar on Modal-Analysis 1986 in Leuven, Belgien

Bild 13 : PDGL - System für einen Zylinder

Eigenschwingungsfall	Eigenfrequenz-Gleichungen	Eigenform-Gleichungen
Biegung	$f_n = \beta_n{}^2 \cdot \frac{R}{2\pi} \sqrt{\frac{E}{2\varrho}}$ $\quad \cos \beta L \, \text{Cosh} \, \beta l = 1$ $\quad \beta_1 \rightarrow \beta L = 1.506 \cdot \pi$	$Y_n(x) = C_1 \left[\cos(\beta_n x) + \text{Cosh}(\beta_n x) \right] + C_2 \left[\sin(\beta_n x) + \text{Sinh}(\beta_n x) \right]$
Ellipsen-Atmung	$f_n = \frac{t}{4\sqrt{3}\,\pi R^3} \sqrt{\frac{E}{\varrho} \cdot \frac{n^2 \cdot (1 - n^2)^2}{(1 - \nu^2) \cdot (1 + n^2)}}$	$u_n(\theta) = n \cdot [\, a_n \cdot \sin(n\theta) + b_n \cdot \cos(n\theta) \,]$ $v_n(\theta) = [\, a_n \cdot \cos(n\theta) - b_n \cdot \sin(n\theta) \,]$
Kreis-Atmung	$f_n = \frac{1}{2\pi R} \sqrt{\frac{E}{\varrho} \cdot \frac{L^2}{(L^2 + t^2)} \cdot \frac{(1 + n^2)}{(1 - \nu^2)}}$	$u_n(r,\theta,t) = z \cdot [\, C_1 \cdot \cos(\omega_n t) + C_2 \cdot \sin(\omega_n t) \,]$
Torsion	$f_1 = \frac{1}{2 \cdot L} \sqrt{\frac{G}{\varrho}}$	$\theta_1(x) = \cos(\pi \cdot \frac{x}{L})$
Longitudinal-schwingung	$f_1 = \frac{1}{2 \cdot L} \sqrt{\frac{E}{\varrho}}$	$u_1(x) = \cos(\pi \cdot \frac{x}{L})$

Bild 14 : Tabelle der Eigenfrequenz - und Eigenformgleichungen für verschiedene Eigenschwingungsfälle

	Kleine Gelenkwelle f [Hz]				Große Gelenkwelle f [Hz]			
Eigenform-Verhalten	n	analytisch	FEM	gemessen	n	analytisch	FEM	gemessen
Biegung	1	103.4		103.4	1	100.1		100.1
	2	284.8		318.9	2	275.8		285.3
	3	558.5		665.8	3	540.8		313.7
	4	923.2		940.8	4	893.9		617.5
	5	1375.6		1445.2	5	1331.9		795.2
	6	1924.9		1818.9	6	1863.8		899.4
Atmung	1	1838.5	1870.0	2047.2	1	878.2	1022.0	957.0
	2	5200.1	4757.0	5775.8	2	2483.9	2667.0	2658.6
	3	9970.7	10180.0		3	4762.9	5248.0	5072.1
	4	16124.7	15190.0		4	7702.6		
Atmung	1	19852.3	19780.0		1	15589.5	15510.0	

Bild 15 : Vergleichstabelle für Eigenfrequenzen, bestimmt mit verschiedenen Verfahren

5.5 F E M - Untersuchung (numerisch)

Parallel zu den analytischen Berechnungen erfolgte eine numerische Untersuchung mit Hilfe des FEM-Software-Paketes SAP IV. Das zum Einsatz gekommene Modell bestand aus einem Ring, der aus 64 Balkenstücken zusammengesetzt war. Auf diese Weise gab es 65 FEM-Knotenpunkte. Das Bild 16 zeigt die getroffenen Vereinbarungen in Bezug auf die Strukturrandbedingungen und der Freiheitsgrade. Ferner braucht das Programm die Abmessungen des langen Gelenkwellenrohres, nämlich den Durchmesser, die Wandstärke und die Materialkonstante. Nach Abschluß der Berechnungen zeigten sich die in den Bildern 17 und 18 abgebildeten Ergebnisse. Außerdem sei hier auf die Tabelle in Bild 15 im Abschnitt vorher hingewiesen. Dort sind die FEM-Ergebnisse in einer für sie vorgesehenen Spalte eingetragen und ein Vergleich mit den analytisch berechneten und experimentell gemessenen Frequenzen ist möglich. Eine Bewertung der Ergebnisse auf den folgenden Seiten läßt folgende Schlüsse zu :

1. Die Existenz der Ellipsen-Atmungs-Eigenformen höherer Ordnung konnte bestätigt werden.

2. Die Berechnungen für die kleine Welle brachte zu niedrige Werte für die Ellipsen-Atmung, im Gegensatz dazu die der großen Welle. Für diese war eine gute Übereinstimmung mit den gemessenen festzustellen.
3. Die Kreisatmung-Eigenformen wurden gefunden und die Abweichung zwischen FEM-Frequenzen und analytischen Frequenzen ist unter 3% und damit vernachlässigbar gering.

<u>Fazit</u>

- Die Existenz der höheren Ellipsen-Atmungs-Eigenformen ist bestätigt.
- Die Kreis-Atmungs-Eigenform existiert. Sie hat bei diesen Gelenkwellen keinen hörbaren Beitrag zur Geräuschabstrahlung. Die Kreis-Atmungs-Frequenzen liegen sehr hoch und überschritten den Analysebereich deutlich.

S A P IV Plotfem

Zugelassene Freiheitsgrade : x, y, φ_z

Festgelegte Freiheitsgrade : z, φ_x, φ_y

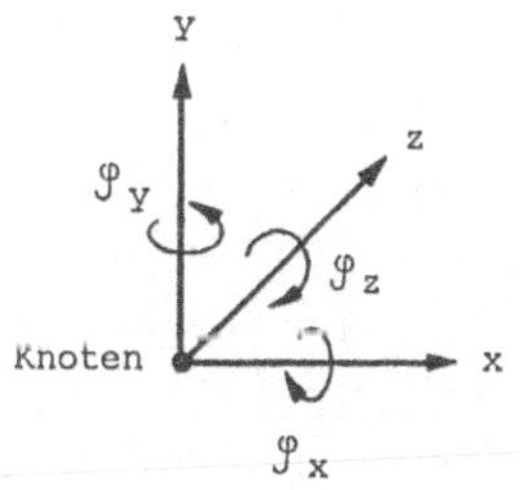

<u>Struktur-Randbedingungen</u>

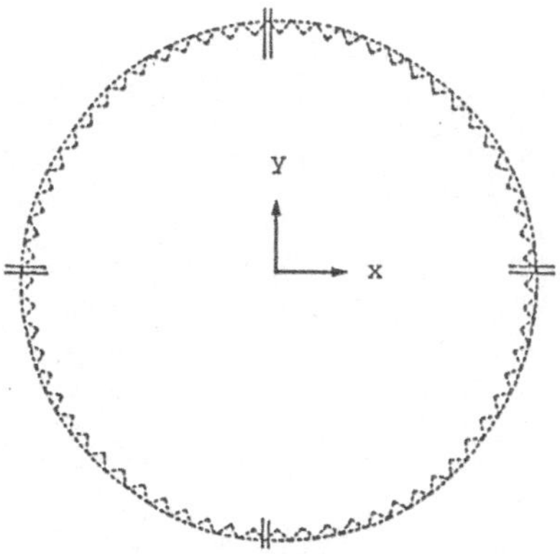

Knotenanzahl	:	65
Balkenanzahl	:	64
Gleichungsanzahl	:	188

<u>Bild 16 :</u> FEM - Vereinbarung der Struktur - Randbedingungen und der Freiheitsgrade

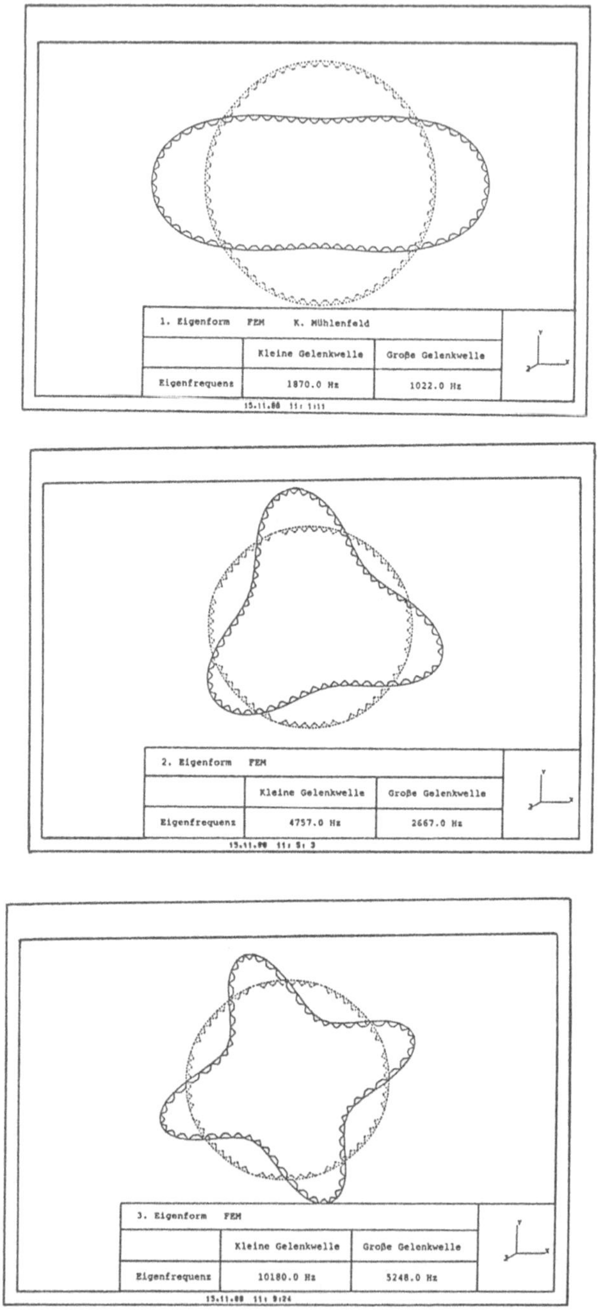

Bild 17 : FEM - Atmungseigenformen im Rohrquerschnitt

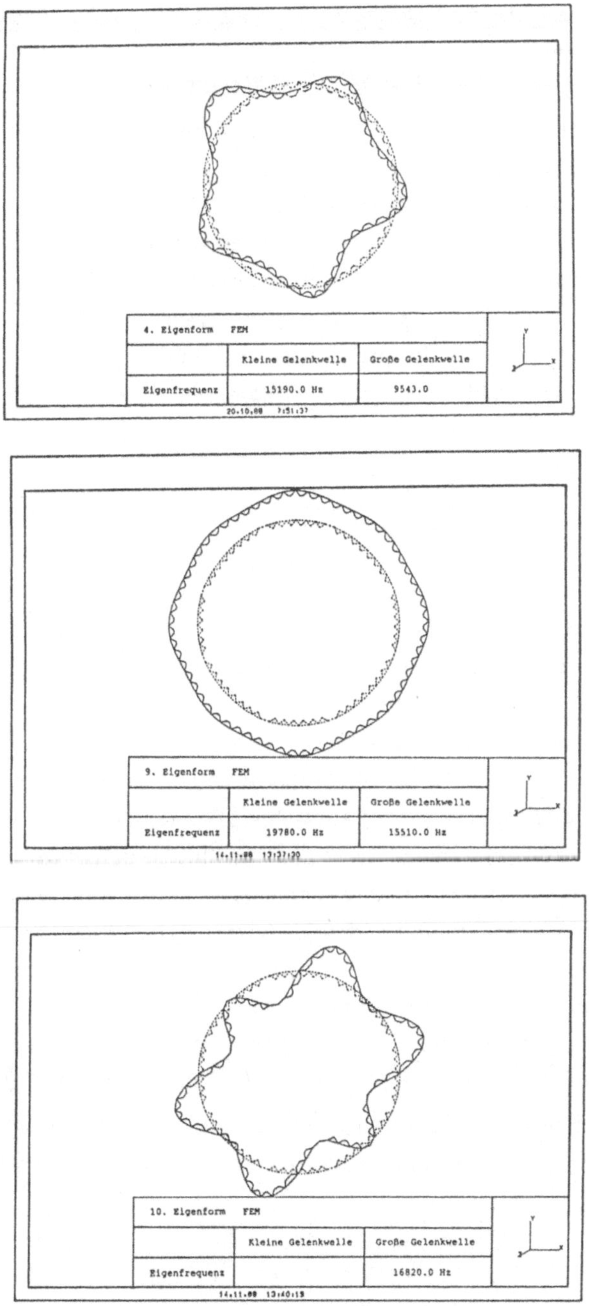

<u>Bild 18 :</u> FEM - Atmungseigenformen im Rohrquerschnitt

5.6 Modalanalyse für Geometrie - Fall C (experimentell)

Das bisherige Modell mit vier Punkten pro Ebene muß so verfeinert werden, daß die Ellipsen-Atmungs-Eigenformen höherer Ordnung deutlich zu erkennen sind. Die bisher eingesetzten vier Punkte reichen da bei weitem nicht aus.
Die Struktur wird so verändert dargestellt, daß nur noch drei Ebenen aus dem Geometrie-Fall B vorhanden sind, aber hier jetzt jede Ebene 16 Punkte hat, die gleichmäßig am Umfang verteilt sind. Die Anregung erfolgte, wie in Abschnitt 3.5.3 beschrieben, an den 48 Punkten. Die Ergebnisse der Analysen für eine zusätzliche, mittlere Gelenkwelle sind in den Bildern 19,20 und 21 zusammengestellt.
Das Bild 19 zeigt die ersten vier Biegeeigenformen.

Das Bild 20 ist genauso aufgebaut wie das Bild 19. Das erste Diagramm des Geometrie-Falles A zeigt eine Eigenform ohne Knoten. Da nur das lange Rohr verformt ist, liegt die Vermutung nahe, daß es sich um eine Atmungsform handeln kann. Im zugeordneten Diagramm des Falles C hat die dargestellte elliptisch verformte Gestalt vier Schnittpunkte mit der unverformten Figur, die die Schwingungsknoten dieser Eigenform sind. Bei Betrachtung der Querschnitte ist die Ordnung der Ellipsenatmung zu erkennen. Da die Atmungeigenformen zwei Indizes haben, das eine für die Querschnitts- und das andere für die Längsrichtungsbezeichnung, fehlt noch die Einordnung für die Längsrichtung. Die vorhandenen drei Ebenen zeigen phasengleiche Verschiebungen, wenn auch mit verschiedenen Amplituden, aber diese so, daß wahrscheinlich in Längsrichtung keine Knotenebene auftritt. Das Diagramm des Falles A bestätigt für diese Eigenform die Annahme und die Zuordnung ist damit abgeschlossen. Es liegt die erste Ordnung sowohl im Querschnitt als auch in Längsrichtung vor.
Das ganze wiederholt sich mit einem Unterschied, daß im zweiten Diagramm des Geometrie-Falles A ein Knoten sichtbar ist. Dies läßt auf die zweite Eigenform in Längsrichtung schließen und bedeutet, daß sich die Ebenen links und rechts von der Knotenstelle gegenphasig verhalten müssen. Aber alle Ebenen zeigen

Gleichphasigkeit. Das dies so ist, liegt an der Auswahl der Lage der Ebenen. Alle drei Ebenen liegen im Abschnitt rechts neben der Knotenstelle und müssen sich sogar in Phase befinden. Die Lage der Ebenen und die Größe der Amplituden stehen in direktem Zusammenhang. Die mittlere Ebene liegt ungefähr in der Mitte des Abschnittes rechts vom Knoten und hat somit die größte Amplitude. Die rechte Ebene liegt sehr Nahe am Rande des Abschnittes (Rohrende) und hat dadurch eine sehr kleine Amplitude.

Der Auswahl der Lage der Ebenen kommt eine große Bedeutung zu. Mit der vorliegenden Auswahl kann die zweite Eigenform in Längsrichtung nicht erkannt werden. Ihre Zuordnung erfolgte mit Hilfe des Geometrie-Falles A. Es liegt die erste Ordnung im Querschnitt und die zweite in Längsrichtung vor.

Die Diagramme für die nächste Eigenform verdeutlichen das vorher gesagte. Hier war die Auswahl der Ebenen günstig. Die Ebenen 1 und 2 sind gegenphasig und die Ebenen 2 und 3 in Phase, daraus folgt, daß sich zwischen den Ebenen 1 und 2 eine Knotenebene befinden muß. Eine Kontrolle im Diagramm für den Fall A bestätigt die Annahme. Hier zeigt sich schon die mögliche Anwendung allgemein bei der Suche nach Atmungseigenformen. Es werden beide Darstellungen gleichzeitig benötigt. Mit der einen ist eine Aussage in Längsrichtung möglich und keine im Querschnitt (Darstellung nach Geometrie-Fall A) und mit der anderen die Aussage im Querschnitt (Darstellung nach Geometrie-Fall C) und dafür dann keine bzw. eingeschränkt in Längsrichtung. Wenn nun die Anzahl der Ebenen erhöht wird, dann können natürlich entsprechend der Auflösung in Längsrichtung Eigenformen erkannt werden.

Im Bild 21 sind die restlichen, sich noch im Analysebereich befindenden Eigenformen, zusammengestellt. Diese zeigen zu der schon bekannten ersten Ordnung im Querschnitt eine weitere, die nächsthöhere Ordnung mit 6 Knotenpunkten am Umfang. Das Diagramm für die Frequenz 3582.43 Hz zeigt eine Besonderheit, die zufällig durch die Auswahl der Ebenen aufgetreten ist, aber ein lehrreiches Beispiel darstellt. Die Ebenen 1 und 3 sind gegenphasig und die mittlere Ebene ist genau eine Knotenebene für diese Eigenform.

Fazit

Die Analyseergebnisse sind ein weiterer Beweis für elliptische Atmungseigenformen von verschiedener Ordnung.
Im Analysebereich konnte jedem Peak des Amplitudenfrequenzganges mittels der MDOF-Auswertung eindeutig eine Eigenform zugeordnet werden. Eine kreisförmige Atmungseigenform war nicht dabei. Damit ist der Beweis, daß im Analyse-Bereich zwischen 0 und 5 kHz keine Kreisatmungseigenform existiert, erbracht.

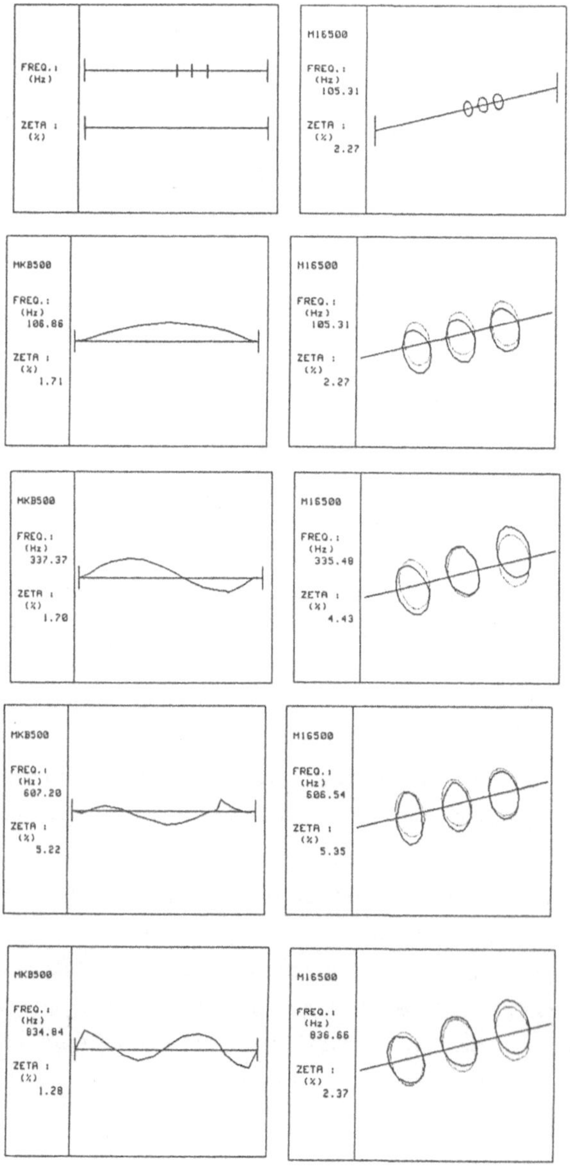

Bild 19 : MA-Ergebnisse

Biege-Eigenformen Darstellung in Längsrichtung für den Fall A und im Querschnitt für den Fall C

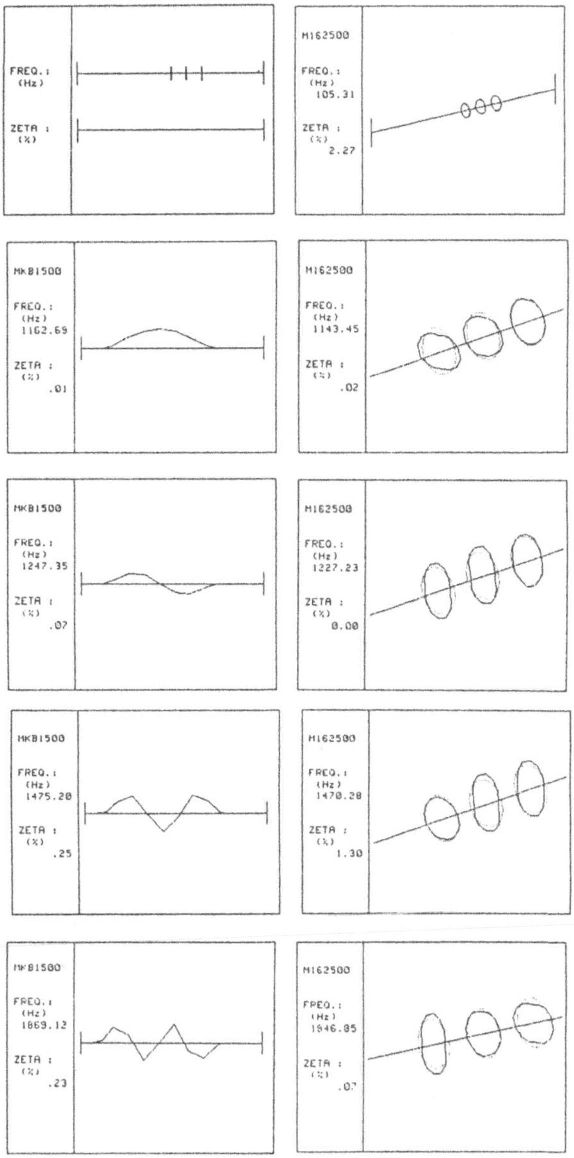

Bild 20 : Modalanalyse-Ergebnisse
Ellipsenatmungs-Eigenformen des Rohres
Darstellung in Längsrichtung für den Fall A
Darstellung in Querrichtung für den Fall C

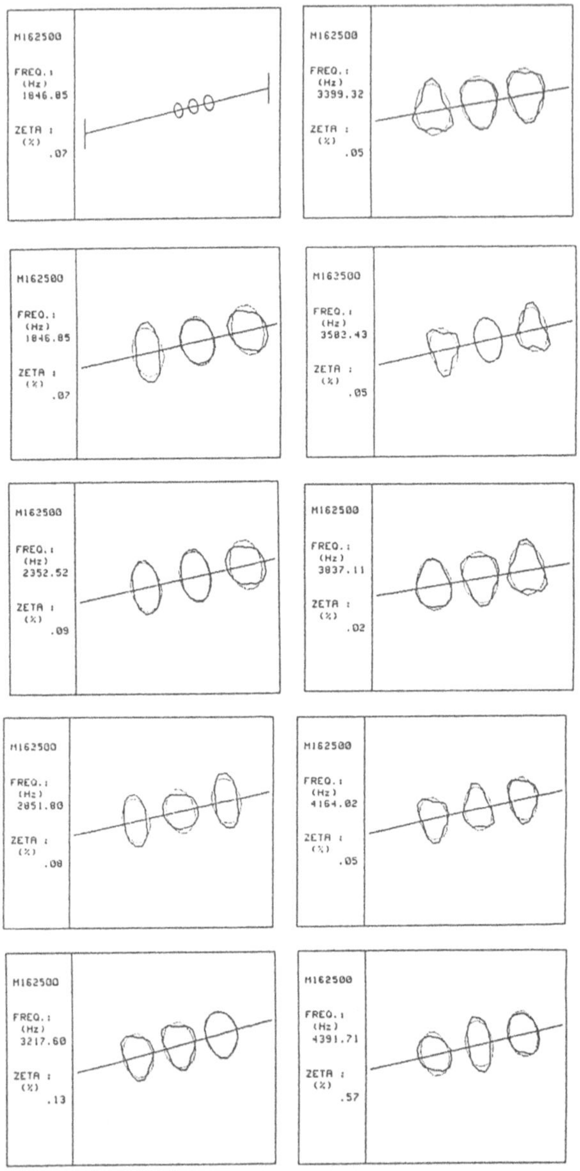

Bild 21 : Modalanalyse-Ergebnisse
Darstellung in Längsrichtung für den Fall A
Darstellung im Querschnitt für den Fall C

6 Ergebnisse der experimentellen, analytischen und numerischen Modalanalyse-Untersuchungen und deren Bewertung

6.1 Vergleiche der Ergebnisse von Abschnitt 5

Da mehrere Analysen für die einzelnen Gelenkwellen mit unterschiedlichen Auflösungen, d.h. mit verschiedenen Δf, ausgeführt wurden, mußte eine Auswahl bei der Ergebnis-Tabellenzusammenstellung getroffen werden. Aufgenommen wurden die Ergebnisse, wenn es mehrere für eine Eigenform gab, bei denen die Datenaufnahme mit Hilfe der Zoomtransformation mit der größten Auflösung erfolgte. Die Ergebnisse der Analysen der insgesamt drei untersuchten Gelenkwellen sind in den Bildern 22, 23 und 24 zusammengefaßt.
Für die kleine Welle wurden zwei Parametervariationen vorgenommen. Es kamen drei verschiedene Längen 0, 50 und 100 mm im Längenausgleich für die ungedrehte Welle und nur eine Länge 0 mm der um 90 Grad gedrehten zum Einsatz. Für diese Welle gibt es dadurch vier Ergebnisspalten.
Für die große Welle wurde nur eine Parametervariation vorgenommen und zwar zwei verschiedene Längen 0 und 50 mm im Längenausgleich für die ungedrehte Welle. Hier sind die Ergebnisse in zwei Spalten eingetragen.
Die mittlere Welle wurde nur für 0 mm im Längenausgleich bearbeitet.

Dabei zeigten sich folgende Erkenntnisse :

Alle drei Wellen besitzen Biege- und Atmungseigenformen. An der kleinen und der mittleren Welle konnte zusätzlich jeweils noch eine Starrkörperverschiebung aufgefunden werden. Die Biegeeigenfrequenzen sinken mit zunehmender Länge im Längenausgleich. Die Atmungseigenfrequenzen bleiben bis auf vernachlässigbar kleine Abweichungen unverändert für die verschiedenen Längen und für die gedrehte Lage.

Kleine Gelenkwelle			φ = 0 °						φ = 90 °	
			L = 0 mm		L = 50 mm		L = 100 mm		L = 0 mm	
Bez.	EF-Verhalten	Symbol	Freq(Hz)	Zeta(%)	Freq(Hz)	Zeta(%)	Freq(Hz)	Zeta(%)	Freq(Hz)	Zeta(%)
RB$_1$	Biegung GW		103.43	1.35	96.54	1.33	89.30	1.64	106.16	1.38
SV$_1$	Starrkörper-versch. GW		185.35	2.12	174.64	2.15	169.39	3.05	176.41	2.28
RB$_2$	Biegung GW		318.97	3.56	302.15	2.91	281.74	3.23	324.94	2.57
RB$_3$	- " -		665.79	2.03	651.10	2.62	639.65	2.36	658.03	2.50
RB$_4$	- " -		940.83	2.42	911.06	1.14	908.21	2.14	852.38	2.46
RB$_5$	- " -		1207.12	1.31	1176.58	1.45	1167.47	1.89	1062.79	1.46
RB$_6$	- " -		1445.20	1.48						
BA$_1$	Biegung GW		1742.76	2.56			1717.06	2.06		
BA$_2$	und Atmung		1818.86	3.71					1827.04	2.16
EA$_{11}$	Atmung LR		2047.21	.03	2083.30	.03	2083.85	.04	2083.70	.04
EA$_{12}$	- " -		2103.05	.04	2139.69	.05	2140.27	.04	2140.07	.05
EA$_{13}$	- " -		2234.75	.15	2276.07	.04	2276.63	.06	2276.15	.08
EA$_{14}$	- " -		2531.46	.04	2520.19	.08	2523.44	.20	2520.64	.08
EA$_{15}$	- " -		2895.59	.05	2884.19	.07	2892.37	.66	2884.29	.06
EA$_{16}$	- " -		3368.00	.09	3370.82	.09	3365.30	.10	3370.46	.10
EA$_{17}$	- " -		3931.70	.17	3933.36	.17	3937.81	.13	3935.80	.15
EA$_{18}$	- " -		4533.49	.23	4549.45	.20	4533.51	.17	4553.61	.20
EA$_{19}$	- " -		4657.39	.43	4688.68	.14	4690.40	.24	4677.57	.16
EA$_{21}$	- " - LR		5775.77	.07	5776.30	.04	5776.94	.05	5777.04	.04
EA$_{22}$	- " -		5808.56	.17	5810.94	.05	5811.44	.04	5811.93	.02
EA$_{23}$	- " -						5880.59	.07		
EA$_{24}$	- " -		5969.98	.06			5967.99	.07	5965.93	.13
EA$_{25}$	- " -		6094.64	.06			6097.72	.04	6086.56	.06
EA$_{26}$	- " -		6228.97	.05			6208.79	.09		
EA$_{27}$	- " -		6324.83	.08						

GW : gesamte Welle
LR : langes Rohr

Bild 22 : MA - Ergebnistabelle der Parameterstudie für die kleine Gelenkwelle

Große Gelenkwelle			$\varphi = 0°$			
			L = 0 mm		L = 50 mm	
Bez.	EF-Verhalten	Symbol	Freq(Hz)	Zeta(%)	Freq(Hz)	Zeta(%)
RB_1	Reine Biegung		100.12	3.75	94.62	3.47
RB_2	- " -		285.26	7.08	238.68	4.57
BA_1	Biegung und		313.70	2.14		
BA_2	Atmung		617.54	1.89	593.92	1.60
BA_3	- " -		795.19	1.46		
BA_4	- " -		899.39	2.94		
EA_{11}	Atmung		957.02	.02	941.30	.06
EA_{12}	- " -		1031.15	.65	1035.32	.10
EA_{13}	- " -		1236.97	.02	1241.33	.04
EA_{14}	- " -		1596.60	.15	1602.29	.07
EA_{15}	- " -		2097.00	.04	2097.19	.07
EA_{16}	- " -		2629.07	.13	2629.94	.04
EA_{21}	- " -		2658.61	.04	2658.17	.03
EA_{22}	- " -		2685.31	.05	2685.06	.03
EA_{23}	- " -		2741.20	.06	2740.36	.13
EA_{24}	- " -		2839.36	.06	2838.80	.08
EA_{25}	- " -		3029.31	.29	3028.02	1.32
EA_{17}	- " -		3150.33	.20	3149.48	.23
EA_{26}	- " -		3232.91	.05	3232.56	.04
EA_{27}	- " -		3520.05	.03	3522.30	.01
EA_{28}	- " -		3868.07	.08	3873.87	.09
EA_{29}	- " -		4086.78	.36	4081.98	.52
EA_{210}	- " -		4271.41	.04	4270.96	.03
EA_{211}	- " -		4673.79	.13	4675.26	.02
EA_{212}	- " -		4689.50	.14	4684.88	.15
EA_{213}	- " -		4797.50	.98	4787.21	.11
EA_{31}	- " -		5072.06	.30	5072.16	.04
EA_{32}	- " -		5099.74	.01	5097.38	.07
EA_{33}	- " -		5214.95	.24	5213.31	.04

Bild 23: MA - Ergebnistabelle der Parameterstudie für die große Gelenkwelle

Mittlere Gelenkwelle			$\varphi = 0°$	
			L = 0 mm	
Bez.	EF-Verhalten	Symbol	Freq(Hz)	Zeta(%)
RB_1	Reine Biegung		106.68	1.71
SV_1	Starrkörperv.		156.90	4.28
RB_2	Reine Biegung		337.37	1.70
BA_1	Biegung und		607.20	5.22
BA_2	Atmung		811.13	4.72
BA_3	- " -		990.25	4.99
EA_{11}	Atmung		1162.69	.01
EA_{12}	- " -		1247.35	.07
EA_{13}	- " -		1475.20	.25
EA_{14}	- " -		1869.12	.23
EA_{15}	- " -		2379.91	.18
EA_{16}	- " -		2892.12	.19
EA_{21}	- " -		3238.41	.37
EA_{22}	- " -		3268.43	.03
EA_{23}	- " -		3340.01	.01
EA_{17}	- " -		3369.75	.33
EA_{24}	- " -		3451.66	.02
EA_{25}	- " -		3886.63	.07
EA_{26}	- " -		4231.16	1.22
EA_{27}	- " -		4467.77	.49
EA_{28}	- " -		4628.11	.11

Bild 24 : MA - Ergebnistabelle der Parameterstudie für die mittlere Gelenkwelle

6.2 Zuordnung von Modalanalyse-Ergebnissen zu den Ergebnissen der akustischen Untersuchungen

Die Ergebnisse der Modal-Analysen sind denen der Akustik-Untersuchungen zuzuordnen. Jedem Peak der, bei der Modal-Analyse untersuchten Frequenzgänge, konnte eindeutig die entsprechenden Eigenformen zugeordnet werden. Damit ist jetzt ein Vergleich dieser Frequenzgänge mit Admittanz-Spektren aus den experimentellen Akustik-Untersuchungen bei laufender Welle möglich und in den Bildern 25 und 26 auf den nächsten Seiten dargestellt.
Für die kleine Welle ist die schon bekannte Tabelle von Seite 15 um ein Admittanz-Spektrum mit gleichem Abszissenmaßstab erweitert worden. Beim Vergleich beider Spektren fällt die frequenzmäßige Übereinstimmung der Peaks auf. Nun kann die in Abschnitt 2 beschriebene, der Akustik-Untersuchung fehlenden Aussage nach der Verformung u(t) bzw. U(iΩ) vorgenommen werden. Für die aus akustischen Messungen bekannten, störenden Frequenzen können jetzt die sie verursachenden Bewegungsformen aufgezeigt und entsprechende Abhilfemaßnahmen überlegt werden.

6.3 Hinweise für die praktische Durchführung der Modalanalyse

Um weitere Modal-Analyse-Untersuchungen an Gelenkwellen, oder ganz allgemein an Rohren, vorzunehmen um Bewegungsvorgänge in Längsrichtung und im Querschnitt zu erkennen, werden jetzt einige nützliche Hinweise gegeben.

Die Untersuchung ist in acht Teilschritte unterteilt und hat folgenden Ablauf :

1. Modellbildung (Geometrie-Fall A)
2. Datenaufnahme
3. Modal-Analyse
4. Auswertung der Analyse-Ergebnisse
5. Modellbildung (Geometrie-Fall C)
6. Datenaufnahme
7. Modal-Analyse
8. Auswertung der Analyse-Ergebnisse

Koord.- Nr.	Bezeichnung
0	Einspannstelle links
1	Gelenk "
:	
5	Referenzpunkt (Meßort)
:	
16	Gelenk rechts
17	Einspannstelle "

Abschnitt	Bezeichnung
A	Bereich des langen Rohres
B	" " Längenausgleiches
C	" " kurzen Rohres

EF-Nr	Freq(Hz)	Zeta(%)	Knoten-Anzahl
1	104.27	1.24	0
2	323.61	2.20	1
3	675.24	2.67	2
4	938.84	1.54	3
5	1181.30	2.54	4
6	1546.42	5.62	5
7	1734.67	.76	6
8	2080.66	.03	0
9	2136.91	.04	1
10	2273.13	.11	2
11	2525.51	.13	3
12	2886.98	.07	4
13	3371.78	.16	5
14	3935.78	.42	4
15	4551.45	.21	5

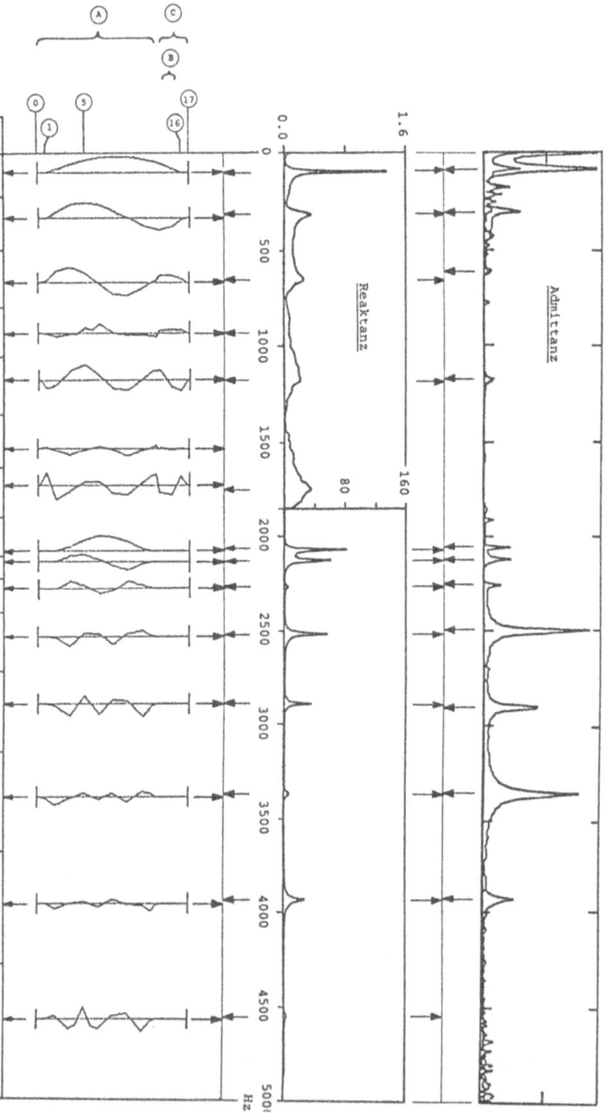

Bild 25 : Tabelle der Modalanalyse-Ergebnisse für die kleine Gelenkwelle des Geometrie - Falles A mit Zuordnung im Amplitudenfrequenzgang (Reaktanz) und Peakzuordnung zwischen Reaktanz - und Admittanzspektrum

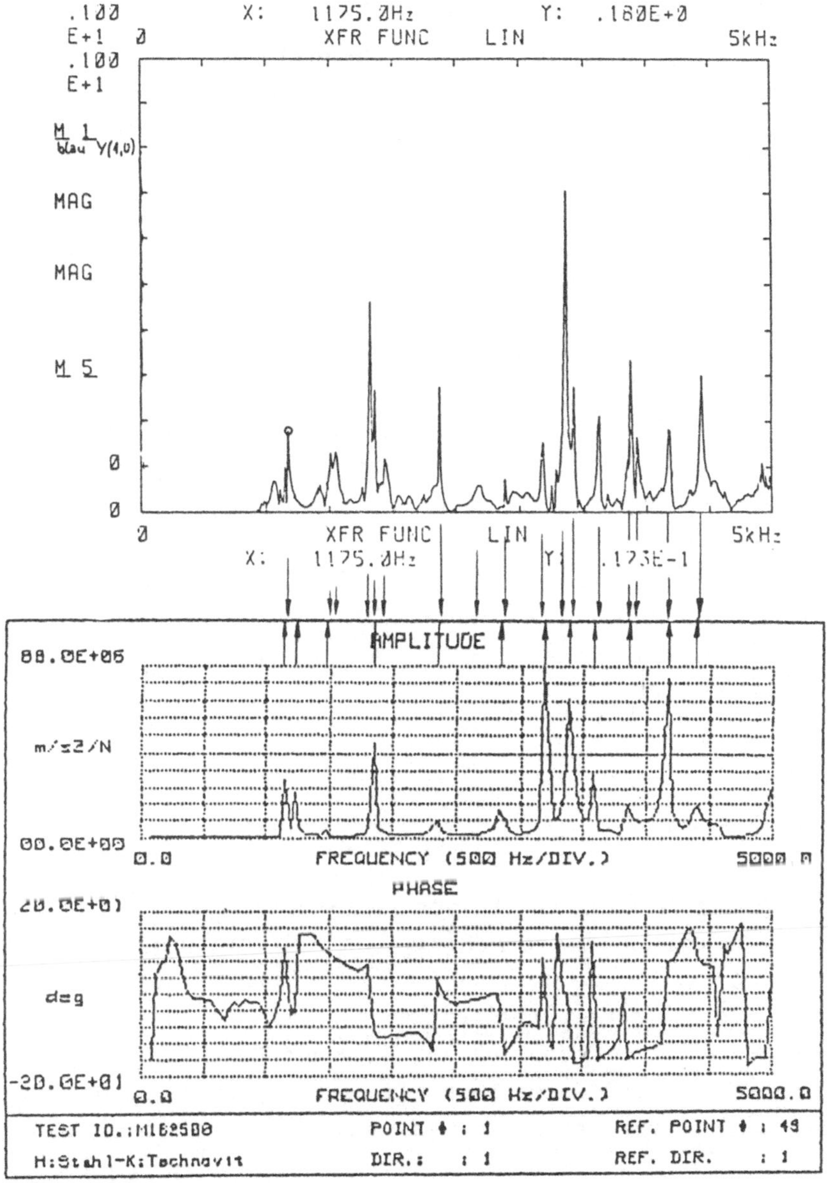

Bild 26 : Peakzuordnung im Amplitudenfrequenzgang für die große Gelenkwelle zwischen Reaktanz - und Admittanzspektrum

Zum Teilschritt 1

Die erste Untersuchung ist für die Bewegungsvorgänge um die Längsachse vorzunehmen. Die Struktur ist als einfacher Balken mit einer ausreichend großen Anzahl von Punkten in der Längsrichtung zu diskretisieren (Geometrie-Fall A). Die Anzahl der Punkte hängt von der Ordnung der zu suchenden Eigenform ab. Als Anhaltspunkt dient die folgende Gleichung

$$\text{Punkteanzahl} \approx \text{Eigenform-Ordnung} * 5$$

Die Anzahl kann erhöht werden, wenn das Erkennen einer Eigenform oder die Genauigkeit ihrer Darstellung dies erfordert.

Unter Umständen kann es nötig sein, den Referenzort zu verlegen, wenn dieser in der Nähe oder auf einem Schwingungsknoten einer bestimmten Eigenform zu liegen kam. Im Allgemeinen ist es nicht nötig, daß alle Eigenformen mit dem selben Referenzort bestimmt werden.

Zum Teilschritt 5

Um die Bewegungsvorgänge in der Querschnittsebene zu erkennen, ist der Balken in mehreren Ebenen in zylindrischen Koordinaten (R,φ,z) mit einer ausreichend großen Anzahl von Punkten am Umfang zu diskretisieren (Geometrie-Fall C). Die Anzahl der Punkte hängt von der Ordnung der zu suchenden Eigenform ab. Die Anzahl der Ebenen und deren Lage auf der Längsachse hängt von den Erkenntnissen aus Schritt 1 ab. Wichtig dabei ist, daß die Ebenen so gelegt werden, daß sie nicht auf die in Schritt 1 auf der z-Achse gefundenen Knoten oder in deren Nähe sind.

7 Zusammenfassung

Die verschiedenen umfangreichen Untersuchungen an den Gelenkwellen haben gezeigt, daß diese Biege- und Atmungsschwingungen ausführen können. Bei den Atmungsschwinungen handelt es sich um elliptische Bewegungsformen verschiedener Ordnung in der Querschnittsebene.

Es konnte ferner bewiesen werden, daß keine kreisförmige Atmung im vorgegebenen Frequenzbereich von 0 bis 5 kHz vorkommt.

Einer, aus Akustik-Untersuchungen vorliegenden, störenden Frequenz kann die sie auslösende Bewegungsform zugeordnet werden.

Dem Ziel, eine Reduzierung der Schallabstrahlung zu erreichen, kann durch Hinweise zur konstruktiven Gestaltung nähergekommen werden.

Das lange Rohrstück der Gelenkwellen kann durch Ausschäumen des Hohlraumes gedämpft werden. Damit werden die Schwingungen nicht verhindert, aber in ihrer Wirkung begrenzt.

Anstelle der Ausschäumung kann in den Hohlraum des langen Rohres ein weiteres Rohr aus einem Material mit dämpfender Wirkung geschoben werden, welches aber dem gleichen Zweck der Begrenzung der Amplituden dient. Das Ausschäumen bzw. das zusätzliche Rohr kann ausgelegt sein in Abhängigkeit einer bestimmten Frequenz.

Eine weitere Möglichkeit stellt die Versteifung des Rohres dar. Es wird eine Scheibe oder ein Ring in dem Rohr so plaziert, daß die zu beeinflussende Eigenform in ihrer Bewegung blockiert wird. Das setzt eine genaue Kenntnis der Eigenform und der Lage der Knotenebenen voraus. Diese Maßnahme ist dann wahrscheinlich nur für diese spezielle Frequenz positiv wirksam und kann für andere Frequenzen sich als störend erweisen.

Die Blockade kann auch von außen erfolgen durch Aufziehen eines Ringes. Das wird in der Praxis wahrscheinlich leichter auszuführen sein, als das Plazieren eines Ringes innerhalb des Rohres.

Das lange Rohr kann mit einem geeigneten Material umwickelt werden, wobei aber darauf zu achten ist, daß die Ummantelung während des Betriebes nicht beschädigt wird oder verloren gehen kann.

Durch geeignete Gestaltung der geometrischen Abmessungen, z.B. des Durchmessers, der Wandstärke aber auch der Länge der Welle, kann eine Eigenfrequenzverschiebung erreicht werden, und zwar so, daß die, aus akustischer Sicht störende Frequenz, hervorgerufen durch eine Eigenform mit ihrer Eigenfrequenz, nach der Maßnahme in den nichtstörenden Bereich verlagert ist.

Die FEM-Berechnungen (Bilder 16-18) wurden freundlicherweise von Dipl.-Ing. K.Mühlenfeld durchgeführt und die Admittanzspektren der Bilder 25 und 26 von Dipl.-Ing. K.Gerusel zur Verfügung gestellt.

Berlin, den 28.06.1990

Antriebsstrang-Aufhängungsdynamik im Zusammenhang mit der Reduzierung der Geräuschabstrahlung

von F. Kücükay

Zusammenfassung

Zwecks der Schwingungs- und Geräuschreduzierung werden die Aggregate eines Pkw-Antriebsstranges mit der Karosserie über elastische Lager verbunden. Auf die Abstimmung der Lager kommt in der Entwicklung eine besondere Bedeutung zu.

In der vorliegenden Arbeit wird gezeigt, wie die Aufhängung eines Antriebsstranges praxisnah modelliert und berechnet werden kann. Nach der Erstellung der Ersatzmodelle und der zugehörigen Bewegungsgleichungen wird eine Optimierungsmethode vorgestellt. Hierbei werden die Einbaulage des Hinterachsgetriebes sowie die Gummilagersteifigkeiten bzw. -dämpfungen optimiert.

Einige Ergebnisse geben einen Eindruck über die Möglichkeiten der entwickelten Rechenprogramme, die in den Vorentwicklungsphasen erfolgreich verwendet werden konnten.

1. Einleitung

Schwingungs- und Geräuscherscheinungen, wie z. B. Verzahnungsgeräusche, Rasseln, Motorgeräusche, Gelenkwellenschütteln, Gelenkwellenbrummen, Lastwechselschlag, stellen einige der wichtigsten Probleme in der Entwicklung eines Pkw-Antriebsstranges dar. Deshalb fehlte es in der Vergangenheit nicht an Untersuchungen, die der Klärung und Berechnung dieser Phänomene dienten, vergleiche z.B. /1/ bis /5/.

Im Antriebsstrang eines Pkw's entstehen alle in der Schwingungstechnik bekannten Schwingungen, wie erzwungene, selbst- und parametererregte, sowie nichtlineare Koppelschwingungen. Im Getriebe werden sogar bei Rasselvorgängen die sogenannten chaotischen Schwingungen angeregt /6/.

Als wichtigste Erregerquelle im Antriebsstrang kommt der Verbrennungsmotor in Frage. Die periodischen Gas- und Massenkräfte führen zu einer Drehungleichförmigkeit an der Schwungscheibe, die wiederum als Anregung für den restlichen Antriebsstrang wirksam ist.

Am deutlichsten ist diese Anregung spürbar, wenn bei niedriger Motordrehzahl in einem höheren Gang gefahren wird. Die hohen Schwingungsamplituden können in einem solchen Zustand auch nicht durch die elastische Aggregateaufhängung aufgefangen werden.

Getriebegeräusche, insbesondere Verzahnungs- und Rasselgeräusche gelangen zu einem erheblichen Teil über das Getriebegehäuse und Aufhängungslager in die Karosserie.

Die höheren Frequenzordnungen der Motorschwingungen regen die Gelenkwellenbiegeschwingungen an. Ferner entstehen in der Gelenkwelle Schwingungen infolge der - kinematisch bedingten - ungleichförmigen Bewegungsübertragung der Kreuzgelenke. Wegen Verlagerung der Aggregate unter Last neigt sich die Gelenkwelle und führt eine Schüttelbewegung aus.

Im Hinterachsgetriebe entstehen Verzahnungsgeräusche. Beim Lastwechsel vom Schub- auf Zugbetrieb werden die Eigenschwingungen des Systems "Hinterachsgetriebe - Träger - Aufhängung" angeregt, wodurch der Fahrer verbunden mit einem dumpfen Geräusch einen leichten Schlag spüren kann.

Alle diese Phänomene beeinflussen den Schwingungs- und Akustikkomfort des Pkw's und müssen durch entsprechende Maßnahmen reduziert werden.

In den oben aufgezählten Fällen können die Schwingungen am Entstehungsort nur wenig beeinflußt werden.

Als Sekundärmaßnahme geht es deshalb darum, über die Aggregateaufhängung sie zu isolieren bzw. zu dämpfen. In der vorliegenden Arbeit wird auf diese Problematik eingegangen.

Als Beispiel wird ein Standardantriebsstrang mit Motor-Getriebe-Block, zweiteilige Gelenkwelle, Hinterachsgetriebe und Fahrschemel mit zugehörigen Verbindungs- und Aufhängungselementen betrachtet. Die erzielten Ergebnisse lassen sich jedoch auch auf Allrad-Antriebsstränge übertragen.

2. Systembeschreibung

2.1 Mechanisches Ersatzmodell

Die Untersuchung des dynamischen Verhaltens eines Systems ist nur so gut, wie das zugrundegelegte mechanische Ersatzmodell mit der entsprechenden Bewegungsgleichung. Bild 1 zeigt das Ersatzmodell eines Standardantriebsstranges mit zugehörigen Aufhängungslagern.

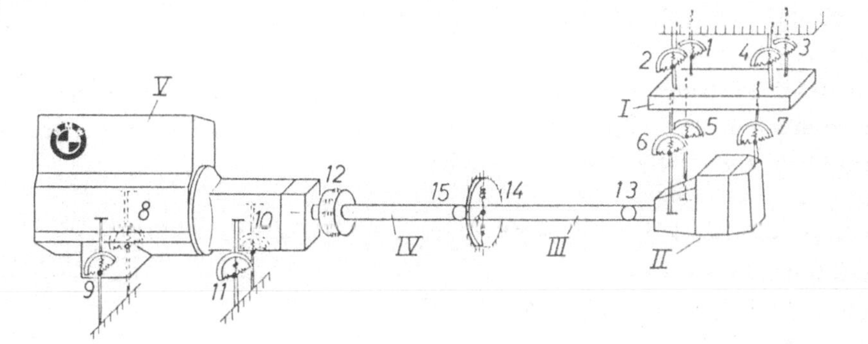

Bild 1: Ersatzmodell eines Standardantriebsstranges mit Fahrschemel

Der hintere Fahrschemel (Körper I) ist an den Lagern 1, 2, 3, 4 ggü. der Karosserie elastisch aufgehängt. Das Hinterachsgetriebe (Körper II) ist durch die Lager 5, 6, 7 mit dem Fahrschemel verbunden. Die Gelenkwelle ist in zwei Teile (Körper III, Körper IV) aufgeteilt und im Gelenk (Lager Nr. 15) miteinander verbunden. Die Lager (Gummigelenkscheiben, Kreuz- oder Gleichlaufgelenke) 12, 13 stellen die Verbindung der Gelenkwelle zum Hinterachsgetriebe und zum Getriebe her. Das Lager 14 stellt das Mittellager dar. Motor und Getriebe bilden einen gemeinsamen Block (Körper V), der an den Lagern 8, 9, 10, 11 gegenüber der Karosserie elastisch aufgehängt ist. Die Lager 1 bis 11 sind dreiwertige Lager, während die Verbindungselemente 12 bis 15 als sechswertige Lager modelliert werden.

Alle dreiwertigen Lager sind Gummilager und sie werden durch jeweils drei Federelemente in zueinander orthogonaler Richtung modelliert. Die entsprechenden Kennlinien sind nichtlinear.

Jeder der betrachteten 5 Körper weist 6 Freiheitsgrade auf, die in dem Lagervektor

$$\mathbf{q}_i = [x_i, y_i, z_i, \Phi_i, k_i, \Gamma_i]^T, \; i=1,\ldots,5 \tag{1}$$

berücksichtigt werden. Das Gesamtsystem mit 5 Körpern enthält 30 Freiheitsgrade; der entsprechende Lagevektor ergibt sich als

$$\mathbf{q} = [q_1, q_2, q_3, q_4, q_5]^T. \tag{2}$$

Da die Lagerverformungen im Vergleich zu den geometrischen Abmessungen klein sind, kann das mechanische Ersatzmodell geometrisch linear betrachtet werden. Die geometrischen Orte der Körper werden bezüglich eines fahrzeugfesten Referenzsystems R definiert. In den jeweiligen Schwerpunkten der Körper sind die körperfesten Basen B_i (i = I,...,V) definiert. Die Orientierung der Basen B_i wird durch Angabe dreier Winkel $\delta_{i,1}$, $\delta_{i,2}$, $\delta_{i,3}$, festgelegt (vgl. Bild 2).

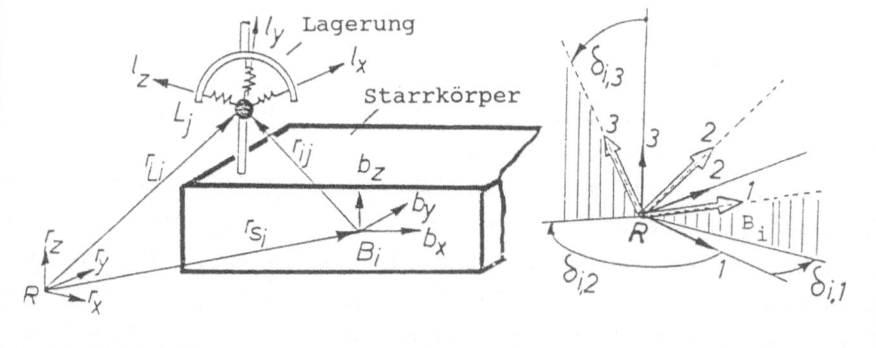

Bild 2: Beschreibung der Lage der Aggregate und der Lager im Fahrzeug-Koordinatensystem

Die Massenträgheitsmomente der Körper werden auf die körperfesten Basen B_i bezogen. Sie werden mit Hilfe von Pendelversuchen im Schwingungslabor ermittelt.

Die Aufhängungslager sind im allgemeinen ggü. dem Fahrzeugsystem verdreht eingebaut. Die Einbaulage der Lager wird durch die entsprechenden Winkel in Analogie zu δ_i (vgl. Bild 2) berücksichtigt.

2.2 Mathematische Systembeschreibung

Statisch betrachtet, liegt mit dem mechanischen Ersatzmodell nach Bild 1 ein nichtlineares und statisch überbestimmtes System vor. Die entsprechende Gleichgewichtslage für einen vorgegebenen Belastungsfall muß deshalb iterativ ermittelt werden.

Die dynamische Systemgleichung ergibt sich als ein Differentialgleichungssystem 2. Ordnung, wobei die zugehörigen Systemmatrizen entsprechend den Freiheitsgraden die Dimension 30 haben.

Aufgrund der anschließenden Optimierung kommt auf die mathematische Systembeschreibung eine besondere Bedeutung zu: Ein möglichst zeitsparender (schnell arbeitender) Kern des Optimierungsalgorithmus ist nur durch ein dafür geeignetes mathematisches Modell möglich.

Fertigprogramme zur Generierung der Bewegungsgleichungen von Mehrkörpersystemen, wie z.B. ADAMS, DADS, MEDUSA, MULTIBODY, usw., sind deshalb für das vorliegende Problem nicht geeignet.

2.2.1 Bestimmung der Aggregateverlagerung

Zur Herleitung der Systemgleichung wird eine auf in /3/ angegebene Vorgehensweise basierende Methode verwendet:

Die Vektoren der Lagerauslenkungen $\mathbf{s}_j$ (j-tes Lager, 3x1 Vektor bzw. 6x1 Vektor für 3-wertige bzw. 6-wertige Lager) lassen sich mit Hilfe der Strukturmatrizen $\mathbf{W}_j$, in Abhängigkeit von dem Lagevektor $\mathbf{q}$ darstellen:

$$\mathbf{s}_j \quad := \quad \mathbf{W}_j^T\mathbf{q}. \tag{3}$$

Die Matrizen $\mathbf{W}_j$ ergeben sich entsprechend den Koordinatentransformationen zwischen den im Bild 2 dargestellten Koordinatensystemen. Den verallgemeinerte Kraftvektor des j-ten Lagers erhält man als

$$\mathbf{g}_j \quad := \quad \left[\frac{\partial \mathbf{s}_j}{\partial \mathbf{q}}\right]^T * \mathbf{F}_j \quad = \quad \mathbf{W}_j\mathbf{F}_j, \tag{4}$$

wobei $\mathbf{F}_j$ entsprechend $\mathbf{s}_j$ gemäß den Federkennlinien zu entnehmen ist. Die Summe der Kräfte $\mathbf{g}_j$ muß mit dem äußeren Belastungsvektor $\mathbf{h}$ im Gleichgewicht stehen. Führt man eine Funktion

$$\mathbf{f} \quad := \sum_j \mathbf{g}_j(\mathbf{q}) \ - \ \mathbf{h} \tag{5}$$

als Differenz der genannten Kraftvektoren ein, so läßt sich der statische Lagevektor $\mathbf{q}_o$ als Nullstelle von $\mathbf{f}$ ermitteln.

Es wird die Iterationsmethode nach Newton verwendet.
Die Iterationsgleichung lautet:

$$\mathbf{f}^{(i)} + \left.\frac{\partial \mathbf{f}}{\partial \mathbf{q}}\right|_{\underline{\mathbf{q}}^{(i)}} + (\mathbf{q}^{(i+1)} - \mathbf{q}^{(i)}) = 0. \tag{6}$$

Nach einigen Umformungen ergibt sich diese Gleichung zu

$$\mathbf{K}^{(i)} \ (\mathbf{q}^{(i+1)} - \mathbf{q}^{(i)}) \quad = \quad \mathbf{h} - \mathbf{h}^{(i)}. \tag{7}$$

Die Steifigkeitsmatrix $\mathbf{K}^{(i)}$ und die dem i-ten Lagevektor $\mathbf{q}^{(i)}$ entsprechendem Belastungsvektor $\mathbf{h}^{(i)}$ lassen sich mit Hilfe der Strukturmatrizen ermitteln:

$$\mathbf{K}^{(i)} \quad = \sum_j \mathbf{W}_j{}^T \mathbf{C}_j{}^{(i)} \mathbf{W}_j \ , \quad \mathbf{h}^{(i)} \quad = \sum_j \mathbf{W}_j \mathbf{F}_j{}^{(i)}, \tag{8}$$

wobei $\mathbf{G}_j{}^{(i)}$ und $\mathbf{F}_j{}^{(i)}$ die im i-ten Iterationsschritt entsprechend dem Auslenkungsvektor $\mathbf{s}_j{}^{(i)}$ des j-ten Lagers gemäß den Kennlinien ermittelte Lagersteifigkeitsmatrix bzw.

Lagerkraftvektor darstellen. Mit dem letzten Iterationsschritt sind die gesuchten Parameter, wie die Steifigkeitsmatrix **K** im Betriebspunkt, der Lagevektor $\mathbf{q}_o$ sowie die statischen Lagerkräfte und -auslenkungen bekannt.

2.2.2 Bewegungsgleichungen

Die Schwingungen in den Lagern finden um einen Betriebspunkt statt, der sich entsprechend dem Motormoment bzw. der äußeren Belastung einstellt. Um diesen Betriebspunkt lautet die Bewegungsgleichung

$$\mathbf{M}\ddot{\mathbf{q}} + \mathbf{D}\dot{\mathbf{q}} + \mathbf{K}\mathbf{q} = \mathbf{h}(t), \tag{9}$$

wobei **M** die Massenmatrix, **D** die Dämpfungsmatrix und **K** die Steifigkeitsmatrix bedeuten; **h**(t) wiedergibt die periodische Anregung aufgrund der Motor-, Getriebe- und Gelenkwellenanregung.

Es ist zu beachten, daß in der Matrix **K** die dynamischen, frequenzabhängigen Lagersteifigkeiten zu berücksichtigen sind. Analoges gilt für die Dämpfungsmatrix. Die dynamischen Versteifungsfaktoren für Gummilager werden von den Herstellern dieser Lager angegeben.

Von Interesse ist in erster Linie das Eigenverhalten des Systems. Dies kann unter Verwendung der homogenen Differentialgleichung

$$\mathbf{M}\ddot{\mathbf{q}} + \mathbf{K}\mathbf{q} = 0 \tag{10}$$

untersucht werden.

3. Optimierung

3.1 Optimierung der Einbaulage der Aggregate

Unter dem Einfluß der Reaktionsmomente werden die Aggregate des Antriebsstranges verlagert. Durch diese Verlagerung entstehen Winkel in den Verbindungselementen (= Beugewinkel), insbesondere in den Gelenken der Gelenkwelle, die zu unerwünschten Schwingungserscheinungen führen. Der Beugewinkel ist im Gelenk am Hinterachsgetriebe beim Anfahren am größten. Durch das hohe Radmoment wird das Hinterachsgetriebe in der vertikalen Ebene stark verdreht (in negativer y-Richtung gemäß Bild 1). Dieser Effekt läßt sich vermeiden, wenn die Gelenkwellenachse für einen vorgegebenen Betriebszustand unter Last mit der Ritzelachse des Hinterachsgetriebes fluchtet, vgl. Bild 3.

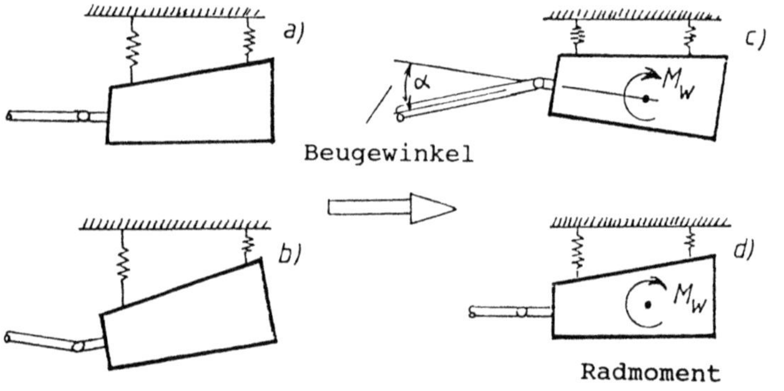

Bild 3: Einbaulage des Hinterachsgetriebes
a) nicht optimierte Einbaulage
b) optimierte Einbaulage
c) d) Lage im belasteten Zustand

Die Optimierung hierzu besteht darin, die Position der Lager 5, 6, 7 so zu ändern (Vor- oder Zurückhalten), daß eine definierte Vorneigung des Hinterachsgetriebe im Stillstand entsteht. Die zugehörigen Restriktionen sind durch die maximalen bzw. minimalen Lagerverschiebwege in vertikaler Richtung gegeben.

Die Optimierung kann natürlich nur für einen Betriebszustand durchgeführt werden. Im vorliegenden Fall wird der entsprechende Betriebszustand bei 120 km/h Konstantfahrt gewählt.

3.2 Optimierung der Lagersteifigkeiten und Lagerdämpfungen

Die in den Aggregaten entstehenden Schwingungen und Geräusche werden über die Aufhängungslager in die Karosserie eingeleitet. Bei der Isolierung dieser Schwingungen und Geräusche ggü. der Karosserie kommt auf die Lagersteifigkeit und -dämpfung eine große Bedeutung zu.

3.2.1 Grundüberlegungen

In den Aggregaten entstehen im Betrieb periodische Kräfte (Gas- und Massenkräfte im Motor, Unwuchtkräfte in der Gelenkwelle, Zahnkräfte im Getriebe, usw.), die in einem periodischen Kraftvektor

$$\mathbf{h}(t) = \sum_{\nu} \mathbf{a}_\nu \sin(\nu \Omega t + \Phi_\nu) \tag{11}$$

zusammengefaßt werden. Diese periodischen Kräfte werden entsprechend dem dynamischen Übertragungsverhalten der Aufhängung in modifizierter Form über die Aufhängungslager in die Karosserie eingeleitet. Im Lager entsteht also ebenfalls eine periodische Kraft

$$\mathbf{F} = \sum \mathbf{f}_\nu \sin(\nu \Omega t + \sigma_\nu) \tag{12}$$

deren Amplitude und Phasenlage sich entsprechend diesem Übertragungsverhalten der Aufhängung einstellt.

Trägt man z.B. den Betrag $\bar{\mathbf{f}}$ der Kraftamplitude eines Aufhängungslagers (=die in die Karosserie eingeleitete Kraft) über der Anregungsfrequenz auf, so erhält man eine Resonanzkurve, wie sie im Bild 4 qualitativ dargestellt ist.

Die Frequenz Ω ist der Motordrehzahl proportional. Sie kann z.B. eine bestimmte Ordnungsfrequenz des Motors darstellen. Bei kleineren Frequenzen erhält man eine Kraftamplitude $\bar{\mathbf{f}}_0$. In Analogie zum Einmassenschwinger kann nun gesagt werden, daß das Lager für Kraftamplituden $\bar{\mathbf{f}} > \bar{\mathbf{f}}_0$ eine isolierende Wirkung aufweist.

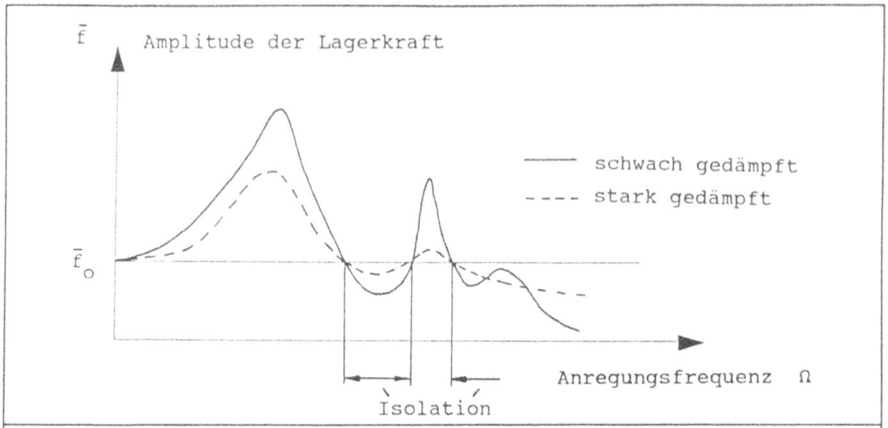

Bild 4: Resonanzkurve einer Lagerkraft

Für viele Schwingungsphänomene ist es erwünscht, daß das Lager bei kleineren Anregungsfrequenzen möglichst gut gedämpft ist. Andererseits ist bei hochfrequenten Schwingungen für eine gute Isolierwirkung eine möglichst kleine Lagerdämpfung erforderlich. Dieser Zielkonflikt erfordert stets eine Kompromißlösung.

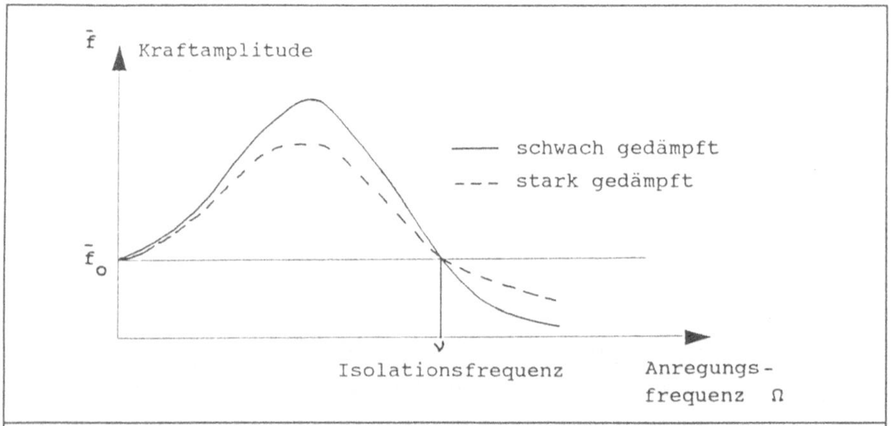

Bild 5: Resonanzkurve eines Einmassenschwingers

Im Bild 5 sind qualitativ die Resonanzkurven eines Einmassenschwingers für eine kleine bzw. große Lagerdämpfung dargestellt. Aus dem Bild geht hervor, daß bis zur Isolationsfrequenz ν die Kraftamplituden im Fall mit größerer Dämpfung kleiner sind als die entsprechenden Amplituden bei kleinerer Dämpfung, während ab ν sich das Verhältnis umdreht.

Dementsprechend bedeuten der horizontal schraffierte Bereich ein Gewinn und der vertikal schraffierte Bereich einen Verlust an Schwingungsisolation.

3.2.2 Optimierungskriterien

Wie aus den obigen Überlegungen hervorgeht, kann das Ziel der Schwingungsoptimierung für einen vorgegebenen Frequenzbereich darin bestehen, die zwischen der Resonanzkurve und der Frequenzachse eingeschlossen Fläche zu minimieren. Zu diesem Zweck wird aus den gewichteten Kraftamplituden der Aufhängungslager ein quadratisches Mittel η gebildet:

$$\eta(\Omega) := \sqrt{\sum_{i=1}^{N} (w_i \bar{f}_i)^2}. \qquad (13)$$

Die Parameter w_i sind dabei Gewichtungsfaktoren, die gewisse Lager ausblenden können oder auch Präferenzen bei Lagerkräften betonen. Der frequenzabhängige Parameter stellt damit eine verallgemeinerte Resonanzkurve für das Übertragungsverhalten des Antriebsstranges dar.

Integriert man diesen Parameter über einen vorgegebenen Drehzahlbereich $n_1 \leq n \leq n_2$,

$$\bar{\eta} = \int_{n_1}^{n_2} \eta(\Omega)\, d\Omega, \qquad (14)$$

so entspricht der Integrationswert einer Fläche, die es bei der Optimierung zu minimieren gilt:

$$\bar{\eta} \rightarrow \min. \qquad (15)$$

Als zu optimierende Systemparameter kommen Geometriedaten, Massen, Massenträgheitsmomente, Steifigkeiten und Dämpfungen in Frage. Für die Optimierung werden die Lagersteifigkeiten c_k bzw. -dämpfungen d_k variiert, da die restlichen Systemparameter aufgrund anderer Kriterien meistens bereits festliegen und nicht verändert werden können.

Zwischen dem Lagerdämpfungsbeiwert und der dynamischen Lagersteifigkeit des k-ten Lagers besteht die Beziehung

$$d_k := \frac{c_k^{dyn}}{\Omega} \sin(\alpha_k(\Omega)) \tag{16}$$

mit $c_k^{dyn} = c_k \beta_k(\Omega)$, $\beta_k(\Omega)$ = dynamischer Steifigkeitsfaktor,

$\alpha_k(\Omega)$ = Verlustwinkel des Lagers.

Als Restriktionen für den Optimierungsprozeß werden für die Steifigkeiten obere und untere Grenzen gesetzt. Für die k-te Lagersteifigkeit gilt damit

$$c_{k,min} \leq c_k \leq c_{k,max} \tag{17}$$

Diese Restriktionen werden durch konstruktive Überlegungen gewählt. So sind wegen fahrwerkstechnischer Randbedingungen Mindeststeifigkeiten der Fahrschemellager festgelegt, die als untere Grenzen der Restriktionen berücksichtigt werden.

Einige Aggregatelager sind vom gleichen Typ. Die entsprechenden Steifigkeiten werden deshalb als Restriktionen gleich gesetzt.

Als Ergebnis der Optimierung ist zu erwarten, daß im Sinne der definierten Zielfunktion $\bar{\eta}$ die optimalen Lagersteifigkeiten bzw. -dämpfungen herauskommen.

3.2.3 Numerische Gesichtspunkte

Optimierungsprogramme sind im allgemeinen sehr zeitintensiv. Für das vorliegende - relativ umfangreiche - System erfordert die gestellte Optimierungsaufgabe ebenfalls hohe Rechenzeit. Deshalb sind zur Reduktion der Rechenzeit Maßnahmen zu ergreifen, die im folgenden erläutert werden.

Für die Minimierung der Funktion wird ein modifiziertes Gradientenverfahren verwendet. Die zu optimierenden Lager sind dreiwertig und haben folgende Elementsteifigkeitsmatrizen.

$$c_m = \mathrm{diag}\{c_m^{(1)},\ c_m^{(2)},\ c_m^{(3)}\}, \tag{18}$$

$m = 1,\ldots,p;\ p =$ Anzahl der zu optimierenden Lager.

Im Sinne der Optimierung hat man die zu variierenden Steifigkeiten als Optimierungsvariable x aufzufassen. Die Steifigkeits- und Dämpfungsmatrizen $\mathbf{K}$ und $\mathbf{D}$ lassen sich damit in einen von x abhängigen und unabhängigen Anteil aufspalten. Die Bewegungsgleichung nach (9) lautet somit

$$\mathbf{M}\ddot{\mathbf{q}} + [\mathbf{D}_I(x) + \mathbf{D}_{II}]\dot{\mathbf{q}} + [\mathbf{K}_I(x) + \mathbf{K}_{II}]\mathbf{q} = \mathbf{h}(t). \tag{19}$$

Die Lösung der Differentialgleichung und damit die Bestimmung der Lagerkräfte bzw. des Parameters $\bar{\eta}$ wird mittels des Frequenzgangverfahrens ermittelt. Hierbei muß bei jedem Iterationsschritt die Frequenzgangmatrix

$$\mathbf{G}(x) := \{-\Omega^2\mathbf{M} + i\Omega[\mathbf{D}_I(x) + \mathbf{D}_{II}] + [\mathbf{K}_I(x) + \mathbf{K}_{II}]\}^{-1} \tag{20}$$

und deren Ableitung

$$D(G^{-1}) := G^{-1}\frac{\partial G}{\partial x}G^{-1} \tag{21}$$

gebildet werden.

Nach einigen analytischen Umformungen gelingt es, die Ermittlung von (21) auf die Auflösung eines Gleichungssystems zurückzuführen. Erst durch diese Maßnahme, die ggü. den üblichen Vorgehensweisen eine Rechenzeitersparnis von über 99 % mit sich brachte, war es möglich, eine Optimierung an einer Großrechenanlage mit vertretbarer Rechenzeit durchzuführen.

4. Ergebnisse

Im folgenden wird ein Standardantriebsstrang mit hinterem Fahrschemel betrachtet. Die Gelenkwelle ist zweiteilig und sie ist mit Getriebe bzw. Hinterachsgetriebe über die Gummigelenkscheibe bzw. ein Kreuzgelenk verbunden. Die Aufhängung entspricht der Anordnung gemäß Bild 1.

4.1 Verlagerung der Aggregate

Wie bereits im Kapitel 2.2.1 erläutert, werden die Aggregate unter Einwirkung der Reaktionskräfte und -momente, die als äußere Kräfte und Momente an den Aggregaten angreifen, verlagert. Diese sind im einzelnen

- Reaktionsmoment am Motor-Getriebe-Block und am Hinterachsdifferential (Gelenkwellenmoment und Radmoment),
- Lenkerkräfte am Fahrschemel,
- Gewichtskräfte, Trägheitskräfte.

Je nach Betriebszustand erhält man unterschiedliche Aggregateverlagerungen. Für schwingungstechnische und akustische Beurteilungen sind folgende Betriebszustände repräsentativ:

- Konstantfahrt mit 120 km/h,
- 1. Gang Vollastbeschleunigung,
- Schubbetrieb.

Im Bild 6 sind in der vertikalen Ebene die Aggregateverlagerungen für die genannten Betriebsfälle normiert dargestellt. In dieser Ebene sind die Verdrehungen bzw. Verschiebungen der Aggregate aufgrund des hier wirksamen Radmoments am größten. Im gleichen Bild ist die statische Einbaulage der Aggregate ebenfalls gezeigt.

Bild 6:

Verlagerung der Aggregate in der vertikalen Ebene

——— Einbaulage
— — 1.Gang Vollastbeschleunig.
-.-.- Konstant 120 km/h
-...-- Schubbetr.

a) Nominalsystem
b) optimiertes System für Konstantfahrt 120 km/h

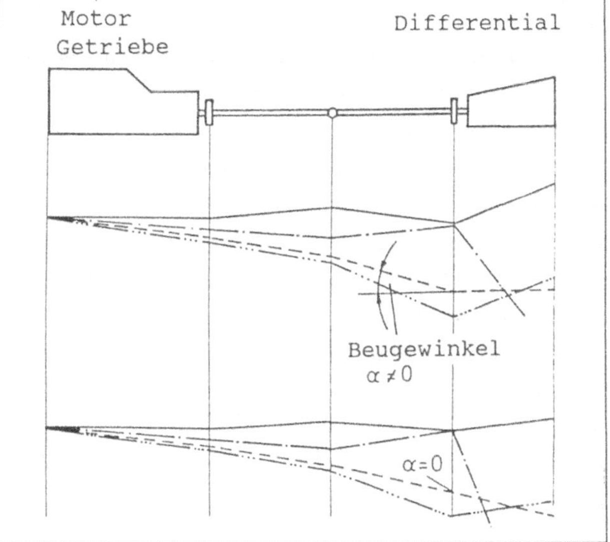

Aus dem Bild geht hervor, daß das Hinterachsgetriebe die größte Verdrehung aufweist. Der Beugewinkel am Gelenk zwischen der Gelenkwelle und dem Hinterachsgetriebe nimmt insbesondere bei Vollastbeschleunigung im 1. Gang sehr große Werte an.

In beiden Bildteilen a) und b) wird von unterschiedlichen Einbaulagen ausgegangen. Die Einbaulage nach b) ist gemäß Kapitel 3.1 optimiert, so daß im Betriebszustand "Konstantfahrt mit 120 km/h" die Gelenkwellenachse mit der Ritzelachse des Hinterachsgetriebes fluchtet. Der entsprechende Beugewinkel im Schubbetrieb bleibt relativ klein. Dagegen erhält man für den Betriebszustand "1. Gang Vollastbeschleunigung" einen großen Beugewinkel. Dies müßte durch eine progressive Kennlinie der Lager kleiner gemacht werden.

Es ist festzustellen, daß die Optimierung der Einbaulage des Hinterachsgetriebes stets auf einen Kompromiß hinausläuft: Für den Betriebszustand "Konstantfahrt" optimierte Einbaulage führt zu einem größeren Beugewinkel im Betriebszustand "1. Gang Vollastbeschleunigung" . An den restlichen Gelenken bleiben die Beugewinkel relativ klein.

4.2 Eigenverhalten

Der Antriebsstrang mit der Aufhängung weist eine Reihe von Eigenfrequenzen auf. Andererseits liegen über den gesamten Drehzahlbereich Erregerfrequenzen vor, so daß Resonanzerscheinungen stets vorhanden sind. Bei den meisten Eigenfrequenzen sind die Resonanzamplituden hinreichend gedämpft. In einzelnen Fällen können aber diskrete Frequenzen mit den zugehörigen Schwingungsamplituden der Aggregate störend sein. Insbesondere sind es diejenigen Eigenfrequenzen, bei denen die Aggregate (evtl. mit dem Fahrschemel) große Bewegungen erfahren.

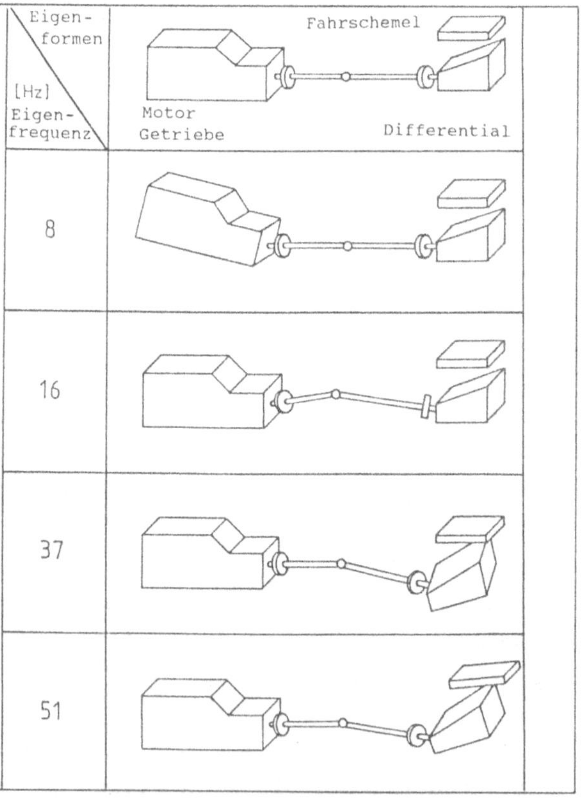

Bild 7:

Eigenformen der Antriebsstrangaufhängung mit der zugehörigen Eigenfrequenz

Im Bild 7 sind beispielhaft einige Eigenformen dargestellt. Die zugehörigen Frequenzen sind in der linken Spalte angegeben. In der Eigenform bei 8 Hz führt der Motor-Getriebe-Block eine Kippbewegung um die Fahrzeug-Querachse aus, während die restlichen Aggregate nicht ausgelenkt werden.

Bei 16 Hz entsteht eine kombinierte Kipp- und Taumeleigenform der Gelenkwelle. Eine Kippeigenform des Hinterachsgetriebes findet bei 37 Hz statt, wobei hier die Gelenkwelle mitbewegt wird.

Die Eigenformen, bei denen der Fahrschemel und Hinterachsgetriebe gleichzeitig bewegt werden, sind von besonderer Bedeutung. In diesem Fall findet eine besonders intensive Schwingungsübertragung in die Karosserie statt. Die im Bild 7 bei 51 Hz dargestellte Zeichnung stellt eine solche Eigenform dar. Neben der Kippbewegung des Hinterachsgetriebes führt der Fahrschemel ebenfalls eine Kippbewegung um die Fahrzeug-Längsachse aus. Diese Eigenform wird vorzüglich beim Lastwechsel von Schub- auf Zugbetrieb angeregt.

4.3 Optimale Lager im Sinne einer bestmöglichen Schwingungsisolation

Der betrachtete Antriebsstrang ist an neun Stellen über Gummilager mit der Karosserie verbunden. An diesen Stellen werden periodische Kräfte in die Karosserie eingeleitet, die den Körperschall erzeugen. Der Körperschallpegel wird um so kleiner sein, je kleiner der Faktor η bzw. die Funktion $\bar{\eta}$ (vgl. Gln. (13), (14)) ist.

Im <u>Bild 8</u> ist der Verlauf des Parameters η über einen Frequenzbereich Ω = 10 - 120 Hz für zwei unterschiedliche Datensätze dargestellt. Dem durchgezogenen dargestellten Kurvenverlauf liegt ein Standardparametersatz (Parameter des nicht optimierten Systems) zugrunde, während für die gestrichelt dargestellte Kurve die gemäß Kapitel 3.2.2 optimierten Steifigkeitsparameter verwendet wurden. Für die Lagersteifigkeiten wurden als Restriktionen ± 30 % Abweichungen vom Normalwert zugelassen. Aus dem Bild geht hervor, daß das optimierte System besser isoliert als das Ausgangssystem. Ferner sieht man im Kurvenverlauf die Resonanzüberhöhungen entsprechend den im Bild 7 gezeigten Eigenfrequenzen.

Bild 8:

Verlauf der Resonanzkurve von η für

—— Nominalsystem

- - optimiertes System

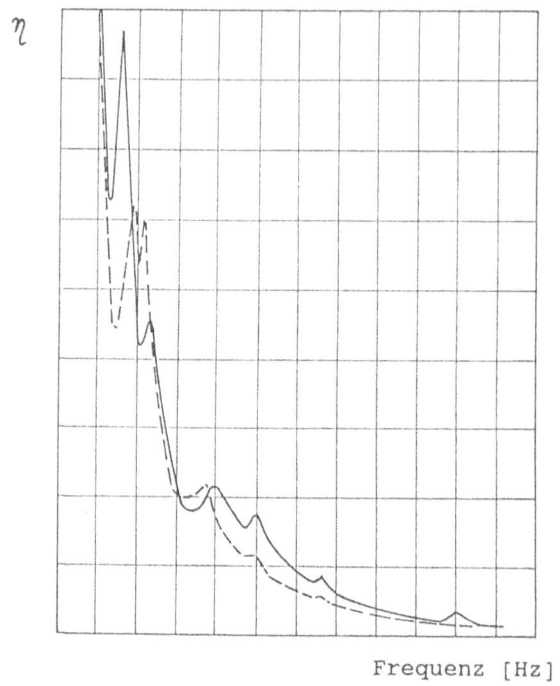

Bei der Optimierung wird die Zielfunktion $\bar{\eta}$ verwendet. Die Änderung dieser Funktion in Abhängigkeit von Lagersteifigkeiten liefert eine Aussage über die Sensitivität von $\bar{\eta}$.

Im Bild 9 ist $\bar{\eta}$ bei Variation der Motorlager- und Getriebelagersteifigkeiten (Aufhängungslager 8, 9 und 10, 11 gemäß Bild 1) dargestellt. Als Restriktionen sind Steifigkeitsabweichungen von ± 50 % von dem Nominalwert zugelassen. Es wurde der Frequenzbereich Ω = 10 - 120 Hz zugrundegelegt.

Aus dem Flächenverlauf in Bild 9 geht hervor, daß minimale Werte bei möglichst kleinen Motor-Aufhängungslagersteifigkeiten annimmt. Dagegen gibt es für die Getriebe-Aufhängungslagersteifigkeiten ein Optimum in der Nähe des entsprechenden Nominalwertes.

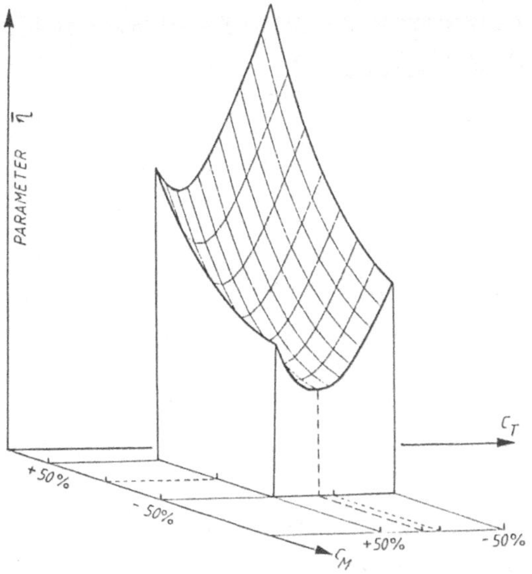

Bild 9: Verlauf der Zielfunktion $\bar{\eta}$ in Abhängigkeit der Motor- und Getriebeaufhängungslagersteifigkeiten

Literaturverzeichnis:

/1/ Chikamori, S.: Yoshikava, N.:
Noise and Vibration of Drive Train
JSAE Review, November 1980, S. 51-61

/2/ Braess, H.H.: Berechnung - Ein wichtiger Teilbereich der Fahrzeugentwicklung
VDI-Berichte Nr.444, 1982, S. 1-25

/3/ Kücükay, F.: Dynamik der Zahnradgetriebe, Modelle Verhalten Verfahren, Springer Verlag 1987

/4/ Geib, W.: Lösung von Körperschall- und Luftschall-Problemen bei der PKW-Entwicklung

In: "Geräuschminderung durch Werkstoffe und Systeme" Edt.: Gaulau, u.a. Expert-Verlag, Sindelfingen 1987

/5/ Raymond, J.D.: How to design quiet transmissions
Machine Design, December 11 (1980), S. 175-181

/6/ Pfeiffer, F.: Chaos im Getriebe,
ZAMM April 1980

Unterstützung der Fahrzeugauslegung durch Berechnung der Motorbewegung aus Meßdaten

von H.-B. Woyand

Zusammenfassung

In der ersten Phase der Fahrzeugauslegung werden Informationen über die Motorbewegung relativ zur Karosserie benötigt, um Kollisionen zwischen den Antriebsaggregat mit seinen Anbauteilen und dem Fahrzeugkörper auszuschließen. Die Annäherung des Motors an die Karosserie kann prinzipiell gemessen werden, jedoch kann dies nur für eine begrenzte Anzahl von - gut zugänglichen - Punkten geschehen.

Die rechnerische Simulation des Bewegungsverhaltens des Motors ist im allgemeinen nicht exakt genug, da die Modellparameter nur ungenau bekannt sind. Die Verschiebungen des Motors müssen im Millimeter-Bereich bestimmt werden.

Diese Aufgabenstellung kann jedoch durch die rechnerischen Bestimmung der Motorbewegung aus Meßdaten geleistet werden. Dabei werden in einem ersten Schritt die Verschiebungen für einige wenige - gut zugängliche - Motorpunkte gemessen. Anschließend berechnet ein Computerprogramm die Verschiebungen des Motorschwerpunktes unter der Annahme, daß Starrkörperverhalten vorliegt.

In einem zweiten Schritt kann die Annäherung von beliebigen Motorpunkten an die Karosserie ermittelt werden. Das Berechnungsprogramm kann von den Konstrukteuren direkt am CAD-Arbeitsplatz aufgerufen und angewendet werden.

1. Einleitung

Im Bereich der CAE-Anwendungen bildete sich in den letzten Jahren ein Arbeitsgebiet heraus, das mit den Begriffen "Motor im Fahrzeug" sowie "Komfortschwingungen und Geräusche" überschrieben werden kann. Im Mittelpunkt des Interesses steht dabei die elastische Motoraufhängung mit ihren Auswirkungen im Fahrzeug. Die Motoraufhängung beeinflußt Phänomene wie beispielsweise das Leerlaufschütteln des Motors, die Stuckerschwingungen des Aggregats im Fahrzeug bei Radanregung und die Geräuschübertragung vom Motor auf die Karosserie und weiter in den Innenraum des Fahrzeugs. Der Entwurf einer Motorlagerung ist immer ein Kompromiß zwischen verschiedenen - oft gegenläufigen - Anforderungen.

Eine wesentliche Anforderung, die an eine elastische Motoraufhängung gestellt wird, ist die Sicherstellung der Freigängigkeit des Aggregats, d.h. es dürfen keine Kollisionen zwischen Karosserie und Motor auftreten.

Öffnet man die Motorhaube eines modernen Pkw, so wird oft die enorme "Packungsdichte" der Aggregate im Motorraum deutlich. Zusätzlich zu dem Motor und den Teilen des Antriebsstranges müssen Komponenten, die am Motor befestigt bzw. von diesem angetrieben werden, ebenso Berücksichtigung finden, wie die Komponenten, die an der Karosserie fixiert sind.

Der für das "Packaging" des Motors und seiner Zusatzaggregate zur Verfügung stehende Bauraum wird durch zwei Tendenzen deutlich eingeschränkt. Zunächst ist die Entwicklung von Fahrzeugkarosserien mit deutlich verringertem Cw-Wert zu nennen. Die aerodynamische Optimierung begrenzt den Bauraum für Achs- und Motoraufhängungs-Konzepte. Zweitens wird die Anzahl der zusätzlichen Komponenten, die im Motorraum untergebracht werden sollen, im Rahmen der technologischen Entwicklung (aktive Systeme, Elektronik, Ladesysteme, Servopumpen etc.) immer größer. Die genannten Tendenzen zwingen zu einer größeren Aufmerksamkeit bei der Betrachtung des oben genannten Annäherungsproblems.

1.1 Konventionelle Verfahren

Bevor die Berechnung für diese Problemstellung nutzbar war, wurden Aussagen über die Motorannäherung nur auf versuchstechnischem Weg erzielt.

Im einfachsten Fall wurde der interessierende Bereich (z.B. der Punkt P des Getriebes in Bild 1) mit einer Schicht verformbarer Plastikmasse bedeckt. Anschließend wurden verschiedene Fahrversuche durchgeführt. Bei einem Kontakt wurde die Plastikmasse eingedrückt und aus der verbleibenden Dicke des Materials konnte auf die Annäherung geschlossen werden. Nachteilig war bei diesem Verfahren, daß nicht mehr festgestellt werden konnte, welches Ereignis zu der Annäherung geführt hatte.

Später wurden diese Versuche durch Messungen mit induktiven Wegaufnehmern ersetzt bzw. ergänzt. Nachteilig war bei der konventionellen Vorgehensweise:

- daß nur Aussagen für eine kleine Anzahl von Punkten ermittelt wurden
- daß solche Informationen nicht zur Beurteilung anderer Motorpunkte herangezogen werden konnten
- daß oftmals eine Messung mit Wegaufnehmern nicht möglich war.

1.2 Anforderungen an ein rechnerunterstütztes Verfahren

Aus der eben formulierten Kritik wurde ein Anforderungs-Katalog erstellt, der jedoch noch durch folgende Überlegung ergänzt wurde. Ein neues rechnerunterstütztes Verfahren ergibt nur dann einen Sinn, wenn die notwendigen Informationen direkt vom CAD-Bildschirm abrufbar sind. Die Berechnung und Beurteilung von Annäherungsproblemen ist ein integrierter Bestandteil des Konstrutkionsprozesses und muß innerhalb der Fahrzeugauslegung durchgeführt werden.

Es ergaben sich damit folgende Anforderungen:

- nur eine minimale Anzahl von Signalen ist zu messen
- einfaches Testverfahren und kurze Meßzeit
- Aussagen über alle Punkte der Motoroberfläche sowie über alle starr angebrachten Aggregate sind möglich
- die Ergebnisse müssen am CAD-Arbeitsplatz abrufbar sein
- die ermittelten Daten werden auf einer "Datenbank" abgelegt und bilden im Laufe der Zeit eine Datenbasis, die alle Fahrzeugtypen beinhaltet.

2. Messung und Meßdatenaufbereitung

Zur Messung der Annäherung des Motors an die Karosserie werden induktive Wegaufnehmer verwendet. Die Aufnehmer werden parallel zu den Motorlagern montiert. Die Linearität dieses Aufnehmertyps ist sehr gut. Lediglich bei sehr großen Auslenkungen vertikal zur Meßrichtung können Fehler auftreten.

Die eben beschriebene Anordnung der Aufnehmer parallel zu den Motorlagern ist keine Voraussetzung für das zu beschreibende Verfahren. Die einzige Anforderung, die aus mathematischen Gründen erfüllt werden muß, ist, daß mindestens sechs Signale für die Berechnung bereitstehen. Aus Gründen der Redundanz und der Fehlererkennung ist es besser, zwischen 8 und 10 Signale zu messen. Deshalb können die Aufnehmer unter Gesichtspunkten wie Zugänglichkeit und Montierbarkeit angebracht werden. Es ist jedoch zu beachten, daß alle Freiheitsgrade des Motors (3 Translationen und 3 Rotationen) durch die Messungen wiedergegeben werden.

Die Signale der Aufnehmer werden verstärkt und gegebenenfalls gefiltert. Anschließend werden sie auf einem PCM-Magnetband (Puls-Code-Modulation) aufgezeichnet. Für die Berechnung müssen die Zeitverläufe auf einem Großrechner zur Verfügung stehen. Deshalb werden die Daten zunächst auf einem HP1000-Prozeßrechner mit PCM-Interface eingelesen und in eine Datei im EBCDIC-Format konvertiert. Diese wird auf einen IBM 3090-600S Computer übertragen, wo die weitere Verarbeitung stattfindet (Bild 2).

Die Messungen werden an einem Fahrzeug durchgeführt, das in seinen physikalischen Eigenschaften (Masse, Trägheitsmomente etc.) und in seinen Leistungsdaten dem "Zielfahrzeug" möglichst nahe kommt. Die gemessenen Daten werden abgespeichert und bilden eine Datenbasis mit deren Hilfe zukünftig alle möglichen Fahrzeug-Motor-Kombinationen vergleichend betrachtet werden können.

Zur Ermittlung der Annäherung des Motors an die Karosserie haben sich einige Fahrstrecken bzw. Fahrmanöver bewährt, die zu extremen Bewegungen führen. Die Fahrmanöver sind Bremsen, Anfahren vorwärts und rückwärts sowie Verreißen nach links und nach rechts. Die Teststrecken sind typische Marterstrecken mit großer Radanregung. Eine weitere Reduzierung der Fahrmanöver und Teststrecken erscheint nicht sinnvoll, da verschiedene Motorpunkte Extremwerte bei unterschiedlichen Fahrmanövern bzw. Teststrecken annehmen.

3. Berechnungsprogramm und Algorithmus

Nachdem die Meßdaten auf einem IBM 3090 Computer transferiert wurden, wird ein erster Berechnungsschritt durchgeführt. Vorausgesetzt wird dabei, daß das Antriebsaggregat im Frequenzbereich von 0 bis 30 Hz als Starrkörper betrachtet werden kann. Die nachfolgende Berechnung schätzt die Bewegung des Bezugspunktes (3 Translationen und 3 Rotationen) aus den vorgegebenen Meßdaten. Hierfür wird das Verfahren der kleinsten Fehlerquadrate verwendet, d.h. die Bewegung des Motors wird so bestimmt, daß die Abweichung zu den gemessenen Signalen minimal wird. Nachdem diese Berechnung durchgeführt wurde, können in einer nachfolgenden "Vorwärtsrechnung" die Verschiebungen beliebiger Punkte am Motor bestimmt werden.

Die Berechnung nach dem Verfahren der kleinsten Fehlerquadrate wird auf einem CRAY X-MP/14 Computer durchgeführt. Der Berechnungsaufwand ist nicht so sehr durch das mathematische Verfahren bedingt, das im folgenden Abschnitt dargestellt wird, als vielmehr durch die Menge der anfallenden Daten. Die Abtastrate beim Digitalisieren der Daten beträgt ca. 1 kHz. Die Meßzeiten für unterschiedliche Fahrmanöver und Fahrstrecken betragen mehrere Minuten. Der berechnete Zeitverlauf für den Motorbezugspunkt wird in je einer Datei für jede Fahrzeug-Motor-Kombination abgespeichert. Die darin abgelegten Datensätze enthalten einen Schlüssel für das entsprechende Fahrmanöver, so daß zu einem späteren Zeitpunkt möglich ist, Aussagen darüber treffen, welches Fahrmanöver zu einem Extremwert führte.

Neben Anwendungsmöglichkeiten parallel zu CAD-Aktivitäten erlaubt das Programm die Erstellung von Verformungsbildern (Bild 3 zeigt eine skalierte Darstellung) auch in bewegter (animierter) Form. Die Definition der darzustellenden Geometrie kann über Eingabestrukturen des FE-Programms NASTRAN erfolgen, das zur dynamischen Berechnung bevorzugt verwendet wird. Ein Programm zur Umsetzung von CAD-Geometrie in solche Eingabestrukturen steht ebenfalls zur Verfügung.

Ein weiteres ergänzendes Programm-Modul ermittelt die Hüllkurve der ebenen (projizierten) Motorverschiebungen. Diese können auf einem Plotter ausgegeben werden.

Eine Übersicht über das System gibt Bild 4. Das CAD-Programm, das für Anwendungen im Bereich der Fahrzeugauslegung bevorzugt eingesetzt wird, ist CGS-Fisher-Graphics. Dieses Programmsystem ist ein flächenorientiertes dreidimensionales CAD-System. Die Kommunikation mit Berechnungsprogrammen ist mit entsprechenden Transfer-Files (VDA, IGES oder DES) möglich. Über ein DES-File erhält das Motorbewegungsprogramm graphische Eingaben wie beispielsweise die Konturbeschreibung des in Bild 1 gezeigten Getriebegehäuses. Zur Verwendung in diesem Programm wird die Geometrie automatisch in eine entsprechende NASTRAN-Eingabestruktur umgesetzt. Die Ausgabe des Programms besteht neben einer Liste aus einem UNIVERSAL-Transfer-File, das neben der Geometrie auch die berechneten Verschiebungen sowie die Hüllkurve enthält. Das UNIVERSAL-File ist ein Standard des CAE-Systems CAEDS das zur Ergebnisdarstellung verwendet werden kann. Die Hüllkurve kann entweder auf einem Plotter ausgezeichnet werden oder wird mittels eines Hilfsprogramms wieder in ein DES-Transfer-File umgeschrieben und steht damit dem CAD-System als Eingabe zur Verfügung.

Die Vorgehensweise bei der Berechnung soll im folgenden kurz beschrieben werden.

Der Vektor der gemessenen Motorverschiebungen am Punkt j

$$\underline{Y}_j = (y_{1j}, y_{2j}, y_{3j})^T \qquad (1)$$

wird in kartesischen Koordinaten (1,2,3) dargestellt.

Mittels der Einheitsmatrix E und der elementaren Matrix $\underline{L}j$

$$\begin{bmatrix} 0 & l_{3j} & -l_{2j} \\ -l_{3j} & 0 & l_{1j} \\ l_{2j} & -l_{1j} & 0 \end{bmatrix} = \underline{L}_j \qquad (2)$$

die die Verschiebungen der Motorpunkte in Abhängigkeit von den Verdrehungen des Bezugspunktes bestimmen, kann für jeden Meßpunkt j am Motor eine Gleichung für den unbekannten Vektor $\underline{X}$ aufgestellt werden.

Dabei ist $\underline{X}$ der Lagevektor des Bezugspunktes, der im allgemeinen - aber nicht zwingend - der Schwerpunkt des Starrkörpers ist. Die Komponenten des Vektors sind die Translationen t1, t2 und t3 sowie die Verdrehwinkel r1, r2 und r3.

Bei einer Anzahl p von Meßpunkten können alle Gleichungen entsprechend der Form (2) zu einem Matrix-System zusammengestellt werden,

$$\begin{bmatrix} \underline{E} & \underline{L}_1 \\ \underline{E} & \underline{L}_2 \\ \bullet & \bullet \\ \underline{E} & \underline{L}_p \end{bmatrix} * \underline{X} = \begin{bmatrix} \underline{Y}_1 \\ \underline{Y}_2 \\ \bullet \\ \underline{Y}_p \end{bmatrix} \qquad (3)$$

das nach dem unbekannten Vektor $\underline{X}$ gelöst werden kann. Dieses ist ein überbestimmtes Gleichungssystem, wenn die Anzahl der Meßpunkte 6 übersteigt. Dieses Gleichungssystem wird mit dem Verfahren der kleinsten Fehlerquadrate gelöst.

Eine große Anzahl von Messungen, die an Fahrzeugen durchgeführt werden, sind jedoch nicht vollständig im oben dargestellten Sinne. Sehr oft erkennt der Meßingenieur, daß Systeme nur Schwingungen in bestimmte Vorzugsrichtungen ausführen. Zur Reduzierung des Meßaufwandes werden dann nur die relevanten Meßsignale aufgezeichnet. Um auch solche Messungen auswerten zu können, wurde das Berechnungsverfahren so konzipiert, daß ein um bestimmte Komponenten reduzierter Vektor X bestimmt werden kann. Benutzerseitig wird dem Programm über "Bindungscodes" mitgeteilt, welche Freiheitsgrade des Starrkörpers aktiv sind. Diese Codes sind ein Teil der Eingabestruktur.

4. Anwendungsbeispiel

Bild 5 zeigt Zeitsignale, die mit induktiven Wegaufnehmern an den Lagern eines Motors gemessen wurden. Diese werden mit den Zeitverläufen verglichen, die durch eine "Vorwärtsrechnung" in der oben beschriebenen Art aus den geschätzten Bewegungsgrößen des Motorschwerpunktes bestimmt wurden. Es ergibt sich hier eine gute Übereinstimmung zwischen gemessener und "berechneter" Kurve. Diese Genauigkeit ist aber keinesfalls für alle Untersuchungen gegeben. Im Falle von Meß- oder Übertragungsfehlern ist es möglich, einzelne Signale systematisch aus der Berechnung auszuschließen. Diese Vorgehensweise gestattet ein Eingrenzen von fehlerbehafteten Signalen sowie eine deutliche Verbesserung des berechneten Bewegungsverhaltens.

Für das in Bild 1 dargestellte Annäherungsproblem werden die Extremwerte der Verschiebungen für ein Bremsmanöver sowie für eine Marterstrecke in der Form von Listen ausgegeben. Eine andere Darstellungsweise der in Bild 3 dargestellten Verschiebungen ist die Hüllkurve des Getriebegehäuses (Bild 6) in skalierter Form. Diese Einhüllenden kann auch in der Größe einer technischen Zeichnung auf Transparentpapier ausgezeichnet werden. Schließlich ist auch eine bewegte (animierte) Darstellung möglich.

5. Integration des Verfahrens in eine CAD-Umgebung

Zur effizienten Anwendung des vorgestellten Berechnungsverfahrens ist es notwendig, daß der Konstrukteur am CAD-Arbeitsplatz einen direkten Zugriff auf die Information über die Annäherung des Motors an die Karosserie hat. Nur damit ist ein kontinuierlicher Fortgang des Konstruktionsprozesses sichergestellt.

Zu diesem Zweck eröffnet der Anwender am CAD-Arbeitsplatz ein zweites Bildschirmfenster und startet das Berechnungsprogramm. Interaktiv wird der Benutzer von dem Programm nach der Fahrzeug-Motor-Kombination, für die die Berechnung durchgeführt werden soll befragt. Anschließend werden die Bewegungsdaten für den Schwerpunkt von der Datenbasis abgefragt. Jetzt kann das Programm die Bewegungen von beliebigen Motorpunkten errechnen. Dazu werden die Koordinaten des kritischen Punktes eingegeben.

Das Programm liefert die Verschiebungen für den betrachteten Motorpunkt relativ zur Karosserie in kartesischen Koordinaten. Gleichzeitig nennt es die Fahrmanöver bzw. Teststrecken die zu diesen Extremwerten führten.

Die Verwendung eines zweiten Bildschirmfensters (eines zweiten "Tasks") hat den Vorteil, daß das Programm parallel zu verschiedenen CAD-Systemen verwendet werden kann. Weiterhin ist die Pflege und Wartung des Programms unabhängig von dem installierten CAD-System.

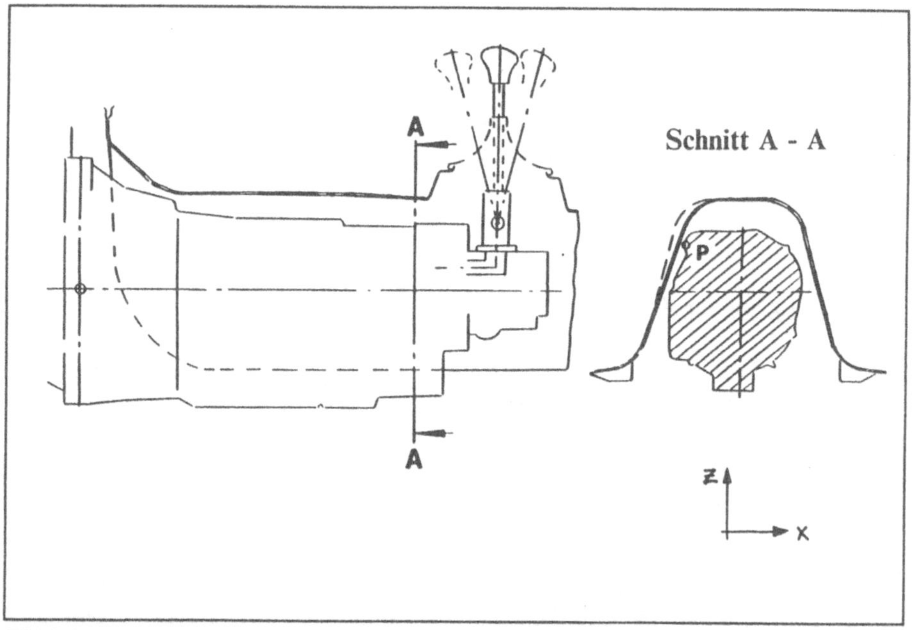

Bild 1: Annäherungsproblem

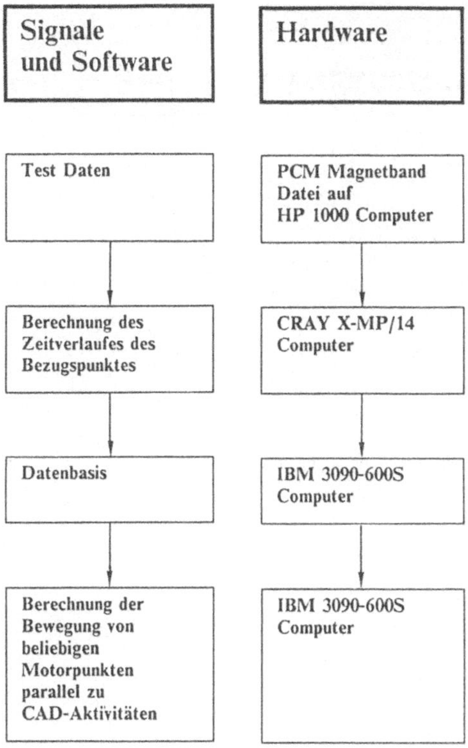

Bild 2: Software und Hardware

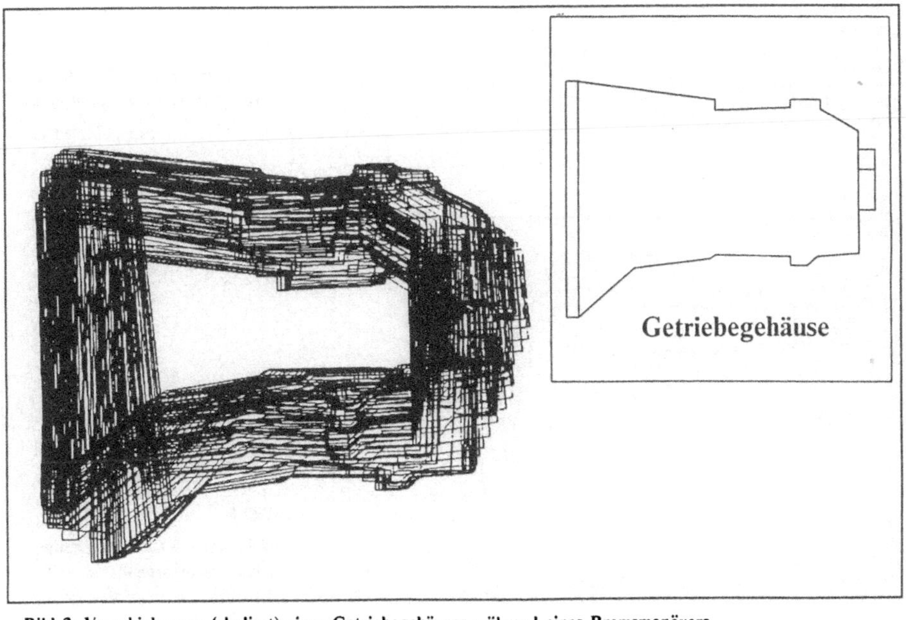

Bild 3: Verschiebungen (skaliert) eines Getriebegehäuses während eines Bremsmanövers

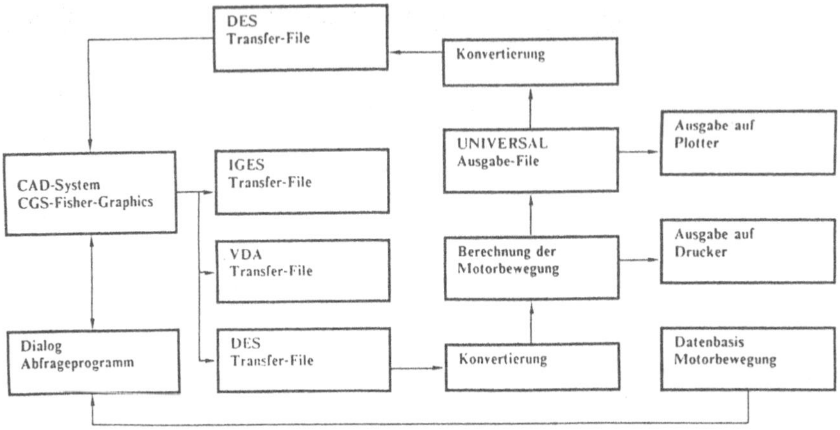

Bild 4: Rechnerunterstützte Bestimmung der Motorbewegung (Programme und Daten)

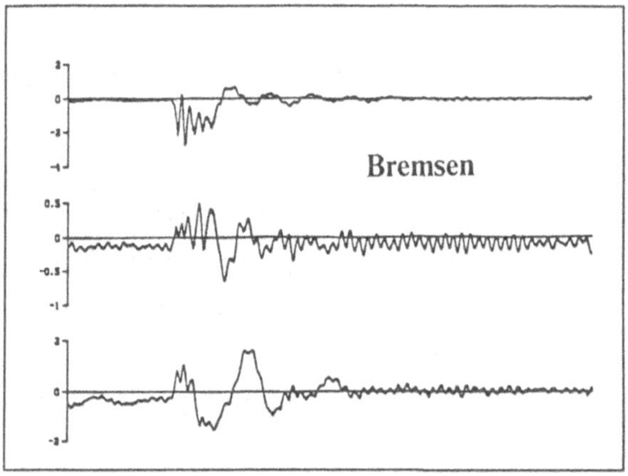

Bild 5:

Gemessene (—) und berechnete (---) Zeitsignale für zwei Motorpunkte

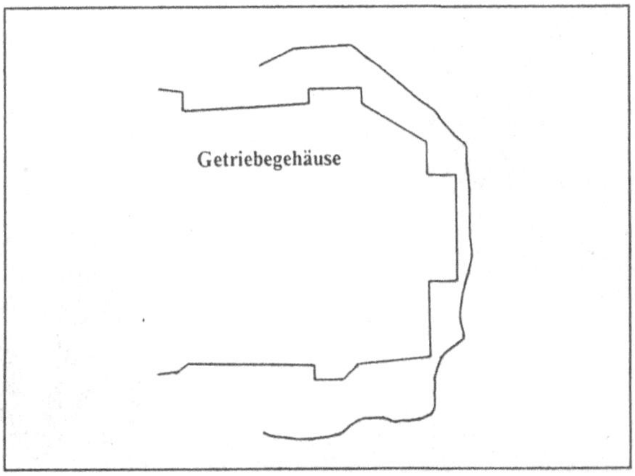

Bild 6:

Hüllkurve des Getriebegehäuses (skalierter Ausschnitt)

Rechenmethoden in der Fahrzeugentwicklung

herausgegeben von Werner Dirschmid

1991. Ca. 250 Seiten. (Fortschritte der Fahrzeugtechnik, Band 11)
Kartoniert.
ISBN 3-528-06445-5

Die Fahrzeugindustrie gehört zu den Branchen, die sich in der Produktentwicklung auf Rechen- und Simulationsverfahren abstützen. Ursache dafür ist, daß es die scharfe Konkurrenzsituation auf dem Automobilmarkt erfordert, für den Kunden optimale Produkte zu entwickeln bei einem Minimum an Kosten. War in der Vergangenheit die Methode „trial und error" vorherrschend, d. h. die Produktoptimierung erfolgte auf experimentellem Weg mittels aufwendiger Versuche, so muß heute die Entwicklung des Fahrzeuges im wesentlichen abgeschlossen sein, bevor die ersten Prototypen gebaut sind. Die damit durchgeführten Tests dürfen dann nur mehr der endgültigen Abnahme dienen. Eine ähnliche Situation zeigt der Flugzeugbau – wenn auch infolge etwas anderer Voraussetzungen. So ist es kein Zufall, daß gerade diese beiden Industriezweige die stärksten Impulse zur Entwicklung von Simulationsverfahren gesetzt haben. Wie der Flugzeugbau z. B. der Einsatz der Finite-Elemente-Methode vorangetrieben wurde, so entstanden durch den Fahrzeugbau Lösungswege zur Berechnung von Strukturen unter Berücksichtigung von nichtlinearen Effekten; möglich wurde u. a. die theoretische Erfassung von komplexen Strömungsproblemen und Schwingungsaufgaben.
Bei der Entwicklung eines Fahrzeuges sind die unterschiedlichsten physikalischen Phänomene zu berücksichtigen.
Dieser Band zeigt die Anwendung von Rechenmethoden in den Entwicklungssparten auf: Akustik, Fahrzeugdynamik, Crash-Simulation, Ergonomieoptimierung, Fahrwerksauslegung u. a.

Sehr geehrter Leser,

bei den Aufsätzen handelt es sich um die Referate einer Tagung des HAUSES DER TECHNIK in Essen. Das HDT, ein Außeninstitut der Technischen Hochschule in Aachen, ist die älteste Weiterbildungseinrichtung für Ingenieure in Deutschland und gehört zu den größten ihrer Art.

Pro Jahr werden fast 1000 Tagungen und Seminare auf unterschiedlichsten Gebieten durchgeführt. Die Veranstaltungspalette umfaßte die Bereiche und Branchen, wie beispielsweise Qualitätswesen, Fertigungstechnik, Instandhaltung, Bauwesen, Maschinenwesen, Elektrotechnik und Elektronik, Energietechnik, Verfahrenstechnik, Umweltschutz, Chemie, Medizin und Biotechnik.

Ein besonderer Schwerpunkt ist das Fahrzeugwesen. Themen wie Geräuschminderung, Fahrwerkstechnik, Rußminderung, Autolackierungen, Fahrzeugklimatisierung, Korrosionsschutz und Kraftfahrzeug-Elektronik stehen stellvertretend für fast 200 Tagungen, die in den letzten Jahren auf diesem Gebiet im Haus der Technik stattfanden.

Natürlich können immer nur einige wenige Tagungen als Buch herausgegeben werden. Auch kann ein noch so gut gemachtes Buch niemals den Besuch einer Fachtagung, bei der vielfach die Diskussion und die persönlichen Gespräche im Mittelpunkt stehen, ersetzen.

Falls Sie über das aktuelle Programm des HAUSES DER TECHNIK ständig unterrichtet werden möchten, rufen Sie uns an oder schreiben Sie uns. Für spezielle Fragen steht Ihnen Herr Dr. Hahn gerne zur Verfügung.

Ihr
HAUS DER TECHNIK

Postfach 10 15 43, Hollestraße 1, 4300 Essen 1 · Fernruf (02 01) 18 03-1
Fernschreiber 857 569 hdt d · Telefax-Nr. 02 01 / 18 03-2 69

GPSR Compliance

The European Union's (EU) General Product Safety Regulation (GPSR) is a set of rules that requires consumer products to be safe and our obligations to ensure this.

If you have any concerns about our products, you can contact us on ProductSafety@springernature.com

In case Publisher is established outside the EU, the EU authorized representative is:

Springer Nature Customer Service Center GmbH
Europaplatz 3
69115 Heidelberg, Germany

Batch number: 10816188

Printed by Printforce, the Netherlands